建筑工人达标上岗培训丛书

焊　工

丛书编委会

主　　任　王亚忠
副 主 任　李　毅　崔玉杰　贾晓光
委　　员　曹文达　鲍凤英　孙俊英
王新菊　高忠民　李　愊
刘常英　刘景秀　徐　第
赵全初　石敦高

本书主编　高忠民

金盾出版社

内 容 提 要

本书以《焊工国家职业标准》为依据，以建筑施工焊接与切割作业为主线，以初、中级工为主要读者，重点介绍焊工应知、应会的基础知识和专业技能。全书共分十章，内容包括焊接基础知识、焊条电弧焊、气焊和气割、手工钨极氩弧焊和二氧化碳保护焊；低合金结构钢和奥氏体不锈钢的焊接、钢筋焊接、焊接应力和焊接变形、焊接缺陷和焊接检验、焊工安全技术。

本书可作为焊工职业培训和技能鉴定用书，也可供施工、监理单位建筑施工工程技术人员阅读参考。

图书在版编目(CIP)数据

焊工/高忠民主编. —北京 ：金盾出版社，2010. 12(2014. 6 重印)

ISBN 978-7-5082-6712-8

Ⅰ. ①焊… Ⅱ. ①高… Ⅲ. ①焊接—技术培训—教材 Ⅳ. ①TG4

中国版本图书馆 CIP 数据核字(2010)第 210116 号

金盾出版社出版、总发行

北京太平路 5 号(地铁万寿路站往南)

邮政编码：100036 电话：68214039 83219215

传真：68276683 网址：www. jdcbs. cn

封面印刷：北京盛世双龙印刷有限公司

正文印刷：北京万友印刷有限公司

装订：北京万友印刷有限公司

各地新华书店经销

开本：850×1168 1/32 印张：14. 25 字数：421 千字

2014 年 6 月第 1 版第 3 次印刷

印数：13 001～16 000 册 定价：28. 00 元

(凡购买金盾出版社的图书，如有缺页、倒页、脱页者，本社发行部负责调换)

序

建筑业是我国国民经济的支柱产业。随着我国经济的持续、快速发展，建筑业在国民经济中的地位和作用日益突出。同时，建筑工人队伍不断发展壮大，达标上岗培训任务十分艰巨。为适应建筑业的高速、可持续发展，大力发展以职业技能培训为重点的职业教育，培训千万名掌握一定技能的建筑技术工人，是当务之急。为此，我们组织编写了《混凝土工》、《钢筋工》、《建筑电工》、《砌筑工》、《防水工》、《油漆工》、《焊工》、《抹灰工》等建筑工人达标上岗培训系列丛书。

本系列丛书根据中华人民共和国劳动和社会保障部、建设部颁布的《国家职业标准》要求，针对目前建筑工人的实际情况和施工现场的实际需要，分别介绍了各工种工人的基本要求和基本技能，供建筑工人技能培训和技能鉴定使用。

本丛书内容上力求体现"以职业活动为导向，以职业技能为核心"，突出职业培训特色；结构上，丛书针对职业活动的领域，按照模块化的方式，重点按"基础知识"和"工种技能操作要求"两大块进行编排，内容通俗易懂、针对性强、方便实用，符合培训、鉴定和就业工作的需要。

建筑工人达标上岗培训丛书编委会

前　　言

现代建筑结构施工离不开焊接技术，焊工已经成为现代建筑业施工工人中的重要职业。焊工的操作技术和焊接质量及其职业卫生和劳动保护条件直接关系到建筑施工的进度、成本、质量和安全。

本书以《焊工国家职业标准》为依据，以职业技能为核心，以新技术、新工艺、新设备、新材料、新标准为编写重点，以农民工为服务对象，结合建筑工人上岗培训的实际需要，介绍了焊工的应知、应会内容。目的是使读者掌握焊接及切割的方法、技能和焊接施工技术，用于指导其施工操作。同时，能够对焊接工程的质量进行检查，并对焊接质量缺陷提出切实可行的防治措施。

焊工属于特种作业人员，在作业中面临职业卫生问题和不安全的因素，特别是特殊焊接作业，安全问题显得非常突出。本书还系统地叙述了焊工安全技术。

全书共十章，第一章介绍焊接基础知识，第二章介绍焊条电弧焊，第三章介绍气焊与气割，第四章、第五章分别介绍手工钨极氩弧焊和二氧化碳气体保护焊，第六章、第七章分别介绍低合金结构钢和奥氏体不锈钢的焊接、钢筋焊接，第八章介绍焊接应力和焊接变形，第九章介绍焊接缺陷和焊接检验，第十章介绍焊工安全技术。

由于编者水平有限，书中缺欠和错误在所难免，恳请专家和读者提出宝贵意见。

作　者

目　　录

第一章　焊接基础知识

第一节　焊 接 概 述

一、焊接及其特点

焊接是通过加热或加压，或两者并用，并且用或不用填充材料，使工件达到接合的方法。焊接是一种永久性的连接方法，既可以使金属材料形成永久性的连接，也可以使某些非金属材料、金属和非金属异种材料达到永久性连接的目的，如塑料焊接、陶瓷焊接、金属和玻璃焊接、陶瓷和金属焊接等，但生产中主要是用于金属的焊接。

焊接与铆接相比，其特点是：节约金属材料、减轻结构重量；简化加工与装配工序、接头密封性好；能承受高压、容易实行机械化和自动化生产；缩短施工周期、提高产品质量。

焊接技术已广泛应用于机械制造、造船、海洋开发、汽车制造、石油化工、航天技术、原子能、电力、电子技术、建筑等行业。每年需要进行焊接加工的钢材就超过了钢材总产量的 45%。

在建筑施工过程中，焊接在建筑结构施工、建筑设备安装、管道敷设、建筑装饰等方面占有重要地位，直接关系到建筑工程质量和使用安全。

随着科学技术的不断发展，计算机技术的应用，为焊接技术开辟了一条崭新的发展途径。目前，各国正在加速发展计算机技术和机器人在焊接生产中的应用。

二、焊接方法分类

如图 1-1 所示，按照金属在焊接时所处的状态及工艺特点，可以把金属的焊接方法分为熔焊、压焊和钎焊三大类。

1. 熔焊

熔焊又称为熔化焊，是将待焊处的金属母材熔化以形成焊缝的焊

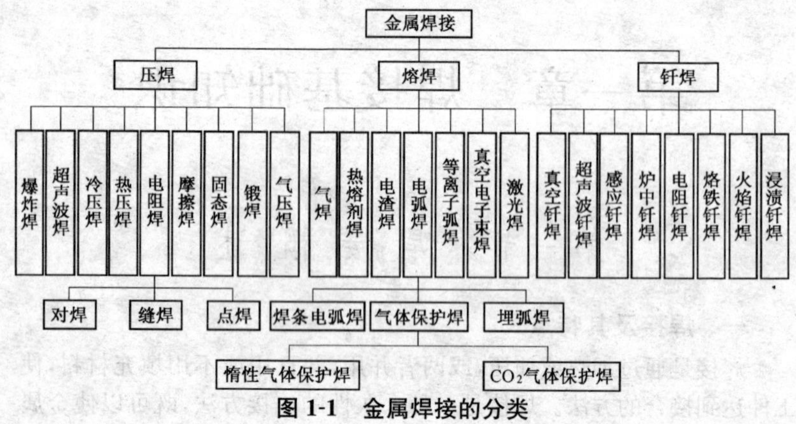

图 1-1　金属焊接的分类

接方法。

(1)熔焊的基本方法

①焊条电弧焊。用手工操纵焊条进行焊接的电弧焊方法。

②二氧化碳气体保护焊。利用 CO_2 作为保护气体的气体保护焊，简称 CO_2 焊。

③钨极惰性气体保护焊。使用纯钨或活化钨(钍钨、铈钨等)电极的惰性气体保护焊。

④埋弧焊。电弧在焊剂层下燃烧进行焊接的方法。

⑤电渣焊。利用电流通过液体熔渣所产生的电阻热进行焊接的方法。

⑥等离子弧焊。利用较高能量密度的等离子弧进行焊接的方法。

⑦气焊。利用气体火焰做热源的焊接方法，最常用的是氧乙炔焊，但近来液化气或丙烷气的焊接也在迅速发展。

(2)熔焊的保护措施

为防止局部熔化的高温焊缝金属与空气接触而造成成分和性能的恶化，熔焊过程都必须采取有效的隔离空气的保护措施。其基本形式是真空焊接、气体保护和熔渣保护三种。因此，保护形式也常常是区分熔焊方法的另一个特征。例如，采用熔渣保护的埋弧焊、采用气体保护的气体保护焊、采用熔渣和气体联合保护的焊条电弧焊、在真空中焊接的真空电子束焊等。

根据使用电极的特性,熔焊还可分为熔化电极和非熔化电极两大类。

2. 压焊

在焊接过程中,必须对焊件施加压力(加热或不加热)以完成焊接的方法,叫做压焊。

压焊有两种形式。一是将被焊金属接触部分加热至塑性状态或局部熔化状态,然后施加一定的压力,以使金属原子间相互结合而形成牢固的焊接接头,如锻焊、电阻焊、摩擦焊和气压焊等。二是不进行加热,仅在被焊金属的接触面上施加足够大的压力,借助于压力所引起的塑性变形,使原子间相互接近而获得牢固的压挤接头。这种压焊的方法有冷压焊、爆炸焊等。

电阻焊是典型的压焊焊接方法,包括点焊、缝焊和对焊。

3. 钎焊

钎焊是硬钎焊和软钎焊的总称,是采用比母材熔点低的金属材料作钎料,将焊件和钎料加热到高于钎料熔点而低于母材熔化温度,利用液态钎料润湿母材,填充接头间隙并与母材相互扩散实现连接焊件的方法。

第二节　焊工识图

一、投影的基本原理

1. 投影

通常把空间物体的形状在平面上表达出来的方法称为投影法。如图 1-2 所示,投影线互相平行,而且投影线垂直投影面,在投影面上得到的投影称为正投影。投影的三要素是:投影体、投影线和投影面。绘制的施工图样主要采用正投影法。

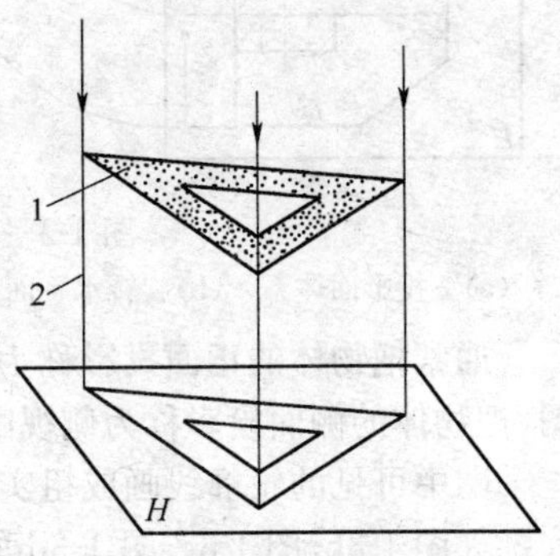

图 1-2　正投影法

1. 投影体　2. 投影线　*H*. 投影面

2. 三视图

(1)三视图的形成

如图 1-3a 所示,按正投影法向

投影面投影。水平投影面用 H 表示(简称 H 面),物体在 H 面上的投影称为水平投影;正投影面用 V 表示(简称 V 面),物体在 V 面上的投影称为正面投影;侧投影面用 W 表示(简称 W 面),物体在 W 面上的投影称为侧面投影。

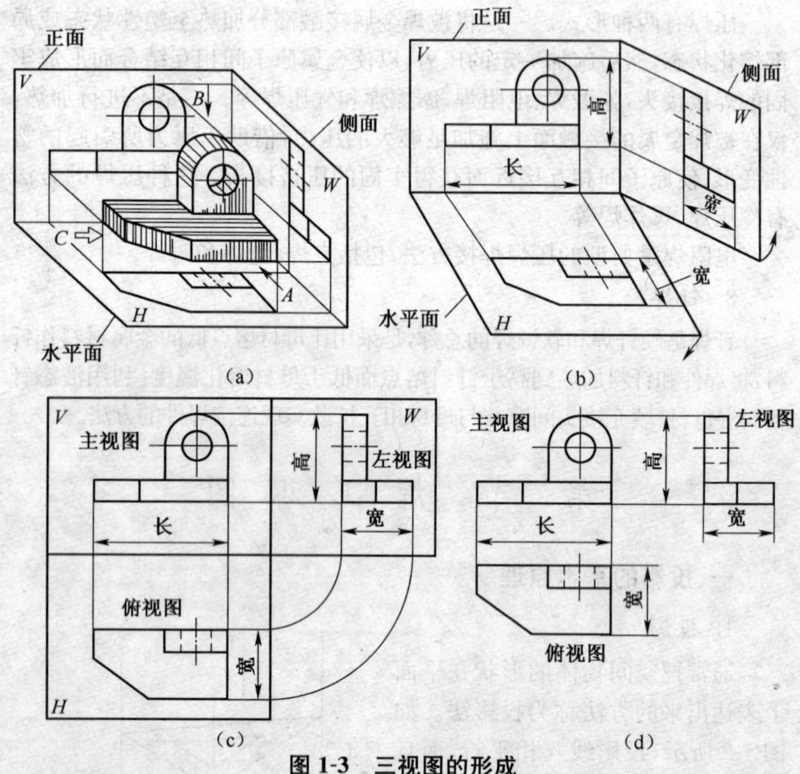

图 1-3　三视图的形成

(a)三投影面体系　(b)旋转水平面及侧投影面　(c)展开投影面　(d)三视图

通常把物体的正面投影称为主视图,把物体的水平投影称为俯视图,把物体的侧面投影称为侧视图。

图中可见的轮廓线画成粗实线,不可见的轮廓线画成虚线。

如图 1-3b、图 1-3c、图 1-3d 所示,国家标准规定:正面投影保持不动,把 H 面向下转 90°,把 W 面向后转 90°,使主视图、俯视图、左视图位于同一个平面上,即形成三视图。

(2)三视图的投影规律

从物体的三视图可以看出：主视图确定了物体上、下、左、右四个不同部位，反映了物体的高度和长度；俯视图确定了物体前、后、左、右四个不同部位，反映了物体的宽度和长度；左视图确定了物体上、下、前、后四个不同部位，反映了物体的高度和宽度。

由此可以得出下列投影规律：主视图、俯视图长对正，主视图、左视图高平齐，俯视图、左视图宽相等。

三个视图的位置关系不能变动，名称不必标出。三个投影面的线框不画，各视图之间的距离可根据具体情况而定。

二、剖视图

1. 剖视图的概念

当表达机件内部结构时，在视图上会出现较多的虚线，给绘图、识图带来不便。为解决这一问题，国家标准规定用剖视的方法来表达机件的内部结构形状。如图 1-4 所示，剖视的方法是用假想的剖切平面剖开机件，将处在观察者和剖切平面之间的部分移去，将留下的部分向投影面投影，所得的图形即为剖视图。

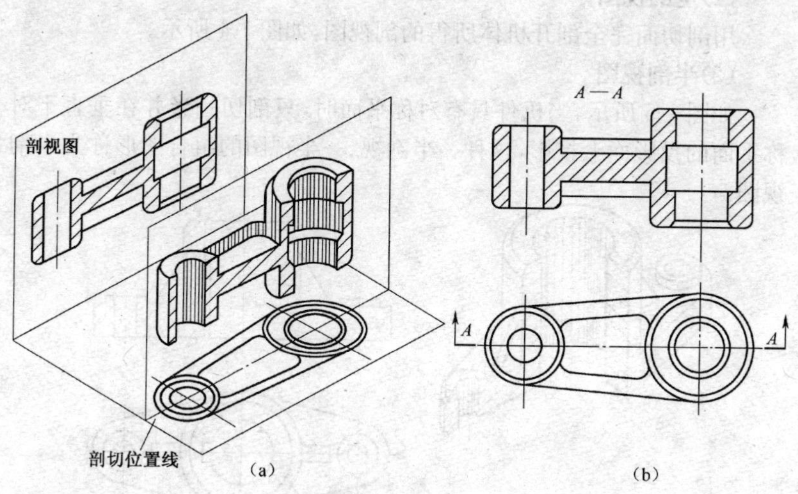

图 1-4　剖视的概念

2. 剖面符号

在剖切区域应画出剖面符号。当图中的剖面符号是与水平成45°角的细实线时，则知道该机件是金属材料。其他材料的剖面符号在国家标准中有明确规定。

当图形中需画剖面线部位的轮廓线与水平线成45°或接近45°时，该图形的剖面线应画成与水平线成30°或60°，其倾斜方向仍与三视图中其他图形的剖面线一致。

在装配图中，相互邻接的金属零件的剖面线，其方向要相反，或方向一致但间隔不等。剖面符号只表示材料的类别，名称代号必须另行注明。

3. 剖视图的标注

一般在剖视图上方用字母标出剖视图的名称"×－×"，在相应的视图上用剖切符号线表示剖切位置，用箭头表示投影方向并注上同样的字母，如图1-4所示。

4. 剖视图的分类

常见的剖视图有全剖视图、半剖视图和局部剖视图。

(1)全剖视图

用剖切面完全剖开机体所得的剖视图，如图1-4所示。

(2)半剖视图

如图1-5所示，当机件具有对称平面时，只剖切一半并在垂直于对称平面的投影面上投影，这种一半剖视、一半视图的组合图形称为半剖视图。

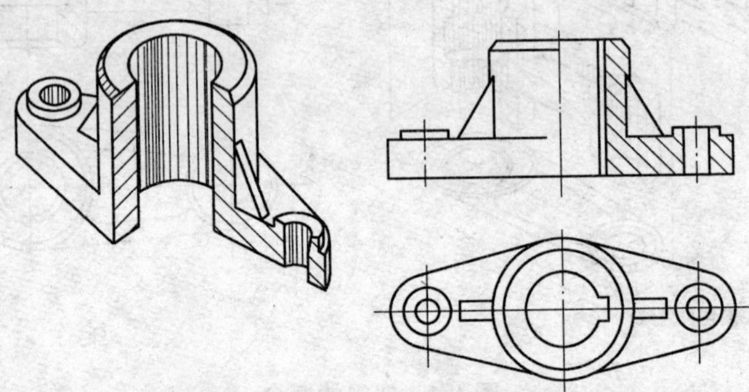

图1-5 基本对称件的半剖视图

(3)局部剖视图

用剖切面局部剖开机件，表达其内部结构，并以波浪线分界以示剖切范围，这种剖视图称为局部剖视图，如图 1-6 所示。

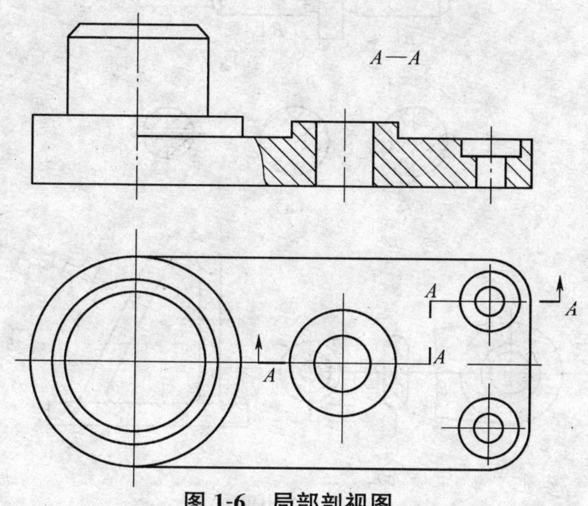

图 1-6　局部剖视图

三、断面图

假想用剖切面将物体的某处切断，仅画出该剖切面与物体接触部分的图形，则称为断面图。断面图常用于表达机件上某一局部的断面形状，如肋板、轮辐、键槽、小孔及各种型材的断面形状等。

断面图可分为移出断面和重合断面两种情况。

1. 移出断面图

移出断面图是画在轮廓线之外的断面图，如图 1-7 所示。移出断面的轮廓线用粗实线画出。移出断面尽量画在剖切线的延长线上，如果需要也可将断面图安置在其他位置，如图 1-7a 的 *B*—*B* 断面。断面图形状对称时，可画在视图的中断处，如图 1-7b 所示。有两个或多个相交的剖切平面剖切得出移出断面，中间一般应断开，如图 1-7c 所示。

移出断面的标注：未画在剖切延长线上的断面图形不对称时，要用字母和剖切符号标明剖切位置和投影方向，并在断面的上方，注出移出断面图的名称“×—×”；如果图形对称，又在剖切线延长线上，不用标注，如图 1-7a 所示。

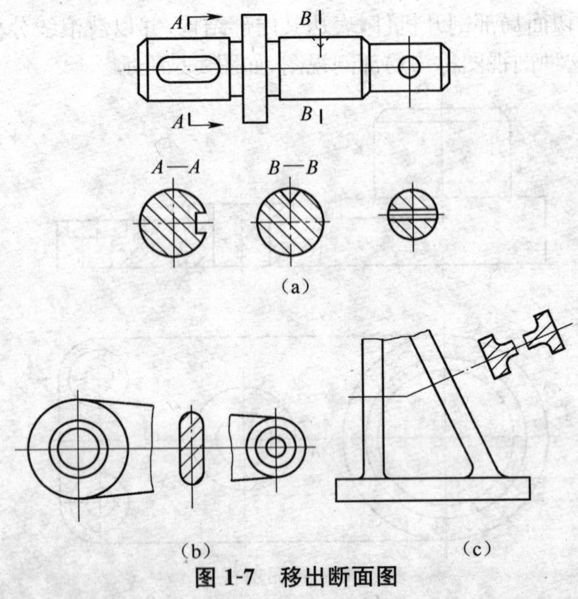

图 1-7　移出断面图

2. 重合断面图

重合断面图是画在轮廓线之内的断面图，如图 1-8 所示。

重合断面的轮廓线用细实线画出，如图 1-8a 所示。当视图中的轮廓线与重合断面的图形重叠时，视图中的轮廓线仍需完整画出，不能间断，如图 1-8b 所示。重合断面不必标注。

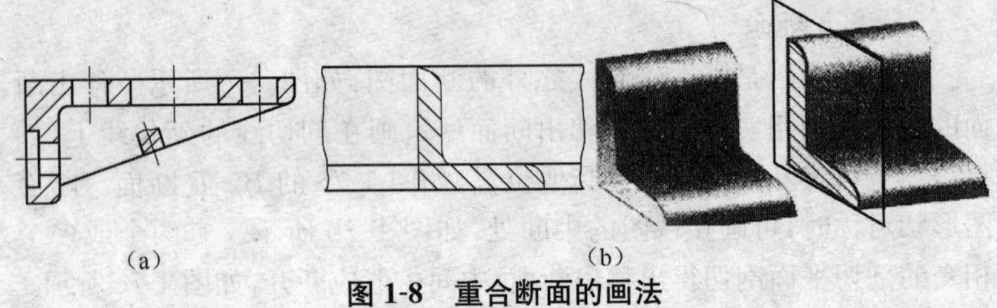

图 1-8　重合断面的画法

四、局部放大图

当机件上某些局部细小结构在视图上表达不够清楚又不便于标注

尺寸时，可将该部分用大于原图形所采用的比例画出。这种图形称为局部放大图，如图 1-9 所示。

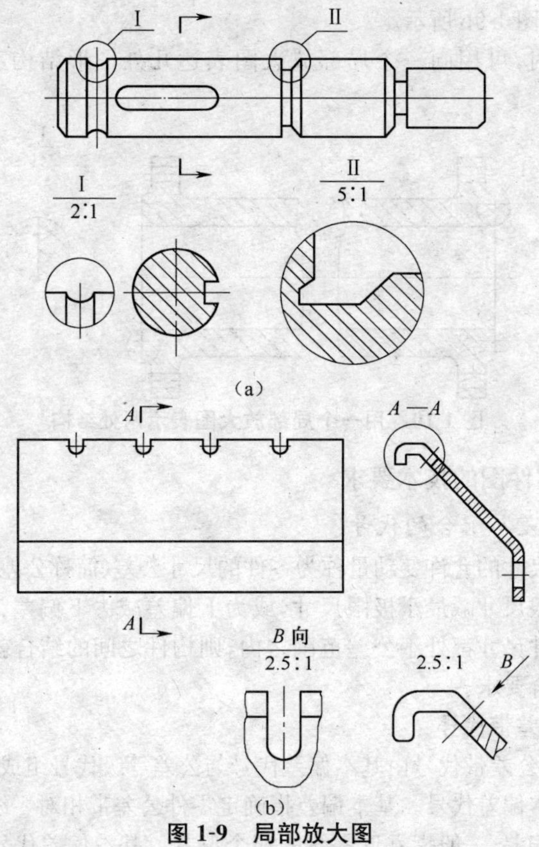

图 1-9　局部放大图

局部放大图可以画成视图、剖视图和断面图，与被放大部分的表达方式无关。如在图 1-9a 中，Ⅰ部分的放大图为视图，Ⅱ部分的放大图为断面图。但原图形中Ⅰ、Ⅱ部分均为外形视图。

绘制局部放大图时，应在视图上用细实线圈出被放大部位（螺纹牙型和齿轮的齿形除外），并将局部放大图配置在被放大部位的附近，如图 1-9a 所示。

当同一机件上有几个被放大的部分时，应用罗马数字编号，并在局部放大图上方注出相应的罗马数字和所采用的比例,如图 1-9a 所示。

同一机件上不同部位的局部放大图,当图形相同或对称时,只需画出一个,如图 1-9b 所示。

必要时,可用同一个局部放大图表达几处图形结构,如图 1-10 所示。

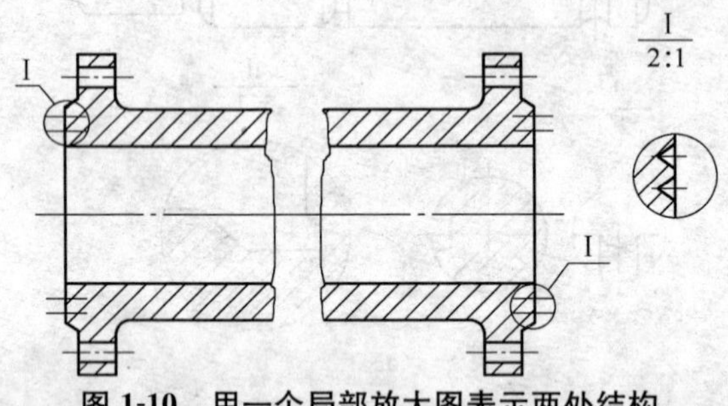

图 1-10 用一个局部放大图表示两处结构

五、零件图的技术要求

1. 公差与配合的代号

零件尺寸的允许变动量称为零件的尺寸公差(简称公差)。公差等于最大极限尺寸减最小极限尺寸,或为上偏差减去下偏差。如果相互配合的工件尺寸都处于公差范围之内,则构件之间的结合就能够达到预定的配合要求。

(1)公差带代号

孔、轴公差带代号由基本偏差代号与公差等级代号组成。

①基本偏差代号。基本偏差指确定零件公差带相对零线位置的上偏差或下偏差,一般指靠近零线的那个偏差。基本偏差代号用拉丁字母表示,大写字母代表孔,小写字母代表轴。根据实际需要,国家标准分别对孔和轴各规定了 28 个不同的基本偏差代号,见图 1-11。

②公差等级代号。公差等级是确定尺寸精确程度的等级,规定和划分公差等级的目的是为了简化和统一公差的要求,使之既能满足不同的使用要求,又能大致代表各种加工方法的精度。国家标准将公差等级分为 20 级:IT01、IT02、IT1～IT18。“IT”表示标准公差,阿拉伯数字表示公差等级,从 IT01 至 IT18 等级依次降低,常用的公差等级为

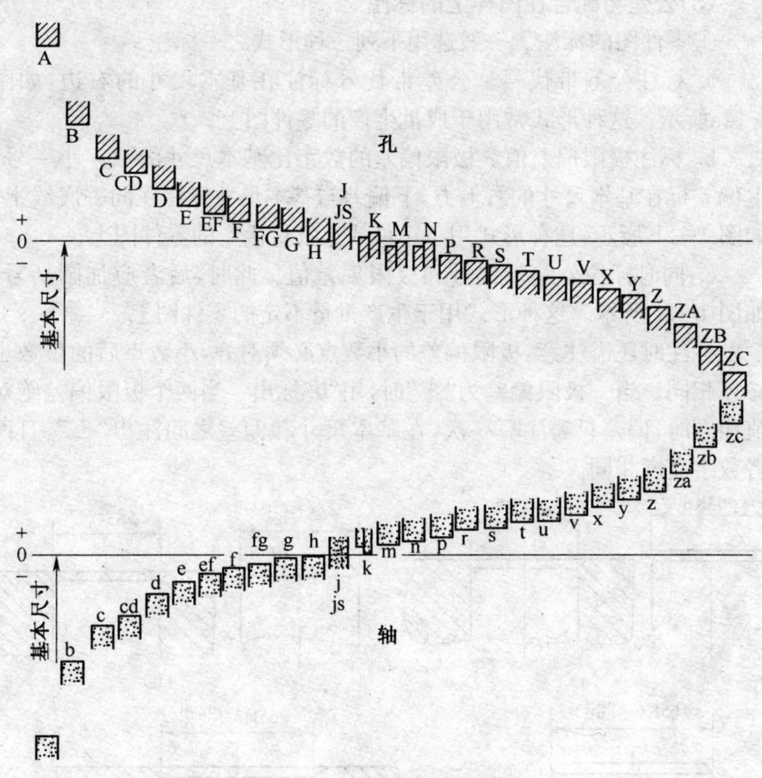

图 1-11　基本偏差系列图

IT5～IT13。

(2)配合代号

配合代号用分数形式表示，即孔的公差代号/轴的公差代号，如H8/f7 或$\frac{H8}{f7}$。

国家标准规定了两种配合制度，为基孔制和基轴制。基孔制是以孔为基准孔，基本偏差代号为“H”，与非基准件（a～zc）轴形成各种配合的制度。基轴制是以轴为基准轴，基本偏差代号为“h”，与非基准件（A～ZC）孔形成各种配合的制度。

国家标准将配合分为三大类，即间隙配合、过渡配合和过盈配合。

(3)公差与配合在图样上的标注

①零件图的标注。一般选用下列三种形式之一标注。

a. 标注公差带代号。公差带代号标注在基本尺寸的右边，如图1-12a所示。这种形式常用于成批生产的零件图上。

b. 标注极限偏差值。极限偏差的数字比基本尺寸的数字小一号，上偏差标在基本尺寸的右上方，下偏差与基本尺寸标注在同一底线上，如图 1-12b 所示，这种形式用于单件或小批量生产的零件图上。

c. 同时标注公差带代号和极限偏差值。此时，后者应加圆括号，如图 1-12c 所示。这种形式用于生产批量不定的零件图上。

标注时还需注意：极限偏差的小数点必须对齐，小数点后的位数也必须相同。当一极限偏差为“零”时，用“0”标出。当两个极限偏差绝对值相同时，偏差只需注写一次，在基本尺寸和偏差之间注出“±”，且两者数字高度相同。

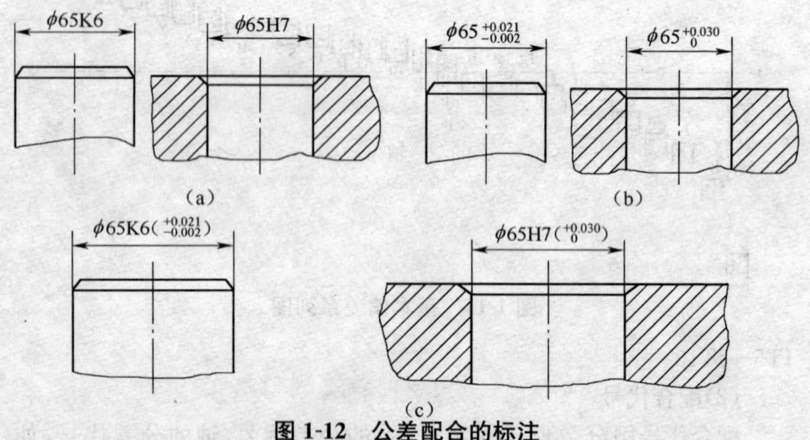

图 1-12　公差配合的标注

(a)标注公差带代号　(b)标注极限偏差　(c)同时标注公差带代号和极限偏差

②装配图的注法。

a. 在装配图中标注配合代号时，必须将其写在基本尺寸的右边，如图 1-13a 所示，必要时，可按图 1-13b、c 的形式注出。

b. 在装配图中标注相配零件的极限偏差时，一般按图 1-14a 所示的形式标注，尺寸线上方标注的是孔的尺寸与偏差，下方标注的是轴的尺寸与偏差。必要时，也可按图 1-14b 所示的形式标注。

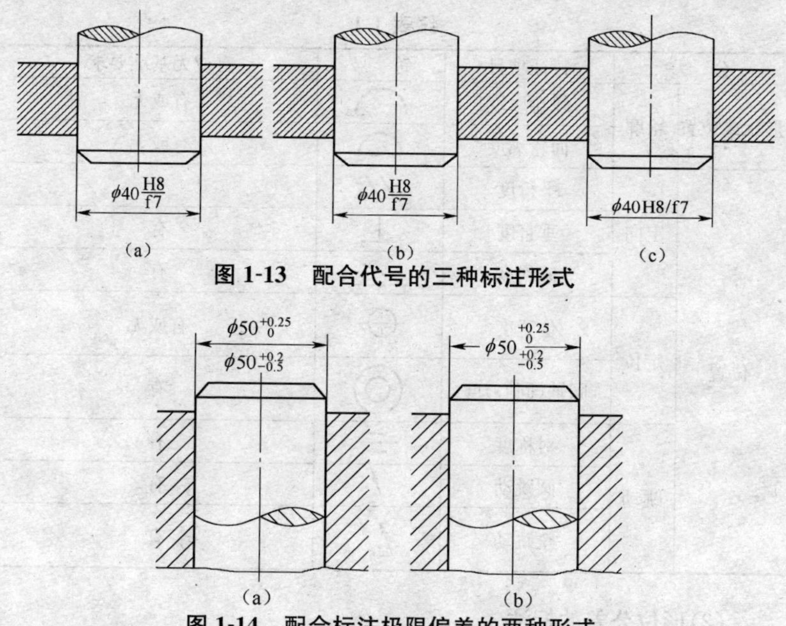

图 1-13 配合代号的三种标注形式

图 1-14 配合标注极限偏差的两种形式

c. 标注标准件、外构件与零件的配合代号时，可仅标注相配零件的公差带代号。

2. 形状公差和位置公差

形状公差和位置公差指零件的实际形状和实际位置对理想形状和理想位置所允许的最大变动量，简称形位公差。

(1)形位公差的项目及其符号

国家标准(GB/T 1182—2008)将形位公差特征项目及其符号作出了规定，如表 1-1 所示。

表 1-1 形位公差特征项目及符号

公 差		特征项目	符 号	有或无基准要求
形状	形状	直线度	—	无
		平面度	▱	无
		圆度	○	无
		圆柱度	⌭	无

续表 1-1

公差		特征项目	符号	有或无基准要求
形状或位置	轮廓	线轮廓度	⌒	有或无
		面轮廓度	⌓	有或无
位置	定向	平行度	//	有
		垂直度	⊥	有
		倾斜度	∠	有
	定位	位置度	⌖	有或无
		同轴(同心)度	◎	有
		对称度	⌯	有
	跳动	圆跳动	↗	有
		全跳动	⌰	有

(2)形位公差的标注

按形位公差国家标准的规定，在图样上标注形位公差时，采用代号标注。无法采用代号标注时，允许在技术条件中用文字加以说明。

形位公差代号由形位公差项目的代号、框格、指引线、公差数值、基准符号及其他有关符号构成。

① 公差框格。公差要求在矩形方框中给出。该方框由两格或多格组成。第一格填写公差项目符号，第二格填写公差值及有关符号，如公差带是圆形或圆柱形的，则公差值前加注 ϕ；如是球形的则加注“Sϕ”；第三、四、五格填写代表基准的字母及有关符号，如图 1-15 所示。

②基准符号。用基准符号表示相对于被测要素的基准，如图 1-16a 所示。

在公差框格中的第三格填写的是第一基准代号，之后依次填写第二、第三基准代号。当两个要素组成公共基准时，用横线隔开两个大写字母，填写在第三格中。无论基准符号在图样中的方向如何，圆圈中的字母要水平书写。

常见基准符号的位置有以下两种。

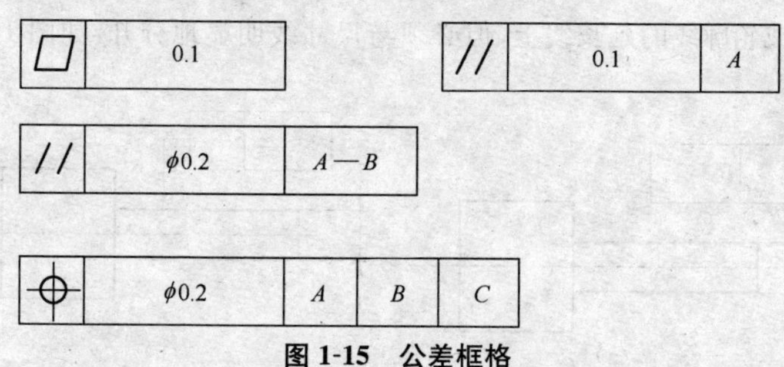

图 1-15　公差框格

a. 当基准要素为轮廓线或表面时，其基准符号应靠近该要素的轮廓线或其延长线进行标注，并应明显与尺寸线错开，见图 1-16b。

b. 当基准要素为轴线或中心平面时，基准符号应与该要素的尺寸线对齐，见图 1-16c。

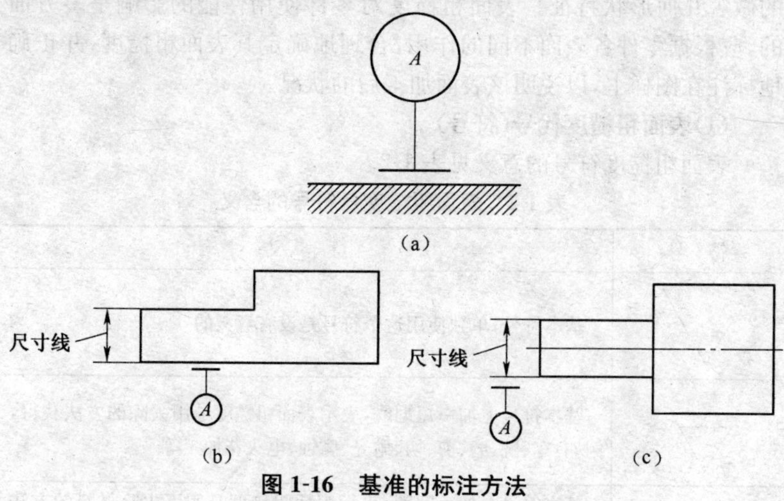

图 1-16　基准的标注方法

(a)基准符号　(b)基准要素为轮廓线　(c)基准要素为轴线

③指引线。用带箭头的指引线将框格与被测要素相连，按照以下方式标注。

a. 被测要素为轴线、中心平面或球心时，则带箭头的指引线应与尺寸线的延长线重合，如图 1-17a 所示。

b. 当被测要素为线或表面时，指引线将箭头置于被测要素的轮廓线上或轮廓线的延长线上，但必须与尺寸线明显地分开，如图 1-17b 所示。

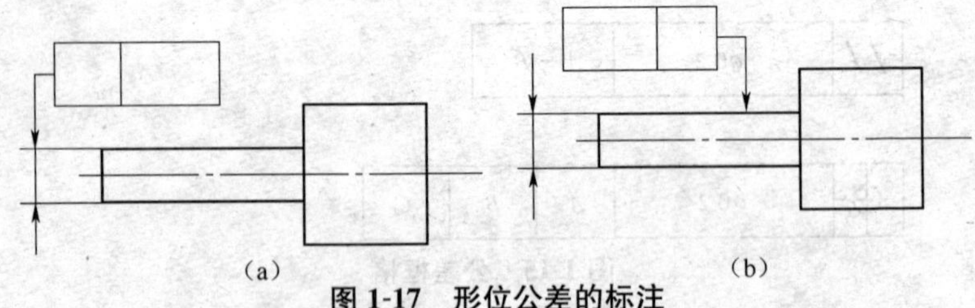

（a）　　　　　　（b）

图 1-17 形位公差的标注

（a）被测要素为轴线时的标注 （b）被测要素为轮廓时的标注

3. 表面粗糙度

表面粗糙度是指在零件加工表面上由具有较小间距和峰谷所组成的微观几何形状特征。表面粗糙度对零件使用性能的影响是多方面的，应根据零件各表面不同的作用，合理地确定其表面粗糙度，并正确地标注在图样上，以说明该表面加工后的状况。

（1）表面粗糙度代号（符号）

表面粗糙度符号的意义见表 1-2。

表 1-2 表面粗糙度各符号的含义

符 号	意 义
√	基本符号，单独使用这个符号是没有意义的
▽√	基本符号上加一短划线，表示表面粗糙度是用去除的方法获得，例如：车、铣、磨、剪、切、抛光、腐蚀、电火花加工等
○√	基本符号上加一圆圈，表示表面粗糙度是用不去除材料的方法获得，例如：铸造、冲压成形、热轧、冷轧、粉末冶金等。或者是用于保持原状况的表面（包括保持上道工序的状况）

国家标准 GB/T 3505—2009 规定了评定表面粗糙度的各种参数，其中，常用的参数为轮廓算术平均偏差 R_a（在取样长度内，被测轮廓偏距绝对值的算术平均值）。轮廓算术平均偏差 R_a 的数值，国家标准做

了规定，见表 1-3。

表 1-3　轮廓算术平均偏差 R_a 的数值标准系列　（μm）

第一系列	第二系列	第一系列	第二系列	第一系列	第二系列	第一系列	第二系列
	0.008		0.125		2.0		
	0.010		0.160		2.5		32
0.012		0.2		3.2			40
	0.016		0.25		4.0	50	
	0.020		0.32		5.0		
0.025		0.4		6.3			63
	0.032		0.50		8.0		80
	0.040		0.63		10.0	100	
0.050		0.8		12.5			
	0.063		1.00		16.0		
	0.080		1.25		20		
0.1		1.6		25			

(2)表面粗糙度在图样上标注的基本原则

①在同一图样上，每一表面一般只标注一次代号。

② 符号的尖端必须从材料外指向表面。

③代号应注在可见轮廓线、尺寸线、尺寸界线或它们的延长线上，并尽可能靠近有关尺寸，如图 1-18 所示，也可注在表示涂镀或热处理范围的粗点划线上，如图 1-19 所示。

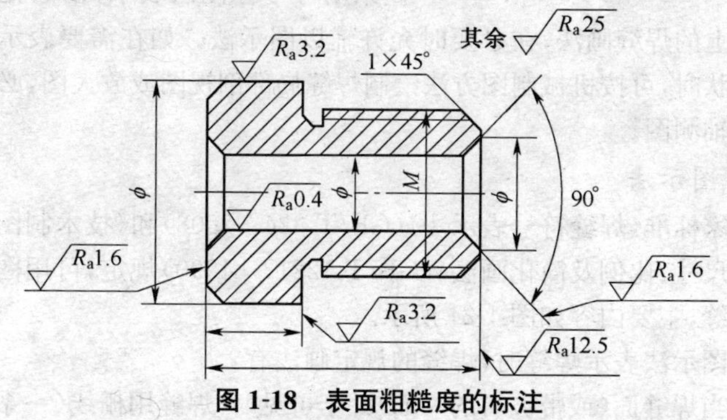

图 1-18　表面粗糙度的标注

④当零件所有表面的表面粗糙度要求相同时，其代号统一标注在图样的右上角，如图 1-20 所示。当零件的大部分表面有相同的表面粗

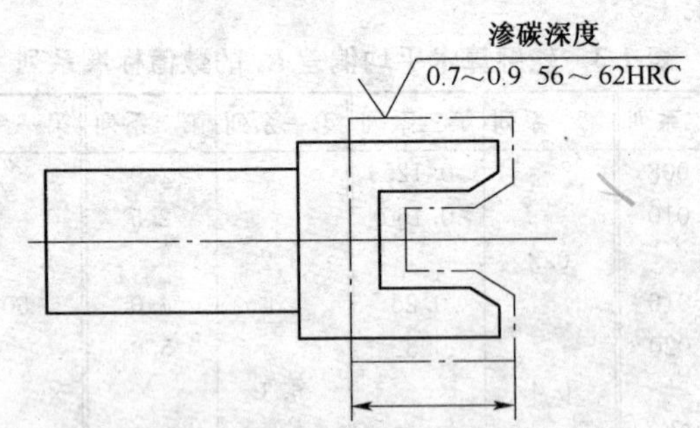

图 1-19 局部热处理或涂镀表面粗糙度的标注

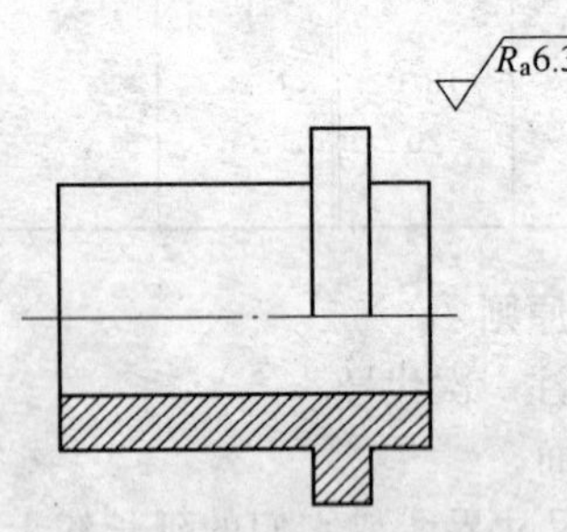

图 1-20 所有表面粗糙度要求相同的标注

糙度要求时，可将最多的一种代号统一在图样的右上角标注，在代号前加标“其余”两字，如图 1-18 所示。统一标注的代号及文字高度是图样上其他代号及文字的 1.4 倍。

六、焊缝符号和焊接方法代号的表示方法

在工程图样中表示焊缝有两种方法，即图示法和标注法。在实际中，尽量采用符号标注法表示，以简化和统一图样上的焊缝画法，在必要时允许辅以图示法。如在需要表示焊缝剖面形状时，可按机械制图方法绘制焊缝局部剖视图或放大图，必要时也可用轴测图。

1. 图示法

国家标准《焊缝符号表示法》(GB/T 324—2008)和《技术制图焊缝符号的尺寸、比例及简化画法》(GB/T 12212—1990)规定，可用图示法表示焊缝，主要内容如图 1-21 所示。

用图示法表示焊缝时，焊缝的规定画法有：

①当焊缝面(或带坡口的一面)处于可见时，焊缝用栅线(一系列细实线，允许用徒手绘制)表示，也允许采用粗线(2b～3b)表示焊缝，如图 1-22 所示。但在同一图样中，只允许采用一种画法。此时表示两个被

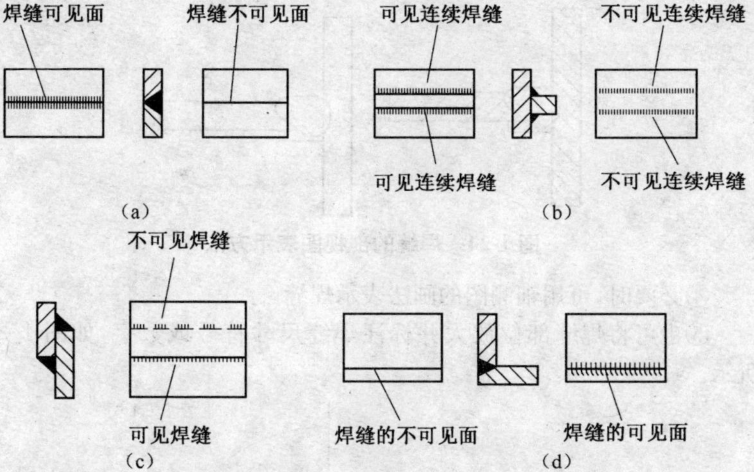

焊缝可见面　焊缝不可见面　可见连续焊缝　不可见连续焊缝

可见连续焊缝　不可见连续焊缝

(a)　(b)

不可见焊缝

可见焊缝　焊缝的不可见面　焊缝的可见面

(c)　(d)

图 1-21　焊缝的规定画法

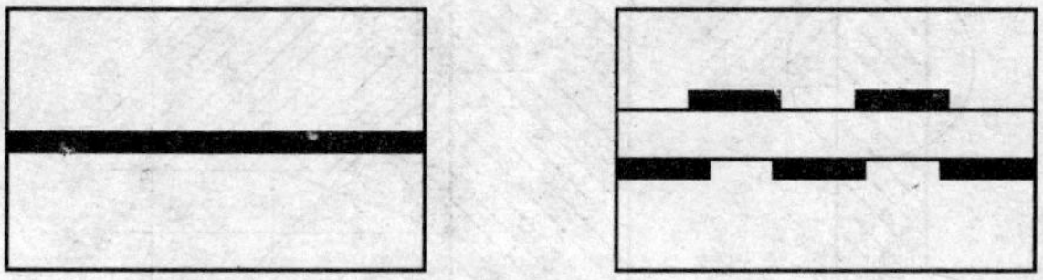

(a)　(b)

图 1-22　用粗实线表示焊缝

焊接件相接的轮廓线应保留。

②当焊缝面(或带坡口的一面)处于不可见时,表示焊缝的栅线可省略不画。

③在垂直于焊缝的断面或剖视图中,当比例较大时,应按照规定的焊缝横截面形状,画出焊缝的断面并涂黑,如图 1-23 所示。用视图、剖视或断面表示焊缝接头或坡口的形状时,用粗实线表示熔焊区的焊缝轮廓,用细实线画出焊接前的接头或坡口形状,如图 1-24 所示。

图 1-23　画出焊缝的断面并涂黑

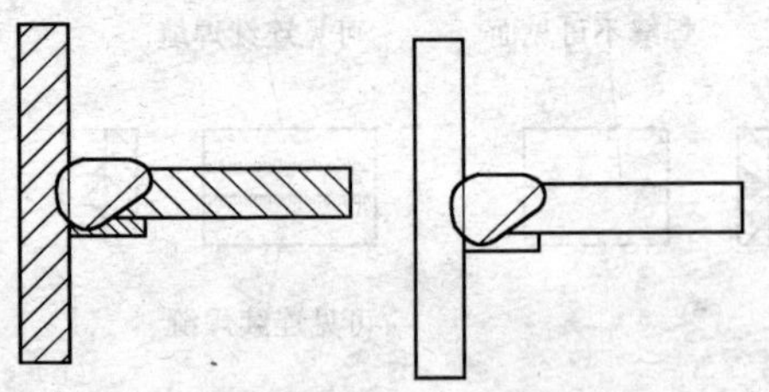

图 1-24　焊缝的剖视图表示方法

④必要时，可用轴测图的画法表示焊缝。

⑤也可将焊缝部位放大并标注焊缝尺寸符号或数字，如图 1-25 所示。

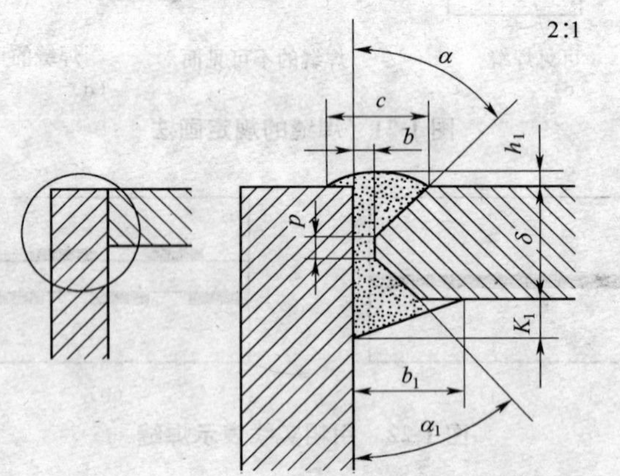

图 1-25　焊缝部位的局部放大图

⑥当在图样中采用图示法绘出焊缝时，通常应同时标注焊缝符号，如图 1-26 所示。

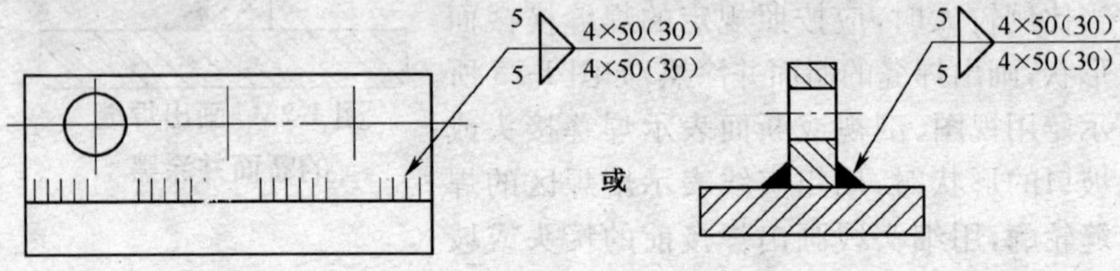

图 1-26　图示法配合焊缝符号的标注方法

2. 标注法

为使图样清晰和减轻绘图工作量，可按国家标准《焊缝符号表示法》(GB 324—2008)，在焊接图中一般可不必画出焊缝，只在焊缝处标注焊缝符号。有关对焊缝的要求应采用标准规定的焊缝符号来表示。

焊缝符号一般由基本符号、指引线、补充符号和焊缝尺寸符号及数据等组成。

(1)基本符号

基本符号是表示焊缝横截面形状的符号，它采用近似于焊缝横截面形状的符号采表示，用粗实线绘制，见表 1-4。焊缝基本符号的组合见表 1-5。

表 1-4　焊缝基本符号

序号	名　称	示意图	符　号
1	卷边焊缝[①] (卷边完全熔化)	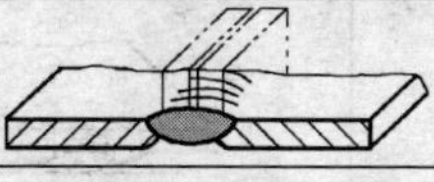	八
2	I 形焊缝		ǁ
3	V 形焊缝		V
4	单边 V 形焊缝		⋁
5	带钝边 V 形焊缝		Y
6	带钝边单边 V 形焊缝		⋎
7	带钝边 U 形焊缝		Y
8	带钝边 J 形焊缝		ƿ
9	封底焊缝		◡

续表 1-4

序号	名 称	示意图	符 号
10	角焊缝	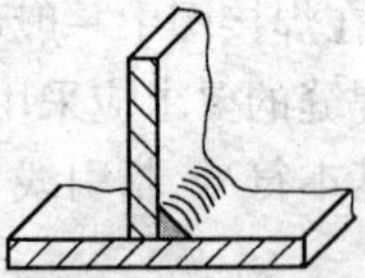	
11	塞焊缝或槽焊缝	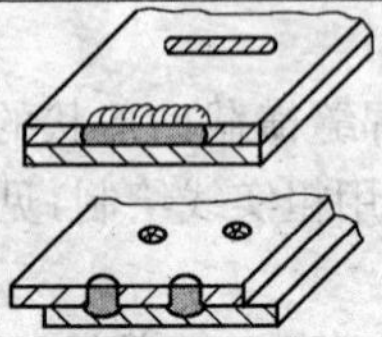	
12	点焊缝	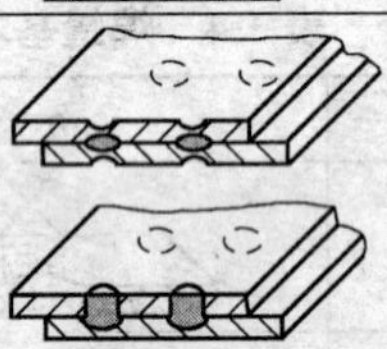	
13	缝焊缝	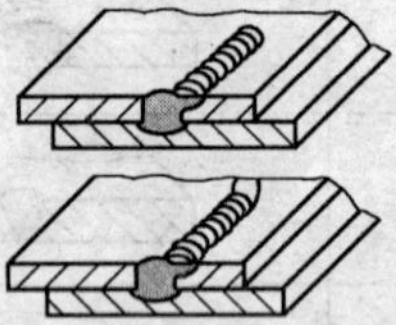	
14	陡边 V 形焊缝		
15	陡边单 V 形焊缝		
16	端焊缝		
17	堆焊缝	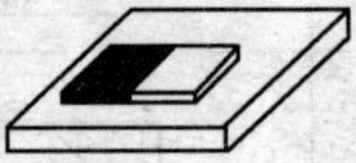	

续表 1-4

序号	名　　称	示意图	符　号
18	平面连接(钎焊)	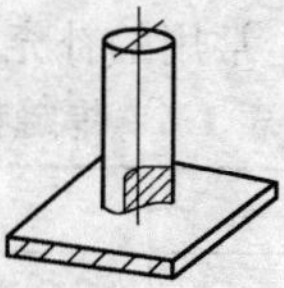 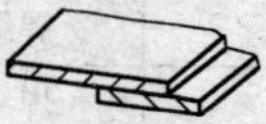	=
19	斜面连接(钎焊)	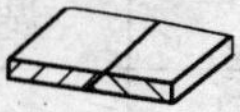	//
20	折叠连接(钎焊)		

注:①不完全熔化的卷边焊缝用Ⅰ形焊缝符号来表示,并加注焊缝有效厚度 S。

表 1-5　焊缝基本符号的组合

序号	名　　称	示意图	符号
1	双面 V 形焊缝 (X 焊缝)		 X
2	双面单 V 形焊缝 (K 焊缝)	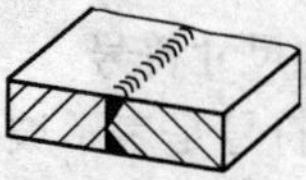	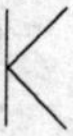 K
3	带钝边的双面 V 形焊缝		
4	带钝边的双面单 V 形焊缝	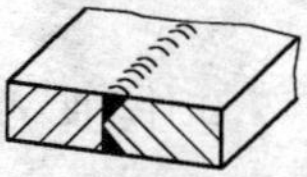	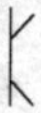
5	双面 U 形焊缝		

(2)焊缝的补充符号

补充符号是为了补充说明焊缝的某些特征而采用的符号，用粗实线绘制(尾部符号除外)。常用的补充符号见表 1-6。

表 1-6　焊缝补充符号

序号	名　称	符　号	说　明
1	平面		焊缝表面通常经过加工后平整
2	凹面		焊缝表面凹陷
3	凸面		焊缝表面凸起
4	圆滑过渡		焊趾处过渡圆滑
5	永久衬垫	M	衬垫永久保留
6	临时衬垫	MR	衬垫在焊接完成后拆除
7	三面焊缝		三面带有焊缝
8	周围焊缝		沿着工件周边施焊的焊缝 标注位置为基准线与箭头线的交点处
9	现场焊缝		在现场焊接的焊缝
10	尾部		可以表示所需的信息

(3)焊缝的尺寸符号

焊缝尺寸符号是表示坡口和焊缝横截面各种特征尺寸的符号，必要时焊缝基本符号可以附带尺寸符号及数据，见表 1-7。

表 1-7　焊缝尺寸符号

符号	名　称	示 意 图
δ	工件厚度	δ
α	坡口角度	α

续表 1-7

符号	名　称	示 意 图
b	根部间隙	b
p	钝边高度	p
c	焊缝宽度	c
R	根部半径	R
l	焊缝长度	l
n	焊缝段数	$n=2$
e	焊缝间距	e
k	焊角尺寸	k
d	熔核直径	d
S	焊缝有效厚度	S

续表 1-7

符号	名　　称	示 意 图
N	相同焊缝数量符号	$N=3$
H	坡口深度	H
h	余高	h
β	坡口面角度	β

(4)指引线

指引线由带箭头的箭头线和基准线两部分组成，如图 1-27 所示。

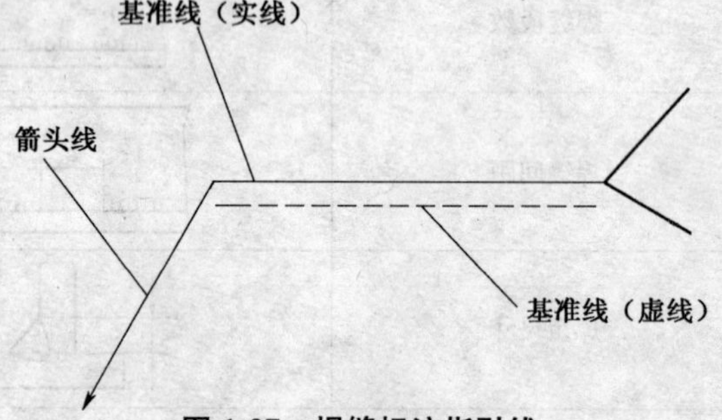

图 1-27　焊缝标注指引线

①基准线。基准线由两条相互平行的细实线和细虚线组成。细虚线表示焊缝在接头的非箭头侧。基准线的虚线可以画在基准线的实线下侧或上侧。标注对称焊缝和双面焊缝时可以不加虚线，如图 1-28 所示。

基准线一般与标题栏的长边相平行；必要时，也可与标题栏的长边

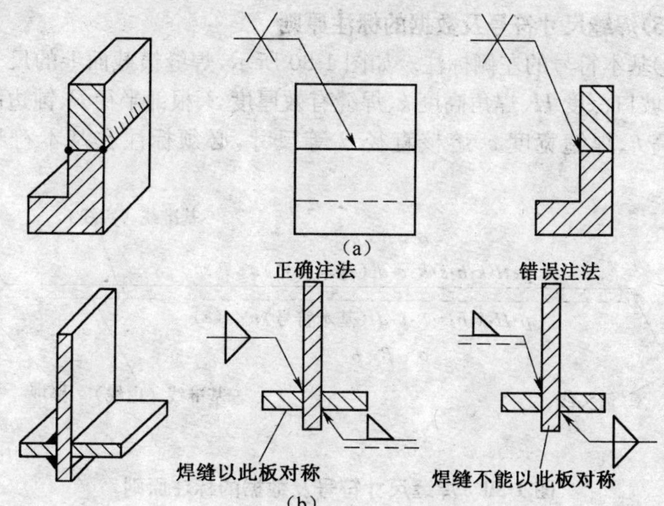

图 1-28　双面焊缝和对称焊缝的标注方法

(a)双面焊缝　(b)对称焊缝

相垂直。

②箭头线。箭头线用细实线绘制,箭头指向有关焊缝处,可以位于焊缝一侧,也可以位于焊缝的另一侧。但是在标注 V、Y、T 形焊缝时,箭头应指向带有坡口一侧的工件。必要时,允许箭头线折弯一次。当需要说明焊接方法时,可在基准线末端增加尾部符号。

如果焊缝在接头的箭头侧,则将基本符号标在基准线的实线侧;如果焊缝在接头的非箭头侧,则将基本符号标在基准线的虚线侧,如图1-29所示。

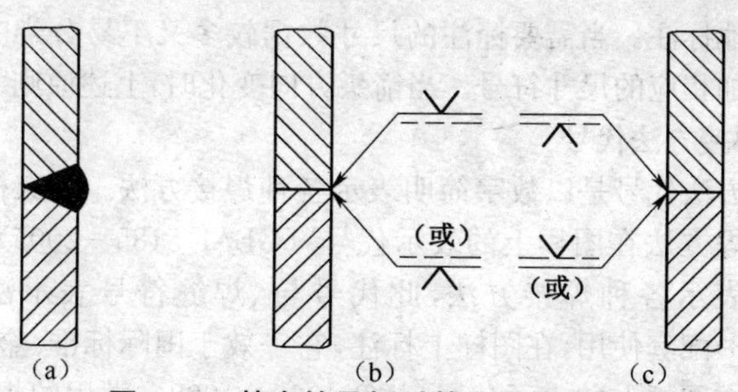

图 1-29　基本符号相对基准线的位置

(a)焊缝坡口朝右　(b)箭头侧位于焊缝一侧　(c)箭头侧位于非焊缝一侧

(5)焊缝尺寸符号及数据的标注原则

①基本符号的左侧标注。如图 1-30 所示，焊缝横截面上的尺寸数据，如坡口深度 H、焊角高度 k、焊缝有效厚度 S、根部半径 R、钝边高度 p、余高 h、焊缝宽度 c、熔核直径 d 等尺寸，必须标注在基本符号的左侧。

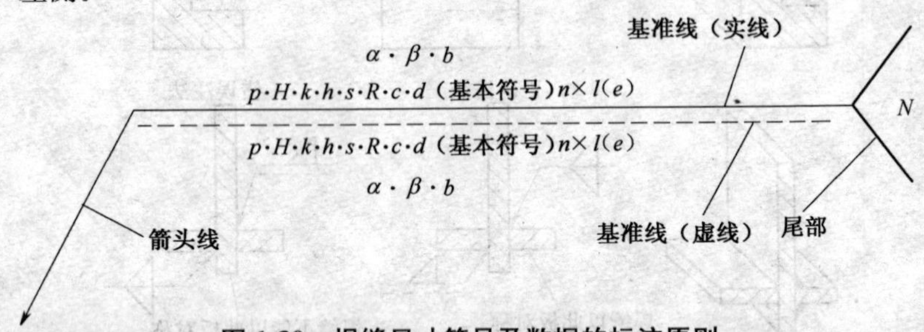

图 1-30 焊缝尺寸符号及数据的标注原则

②基本符号的右侧标注。如图 1-30 所示，焊缝长度方向的尺寸数据，如焊缝长度、焊缝间距 e、焊缝段数 n 等尺寸，必须标注在基本符号的右侧。

③基本符号的上侧或下侧标注。如图 1-30 所示，焊缝的坡口角度 α、坡口面角度 β、根部间隙等 b 尺寸，必须标注在基本符号的上侧或下侧。

④相同焊缝数量符号 N 的标注。如图 1-30 所示，在指引线的尾部标注表示焊接方法的数字代号或相同焊缝的个数。焊条电弧焊或没有特殊要求的焊缝，可以省略尾部符号和标注。

⑤其他标注。当需要标注的尺寸数据较多又不易分辨时，可在数据前面增加相应的尺寸符号。当箭头方向变化时，上述原则不变。

(6)焊接方法代号

焊接方法代号是以数字简明表示各种焊接方法。国家标准《金属焊接及钎焊方法在图样上的表示代号》(GB/T 5185—2005)用阿拉伯数字代号表示各种焊接方法，此代号与《焊缝符号表示法》(GB/T 324—2008)配套使用，在图样上标注，它等效于国际标准《金属焊接及钎焊方法在图纸上的表示代号》ISO 4063—1998。常用的焊接方法的代号及名称如表 1-8 所示。常见焊缝符号的标注示例见表 1-9。

表 1-8　常用焊接方法代号及名称

代号	焊接方法	代号	焊接方法
1	电弧焊	25	电阻对焊
11	无气体保护的电弧焊	291	高频电阻焊
111	焊条电弧焊	3	气焊
114	药芯焊丝电弧焊	31	氧-燃气焊
12	埋弧焊	311	氧-乙炔焊
121	双丝埋弧焊	4	压焊
13	熔化极气体保护电弧焊	41	超声波焊
131	MIG 焊(熔化极惰性气体保护焊)	42	摩擦焊
135	MAG 焊(熔化极非惰性气体保护焊)	441	爆炸焊
136	非惰性气体保护药芯焊丝电弧焊	45	扩散焊
14	非熔化极气体保护电弧焊	7	其他焊接方法
141	TIG 焊(钨极惰性气体保护焊)	71	铝热焊
15	等离子弧焊	72	电渣焊
181	碳弧焊	78	螺柱焊
2	电阻焊	91	硬钎焊
21	点焊	912	火焰硬钎焊
22	缝焊	94	软钎焊
24	闪光对焊	952	烙铁软钎焊

表 1-9　常见焊缝符号的标注示例

接头形式	焊缝形式及尺寸	标注示例	说　明
对接接头	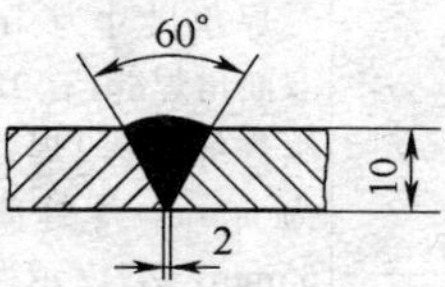 60° 10 2	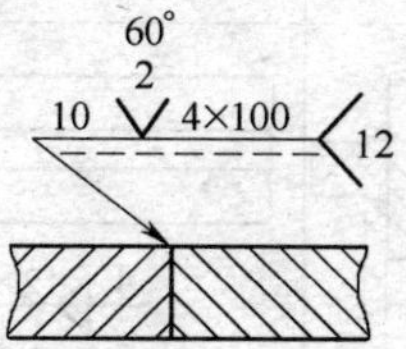 60° 2 10 4×100 12	表示板厚 10mm，对接缝隙 2mm，坡口角度 60°，4 段焊缝，每段焊缝长 100mm，采用埋弧焊相同的焊缝有 12 条

续表 1-9

接头形式	焊缝形式及尺寸	标注示例	说　明
角接头	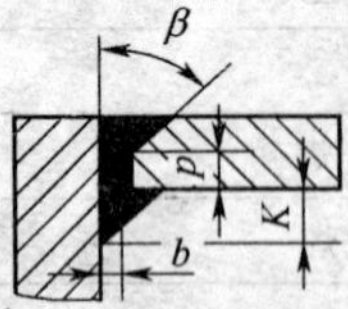 β p K b	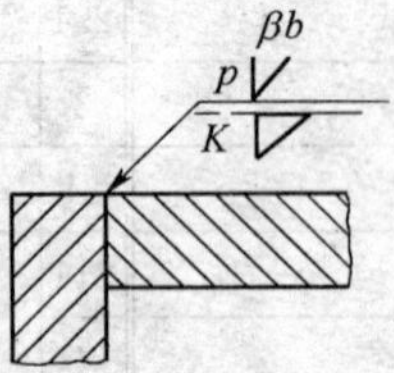 βb p K	表示双面焊缝，上面为单边 V 形焊缝，下面为角焊缝，p 表示钝边高度，β 表示坡口的角度，b 表示根部间隙，K 表示焊角尺寸
搭接	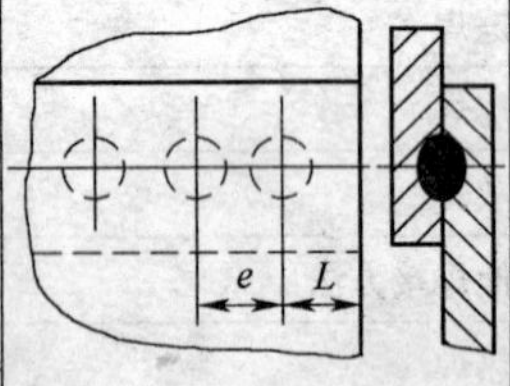 e L	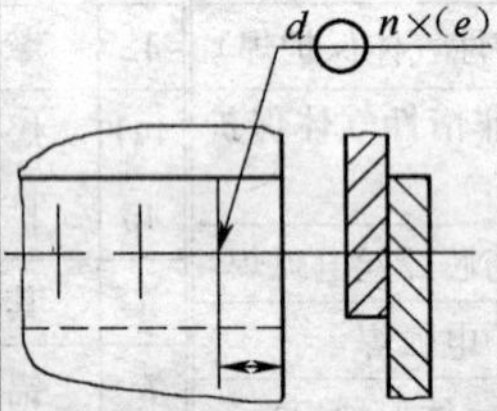 d ○ n×(e)	○表示点焊缝，熔核直径为 d，共 n 个焊点，焊点间距为 e，L 是确定第一个起始焊点中心位置的定位尺寸
		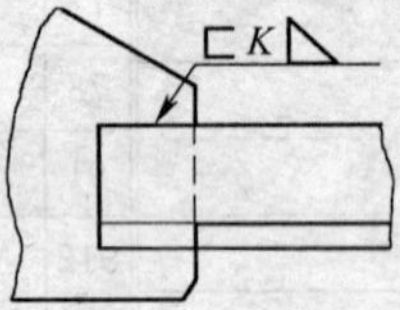 ⊏K	⊏表示三面焊点 表示单面角焊缝 K 表示焊角尺寸
T 形接头	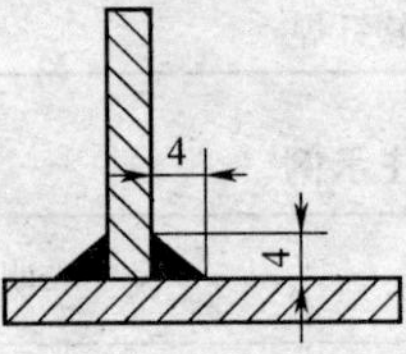 4 4	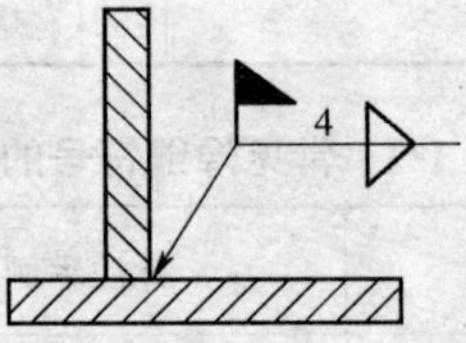 4	表示在现场装配时进行焊接 表示双面角焊缝，焊角尺寸为 4mm
	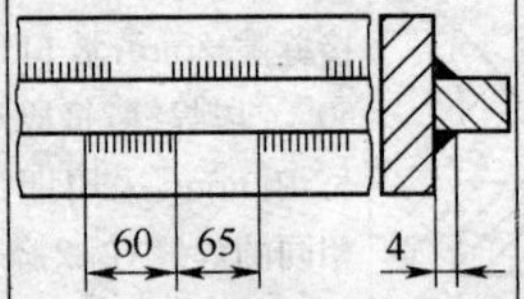 60 65 4	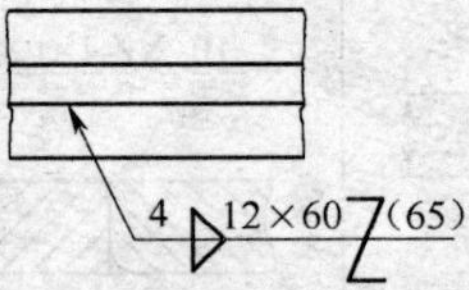 4 12×60 Z (65)	焊角尺寸为 4mm 的双面角焊缝，有 12 段断续焊缝，每段焊缝长度为 60mm，焊缝间隙为 65mm，“Z”表示两面断续焊缝交错

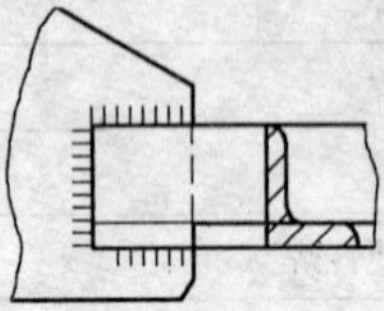

七、焊接结构装配图的读识

为满足施工要求，焊接结构装配图采用各种代号和符号，简单明了地画出焊接接头的类型、形状、尺寸、位置、表面状况、焊接方法以及与焊接有关的各项标准的质量要求。焊工只有全面理解、掌握设计意图，看懂焊接装配图，才能按图样要求完成结构的焊接装配，制造出优质合格的产品。

1. 焊接结构装配图的组成

一张完整的焊接结构装配图应该包括制造和检验构件的全部资料，一般由以下内容组成，如图 1-31 所示。

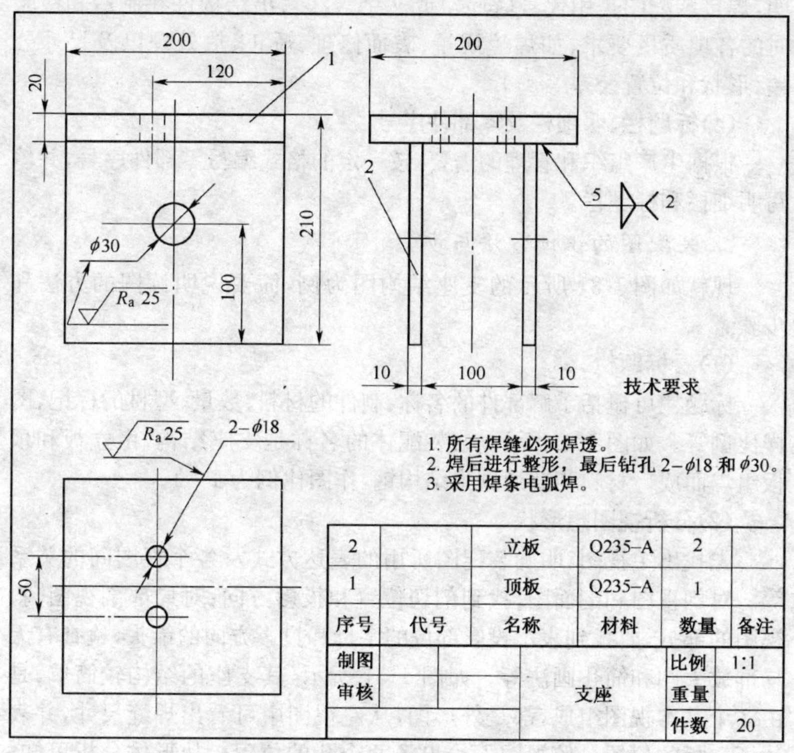

2		立板	Q235–A	2	
1		顶板	Q235–A	1	
序号	代号	名称	材料	数量	备注

制图		支座	比例	1:1
审核			重量	
			件数	20

图 1-31　支座的焊接结构图

(1)一组图形

完整而清晰地表达出构件各个部分的结构形状，表达装配结构特征、工作原理、装配件以及全部构件的形状等的图形。焊接结构图中除了包含与焊接有关的内容外，还有其他加工所需的全部内容。

(2)足够的尺寸

表达有关装配体的外形、性能、规格、连接关系或确定结构件各部分结构形状的大小和相对位置等的尺寸。

(3)必要的技术要求

为确保构件或机器的装配焊接质量，满足使用要求，对装配体的装配、试验、使用规则、应用范围、特殊处理等提出严格、合理的规定或说明，焊接装配图是用代号(符号)或文字等注写出结构件在制造和检验时的各项质量要求，如焊缝质量、表面修理、矫正、热处理以及尺寸公差、形状和位置公差等。

(4)标题栏、明细栏及零部件序号

根据生产组织和管理的需要，按一定的格式编写零部件序号，并填写明细栏和标题栏。

2. 装配图的识读方法与步骤

现就如图 1-31 所示的支座结构图为例，简要说明读图的方法和步骤。

(1)看标题栏

标题栏可概括了解部件的名称、制件的材料、数量、型材的标记、图样比例等。如图 1-31 所示，该装配体的名称是支座结构，由立板和顶板组焊而成。材料为普通碳素结构钢，作图比例为 1∶1。

(2)分析视图想形状

先找出主视图，明确装配图所用的表达方式及各个视图间的关系等。对剖视图和剖面图，找到剖切位置和投影方向；对局部剖视图、斜视图的部分，要找到表示投影部位的字母和投影方向的箭头，检查有无局部放大图和简化画法等。如图 1-31 所示，其支座的结构较简单，是由 3 个基本视图组成，都是外形图，从左视图中可看出焊缝尺寸，并表达了立板的位置。俯视图上给出了两个孔的位置。从形体分析可知，一块顶板两块立板，均为矩形板。

(3)分析尺寸

根据形体分析和结构分析，了解定形、定位和总体尺寸，分析标注尺寸所用的基准。

①焊接结构装配图的尺寸。

a. 定形尺寸：表示结构构件各组成部分长、宽、高三个方向的大小尺寸。在图 1-31 中，标注了顶板和立板三个组成部分的大小尺寸。

b. 定位尺寸：表示结构件各组成部分的相对位置的尺寸。

c. 总体尺寸：表示结构外形大小的尺寸。

d. 配合尺寸：表示构件之间相互配合的尺寸。配合尺寸也叫装配尺寸。

e. 安装尺寸：表示装配体安装到其他装配图或地基上所需的尺寸。

②确定尺寸的基准。基准是确定结构件上构件位置的一些点、线、面，即标注尺寸的起点。一般选择下面两种基准：

a. 设计基准：标注设计尺寸的起点称为设计基准。

b. 工艺基准：结构件在装配定位或加工测量时使用的基准。在焊接结构件上通常选取主要的装配面、支撑面、对称面、主要加工面或回转体的轴线作尺寸基准。

③分析尺寸。如图 1-31 所示，在支座结构图中，长度方向、高度方向、宽度方向尺寸基准均是中心对称平面。该结构的总体尺寸为 200、200、210。两个立板的定位尺寸为 100。ϕ18 焊后加工，它的定位尺寸为 120、50，ϕ30 的定位尺寸为 100、100。

(4)了解技术要求

焊接结构图的技术要求有的用文字说明，也有的用代(符)号标注表示。对这部分内容应能看懂表面粗糙度、尺寸公差与配合、形位公差和焊接要求，如焊接方法、焊缝符号、焊缝质量要求、焊后矫正和热处理方法等。

如图 1-31 所示，支座的技术要求在图中分为两部分，一部分是文字说明，如焊缝质量要求、焊后矫正、焊接方法等。另一部分是在图中相应位置用代(符)号标注出来，如各孔表面粗糙度符号 $\overset{25}{\bigtriangledown}$，焊缝符号等。

通过上述 4 个方面的分析，就可以全面了解这一结构件装配图表达的完整内容，从而达到读懂焊接装配图的目的。

3. 装配图的识读举例

(1)装配图的识读(例一)

图 1-32 所示的是弯头装配图,它由底盘、弯管和法兰盘三件组焊而成,材料采用焊接性较好的 Q235-A,弯管的壁厚为 4mm,是 3 个零件中壁最薄的地方。零件组焊完成后要求法兰盘和底盘满足垂直度公差 0.1mm。图中:

6◺<111 表示法兰盘和弯管之间的外侧焊缝:焊角尺寸为 6mm,单面周围角焊缝,111 表示焊接方法为焊条电弧焊。

4◺<111 表示法兰盘和弯管之间的内侧焊缝:焊角尺寸为 4mm,单面周围角焊缝,焊接方法为焊条电弧焊。

|2|<111 表示底盘和弯管之间的焊缝:I 形坡口对接接头,间隙为 2mm,单面周围焊缝,焊接方法为焊条电弧焊。

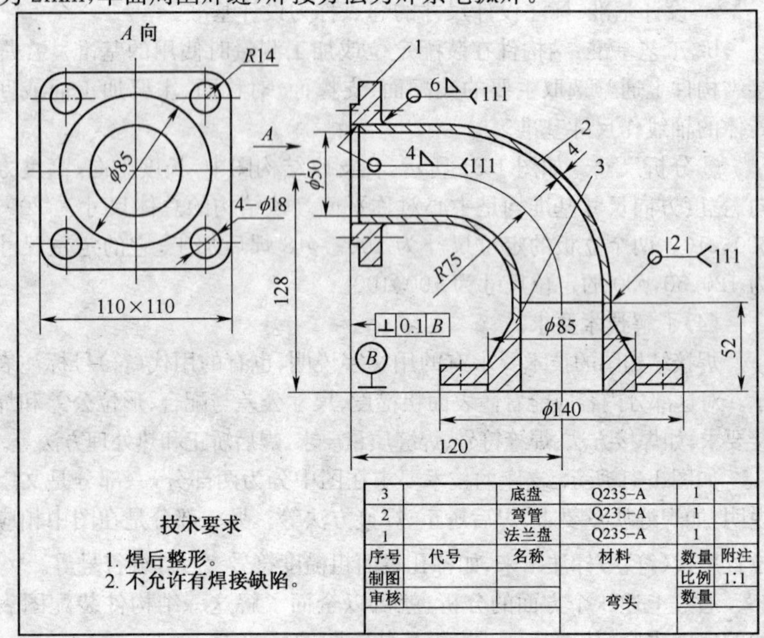

图 1-32 弯头

(2)装配图的识读(例二)

图 1-33 所示为吊装架结构图,由立板、平板、吊耳和圆板组焊而成,所用材质为 Q235-A,采用高效、低成本的 CO_2 焊。图中:

135 4 2 40° 2 表示立板和平板之间的正面焊缝开 Y 形坡口,坡口角度 40°,钝边 4mm,间隙 2mm,背面焊缝为单面角焊缝,焊角尺寸为 2mm,135 代表焊接方法为 CO_2 焊。

135 5 表示立板和吊耳之间是焊角尺寸为 5mm 的双面角焊缝,焊接方法为 CO_2 焊。

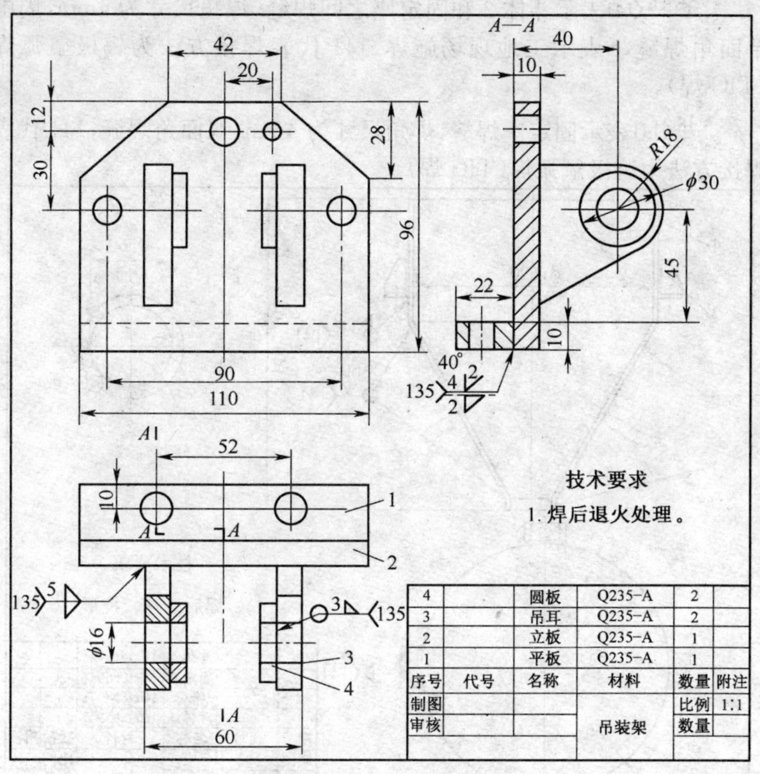

序号	代号	名称	材料	数量	附注
4		圆板	Q235-A	2	
3		吊耳	Q235-A	2	
2		立板	Q235-A	1	
1		平板	Q235-A	1	
制图			吊装架	比例	1:1
审核				数量	

图 1-33　吊装架结构图

(3)装配图的识读(例三)

图1-34所示为装料斗焊接结构图，由斗体1、锥体、固定座、斗体2四部分组焊而成，所用材质为焊接性较好的奥氏体不锈钢，牌号为12Cr18Ni9Ti(1Cr18Ni9Ti)，最小板厚4mm。基于以上条件，焊接方法采用钨极氩弧焊(TIG焊)。图中：

60° 141表示斗体和锥体2之间的焊缝开V形坡口，坡口角度60°，焊缝间隙1mm，周围焊缝，141代表焊接方法为钨极氩弧焊(TIG)焊。

4 141表示斗体2和固定座之间焊缝，焊角尺寸为4mm，周围单面角焊缝，表示工地现场施焊，141代表焊接方法为钨极氩弧焊(TIG焊)。

4 141表示固定座焊缝，焊角尺寸为4mm，双面角焊缝，141代表焊接方法为钨极氩弧焊(TIG焊)。

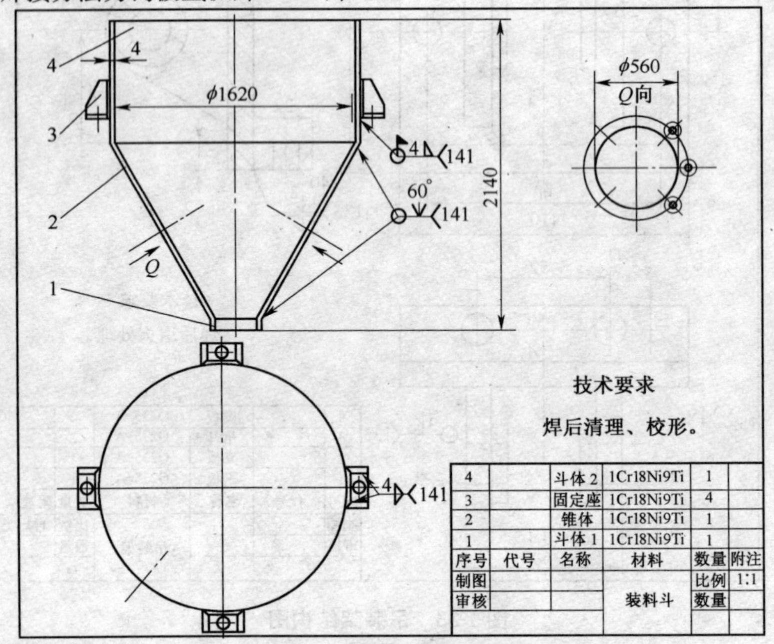

4		斗体2	1Cr18Ni9Ti	1	
3		固定座	1Cr18Ni9Ti	4	
2		锥体	1Cr18Ni9Ti	1	
1		斗体1	1Cr18Ni9Ti	1	
序号	代号	名称	材料	数量	附注
制图			装料斗	比例	1:1
审核				数量	

图1-34 装料斗焊接结构图

(4)装配图的识读(例四)

图 1-35 所示为管座焊接结构图,由底板和立管两部分组焊而成,所用材质为 Q235-A,焊接方法采用气焊。图中:

○2△<311表示底板和立管之间的外侧焊缝为:焊角尺寸为 2mm,周围单面角焊缝,311 代表焊接方法为氧乙炔焊。

○1△<311表示底板和立管之间的内侧焊缝为:焊角尺寸为 1mm,周围单面角焊缝,311 代表焊接方法为氧乙炔焊。

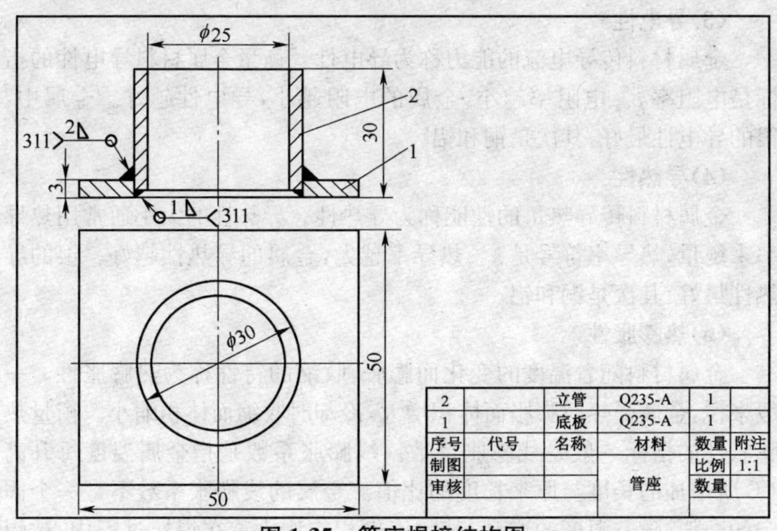

图 1-35　管座焊接结构图

第三节　金属材料知识

一、金属材料的物理、化学和力学性能

1. 金属材料的物理、化学性能

金属材料的物理、化学性能主要是指金属材料的密度、熔点、导电性、导热性、热膨胀性、磁性、抗氧化性、耐腐蚀性等。

(1)密度

物质单位体积所具有的质量称为密度,用符号 ρ 表示。一般密度

小于 $5\times10^3 kg/m^3$ 的金属称为轻金属，大于则称为重金属。利用密度的概念可以解决计算毛坯的质量、鉴别金属材料等一系列实际问题。

(2)熔点

纯金属和合金由固态转变为液态时的熔化温度称为熔点。纯金属有固定的熔点，合金的熔点取决于它的成分。例如，钢是铁碳合金，碳含量不同，熔点也不同。熔点对金属和合金的冶炼、铸造和焊接等都是很重要的参数。

(3)导电性

金属材料传导电流的能力称为导电性。衡量金属材料导电性的指标是电阻率 ρ。电阻率越小，金属的电阻越小，导电性越好。金属中，银的导电性最好，其次是铜和铝。

(4)导热性

金属材料传导热量的性能称为导热性。导热性的大小通常用热导率来衡量，热导率符号是 λ。热导率越大，金属的导热性越好。银的导热性最好，其次是铜和铝。

(5)热膨胀性

金属材料随着温度的变化而膨胀、收缩的特性称为热膨胀性。一般来说，金属受热时膨胀而体积增大，冷却时收缩而体积缩小。衡量热膨胀性的指标一般是线膨胀系数。线膨胀系数是指金属温度每升高1℃所增加的长度与原来长度的比值。金属的线膨胀系数不是一个固定的数值，随着温度的增高，其数值也相应增大。在焊接过程中，被焊工件由于受热不均匀而产生不均匀的热膨胀，会导致焊件产生变形和焊接应力。

(6)磁性

金属材料在磁场中受到磁化的性能称为磁性。根据金属材料在磁场中受到磁化程度的不同，可分为铁磁材料（如铁、钴等）、顺磁材料（如锰、铬等）和抗磁性材料（如铜、锌等）三类。工程上应用较多的是铁磁材料。

(7)抗氧化性

金属材料在高温时抵抗氧化性气体的腐蚀作用的能力称为抗氧化性。

(8)耐腐蚀性

金属材料抵抗各种介质(大气、酸、碱、盐等)侵蚀的能力称为耐腐蚀性。

2. 金属材料的力学性能

力学性能是指金属在外力作用时表现出来的性能。金属材料常用的力学性能指标主要有:强度、塑性、冲击韧度和硬度等。

(1)强度

强度是指材料在外力作用下抵抗变形和断裂的能力,强度越高,抵抗变形和断裂的能力越强。衡量强度的常用指标为屈服点和抗拉强度。

①屈服点。钢材在拉伸过程中当载荷达到一定值时,载荷不变,仍继续发生明显的塑性变形的现象,称为屈服现象。材料产生屈服现象时的应力称为屈服点,用 $R_{eL}(\sigma_s)$来表示(括号内代号为旧的符号,下同)。有些金属材料(如高碳钢、铸钢等)没有明显的屈服现象或无屈服现象,测定 $R_{eL}(\sigma_s)$很困难,在此情况下,规定以试件基准长度方向产生0.2%塑性变形时的应力定义为材料的屈服点,用 $\sigma_{0.2}$ 表示。材料的屈服点是机械设计的主要依据之一,是评定金属材料质量的重要指标。

②抗拉强度。钢材在拉伸时,材料在拉断前所承受的最大应力称为抗拉强度,用 $R_m(\sigma_b)$表示。它也是衡量金属材料强度的重要指标。金属材料在使用中所承受的工作应力不能超过材料的抗拉强度,否则会产生断裂,甚至造成严重事故。

强度的单位用 Pa、MPa 表示,也可以用 N/m^2 表示。它们的换算关系是:

$$1MPa=1\times10^6 Pa=1\times10^6 N/m^2$$

(2)塑性

塑性是指金属材料在外力作用下产生塑性变形的能力。塑性越高,材料产生塑性变形的能力越强。塑性指标主要有断后伸长率、断面收缩率和冷弯角等。

①断后伸长率。金属材料受拉力作用被拉断以后,在标距内总伸长长度同原来标距长度相比的百分数叫作断后伸长率(或延伸率),用 $A(\delta)$表示。

$$A(\delta)=\frac{l_1-l_0}{l_0}\times 100\%$$

式中 l_0 ——试样的原标定长度(mm);

l_1——试样拉断后标距部分的长度(mm)。

当试样原来的长度与其直径之比为5或10时,伸长率分别用 δ_5 和 δ_{10} 表示。

②断面收缩率。金属受外力作用被拉断以后,其横截面的缩小量与原来横截面积相比的百分数,称为断面收缩率,以 $Z(\Psi)$ 表示。

$$Z(\Psi)=\frac{F_0-F}{F_0}\times 100\%$$

式中 F ——试样拉断后,拉断处横截面面积(mm^2);

F_0——试样标距部分原始的横截面面积(mm^2)。

A(δ)和 $Z(\Psi)$ 的值越大,表示金属材料的塑性越好。断后伸长率和断面收缩率可以通过拉伸试验来获得。

③冷弯角。在船舶、建筑、锅炉、压力容器等工业部门,由于有大量的弯曲和冲压等冷变形加工,因此,常用弯曲试验来衡量材料在室温时的塑性。试验时,将长条形试件按规定的弯曲半径进行弯曲,在受拉面出现裂纹时,试件与原始平面的夹角叫作冷弯角,用 α 表示。弯曲试验通常在室温下进行,因而又称为冷弯试验。冷弯角越大,说明材料的塑性越好。冷弯试验是焊接接头常用的试验方法,不仅可以考核焊接接头的塑性,还可以发现受拉面的缺陷。

(3)冲击韧度

在冲击载荷下,金属材料抵抗破坏的能力叫作冲击韧度。冲击韧度值指试样冲断后缺口处单位面积所消耗的功,用符号 α_k 表示。

$$\alpha_k=\frac{A_k}{F}\ (J/cm^2)$$

式中 A_k ——冲断试样所消耗的功(J);

F——试样断口处的横截面积(cm^2)。

α_k 值越大,材料的韧性越好,在受到冲击时不容易断裂;反之,脆性越大。材料的冲击韧度与温度有关。温度越低,冲击韧度值越小。

(4)硬度

金属材料抵抗表面变形的能力称为硬度。硬度是衡量金属材料软硬的一个指标。根据测量方法的不同，硬度指标可分为布氏硬度(HB)、洛氏硬度(HR)和维氏硬度(HV)。生产中常用的是布氏硬度和洛氏硬度，维氏硬度试验用于测定显微组织的硬度。

①布氏硬度。将直径10mm的淬硬钢球，在一定的试验力作用下，压入试样表面，根据压坑的面积测得布氏硬度值。布氏硬度值用符号HB表示，数值是压坑单位面积上所承受的平均压力。但布氏硬度不能测定硬度高于HB450的材料，因为钢球本身会发生变形而影响准确度。其也不能测定太薄或太小的材料，也不宜测定表面要求严格的成品。

②洛氏硬度。以120°的金刚石圆锥体或ϕ1.59mm的淬火钢球作为压头，在一定的试验力作用下，将压头压入被测试件表面，以压入深度(永久变形)来鉴定材料的硬度大小。压入越深，硬度越低；反之，硬度越高。洛氏硬度试验时加在压头上的载荷有三种：588N、980N、1470N。试验机上用A、B、C三种标尺分别代表三种载荷值，测得的硬度值相应的用HRA、HRB、HRC表示。一般常用的是HRC，用来测量硬金属、淬火回火处理钢等的硬度。洛氏硬度可以测定最硬的金属，也可以测定成品及薄的工件。

二、金属材料的焊接性

1. 焊接性的定义

焊接性能简称为焊接性，是指材料在限定的施工条件下焊接成按规定设计要求的构件，并满足预定服役要求的能力。

焊接性一般包括工艺焊接性和使用焊接性。工艺焊接性主要指焊接接头出现各种缺陷的可能性；使用焊接性主要指焊接构件在使用中的可靠性。

焊接性受材料、焊接方法、构件类型及使用要求四个因素的影响，其中，材料的种类及其化学成分是主要的影响因素。

2. 碳当量

评定钢的焊接性的方法有很多，直接的方法就是直接进行焊接性试验。目前，碳钢和低合金结构钢应用最广泛、使用最简单、最方便的方法是碳当量法。

(1)碳当量的定义及应用范围

碳当量的定义是把钢中合金元素(包括碳)的含量按其作用换算成碳的相当含量。这种方法是基于合金元素对钢的焊接性有不同程度的影响,可作为评定钢材焊接性的一种参考指标。

碳当量法仅用于碳钢和低合金钢材料,由于没有考虑焊接方法、构件类型、结构刚性、板厚、扩散氢含量和构件使用要求等因素的影响,因此,只对淬硬及冷裂倾向进行估算,是一种参考指标。

(2)碳当量的评定方法

如果已知一种材料的化学成分,就可以利用碳当量公式进行计算。国际焊接学会推荐的碳当量计算公式为:

$$\text{碳当量}\ C_E = C + \frac{Mn}{6} + \frac{Cr+Mo+V}{5} + \frac{Ni+Cu}{15}$$

此公式主要适用于中高强度的非调质低合金高强度钢($\sigma_b = 500 \sim 900$MPa)。式中,化学元素都表示该元素在钢中的质量百分数。在计算碳当量时,元素含量均取其成分范围的上限。

当$C_E < 0.40\%$时,钢材的淬硬冷裂倾向不大,焊接性优良,焊接时不必预热;当$C_E = 0.40\% \sim 0.60\%$时,钢材的淬硬冷裂倾向增大,焊接时需要预热、控制焊接参数等工艺措施;当$C_E > 0.60\%$时,钢材的淬硬冷裂倾向强,属于较难焊的钢材,需要采取较高的预热温度和严格的工艺措施。

三、常用钢的分类及牌号表示方法

钢是以铁为主要元素,碳含量一般在2%以下,并含有其他金属元素的金属材料。钢的分类方法较多,一般按化学成分分为碳素钢、合金钢;按用途分为结构钢、工具钢和特殊用途钢(如不锈钢、耐候钢、耐热钢、磁钢等);按品质(根据硫、磷杂质的含量)分为普通钢、优质钢、高级优质钢和特级优质钢;按冶炼中的脱氧方法分为沸腾钢、镇静钢、半镇静钢和特殊镇静钢。

1. 碳素钢的分类及牌号表示方法

(1)碳素钢的分类

碳素钢简称碳钢,是指碳的质量分数小于2.11%的铁碳合金。碳素钢中除含有铁、碳元素以外,还有少量的硅、锰、硫、磷等杂质。碳素钢常用的分类方法有以下几种：

① 按化学成分分类：低碳钢，碳的质量分数<0.25%；中碳钢，碳的质量分数=0.25%~0.60%；高碳钢，碳的质量分数>0.60%。

②按钢的质量分类：根据 GB/T 222—2006 的规定，按钢中有害杂质硫(S)、磷(P)的含量可分为 A、B、C、D、E 五个等级。例如：优质钢，S 的质量分数<0.035%，P 的质量分数<0.035%；高级优质钢，S 的质量分数<0.030%，P 的质量分数<0.030%，符号为 A；特级优质钢，S 的质量分数<0.020%，P 的质量分数<0.025%，符号为 E。

③按冶炼方法分类：根据冶炼时的脱氧方法可分为沸腾钢(F)、半镇静钢(b)、镇静钢(Z)和特殊镇静钢(TZ)。

④按金相组织分类：按钢在室温下的组织，可分为奥氏体钢、铁素体钢、马氏体钢、珠光体钢、贝氏体钢等。

⑤按用途分类：结构钢，主要用于制造各种机械零件和工程结构件等，其碳的质量分数一般都小于 0.70%；工具钢，主要用于制造各种刀具、模具和量具等，其碳的质量分数一般都大于 0.70%。

(2)碳素结构钢牌号的表示方法

根据《碳素结构钢》(GB/T 700—2006)、《钢铁产品牌号表示方法》(GB/T 221—2008)和《优质碳素结构钢》(CB/T 699—1999)的规定，碳素结构钢牌号的表示方法如下：

①通用碳素结构钢。采用代表屈服点的字母“Q”、屈服点的数值(单位为 MPa)和质量等级、脱氧方法等符号表示(表示镇静钢的符号“Z”和表示特殊镇静钢的符号“TZ”可以省略)，按顺序组成牌号。例如 Q235AF 中，“Q”表示屈服点的字母，“235”表示钢屈服点的数值为 235MPa；“A、B、C、D”分别为质量等级；“F”表示沸腾钢。

②优质碳素结构钢。优质碳素结构钢中含有的有害元素及非金属夹杂物比普通碳素结构钢少，所以一般用来制造重要的机械零件，使用前一般都要经过热处理来改善力学性能。

优质碳素结构钢牌号通常由五部分组成：第一部分，以二位阿拉伯数字表示平均碳含量(以万分之几计)；第二部分(必要时)，较高含锰量的优质碳素结构钢，加锰元素符号 Mn；第三部分(必要时)，钢材冶金质量，即高级优质钢、特级优质钢分别以 A、E 表示，优质钢不用字母表示;第四部分(必要时),脱氧方式表示符号,即沸腾钢、半镇静钢、镇静钢分别以“F”、“b”、“Z”表示,但镇静钢表示符号通常可以省略;第五部分(必要时),产品用途、特性或工艺方法表示符号。优质碳素弹簧钢的牌号表示方法与优质碳素结构钢相同。举例说明见表 1-10。

表 1-10 部分优质碳素结构钢牌号及其说明

序号	产品名称	第一部分	第二部分	第三部分	第四部分	第五部分	牌号示例
1	优质碳素结构钢	碳含量:0.05%~0.11%	锰含量:0.25%~0.50%	优质钢	沸腾钢	—	08F
2	优质碳素结构钢	碳含量:0.47%~0.55%	锰含量:0.50%~0.80%	高级优质钢	镇静钢	—	50A
3	优质碳素结构钢	碳含量:0.48%~0.56%	锰含量:0.70%~1.00%	特级优质钢	镇静钢	—	50MnE
4	保证淬透性用钢	碳含量:0.42%~0.50%	锰含量:0.50%~0.85%	高级优质钢	镇静钢	保证淬透性钢表示符号“H”	45AH
5	优质碳素弹簧钢	碳含量:0.62%~0.70%	锰含量:0.90%~1.20%	优质钢	镇静钢	—	65Mn

较高含锰量的优质碳素结构钢在表示碳的质量分数的平均值的阿拉伯数字后加锰元素符号。例如,碳的质量分数的平均值为0.48%~0.56%,锰的质量分数为 0.70%~1.00% 的钢,其牌号表示为“50Mn”。

③专用优质碳素结构钢。专用优质碳素结构钢采用阿拉伯数字(以万分之几计的碳的质量分数的平均值)和代表产品用途的符号等表示,焊接用钢牌号表示为“H”,压力容器用钢牌号表示为“R”,桥梁用钢表示为“q”,锅炉用钢表示为“g”,焊接气瓶用钢表示为“HP”。例如,“20g”表示碳的质量分数的平均值为 0.20%的锅炉钢,“20R”表示碳的质量分数的平均值为 0.20%的压力容器用钢。

2. 合金钢的分类及牌号表示方法

(1)合金钢的分类

合金钢是在碳钢的基础上，为获得特定的性能(如高强度、耐热、耐腐蚀、耐低温等)，有目的地加入一种或多种合金元素，加入的合金元素主要有硅(Si)、锰(Mn)、铬(Cr)、镍(Ni)、钨(W)、钼(Mo)、钒(V)、钛(Ti)、铝(Al)及稀土等。合金钢的分类方法很多，主要有：

①按合金元素总量分类：低合金钢，合金元素的质量分数的总和<5%；中合金钢，合金元素的质量分数的总和=5%～10%；高合金钢，合金元素的质量分数的总和>10%。

②按主要特性性能或使用特性分类：可分为工程结构用钢、机械工程用钢、不锈钢、耐蚀钢和耐热钢、工具钢、轴承钢、特殊物理性能钢(如磁钢、高电阻钢等)。

③按其主要质量等级分类：可分为A、B、C、D、E级，其中，A代表高级优质合金钢，E代表特殊优质合金钢。

(2)合金结构钢的牌号表示方法

①合金结构钢的牌号。根据《钢铁产品牌号表示方法》(GB/T 221—2008)的规定，合金结构钢牌号通常由四部分组成：第一部分，以二位阿拉伯数字表示平均碳含量(以万分之几计)；第二部分，合金元素含量，以化学元素符号及阿拉伯数字表示(具体表示方法为：平均含量小于1.50%时，牌号中仅标明元素，一般不标明含量；平均含量为1.50%～2.49%、2.50%～3.49%、3.50%～4.49%、4.50%～5.49%……时，在合金元素后相应写成2、3、4、5……)；第三部分，钢材冶金质量，即高级优质钢、特级优质钢分别以A、E表示，优质钢不用字母表示；第四部分(必要时)，产品用途、特性或工艺方法表示符号。

部分合金结构钢牌号及其说明见表1-11。

表1-11　部分合金结构钢牌号及其说明

序号	产品名称	第一部分	第二部分	第三部分	第四部分	牌号示例
1	合金结构钢	碳含量：0.22%～0.29%	铬含量1.50%～1.80%、钼含量0.25%～0.35%、钒含量0.15%～0.30%	高级优质钢	—	25Cr2MoVA

续表 1-11

序号	产品名称	第一部分	第二部分	第三部分	第四部分	牌号示例
2	锅炉和压力容器用钢	碳含量：0.22%	锰含量 1.20%～1.60%、钼含量 0.45%～0.65%、铌含量 0.025%～0.050%	特级优质钢	锅炉和压力容器用钢	18MnMoNbER
3	优质弹簧钢	碳含量：0.56%～0.64%	硅含量 1.60%～2.00% 锰含量 0.70%～1.00%	优质钢	—	60Si2Mn

②合金结构钢质量等级，分别在牌号尾部加符号“A、B、C、D、E”表示。例如，高级优质合金结构钢“30CrMnSiA”。特级优质合金结构钢“30CrMnSiE”。

③专用合金结构钢的牌号，在专用合金结构钢牌号头部（或尾部）加代表产品用途的符号表示。例如，“16MnR”为碳的质量分数的平均值为 0.16%，锰的质量分数的平均值为小于 1.5%的压力容器用钢板；“H08A”为碳的质量分数的平均值为 0.08%的高级优质焊接用钢。

④低合金高强度结构钢的牌号。根据《低合金高强度结构钢》(GB/T1591—2008)的规定，低合金高强度结构钢牌号由代表屈服点的汉语拼音字母 Q、屈服强度数值、质量等级符号（A、B、C、D、E）三个部分按顺序排列。例如，“Q345A”钢，其中：Q——钢材屈服点的“屈”字汉语拼音的首位字母；345——屈服点的数值为 345MPa；A——质量等级为 A 级。

3. 不锈钢的分类及牌号表示方法

(1)不锈钢的分类

不锈钢有两种分类法。一种是按合金元素的特点，划分为铬不锈钢（以铬作为主要合金元素）和铬镍不锈钢（以铬和镍作为主要合金元素）。另一种是按正火状态下钢的组织状态，划分为马氏体不锈钢、铁素体不锈钢、奥氏体不锈钢和奥氏体—铁素体型不锈钢等。

①马氏体不锈钢。这类钢的铬质量分数较高（13%～17%），碳的质量分数也较高（0.1%～1.1%）。属于此类钢的有 10Cr13(1Cr13)①、20Cr13(2Cr13)、30Cr13(3Cr13)等，其中，以 20Cr13(2Cr13)应用最广。

① 括号内为不锈钢的旧牌号。

此类钢具有淬硬性，多用于制造力学性能要求较高、耐腐蚀性要求相对较低的零件，例如汽轮机叶片、医疗器械等。

②铁素体不锈钢。这类钢的铬的质量分数高(13％～30％)，碳的质量分数较低(低于0.15％)。此类钢的耐酸能力强，有很好的抗氧化能力，强度低，塑性好，主要用于制作化工设备中的容器、管道等，广泛用于硝酸、氮肥工业中。属于此类钢的有022Cr12(00Cr12)、10Cr17(1Cr17)、10Cr17Mo(1Cr17Mo)、008Cr27Mo(00Cr27Mo)、008Cr30Mo2(00Cr30Mo2)等，常用10Cr17(1Cr17)。

③奥氏体不锈钢。奥氏体不锈钢是目前工业上应用最广的不锈钢。它以铬、镍为主要合金元素。它有更优良的耐腐蚀性；强度较低，而塑性、韧性极好；焊接性能良好。主要用作化工容器、设备和零件等。奥氏体不锈钢化学成分类型有Cr18％-Ni9％(通常称18—8不锈钢)，Cr18％-Ni12％、Cr23％-Ni13％、Cr25％-Ni20％等几种。属于奥氏体不锈钢的有06Cr19Ni10(0Cr19Ni10)、022Cr19Ni10(00Cr19Ni10)、12Cr18Ni9(1Cr18Ni9)、12Cr18Ni9Ti(1Cr18Ni9Ti)、06Cr18Ni10Ti(0Cr18Ni10-Ti)、06Cr18Ni11Nb(0Cr18Ni11Nb)、10Cr18Ni12(1Cr18Ni12)、06Cr17-Ni12Mo2Ti(0Cr17Ni12Mo2Ti)、06Cr23Ni13(0Cr23Ni13)、06Cr25-Ni20(0Cr25Ni20)等。常用的有12Cr18Ni9Ti(1Cr18Ni9Ti)、06Cr25-Ni20(0Cr25Ni20)等。

(2)不锈钢牌号的表示方法

根据《不锈钢和耐热钢及化学成分》(GB/T 20878—2007)的规定，不锈钢和耐热钢牌号采用汉语拼音字母、化学元素符号及阿拉伯数字组合的方式表示。易切削不锈钢和耐热钢在牌号头部加“Y”。

碳含量：一般在牌号的头部用两位或三位阿拉伯数字表示碳含量(以千分之几或十万分之几)最佳控制值，即只规定碳含量上限者，当碳含量上限≤0.10％时，碳含量以其上限的3/4表示；当碳含量＞0.10％时，碳含量以其上限的4/5表示。例如，碳含量上限为0.20％时，其牌号中的碳含量以16表示；碳含量上限为0.15％时，其牌号中的碳含量以12表示；碳含量上限为0.08％时，其牌号中的碳含量以06表示；规定上下限者，用平均碳含量×100表示。对超低碳不锈钢(即C≤0.030％)，用三位阿拉伯数字以“十万分之几”表示碳含量。例如，碳含量上限为0.030%时，其牌号的碳含量以022表示；碳含量上限为0.010%时，其牌号的碳含量以008表示。

合金元素含量：平均合金元素含量≤1.50%时，牌号中仅标明元素，一般不标明含量；平均合金元素含量为1.5%～2.49%、2.50%～3.49%……时，相应地表示为2、3……。专门用途的不锈钢，在牌号头部加上代表钢用途的代号。

例如：平均碳含量为0.2%、含铬量为13%的不锈钢，旧牌号为“2 Cr13”的不锈钢，新牌号为“20Cr13”；平均碳含量≤0.08%、含铬量为19%、含镍量为10%的铬镍不锈钢，旧牌号为“0Cr19Ni10”，新牌号为“06Cr19Ni10”；碳含量≤0.12%、平均含铬量为17%的加硫易切削铬不锈钢，旧牌号表示为“Y1Cr17”，新牌号为“Y10Cr17”；平均碳含量为1.10%、含铬量为17%的高碳铬不锈钢，旧牌号表示为“11Cr17”，新牌号为“108Cr17”；碳含量≤0.03%、平均含铬量为19%、含镍量为10%的超低碳不锈钢，旧牌号表示为“00Cr19Ni10”，新牌号为“022Cr19Ni10”。

4. 专用钢

(1)珠光体耐热钢

珠光体耐热钢主要是以铬、钼为基础的具有高温强度和抗氧化性的低合金钢，常用于汽轮机、锅炉、电站管道等高温高压的部件上，一般最高工作温度为500～600℃。由于这类钢在金属组织上多属珠光体组织，所以常称珠光体耐热钢。常用的珠光体耐热钢有15CrMo、20CrMoV、15Cr1Mo1V、2 $\frac{1}{4}$Cr-1Mo、20Cr3MoWV钢等。

(2)低温钢

低温钢主要用于各种低温装置(－40～－196℃)和在严寒地区的一些工程结构(如桥梁等)。低温钢必须保证在相应的低温下具有足够高的低温韧性，而对强度并无要求。这种钢大部分是一些含Ni的低碳低合金钢。常用的低温钢主要有16Mn、09Mn2V、06MnNb、2.5Ni、3.5Ni、9Ni钢等。

(3)低合金耐蚀钢

低合金耐蚀钢主要用于大气、海水和石油化工等腐蚀介质中工作的各种机械设备和结构，因此，除一般的力学性能外，还必须具有耐腐蚀性能这一特殊要求。耐大气和海水腐蚀用钢主要有16MnCu、08MnPRe、09MnCuPTi、10NiCuP钢等。耐石油化工中硫和硫化氢腐蚀用钢主要有09AlVTiCu、12AlMoV、15Al3MoWTi及Cr-Mo钢等。

四、有色金属材料

1. 铝及其合金

(1)铝合金分类

根据国家标准《变形铝和铝合金牌号表示方法》(GB/T 1647—1996)，铝(Al)合金分为变形铝合金和铸造铝合金两大类。其中，变形铝合金包括非热处理强化铝合金(即防锈铝合金)和热处理强化铝合金。属于非热处理强化铝合金(防锈铝合金)的有铝镁(Mg)合金和铝锰(Mn)合金。属于热处理强化铝合金的有硬铝合金、锻铝合金和超硬铝合金。铸造铝合金包括铝硅(Si)合金、铝铜(Cu)合金和铝镁合金等。

(2)铝合金的牌号

1997年1月1日起，我国开始实施《变形铝和铝合金牌号表示方法》(GB/T 16474—1996)标准。新的牌号表示方法采用变形铝和铝合金国际牌号注册组织推荐的国际四位数字体系牌号命名方法，例如，工业纯铝有1070、1060等，Al-Mn合金有3003等，Al-Mg合金有5052、5086等。1997年1月1日前，我国采用前苏联的牌号表示方法。一些老牌号的铝及铝合金化学成分与国际四位数字体系牌号不完全吻合，不能采用国际四位数字体系牌号代替。为保留国内现有的非国际四位数字体系牌号，不得不采用四位字符体系牌号命名方法，以便逐步与国际接轨。例如：老牌号LF21的化学成分与国际四位数字体系牌号3003不完全吻合，于是，四位字符体系表示的牌号为3A21。

四位数字体系和四位字符体系牌号第一个数字表示铝及铝合金的类别，其含义如下：1×××系列工业纯铝；2×××系列Al-Cu、Al-Cu-Mn合金；3×××系列Al-Mn合金；4×××系列Al-Si合金；5×××系列Al-Mg合金；6×××系列Al-Mg-Si合金；7×××系列Al-Mg-Si-Cu合金；8×××系列其他。

我国容器用铸造铝合金牌号采用ZAl＋主要合金元素符号＋合金元素含量数百分率表示。例如：ZAlSi7Mg1A、ZAlCu4、ZAlMg5Si等。

相同牌号的铝及铝合金，状态不同时，力学性能也不相同。按照《变形铝和铝合金状态代号》(GB/T 16475—2008)标准，状态代号规定如下：O退火状态；H112热作状态；T4固溶处理后自然时效状态；T5高温成形过程冷却后人工时效状态；T6固溶处理后人工时效状态。

2. 铜及其合金

(1)铜及其合金的分类

根据铜及其合金的成分颜色不同，可分为紫铜、黄铜、青铜和白铜四大类。紫铜即纯铜，由于紫铜的力学性能不高，在机械结构零件中使用的都是铜合金。黄铜是铜和锌的合金，单由铜和锌组成的合金称为普通黄铜，在铜锌合金基础上加入一种或数种其他合金元素(如硅、铝、铅、锡、锰等)的黄铜成为特殊黄铜；黄铜的导电性比紫铜差，但硬度、强度和耐腐蚀性比紫铜高，且能承受冷加工和热加工，因此，广泛用来制造各种结构零件。青铜是除铜锌、铜镍合金以外所有铜基合金的统称，如锡青铜、铝青铜、铍青铜和硅青铜等，具有高的耐磨性、良好的力学性能、铸造性能和耐腐蚀性能。白铜是铜镍合金，单由铜和镍组成的合金称为普通白铜，如再有锰、铁、锌、铝等元素的合金，就称为特殊白铜，如锰白铜、铁白铜、锌白铜、铝白铜等。白铜分为耐蚀结构用白铜和电工用白铜。

(2)铜及其合金的牌号

紫铜的牌号用“T”加顺序号表示，无氧铜用“TU”加顺序号表示，脱氧铜用“TU”加脱氧剂元素符号表示；普通黄铜用“H”后面加铜含量表示，特殊黄铜用“H”加主添元素的化学元素符号，再加铜含量和主添元素的含量表示；铸造黄铜的牌号用“ZH”表示；青铜的牌号用“Q”后面加主添元素的化学元素符号，再加主添元素的含量和辅助元素的含量表示；普通白铜的牌号用“B”加镍含量表示，特殊白铜用“B”加合金元素符号再加镍含量和合金元素含量表示。

第四节　钢的热处理知识

一、金属晶体结构基础知识

1. 晶体和晶格

原子、分子或离子有规律地排列，凡具有这种特征的材料即为晶体。金属是由原子构成的晶体组织。为研究方便，把空间晶体中的原子用假想的线段连接起来，形成构成晶体结构特征的最基本单元称为晶格。晶格用来描述晶体结构的类型和原子在金属的晶体组织内部排列的规律。

2. 同素异构转变

金属在不同的温度下具有不同的晶格类型。这种晶格类型的转变称为同素异构转变。例如，纯铁在 910℃以下为体心立方晶格，称为 α 铁，如图 1-36(a)所示；当温度升到 910℃以上时，纯铁的晶体结构从体心立方晶格变为面心立方晶格，称为 γ 铁，如图 1-36(b)所示；当温度再升至 1390℃时，又重新转变为体心立方晶格，称为 δ 铁，一直到熔化为止。晶体与非晶体不同，晶体有固定的熔点。纯铁的熔点是 1535℃。

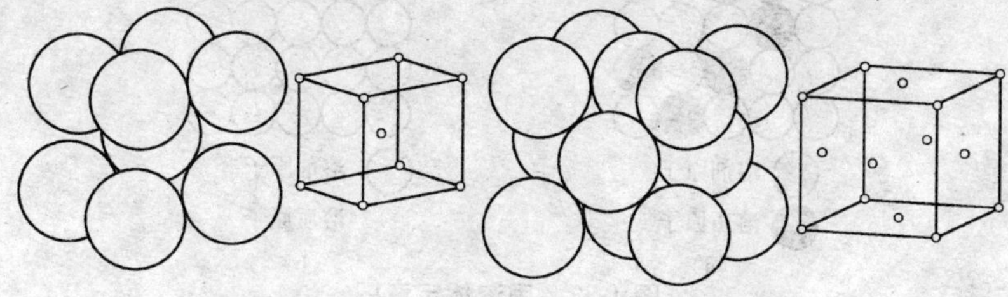

图 1-36　体心立方晶格和面心立方晶格

(a)体心立方晶格　(b)面心立方晶格

晶体中所有基本颗粒按共同的规律排列，这种晶体称为单晶体。由许多杂乱无章排布的单晶体组成的晶体称为多晶体。多晶体中每一个小的单晶体称为晶粒。晶粒之间的边界称为晶界。普通金属材料都是多晶体，金属的晶粒越细，其力学性能就越好。

钢的各项性能指标除了与其化学成分有关外，还与钢的晶体结构有关。相同化学成分的钢材，若其晶体结构不同时，力学性能有很大的差别。钢的热处理就是根据同素异构原理发展起来的。

二、合金组织、结构及铁碳合金的基本组织

1. 合金组织、结构

两种或两种以上的元素(其中至少一种是金属元素)组成的、具有金属特性的物质叫作合金。根据两种元素相互作用的关系以及形成晶

体结构和显微组织的特点,可将合金的组织分为三类。

(1)固溶体

固溶体是合金中一种物质均匀地溶解在另一种物质内,形成的单相晶体结构。根据原子在晶格上分布的形式,固溶体可分为置换固溶体和间隙固溶体。某一元素晶格上的原子部分地被另一元素的原子所取代,称为置换固溶体;如果另一元素的原子挤入某元素晶格原子之间的空隙中,称为间隙固溶体,如图1-37所示。两种元素的原子大小差别越大,形成固溶体后所引起的晶格扭曲程度越大。扭曲的晶格增加了金属塑性变形的阻力,所以,固溶体比纯金属硬度高、强度大。

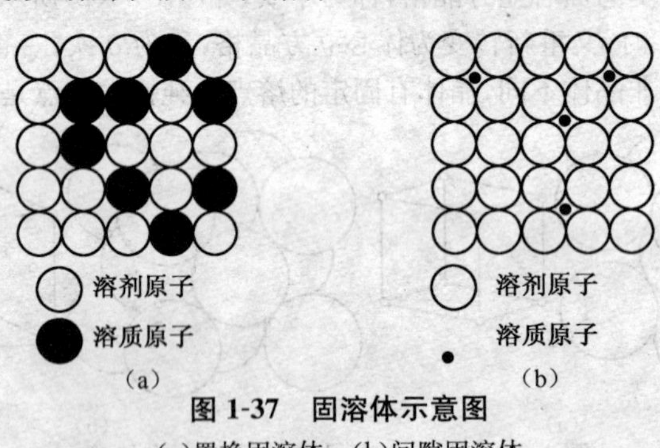

图1-37 固溶体示意图

(a)置换固溶体 (b)间隙固溶体

(2)化合物

合金中两种元素的原子按一定比例相结合,具有新的晶体结构,在晶格中各元素原子的相互位置是固定的,叫化合物。通常,化合物具有较高的硬度,低的塑性,脆性也较大。

(3)机械混合物

合金是由两种不同的晶体结构彼此机械混合组成,称为机械混合物。机械混合物中各组成部分仍保持自己原来的晶格。混合物的性能取决于各组成相的性能,以及它们分布的形态、数量和大小。它往往比单一的固溶体合金有更高的强度、硬度和耐磨性;塑性和压力加工性能则较差。

2. 铁碳合金的基本组织

钢主要是由铁和碳组成的合金(合金钢还含有少量其他元素)。由于铁和碳的组织结构不同，铁碳合金的基本组织有以下几种：

(1)铁素体

铁素体是少量的碳和其他合金元素固溶于 α 铁中的固溶体。α 铁为体心立方晶格，碳原子以间隙状态存在，合金元素以置换状态存在。铁素体的强度和硬度低，但塑性和韧性很好。

(2)渗碳体(Fe_3C)

渗碳体是铁和碳的化合物，分子式是 Fe_3C。其性能与铁素体相反，硬而脆，随着钢中含碳量的增加，钢中渗碳体的量也增多，钢的硬度、强度也增加，而塑性、韧性则下降。

(3)珠光体(P)

珠光体是铁素体和渗碳体的机械混合物，碳的质量分数为 0.8%左右。珠光体的性能介于铁素体和渗碳体之间，其强度较高，硬度适中，具有一定的塑性。

(4)奥氏体(A)

奥氏体是碳和其他合金元素在 γ 铁中的固溶体。在一般钢材中，只有在高温时存在。奥氏体为面心立方晶格，强度和硬度不高，塑性和韧性很好。奥氏体的另一特点是没有磁性。

(5)马氏体(M)

马氏体是碳在 α 铁中的过饱和固溶体。马氏体的体积比相同质量的奥氏体的体积大，因此，由奥氏体转变为马氏体时体积要膨胀，局部体积膨胀后引起的内应力往往导致零件变形、开裂。马氏体的硬度很高。马氏体中过饱和的碳越多，硬度越高。

(6)莱氏体(Ld)

莱氏体是碳的质量分数为 4.3%的合金，是在 1148℃时从液相中同时结晶出来的奥氏体和渗碳体的混合物，用符号 Ld 表示。由于奥氏体在 723℃时还将转变为珠光体，所以，在室温下的莱氏体由珠光体和渗碳体组成。这种混合物仍叫莱氏体，用符号 Ld′表示。莱氏体的力学性能和渗碳体相似，硬度高，塑性很差。

(7)魏氏组织

魏氏组织是一种粗大的过热组织，碳钢过热，晶粒长大后，很容易形成。粗大的魏氏组织使钢材的塑性和韧性下降，使钢变脆。

三、铁-碳平衡状态图及其应用

1. 铁-碳平衡状态图

铁-碳平衡状态图是表示在缓慢加热或冷却的条件下，铁、碳合金在不同碳含量和不同的温度时，与所处的状态和所具有的显微组织之间的关系。铁-碳平衡状态图对于热加工具有重要的指导意义，尤其对于焊接，可以根据铁-碳平衡状态图来分析焊缝和热影响区的组织变化，并合理地选择焊后热处理工艺等。

图 1-38 为铁-碳平衡状态图。图中的纵坐标表示温度，横坐标表示铁、碳合金中碳的百分含量。如横坐标左端碳含量为 0，即为纯铁；右端含碳量为 6.67%，全部为渗碳体。状态图内的各条线都是铁、碳合金状态及内部显微组织发生转变的温度界限。这些线为组织转变线。下面着重分析铁、碳平衡状态图中主要线和点的含义。

(1)图中的线

①*ACD* 线为液相线，在 *ACD* 线以上合金呈液态。

②*AHJEF* 线为固相线，在 *AHJEF* 线以下合金呈固相。在液相线和固相线之间的区域为两相(液相和固相)共存。

③*GS* 线表示碳的质量分数低于 0.8%的钢在缓慢冷却时，由奥氏体开始析出铁素体的温度，简称为 A_3 线。

④*ES* 线表示碳的质量分数高于 0.8%的钢在缓慢冷却时，由奥氏体开始析出渗碳体的温度，简称为 A_{cm}线。

⑤*PSK* 水平线，727℃，为共析反应线，表示铁碳合金在缓慢冷却时，由奥氏体开始析出珠光体的温度，简称为 A_1 线。

⑥*ECF* 水平线，1148℃，为共晶反应线，表示液体缓慢冷却至该温度时，发生共晶反应，生成莱氏体组织。

(2)图中的点

①*E* 点是区分钢和铸铁的分界点，碳的质量分数为 2.11%。*E* 点左边为钢，右边为铸铁。

②*S* 点为共析点，碳的质量分数为 0.8%。*S* 点成分的钢是共析钢，其组织全部为珠光体，*S* 点左边的钢是亚共析钢，其组织为珠光体＋铁素体。*S* 点右边的钢是过共析钢，其组织为珠光体＋渗碳体。

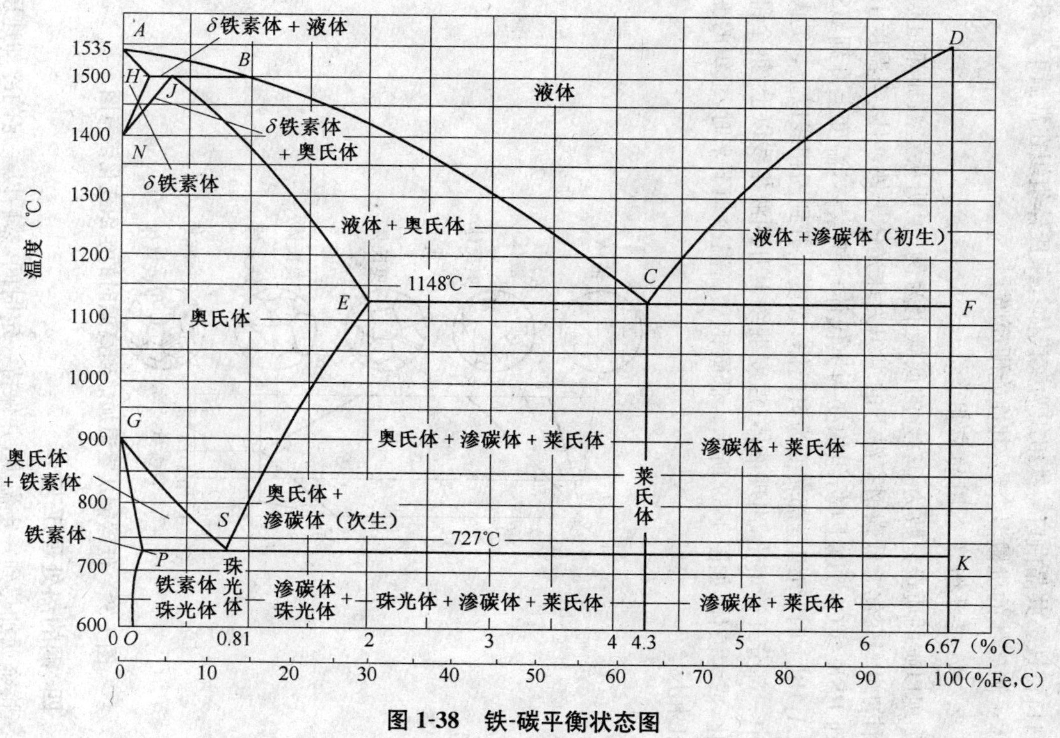

图 1-38　铁-碳平衡状态图

③C点为共晶点，碳的质量分数为4.3%。C点成分的合金为共晶白口铸铁，C点左边的铸铁为亚共晶白口铸铁，C点右边的铸铁为过共晶白口铸铁。共晶白口铸铁组织为莱氏体。莱氏体组织在常温下是珠光体＋渗碳体的机械混合物，其性能硬而脆。

2. 铁-碳平衡状态图的应用

现以碳的质量分数为0.2%的低碳钢为例，说明从室温加热过程中钢的组织变化。低碳钢室温下的组织为珠光体＋铁素体，当温度上升到PSK线(A_1)以上时，组织变为奥氏体＋铁素体，温度上升到GS线(A_3)以上时，组织全部转变为奥氏体，温度上升到固相线以上，奥氏体中一部分开始熔化，出现液体；温度继续上升到液相线以上，钢全部熔化，成为液体，如图1-39所示。低碳钢从高温冷却下来时，组织的变化正相反。

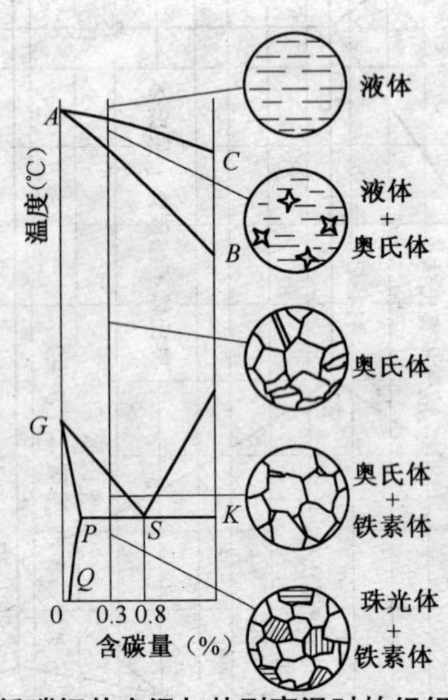

图1-39 低碳钢从室温加热到高温时的组织变化示意图

四、钢的热处理工艺

将金属加热到一定温度，并保持一定时间，然后以一定的冷却速度冷却到室温，这个工艺过程称为热处理。常用的热处理工艺方法有淬火、回火、退火、正火四种。

1. 淬火

将钢(高碳钢和中碳钢)加热到 A_1(对过共析钢)或加热到 A_3(对亚共析钢)以上 30～70℃,在此温度下保持一段时间,然后快速冷却(水冷或油冷),使奥氏体来不及分解,合金元素来不及扩散而形成马氏体组织,称为淬火。

淬火的目的是为了提高钢的硬度和耐磨性。在焊接中、高碳钢和某些低合金钢时,近缝区可能发生淬火现象而变硬,容易形成冷裂纹。这是在焊接过程中应注意防止的。

2. 回火

回火就是把经过淬火的钢加热至低于 A_1 以下的某一温度,经过充分保温后,以一定速度冷却的热处理工艺。因为淬火后钢材硬而脆,而且内应力很大,易引起裂纹,所以,淬火一般不是最终热处理,钢淬火后还要进行回火才能使用。回火可以使钢在保持一定硬度的基础上提高钢的韧性。按回火温度的不同可分为:

①低温回火(150～250℃)。低温回火后得到的组织是回火马氏体。其性能具有高的硬度和耐磨性及一定的韧性,主要用于刀具、量具、拉丝模以及其他要求硬而耐磨的零件等。

②中温回火(350～450℃)。中温回火后得到的组织是回火托氏体,其性能具有高弹性极限和屈服强度,同时也有较好的韧性和硬度,主要用于热锻模和弹性零件等。

③高温回火(500～650℃)。高温回火后得到的组织是回火索氏体,其性能具有良好的综合力学性能(足够的强度与高韧性相配合),并可消除内应力。某些合金钢在淬火后再进行高温回火的连续热处理工艺称为“调质”处理。调质处理广泛应用于重要零件和受力构件,如螺栓、连杆、齿轮、曲轴等零件。焊接结构由于焊后热影响区会产生淬火组织,所以,也常采用焊后高温回火处理,改善组织,提高综合性能。

3. 正火

将钢加热到 A_3 或 A_{cm} 以上 50～70℃,保温后,在静止的空气中冷却的热处理方法称为正火。正火可以细化晶粒,提高钢的综合力学性能,所以,许多碳素钢和低合金钢常用来作为最终热处理。焊接结构经正火后,能改善焊接接头性能,消除粗晶组织及组织不均匀等。

4．退火

将钢加热到 A_3，或 A_1 左右一定温度，保温后，缓慢而均匀冷却（一般随炉冷却）的热处理方法称为退火。常用的退火方法有扩散退火、完全退火、球化退火、去应力退火等。

退火可以降低钢的硬度，提高塑性，使材料便于加工，并可细化晶粒，均匀钢的组织和成分，消除残余内应力等。

焊接结构焊接以后会产生焊接残余应力，容易产生裂纹，因此，重要的焊接结构焊后应该进行消除应力退火处理，以消除焊接残余应力，防止产生裂纹。消除应力退火属于低温退火，加热温度在 A_1 以下，一般为 600～650℃，保温一段时间，然后在空气中或炉中缓慢冷却。

第五节 焊接工艺基本知识

一、焊接接头

1．焊接接头的定义

《焊接术语》(GB/T 3375—1994)标准中对焊接接头的定义为：由两个或两个零件要用焊接组合或已经焊合的接点称为焊接接头。检验接头性能应考虑焊缝、熔合区、热影响区甚至母材等不同部位的相互影响。如图 1-40 所示，焊接接头包括焊缝、熔合区和热影响区三部分。

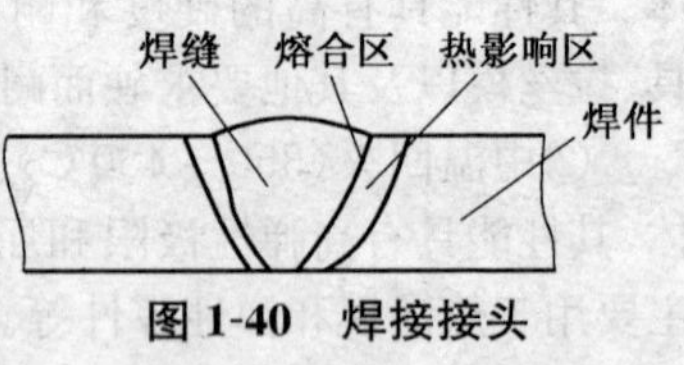

图 1-40 焊接接头

2．母材金属、焊缝、熔合区、热影响区的定义

《焊接术语》(GB/T 3375—1994)标准中对母材、焊缝、熔合区和热影响区所规定的定义是：

①母材金属：被焊金属的统称。

②焊缝：焊件经焊接后所形成的结合部分。

③熔合区（熔化焊）：焊缝与母材交接的过渡区，即熔合线处微观显示的母材半熔化区。

④热影响区：焊接或切割过程中，材料因受热的影响（但未熔化）而

发生金相组织和力学性能变化的区域。

二、焊接接头的种类及主要接头形式

1. 焊接接头的种类

焊接中，由于焊件的厚度、结构及使用条件不同，其接头形式及坡口形式也不同。《焊接术语》(GB/T 3375—1994)对各种接头形式作了规定：焊接接头形式有对接接头、T形接头、角接接头、搭接接头、十字接头、端接接头、套管接头、卷边接头、锁底接头等。其中，最常用的有对接接头、T形接头、角接接头和搭接接头(见图1-41)。

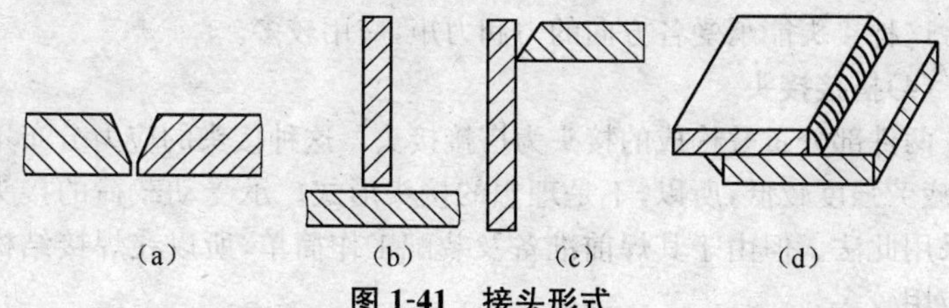

图1-41　接头形式

(a)对接接头　(b)T形接头　(c)角接接头　(d)搭接接头

2. 主要接头形式

(1)对接接头

对接接头受力状况好，应力集中较小，是比较理想的接头形式，也是采用最多的一种接头形式。

厚度不同的钢板对接的两板厚度差($\delta-\delta_1$)不超过表1-12规定时，则焊缝坡口的基本形式与尺寸按较厚钢板的尺寸数据选择。厚度不同的钢板对接的两板厚度差($\delta-\delta_1$)超过表1-12规定时，应在厚板上作出如图1-42所示的单面或双面削薄，其削薄长度$L\geqslant3(\delta-\delta_1)$。

表1-12　厚度不同的钢板对接的允许厚度差($\delta-\delta_1$) (mm)

较薄板厚度δ_1	≥2~5	>5~9	>9~12	>12
允许厚度差($\delta-\delta_1$)	1	2	3	4

(2)角接接头

这种接头受力状况不太好，多用于箱形构件上，承载能力随坡口形式不同而不同。

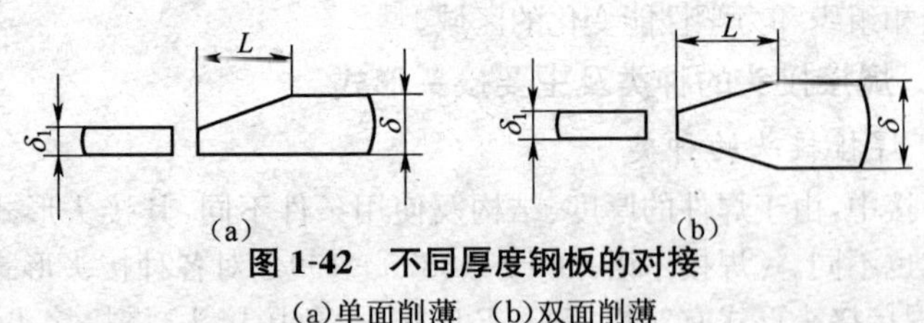

图 1-42 不同厚度钢板的对接

(a)单面削薄 (b)双面削薄

(3)T 形接头

一件之端面与另一件表面构成直角或近似直角的接头为 T 形接头。这种接头能承受各方向的力和力矩，应用较多。

(4)搭接接头

两件部分重叠构成的接头为搭接接头。这种接头的应力分布不均匀，疲劳强度较低，所以，不是理想的接头形式。承受动载荷的接头不宜采用此法。但由于其焊前准备及装配工作简单，所以在焊接结构中也应用较多。

三、焊接坡口的形式和尺寸

1. 坡口的作用

坡口就是根据设计或工艺需要，在焊件的待焊部位加工并装配成一定几何形状的沟槽。坡口的主要作用是使电弧深入坡口根部，保证根部焊透；便于清除熔渣；获得较好的焊缝成型；调节焊缝中熔化的母材和填充金属的比例。

2. 坡口的基本形式

《焊接术语》(GB/T 3375—1994)对各种坡口的基本形式作了规定。根据坡口的形状，坡口分成 I 形坡口(不开坡口)、V 形、带钝边 V 形(Y 形)、带钝边 X 形(双 Y 形)、U 形、双 U 形、单边 V 形、双单边 Y 形、J 形、K 形及其组合和带垫板等坡口形式。坡口形式很多，但常用的坡口形式主要有 I 形坡口(不开坡口)、V 形(Y 形)、U 形、X 形(双 V 或双 Y 形)等四种。

(1)I 形坡口(不开坡口)

如图 1-43 所示，I 形坡口(不开坡口)加工最方便，但只能用于薄板焊接，如焊条电弧焊时，单面焊 3mm 以下，双面焊 6mm 以下的板厚，可以采用I形(不开坡口)。

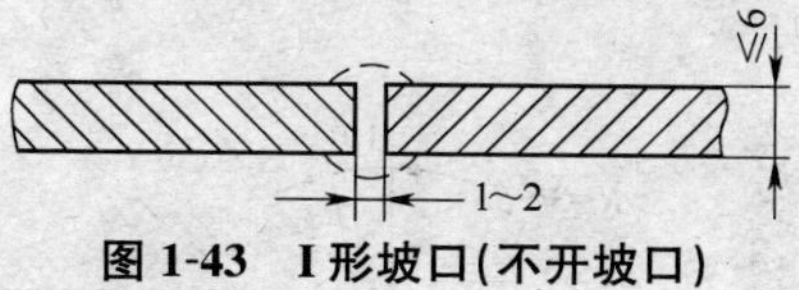

图1-43　I形坡口(不开坡口)

(2)V形(Y形)坡口

如图1-44所示,V形(Y形)坡口加工和施焊方便(不必翻转焊件),是最常用的坡口形式,常用于厚度在6~40mm钢板的焊接,但焊后容易产生角变形。

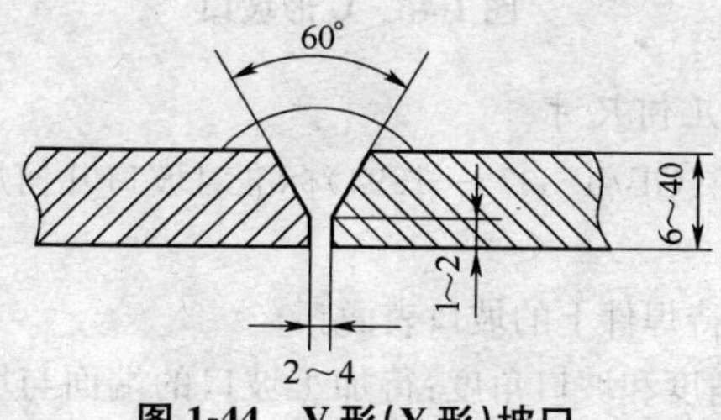

图1-44　V形(Y形)坡口

(3)X形(双V或双Y形)坡口

如图1-45所示,这类坡口是在V形坡口的基础上发展的。当焊件厚度增大时,采用X形代替V形坡口,在同样厚度下,可减少焊缝金属量约1/2,并且可以对称施焊,焊后的残余变形较小,常用于厚度在12~40mm钢板的焊接。其缺点是焊接过程中要翻转焊件,而且在筒形焊件的内部施焊时,劳动条件变差。

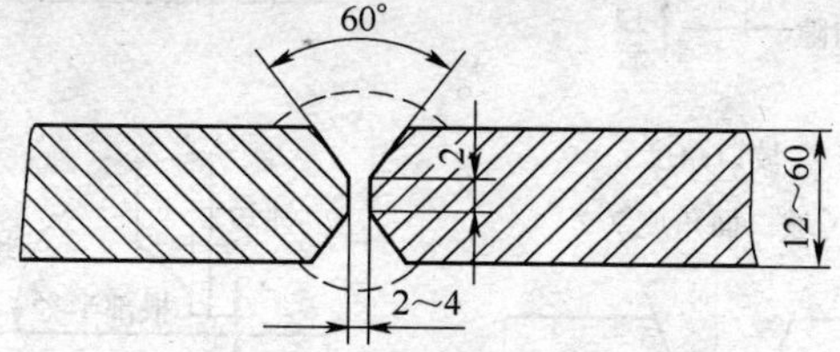

图1-45　X形(双V或双Y形)坡口

(4)U形坡口

如图1-46所示,U形坡口在焊件厚度相同的条件下,填充金属量比 V 形坡口小得多，常用于厚钢板的焊接，焊缝变形小，但这种坡口的加工比较复杂。

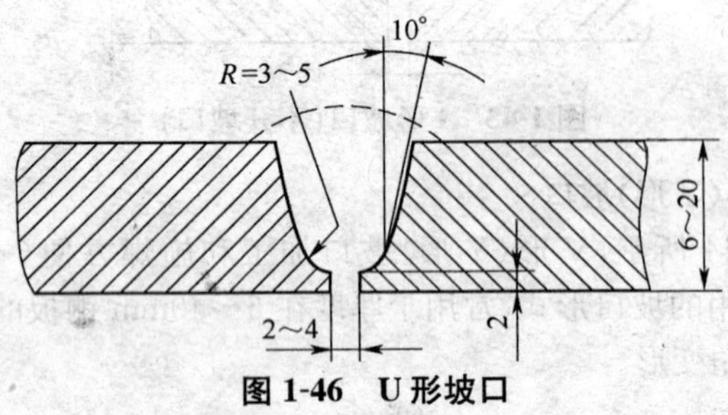

图 1-46　U 形坡口

3. 坡口的几何尺寸

《焊接术语》(GB/T 3375—1994)标准对坡口几何尺寸的定义作了如下规定：

①坡口面：待焊件上的坡口表面。

②坡口面角度和坡口角度：待加工坡口的端面与坡口面之间的夹角叫坡口面角度，符号为 β；两坡口面之间的夹角叫坡口角度，符号为 α，如图 1-47 所示。

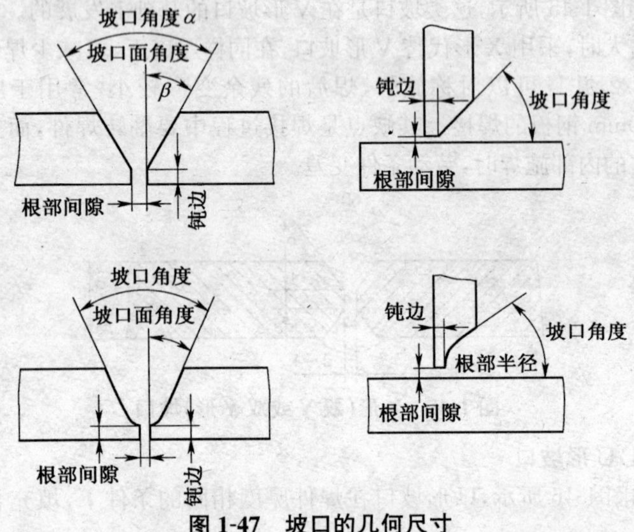

图 1-47　坡口的几何尺寸

③根部间隙：焊前在接头根部之间预留的空隙，如图 1-46 所示。其作用在于打底焊时能保证根部焊透。根部间隙又叫装配间隙，符号为 b。

④钝边：焊件开坡口时，沿焊件接头坡口根部的端面直边部分，符号为 p，如图 1-47 所示。钝边的作用是防止根部烧穿。

⑤根部半径：在 J 形、U 形坡口底部的圆角半径，符号为 R，如图 1-47 所示。其作用是增大坡口根部的空间，以便焊透根部。

四、焊接位置

焊接时，焊件接缝所处的空间位置称为焊接位置。如图 1-48 所示，焊接位置有平焊、立焊、横焊和仰焊位置等。

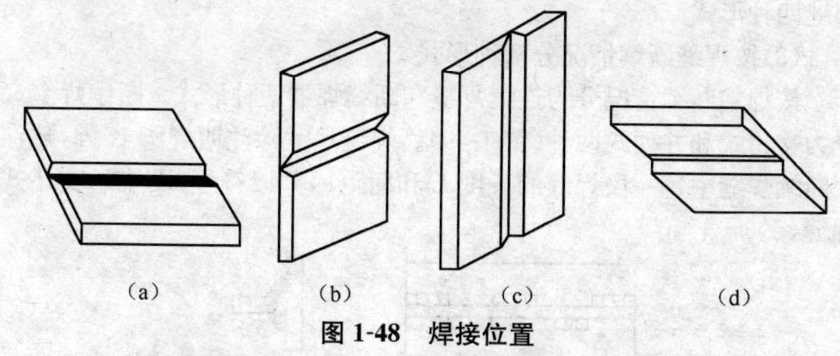

图 1-48　焊接位置

(a)平焊位置　(b)横焊位置　(c)立焊位置　(d)仰焊位置

在平焊位置、横焊位置、立焊位置、仰焊位置进行的焊接分别称为平焊、横焊、立焊、仰焊。T 形、十字形和角接接头处于平焊位置进行的焊接称为船形焊。在工程上常用的水平固定管的焊接，由于在管子 360°的焊接中，有仰焊、立焊、平焊几种位置，所以称为全位置焊接。当焊件接缝置于倾斜位置（除平、横、立、仰焊位置以外）时进行的焊接称为倾斜焊。

五、焊缝形式及形状尺寸

1. 焊缝形式

(1)按焊缝结合形式分为五种形式

根据《焊接术语》(GB/T 3375—1994)的规定，按焊缝结合形式可分为对接焊缝、角焊缝、塞焊缝、槽焊缝和端接焊缝五种。

①对接焊缝。在焊件的坡口面间或一零件的坡口面与另一零件表面间焊接的焊缝。

②角焊缝。沿两直交或近直交零件的交线所焊接的焊缝。

③端接焊缝。构成端接接头所形成的焊缝。

④塞焊缝。两零件相叠,其中一块开圆孔,在圆孔中焊接两板所形成的焊缝,只在孔内焊角焊缝者不为塞焊。

⑤槽焊缝。两板相叠,其中一块开长孔,在长孔中焊接两板的焊缝,只焊角焊缝者不为槽焊。

(2)按空间位置分四种形式

按施焊时焊缝在空间所处位置可分为平焊缝、立焊缝、横焊缝及仰焊缝四种形式。

(3)按焊缝断续情况分两种形式

按焊缝断续情况分为连续焊缝和断续焊缝两种形式。断续焊缝又分为交错式和并列式两种(图 1-49)。焊缝尺寸除注明焊脚 K 外,还注明断续焊缝中每一段焊缝的长度 L 和间距 e,并以符号“Z”表示交错式焊缝。

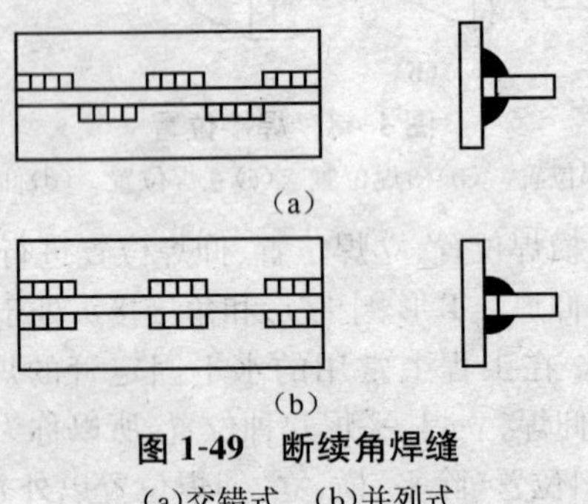

图 1-49 断续角焊缝

(a)交错式 (b)并列式

2. 焊缝的形状尺寸

(1)焊缝宽度

焊缝表面与母材的交界处叫焊趾,焊缝表面两焊趾之间的距离叫焊缝宽度,如图 1-50 所示。

(2)余高

超出母材表面连线上面的那部分焊缝金属的最大高度叫余高,如

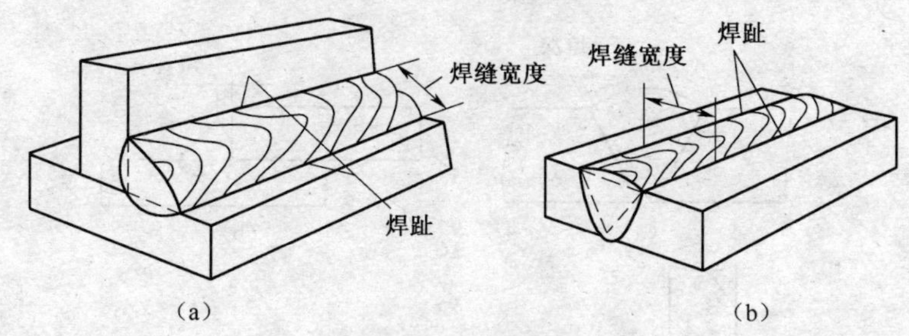

图 1-50　焊缝宽度

(a)T 型接头　(b)对接接头

图 1-51 所示。在动载或交变载荷下,因焊趾处应力集中,易于脆断,所以余高不能低于母材,但也不能过高。焊条电弧焊时的余高值一般为 0～3mm。角焊缝不应有余高,理想的角焊缝应当是凹形的。一定的余高具有防止裂纹的作用,但余高太大会造成应力集中,降低承载能力,所以,认为多熔敷一些焊接金属可以提高强度是不对的。

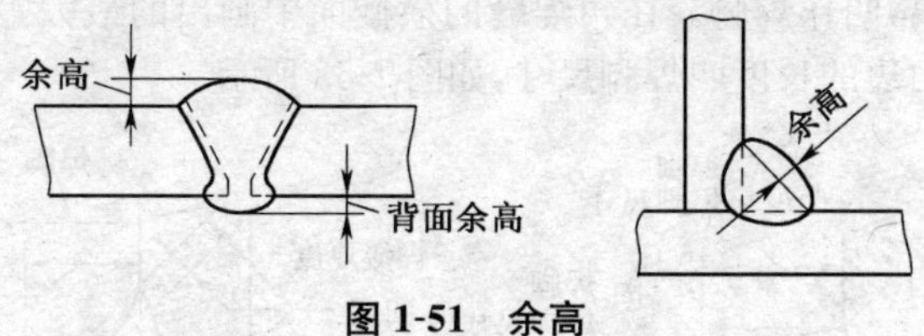

图 1-51　余高

(3)熔深

在焊接接头横截面上,母材或前道焊缝熔化的深度叫熔深,如图 1-52 所示。

(4)焊缝厚度

在焊缝横截面中,从焊缝正面到焊缝背面的距离叫焊缝厚度,如图 1-53 所示。在设计焊缝时,使用的焊缝厚度称为焊缝的计算厚度。对接焊缝焊透时,它等于焊件的厚度;角焊缝时,它等于在角焊缝横截内画出的最大直角等腰三角形中,从直角的顶点到斜边的垂线长度,习惯上也称喉厚,如图 1-53 所示。

(5)焊脚

角焊缝的横截面中,从一个直角面上的焊趾到另一个直角面表面

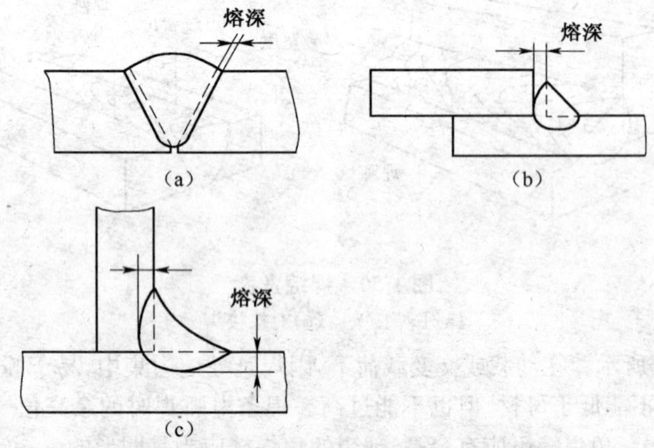

图 1-52 熔深

(a)对接接头熔深 (b)搭接接头熔深 (c)T 形接头熔深

的最小距离，叫作焊脚。在角焊缝的横截面中画出的最大等腰直角三角形中直角边的长度叫焊脚尺寸，如图 1-53 所示。

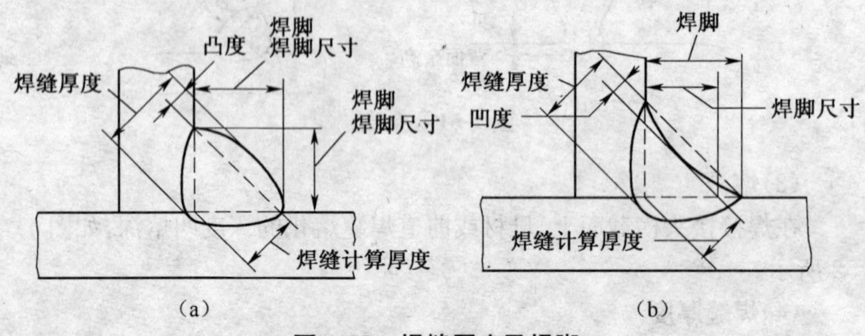

图 1-53 焊缝厚度及焊脚

(a)凸形脚焊缝 (b)凹形脚焊缝

(6)焊缝成形系数

熔焊时，在单道焊缝横截面上，焊缝宽度(B)与焊缝计算厚度(H)的比值($\Psi=B/H$)叫焊缝成形系数，如图 1-54 所示。该系数值小，则表示焊缝窄而深，这样的焊缝容易产生气孔和裂纹，所以焊缝成形系数应该保持一定的数值，例如埋弧自动焊的焊缝成形系数应大于 1.3。

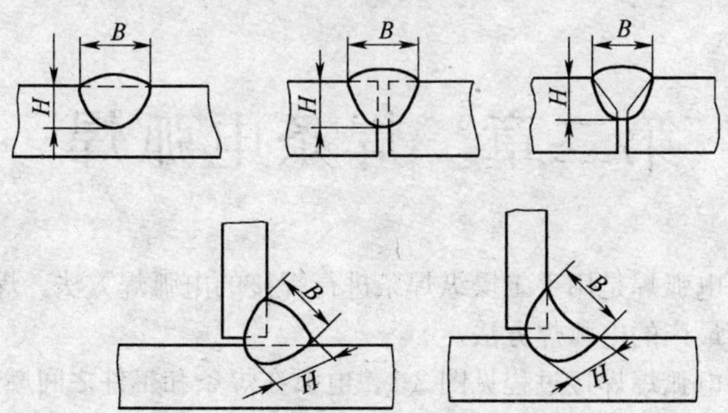

图 1-54　焊缝成形系数的计算

(7)熔合比

指熔焊时，被熔化的母材在焊道金属中所占百分比。即：

$$\gamma=\frac{F_m}{F_m+F_H}\times 100\%$$

式中　γ——熔合比(%)；

F_m——母材熔化横截面积(mm^2)；

F_H——填充金属熔化后的横截面积(mm^2)。

焊接高合金钢和有色金属时应控制熔合比，防止产生焊接缺陷。

第二章　焊条电弧焊

焊条电弧焊是用手工操纵焊条进行焊接的电弧焊方法。焊条电弧焊是应用最广的电弧焊方法。

焊条电弧焊焊接过程见图 2-1。电弧在焊条和工件之间燃烧，电弧热使焊条和焊件同时熔化形成熔池，焊条金属熔滴在重力和电弧的作用下向熔池过渡，药皮熔化形成的保护气体和熔渣对电弧和熔池起到机械保护等作用。电弧随焊条不断向前移动，熔池也随之移动，熔池中的液态金属逐步冷却结晶之后形成焊缝。

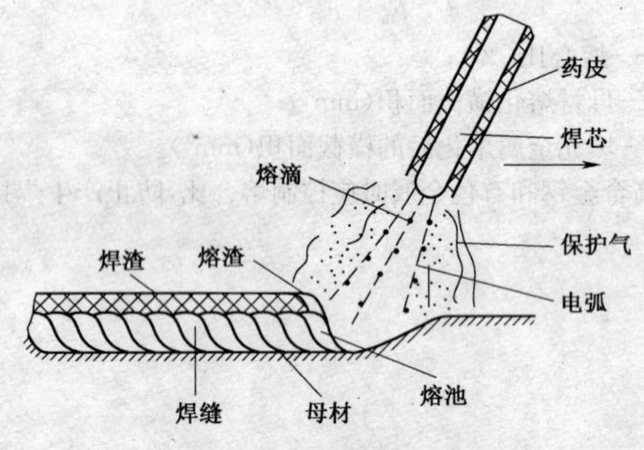

图 2-1　焊条电弧焊的焊接过程

焊条由焊芯和药皮两部分组成。焊芯的作用是传导电流，产生电弧，熔化后作为填充金属与被熔化的母材熔合形成焊缝，约占整个焊缝金属的 50%～70%，因此，焊芯的化学成分直接影响焊缝质量。药皮的作用主要是机械保护作用，冶金处理作用，改善焊接工艺性能。

焊条电弧焊可以焊接各种碳钢、低合金结构钢、不锈钢、铸铁，以及部分高合金钢和有色金属，如锆、铝、铜、镍及其合金等。

第一节 焊接电弧

一、电弧的引燃

焊接电弧由焊接电源供给，具有一定电压的两电极间或电极与母材间，在气体介质中产生强烈而持久的放电现象。焊接电弧在焊接过程中为焊接材料提供热量进行焊接。电弧的引燃方法有接触引弧和非接触引弧两种方法。

1. 接触引弧

即短路引弧，电极(焊条)与工件先接触短路，电极与工件接触表面迅速被加热，然后拉开一定距离，热阴极发射出电子，电子在电场作用下加速并撞击气体原子，发生气体电离，形成电弧。

2. 非接触引弧

电极和工件在瞬时高电压形成的强电场作用下，冷阴极产生强电场发射；发射出的电子在强电场作用下加速并撞击气体，发生气体电离，形成电弧。

当电弧温度很高时，很高温度的气体还能发生热电离。

二、电弧的结构、温度和热量的分布

如图 2-2 所示，焊接电弧由阴极区、阳极区和弧柱区三部分组成。焊接电弧中三个区域的温度是不均匀的。阴极区和阳极区的温度主要取决于电极材料，不同的焊接方法也使阴极区和阳极区的温度有所变化。焊条电弧焊的阳极温度比阴极温度要高一些。

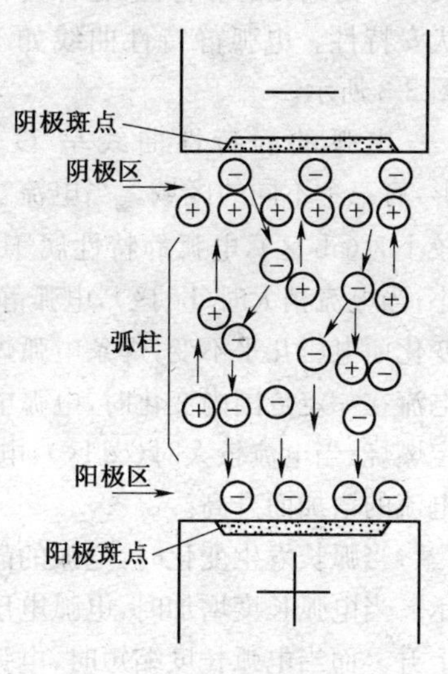

图 2-2 焊接电弧的结构

1. 阴极区

阴极区是从阴极表面起靠近阴

极的地方，区域很窄。阴极区主要是向弧柱区提供电子流和接受弧柱区送来的正离子流，温度一般达 2130～3230℃，放出热量占焊接总热量的 36％左右。

2. 阳极区

阳极区是从阳极表面起靠近阳极的地方，区域较阴极区宽。阳极区主要接受弧柱区来的电子流和向弧柱区提供正离子流，温度一般达 2330～3980℃，放出热量占焊接总热量的 43％左右。

3. 弧柱区

弧柱区是在阴极区和阳极区中间的区域，长度占电弧长度的绝大部分。弧柱区起着电子流和正离子流的导电通路的作用，中心温度可达 5730～7730℃，放出热量占焊接总热量的 21％左右。

三、焊接电弧的静特性

在电极材料、气体介质和弧长一定的情况下，电弧稳定燃烧时，焊接电流和电弧电压变化的关系称为电弧的静特性，也称为伏安特性。电弧静特性曲线如图 2-3 所示。

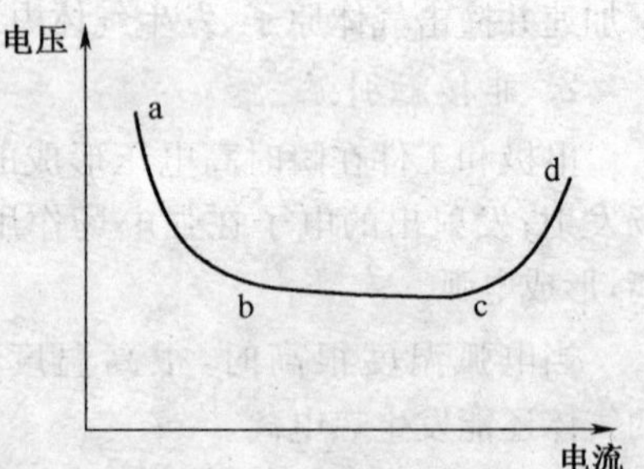

图 2-3 电弧静特性曲线

电弧的静特性曲线呈 U 形，有三个不同的区域。当电流较小时（ab 区），电弧静特性属于下降特性区，随着电流的增加电压减小；当电流稍大时（bc 区），电弧静特性属于水平特性，也就是这时电流变化而电压几乎不变，焊条电弧焊的静特性就处于这个区段，因而焊接电流在一定范围内变化时，电弧电压不发生变化，从而保证了电弧的稳定燃烧；当电流较大时（cd 区），电弧静特性属于上升特性区，即电压随电流的增加而升高。

当弧长发生变化时，电弧的静特性曲线也将发生变化，如图 2-4 所示。当电弧长度增加时，电弧电压将升高，其静特性曲线的位置也随之上升。而当电弧长度缩短时，电弧电压降低，静特性曲线的位置也随之下移。

四、对电弧焊电源的基本要求

电弧焊电源就是供给电弧焊用的电源，应能满足焊接工艺要求，如引弧容易、电弧稳定、焊接电流调节范围宽、在焊接过程中飞溅少、焊缝成型好等，还要符合焊工安全要求。对电弧焊电源的基本要求如下。

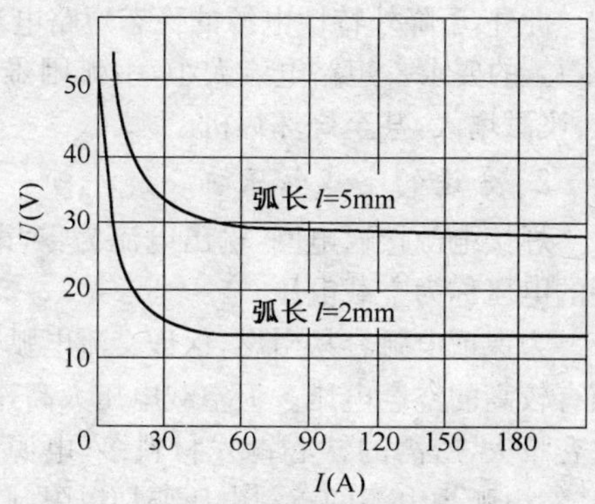

图 2-4 不同电弧长度的电弧静特性曲线

1. 合适的电源外特性

电源稳态输出电压与输出电流之间的关系曲线称为电源外特性也称电源静特性。焊条电弧焊、埋弧自动焊和钨极氩弧焊的电弧静特性曲线见图 2-4，一般情况下都是水平特性，要求弧焊电源具有下降外特性，陡降外特性更好。

陡降外特性的弧焊电源，在焊接过程中弧长变化时，焊接电流比缓降外特性电源稳定，即电流变化小。如图 2-5 所示，当弧长由 l_1 变到 l_2，缓降外特性电源的焊接电流变化 ΔI_1，陡降外特性电源的焊接电流变化 ΔI_2，显然比缓降外特性电源小。

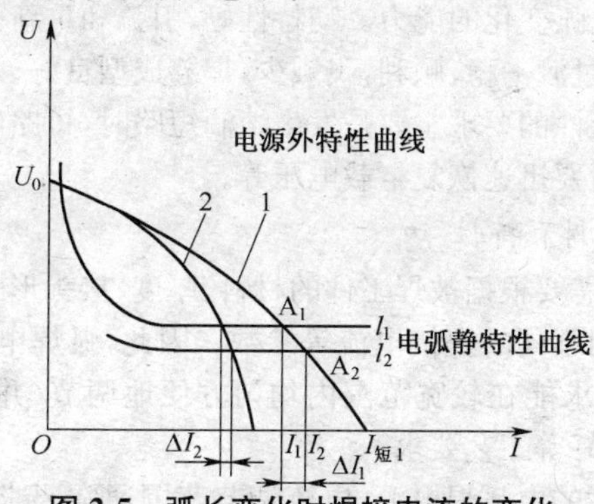

图 2-5 弧长变化时焊接电流的变化

1. 缓降外特性曲线 2. 陡降外特性曲线

l_1、l_2. 电弧静特性曲线此外，下降外特性电源的稳态短路电流 $I_{短}$，能够符合 $I_{短}=(1.25\sim2)I_{焊}$ 的要求。短路电流太小，引弧困难，熔滴过渡困难；短路电流太大，飞溅增大，甚至烧坏焊机。

2. 合适的空载电压

焊接电源接通电网，输出电流为零，即焊接回路开路时，电源输出端的电压称为空载电压。

为保证电弧容易引燃，保证交流电弧连续稳定燃烧，电弧焊电源必须有较高的空载电压。但空载电压太高，对焊工不安全，而且电源的额定容量大，所需的铁心铜线材料多，电源体积大，重量大，不经济。所以，对电弧焊电源的空载电压要加以限制。

电弧焊电源的空载电压通常为直流电源 55～90V，交流电源 60～80V。焊条电弧焊时空载电压一般为 60～90V。

3. 良好的动特性

电弧焊时，焊条或焊丝受热熔化，形成熔滴进入溶池的过程中，经常会出现短路，熔滴脱离焊条（焊丝）后，又要立即重新引燃电弧。可见，电弧状态经常发生变化，电弧电压和焊接电流不断地发生瞬间变化。

所谓电源动特性，就是指电弧（负载）状态发生突然变化时，电源输出电流和输出电压对电弧瞬间变化的适应能力，简单地说电源动特性就是电源适应电弧变化的能力。动特性好，引弧和重新引弧容易，电弧燃烧稳定，熔滴过渡平稳、顺利，飞溅少，焊缝成型良好。

对电源动特性的要求主要是发生熔滴短路时，短路电流不能太大，熔滴脱离焊条后要迅速恢复空载电压等。

4. 良好的调节特性

电弧焊时，需要根据被焊工件的材料、厚度、接头形式、坡口形式和焊接位置等选用不同的焊接电流等参数。因此，弧焊电源必须有良好的调节特性，要求能在较宽范围内均匀方便地调节，并能保证电弧稳定、焊缝成型良好等工艺要求。

下降外特性的电弧焊电源，电流调节范围通常要求最大焊接电流大于等于额定焊接电流，最小焊接电流要小于等于额定焊接电流的 0.2 倍（钨极氩弧焊电源要求最小焊接电流 $I_{min}\leqslant0.1I_{额}$）。

五、电弧偏吹

1. 电弧偏吹及其产生的原因

(1)电弧偏吹

在正常焊接的情况下，电弧的轴线总是沿着电极（焊条）中心线的方向，电弧的这种性质称为电弧的挺度。电弧的挺度对焊接操作十分有利，可以利用它来控制焊缝的成型，吹去覆盖在熔池表面过多的熔渣。

使电弧中心偏离电极（焊条）轴线的现象称为电弧偏吹。电弧偏吹使电弧燃烧不稳定，直接影响焊缝成型和焊接质量。

(2)电弧偏吹产生的原因

①焊条偏心度过大。焊条的偏心度是指焊条药皮沿焊芯直径方向偏心的程度。焊条因制造工艺不当产生偏心，在焊接时，电弧燃烧后药皮熔化不均，电弧将偏向药皮薄的一侧形成偏吹，所以，为防止电弧偏吹，焊条的偏心度应符合国家标准的规定。

②电弧周围气流的干扰。在室外进行焊接作业时，电弧周围气体的流动会把电弧吹向一侧而造成偏吹。特别是在大风中、狭长焊缝或管道内进行焊接时，由于空气的流速快，会造成电弧偏吹，严重时甚至无法进行焊接。因此，在气流中进行焊接时，电弧周围应有挡风装置；管道焊接时，应将管子两端堵住。

③磁场的影响。进行直流电弧焊时，电弧因受到焊接回路所产生的电磁力的作用而产生的电弧偏吹称为磁偏吹。

2. 磁偏吹的主要原因

(1)接地线位置不正确

焊接时，由于接地线位置不正确，使电弧周围的磁场强度分布不均，从而造成电弧的偏吹。如图 2-6 所示，磁力线密度较大的左侧对电弧产生推力，使电弧轴线向右倾斜，即向右偏吹。

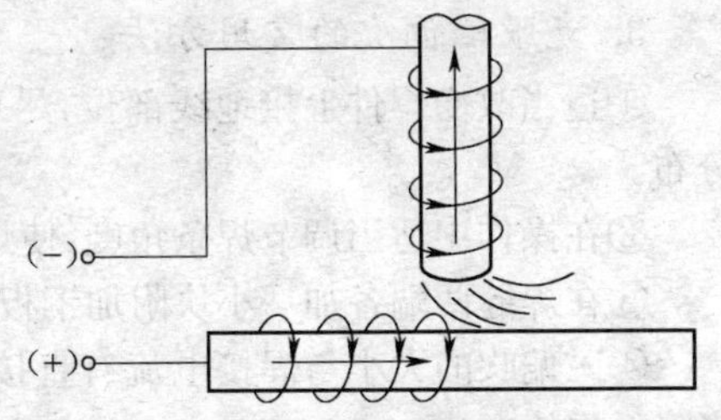

图 2-6　接地线位置不正确引起的电弧偏吹

(2)铁磁物质

由于铁磁物质(钢板、铁块等)的导磁能力远远大于空气,因此,当焊接电弧周围有铁磁物质存在时(如焊接 T 形接头角焊缝),如图 2-7 所示,电弧就向铁磁体一侧偏吹,就像铁磁体吸引电弧一样。如果钢板受热后温度升得较高,导磁能力就降低,对电弧磁偏吹的影响也就减少。

(3)焊条与焊件的位置不对称

当焊工在靠近焊件边缘处进行焊接时,经常会发生电弧的偏吹。而当焊接位置逐渐靠近焊件的中心时,则电弧的偏吹现象就逐渐减小或没有。这是由于在焊缝的端起处时,焊条与焊件所处的位置不对称,造成电弧周围的磁场分布不均衡,再加上热对流的作用,就产生了电弧偏吹,如图 2-8 所示。在焊缝的收尾处,也会有同样的情况。

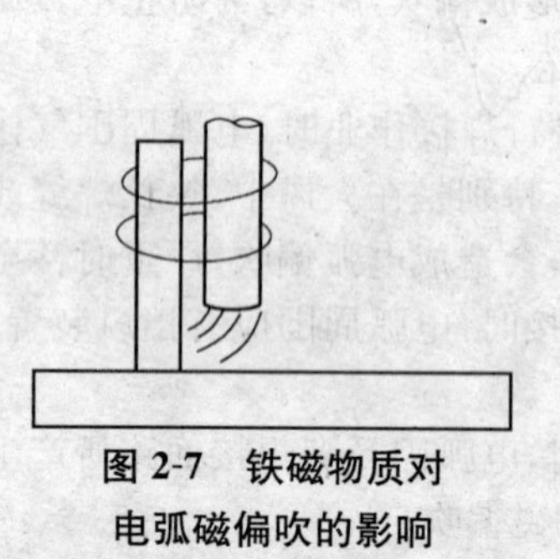

图 2-7　铁磁物质对电弧磁偏吹的影响

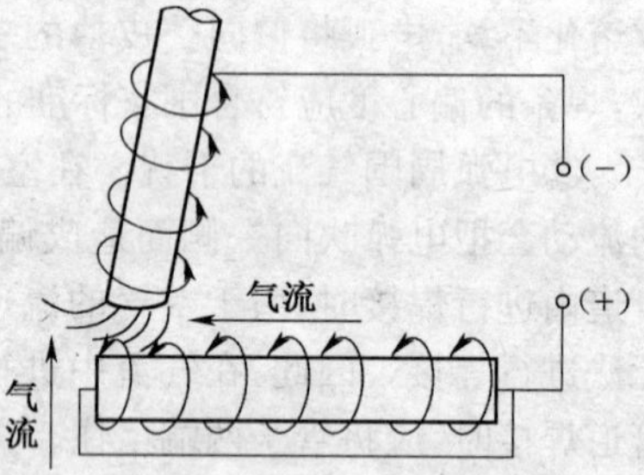

图 2-8　焊缝起头时的电弧偏吹

3. 克服磁偏吹的常用方法

①适当改变焊件上接地线部位,尽可能使弧柱周围的磁力线均匀分布。

②在操作中适当调节焊条角度,使焊条向偏吹一侧倾斜。

③在焊缝两端各加一小块附加钢板(引弧板、熄弧块)。

④磁偏吹的大小与焊接电流有直接关系。为减小磁偏吹,可以适当降低焊接电流。

⑤采用短弧焊以及尽可能使用交流电都有利于减小磁偏吹。

第二节　焊条电弧焊设备

焊条电弧焊常用的电弧焊机有交流电焊机(弧焊变压器)和直流电焊机(弧焊整流器)两种。

一、电弧焊机的主要技术参数

1. 电弧焊机的主要参数

电弧焊机的主要技术参数有一次电压、一次电流、空载电压、工作电压、额定负载持续率、额定焊接电流和焊接电流调节范围、额定输入容量等。

(1)一次电压

即初级线圈电压,亦即电弧焊机的输入电压,规定了电焊机接入网路时对网路电压的要求,一般为380V或220V。

(2)一次电流

即初级线圈电流。这是电焊机的输入电流,可根据一次电流(输入电流)选择动力线(一次回路导线)截面积和熔断器(保险丝)的额定电流。

(3)空载电压

电弧未引燃时,焊接电源输出端的电压。用于说明焊机性能,电焊机空载电压高,电弧稳定。

(4)工作电压

弧焊电源设计计算时设定的有负载时的电压。

(5)额定负载持续率

弧焊电源工作时会发热,温升高会使线圈绝缘损坏而烧毁。温升与焊接电流大小有关,还与弧焊电源使用状态有关,连续使用与断续使用温升不一样。

负载持续率就是指焊接电弧燃烧时间占整个工作周期的百分比。一般焊条电弧焊时,工作周期规定为5min,负载持续率可用下式计算:

$$负载持续率=\frac{焊接电弧燃烧时间}{焊接电弧燃烧时间+熄弧时间}100\%$$

额定负载持续率是为了衡量焊接电源的能力而限定的负载持续

率。焊条电弧焊用弧焊电源一般取60%。

(6)额定焊接电流

弧焊电源在额定负载持续率工作条件下允许使用的最大焊接电流称为额定焊接电流。负载持续率越大,即在规定的工作周期中焊接的时间越长,则焊机许用电流越小。实际负载持续率与额定负载持续率不同时,电焊机的许用电流可按下式计算:

$$I=\sqrt{\frac{\text{额定负载持续率}}{\text{实际负载持续率}}}I_{额}$$

式中 I——许用焊接电流;

$I_{额}$——额定焊接电流。

弧焊电源铭牌上往往标出几种不同负载持续率时的许用焊接电流,使用时不能超过规定范围。

(7)焊接电流调节范围

指在电弧电压等于电弧工作电压的条件下,电流可调节的范围,用于说明焊机的性能,供选用焊机使用。

(8)额定输入容量

当焊接电源输出为额定值时,网路输入至焊接电源的电流与电压的乘积为额定输入容量,以kVA为单位。

2. 交流电焊机的型号及其主要技术参数(见表2-1)

3. 直流电焊机的型号及其主要技术参数(见表2-2)

二、交流电焊机

1. BX3-300型电焊机

BX3-300型电焊机属于动圈式弧焊变压器,空载电压为78V,工作电压为32V,焊接电流调节范围为75～360A,其他技术参数见表2-1。

动圈式弧焊变压器的构造如图2-9所示,一次绕组(即一次线圈)W_1固定不动,二次绕组W_2可用丝杆上下均匀移动,在W_1、W_2两个绕组之间形成漏磁磁路,有较大的漏磁,获得下降外特性。调节W_1、W_2两个绕组之间的距离δ_{12},可改变漏磁程度,也就改变了外特性曲线,即可调节焊接电流。向上拉开可移动线圈W_2,漏磁增强,下降外特性曲线变陡,焊接电流变小。

表 2-1 交流电焊机的型号及其主要技术参数

产品型号	额定输入容量(kW)	一次电压(V)	工作电压(V)	空载电压(V)	额定焊接电流(A)	焊接电流调节范围(A)	负载持续率(%)	外形尺寸(mm)		
								长	宽	高
BX1-160	13.5	380	22～28	80	160	40～192	60	587	325	665
BX1-250	20.5	380	22.5～32	78	250	62.5～300	60	600	360	720
BX1-400	31.4	380	24～36	77	400	100～480	60	640	390	764
BX1-120	6	380	21.2～24.8	50	120	60～120	20	387	260	389
BX1-300	24.5	380	32	78	300	75～360	60	640	475	772
BX3-160	11.8	380	25.4	78～70	160	26～250	60	580	430	710
BX3-250	18.4	380	30	78～70	250	40～370	60	630	430	810
BX3-400	29.1	380	36	75～70	400	50～510	60	695	530	905
BX3-120	7 或 7	220 或 380	23	70 或 75	120	20～160	60	485	470	680
BX3-300	23.4	220 或 380	32	70 或 78	300	40～400	60	730	540	900

表 2-2 直流电焊机的型号及其主要技术参数

产品型号	额定输入容量(kW)	一次电压(V)	空载电压(V)	工作电压(V)	额定焊接电流(A)	焊接电流调节范围(A)	负载持续率(%)	外形尺寸(mm)			质量(kg)
								长	宽	高	
ZX-160	12	380	70	21～27	160	30～180	60	630	460	890	170
ZX-250	19	380	70	22～31	250	45～280	60	690	500	940	240
ZX-300	30	380	70	32	300	30～300	60	780	570	900	320
ZX-400	30	380	70	22～38	400	60～450	60	740	540	980	350
ZX-500	38	380	70	40	500	50～500	60	780	570	900	350
ZX1-160	11	380	—	22～28	160	40～192	60	595	480	970	138
ZX1-250	17.3	380	—	22～32	250	62～300	60	635	530	1032	182
ZX1-300	24	380	—	22～35	300	60～300	60	650	525	950	200
ZX1-400	27.8	380	—	24～39	400	100～480	60	685	570	1075	238
ZX1-500	38	380	—	25～30	500	100～600	60	710	590	1050	280
ZX3-250	21.8	380	72	22～30	250	50～250	60	640	530	1050	180
ZX3-300	18.6	380	72	12～20	300	50～300	60	1095	665	1255	350
ZX3-400	34.3	380	72	24～36	400	80～400	60	700	590	1100	240
ZX5-250	14	380	55	21～30	250	25～250	60	780	400	440	150
ZX5-400	24	380	60	21～36	400	40～400	60	595	505	940	200
ZX5-630	48	380	76	44	630	130～630	60	670	535	970	260
ZX7-250	9.2	380	70～75	30	250	50～250	60	470	276	490	35
ZX7-400	14	380	70～80	36	400	50～400	60	630	315	480	70

动圈式弧焊变压器没有动铁心振动，小焊接电流时电弧稳定。但调节焊接电流时移动距离大，铁心尺寸高，浪费材料，电流的调节范围受到限制，要辅以改变线圈匝数来调节电流，所以，在使用时不如梯形动铁心式弧焊变压器方便。动圈式弧焊变压器产品有 BX3-120、160、250、300、400 等。

BX3-300 型电焊机的外形及接线如图 2-10 所示。BX3-300 型电焊机的电流调节分粗调节和细调节两种：一是粗调节，通过改变一、二次绕组的匝数来实现，即图 2-9 所示的原理，在图 2-10 中是通过电流调节开关，即挡位旋转实现的。其电流调节分Ⅰ挡和Ⅱ挡。Ⅰ挡电流调节范围为 35～114A，Ⅱ挡电流调节范围为 110～300A。二是细调节，通过转动电流调节手柄来改变一、二次绕组的距离来实现（图 2-10）。当顺时针转动手柄时，焊接电流减小；逆时针转动手柄时，焊接电流增大。

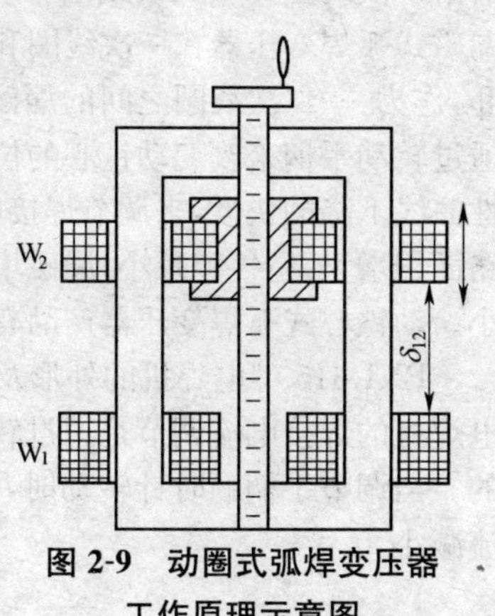

图 2-9　动圈式弧焊变压器工作原理示意图

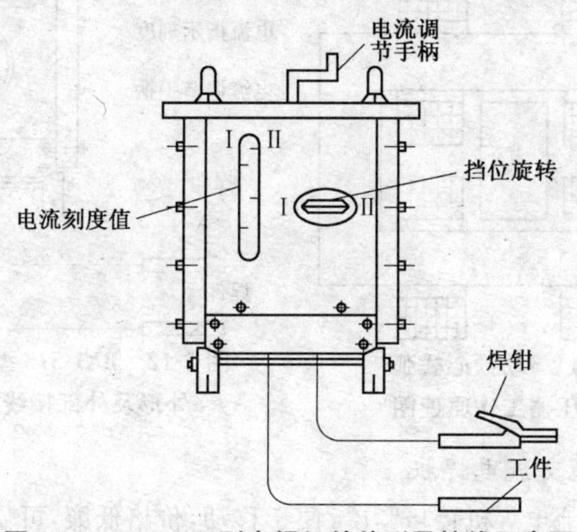

图 2-10　BX3-300 型电焊机的外形及接线示意图

2. BX1-315 型电焊机

BX1-315 型电焊机属于动铁心式弧焊变压器，空载电压为 60～70V，工作电压为 30V，焊接电流调节范围为 60～315A。

动铁心式弧焊变压器构造和工作原理如图 2-11 所示。普通变压器由一次线圈 W_1、二次线圈 W_2 和铁心Ⅰ等三部分组成。动铁心增强漏磁式弧焊变压器在一次线圈和二次线圈之间增加了可移动的动铁心Ⅱ，作为一、二次线圈之间的漏磁分路，以增强漏磁，获得下降外特性。通过转动手柄来改变动铁心的位置，可以改变漏磁程度，从而改变外特性曲线下降的快慢，来调节焊接电流。动铁心摇入固定铁心，动铁心磁路面积增大，空气隙减小，漏磁增强，下降外特性曲线变陡，焊接电流变小。动铁心式弧焊变压器产品有 BX1-120、160、250、300、400 等。

BX1-315 型电焊机的外形及外部接线如图 2-12 所示。BX1-315 型电焊机的焊接电流调节是通过转动调节手柄改变动铁心的位置来实现的。当调节手柄顺时针转动时，焊接电流增大；逆时针转动时，焊接电流减小。

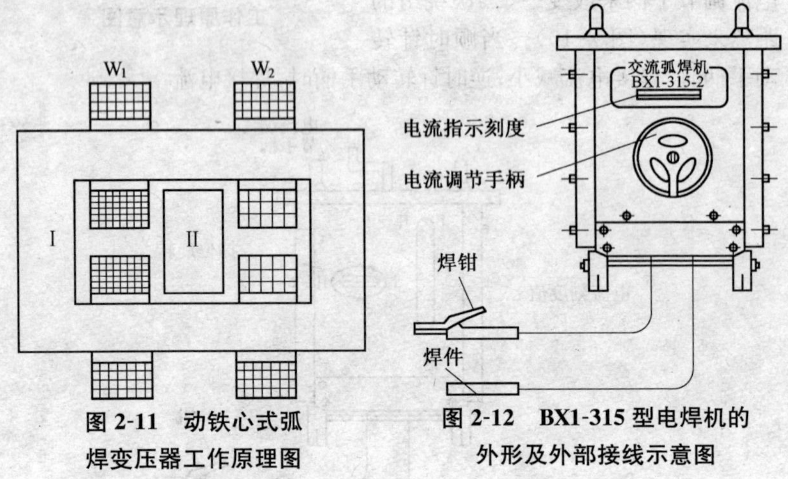

图 2-11 动铁心式弧焊变压器工作原理图

图 2-12 BX1-315 型电焊机的外形及外部接线示意图

3. 小型交流电焊机

小型交流电焊机轻巧紧凑，便于移动，价格低廉，可使用 220V 和 380V 两种电压，适用于维修等工作量较小的场合。

属于小型交流电焊机的有BX6-140型(抽头式)、BX1-160型(动铁心式),适于工作量不大的焊接加工及生产;BX1-180型(动铁心式),功率比前两种大,适于工作量较大的焊接加工及生产。

三、直流电焊机

直流电焊机是将交流电变为直流电的弧焊电源,称为弧焊整流器,又称整流弧焊机。弧焊整流器主要有硅弧焊整流器、晶闸管(可控硅)弧焊整流器和逆变弧焊整流器等三大类。

直流电焊机输出端有正极(+)与负极(-)之分。如图2-13所示,焊接回路接线时,焊件接正极,焊条、焊丝或钨极接负极的接线法,称为直流正接;反之,焊件接负极,焊条(电极)接正极的接线法,称为直流反接。

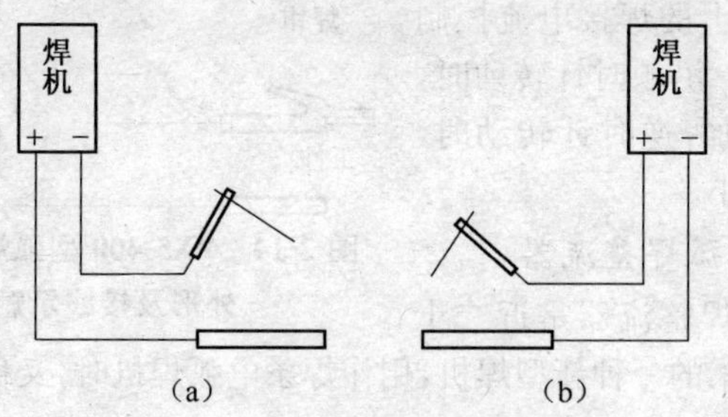

图2-13　直流弧焊机的正、反接

(a)正接　(b)反接

焊条电弧焊焊接时,反接稳弧性好,正接焊件熔深大。因此,使用稳弧性较差的碱性焊条时,要采用直流反接;如果用酸性焊条而又用直流弧焊机焊接时,则焊薄板时用反接,焊中厚板时用正接。

1. 硅弧焊整流器

硅弧焊整流器以硅二极管作为整流元件,所以称为硅弧焊整流器,主要由降压变压器、硅整流器、输出电抗器和外特性调节机构等部分组成。

2. 晶闸管弧焊整流器

晶闸管弧焊整流器是利用晶闸管(即可控硅)来整流的弧焊整流器,用作焊条弧焊机时,又称为晶闸管整流弧焊机,主要由降压变压器、晶闸管整流器、输出电抗器和电子控制电路等部分组成。利用晶闸管组来整流并利用电子电路来控制,可获得所需要的外特性,还可调节电压和电流。

晶闸管弧焊整流器与硅弧焊整流器比较,具有结构简单、动特性好、电流调节范围大等优点。

常用的 ZX5-400 型弧焊整流器属于晶闸管式弧焊整流器,采用全集成控制电路,三相全桥式整流电源。ZX5-400 型弧焊整流器的外形及接线如图 2-14 所示。焊接电流的调节方法借助调节面板上的焊接电流控制开关来进行。沿顺时针转动时,焊接电流增加;逆时针转动时,焊接电流减小。

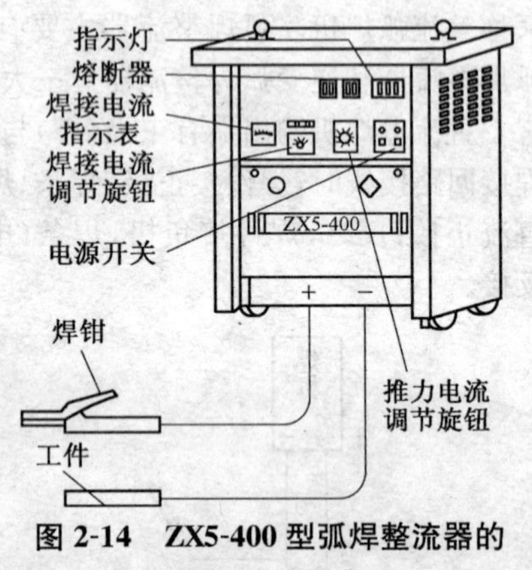

图 2-14　ZX5-400 型弧焊整流器的外形及接线示意图

3. 逆变弧焊整流器

逆变弧焊整流器是近二十年来发展起来的一种新型焊机,用作焊条电弧焊机时,又称逆变直流弧焊机。

逆变直流弧焊机的基本工作原理是,将工频交流电经输入整流器整流,变为直流电,通过逆变器大功率开关电子元件的交替开关作用,将直流电逆变为几千到几万赫兹的中高频交流电,再通过中高频焊接变压器降压、输出整流器整流、输出电抗器滤波,并由电子电路控制,将中高频交流电变为适合于焊接的直流电输出。

逆变焊机高效节能,体积小,重量轻(整机重量为传统弧焊电源的1/5～1/10),焊机动特性和调节特性等性能良好,设备费用较低,但对制造技术要求较高。逆变焊机是弧焊电源的最新发展,是更新换代的弧焊电源。我国电焊机产品系列 ZX7 就是逆变直流弧焊机。

四、电焊机电源种类和极性的选择及故障排除方法

1. 电源种类和极性的选择

一般来说,酸性焊条可用交流或直流电焊机。采用直流电焊机焊

接时，电弧稳定、柔顺、飞溅少。碱性低氢焊条稳弧性差，要用直流电焊机才能保证焊接质量。当交流电焊机或直流电焊机都可用时，应尽量采用交流电焊机，因为交流电焊机构造简单、造价低、使用维修方便。

采用直流电焊机时，存在极性的选择问题。当电焊机的正极与焊件相接时，称为正接法或称正极性；当电焊机的负极与焊件相接时，称为反接法或称反极性。反接的电弧比正接稳定。焊接的极性详见图 2-13 及相关内容。

采用直流电焊机焊接时，极性的选择主要根据焊条的性质和焊件所需的热量来决定。其选用原则如下：当焊接重要结构件采用 E4315、E5015 等碱性低氢焊条时，为减少气孔的产生，规定一定要使用直流反接法焊接；而用 E4303 酸性钛钙型焊条时，可采用交流电焊机或直流电焊机。若采用直流电焊机时，对较厚的钢板，一般均用正接法，因为阳极部分温度高于阴极部分，这样做可得到较大的熔深；焊接薄钢板、铝及铝合金、黄铜及铸铁等焊件时，不论用碱性焊条还是酸性焊条，则都宜采用直流反接法。

2. 交流电焊机的故障排除方法（见表 2-3）

表 2-3 交流电焊机的常见故障及排除方法

故障特征	产生的原因	排除方法
1. 焊机过热	1. 焊机过载 2. 线圈短路 3. 铁心螺杆绝缘损坏	1. 减小使用电流 2. 消除短路 3. 修复绝缘
2. 焊接电流不稳定	1. 焊接电缆与工件接触不良 2. 可动铁心随焊机振动而移动	1. 使电缆与工件接触良好 2. 设法防止可动铁心的移动
3. 可动铁心强烈振响	1. 可动铁心的制动螺钉或弹簧太松 2. 铁心移动机构损坏	1. 旋紧螺钉，调整弹簧的拉力 2. 检查、修理移动机构
4. 焊机外壳带电	1. 线圈碰壳 2. 电源线误碰罩壳 3. 焊接电缆误碰罩壳 4. 未装接地线或接地不良 5. 焊机内部绝缘损坏	1. 消除碰壳 2. 接妥地线 3. 检查并修复焊机绝缘

续表 2-3

故障特征	产生的原因	排除方法
5. 焊接电流过小	1. 焊接电缆太长 2. 电缆线成盘,电感很大 3. 接线柱或焊件与电缆接触不良	1. 减小电缆长度或加粗其截面 2. 放开电缆,不要使之成盘 3. 使接头处接触良好

3. 直流电焊机的故障排除方法(见表 2-4)

表 2-4 整流弧焊机常见故障及其排除方法

故障特征	产生的原因	排除方法
焊接电流调节失灵	1. 直流控制绕组匝间短路或断线 2. 控制电路断线或接触不良 3. 控制电路内元件击穿或损坏	1. 排除短路现象 2. 查出断线并修复,使控制器接触良好 3. 更换控制电路中已损坏的元件
焊接电流不稳定	1. 焊接回路交流接触器抖动 2. 风压开关抖动 3. 直流控制绕组接触不良	1. 排除抖动现象 2. 使接触良好
机壳漏电(带电)	1. 电源线误碰罩壳 2. 电源接线绝缘不良或接线板损坏 3. 内部绕组、元件受潮漏电或焊机绝缘损坏 4. 未接地或接地线不良	1. 检查并排除碰壳现象 2. 修复绝缘,必要时调换绕组或元件 3. 消除受潮现象,修复焊机绝缘 4. 接妥接地线
空载电压太低	1. 焊接回路有短路情况 2. 网路电压过低 3. 次级绕组匝间短路 4. 整流器损坏	1. 排除短路现象 2. 焊机与其他大功率设备供电适当分开 3. 排除受潮现象 4. 调换晶闸管整流器
风扇电动机不转	1. 保险丝烧断 2. 电动机绕组断线 3. 按钮开关触头接触不良	1. 更换保险丝 2. 修复或更换电动机 3. 修复或更换按钮开关

续表 2-4

故障特征	产生的原因	排除方法
焊接时焊接电压突然降低	1. 焊接回路短路 2. 晶闸管整流器击穿 3. 控制电路断路	1. 排除短路 2. 更换晶闸管整流器 3. 检修控制回路
响声不正常	1. 输出端“+”“−”极短路 2. 焊接电路断路 3. 风扇电机不转	1. 排除短路 2. 检修风扇电动机及其供电线路

五、电焊钳和焊接电缆

1. 电焊钳

电焊钳是用以夹持焊条并传导电流以进行焊接的工具。电焊钳应能夹紧焊条、更换焊条方便，并且质量轻、便于操作、安全性高。焊工手握的绝缘柄及钳口外侧的耐热绝缘保护片要求有良好的绝缘性能、强度和隔热性能。在使用时，应避免电焊钳受到较大力的撞击。电焊钳构造如图 2-15 所示。常用电焊钳的型号和规格见表 2-5。

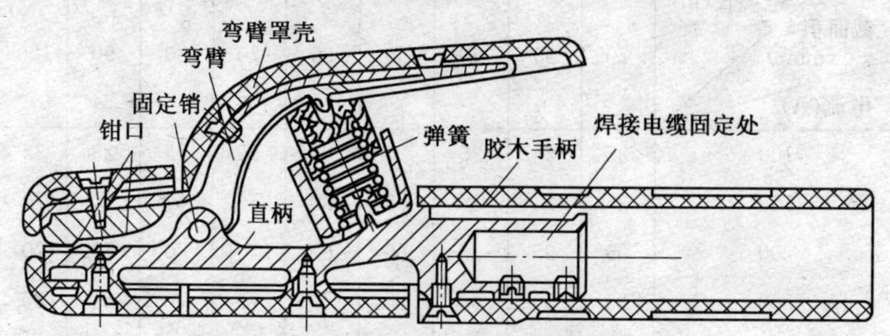

图 2-15 电焊钳的构造

表 2-5 常用电焊钳的型号和规格

型号	160A 型		300A 型		500A 型	
额定焊接电流(A)	160		300		500	
负载持续率(%)	60	35	60	35	60	30
焊接电流(A)	160	220	300	400	500	560

续表 2-5

型　　号	160A 型	300A 型	500A 型
适用焊条直径(mm)	1.6～4	2～5	3.2～8
连接电缆截面积(mm^2)	25～35	35～50	70～95
手柄温度(℃)	≤40	≤40	≤40
外形尺寸(mm)	220×70×30	235×80×36	258×86×38
质量(kg)	0.24	0.34	0.40
参考价格(元)	6.10	7.40	8.40

2. 焊接电缆

焊接电缆已有特制的 YHH 型电焊用橡胶软电缆和 YHHR 型特软电缆。确定焊接电缆的截面积，应依据电缆的长度和焊接电流的大小按表 2-6 选用，可保证供电回路动力线电压降小于额定电压的 5%，使焊接回路导线电压降小于 4V(约为工作电压的 10%)。

表 2-6　按电缆长度和焊接电流选取电缆截面积

电缆长(m) / 截面积(mm^2) / 电流(A)	20	30	40	50	60	70	80	90	100
100	25	25	25	25	25	25	25	28	35
150	35	35	35	35	50	50	60	70	70
200	35	35	35	50	60	70	70	70	70
300	35	50	60	60	70	70	70	85	85
400	35	50	60	70	85	85	85	95	95
500	50	60	70	85	95	95	95	120	120
600	60	70	85	85	95	95	120	120	120

焊接电缆的长度一般不宜超过 20m。使用超过 20m 长的焊接电缆，接入焊钳在操作中既沉重又不方便，有时焊接电缆强劲，使焊工无法运条，这时可用分节导线，即自备一段 25～35mm 截面的焊接电缆短线与焊钳相接，以便于操作。

焊接电缆和电焊钳、电缆接头的连接必须紧密可靠，防止划破、烫坏电缆的外包绝缘。焊接电缆在使用时，不可盘卷成圈状，以防产生感抗影响焊接电流。焊接电缆与焊接电缆、电焊机的连接，可使用快速接头、快速连接器，可快速、省力、安全可靠地承担焊接工作。

六、焊条电弧焊的辅助设备和工具

1. 焊条烘干箱和保温筒

(1)焊条烘干箱

焊条烘干箱和保温筒用于焊前对焊条的烘干和保温，减少和防止因焊条药皮吸湿在焊接过程中造成焊缝中出现气孔、裂纹等缺欠。一般烘干箱的最高工作温度可达500℃，温度均匀性为±10℃。

(2)保温筒

保温筒是在施工现场供焊工携带的可储存少量焊条的一种保温容器，与电焊机的二次电压端相连，使其保持一定的温度。重要焊接结构用低氢碱性焊条焊接时，焊前将焊条放入焊条烘干箱内，在350～450℃下烘焙几小时。烘焙好的焊条应放入焊条保温筒内，继续在100～200℃下保温，在焊接时，随用随取。

2. 面罩和其他防护用品

(1)面罩

面罩的主要作用是保护焊工的眼睛和面部不受电弧光的辐射和灼伤。面罩上的护目玻璃起到减弱电弧光并过滤红外线、紫外线的作用。面罩有头盔式和手持式两种(见图2-16)，在护目玻璃外还有相同尺寸的一般玻璃，以防金属飞溅沾污护目玻璃。

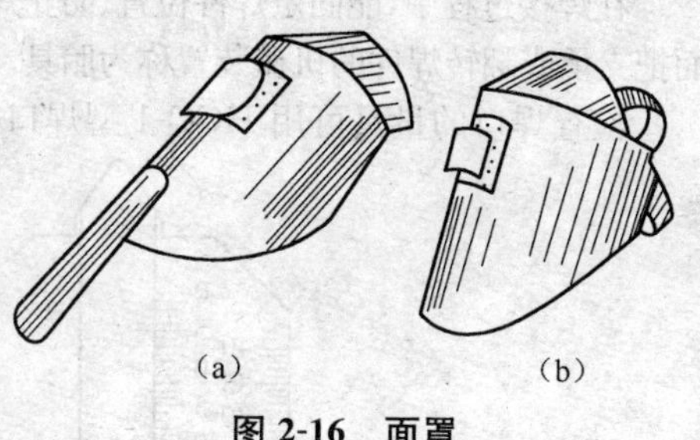

图2-16　面罩

(a)手持式面罩　(b)头盔式面罩

目前，旧式的面罩已逐渐开始被GSZ光控电焊面罩所取代。GSZ光控电焊面罩的特点是可有效地防止电光性眼炎；可瞬时自动调光和遮光；防红外线和紫外线；彻底解决了盲焊问题。该面罩在焊接过程中、起弧前，具有最大的透光度，焊工能看清焊接表面；起弧时，能瞬间自动完成调光、遮光，护目玻璃呈暗态，同时也保证最佳的视觉条件；当焊接结束时，自动返回待控状态，护目玻璃呈亮态，能够清晰地观察焊接效果。

（2）其他防护用品

其他防护用品，如电焊工在操作时要穿专用的焊工工作服，戴专用的电焊手套和护脚，必要时戴专用的防尘口罩，在清渣时应戴平光眼镜。

3. 坡口加工机

坡口加工机是高效节能的焊接辅助设备，可加工 Q235 钢、Q345（16Mn、16MnR）钢、不锈钢、铜、铝等金属材料的坡口。坡口加工机与气割和刨边机相比，加工坡口的各项性能都好得多，具有坡口加工后质量好、尺寸准确，表面光洁、操作简便、能耗低等优点。

4. 清理工具

焊接清理工具包括錾子、尖头渣锤、钢丝刷、磨光机、锉刀、锤头等。这些工具主要用于清理和修理焊缝，清除渣壳及飞溅物，挖除焊缝中的缺陷。焊前清理工作可采用喷砂机。QZPJ-2 型轻便自吸式喷砂机以压缩空气为动力喷射砂料进行表面清理，用负压回收砂料，并将回收的砂料过滤后再次循环使用。

5. 夹具、胎具和量具

在焊接过程中，能固定焊件位置、防止焊件发生变形的工具称为夹具。而把支承或翻转焊件的机械装置称为胎具。胎具又称为焊接变位机械。

检查焊口的量具可用 HCQ-1 型焊口检测器（见图 2-17）。

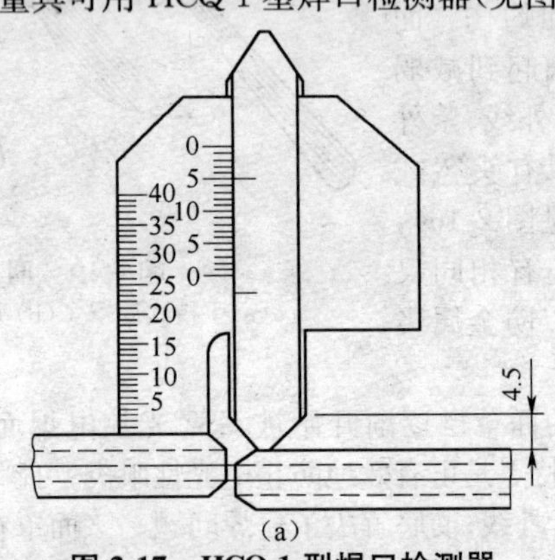

（a）

图 2-17 HCQ-1 型焊口检测器

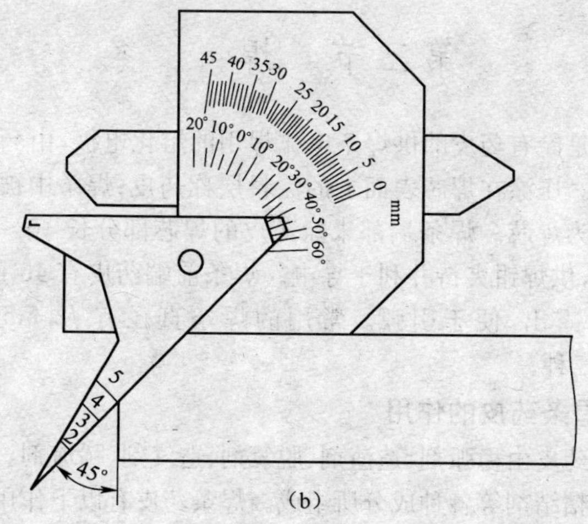

(b)

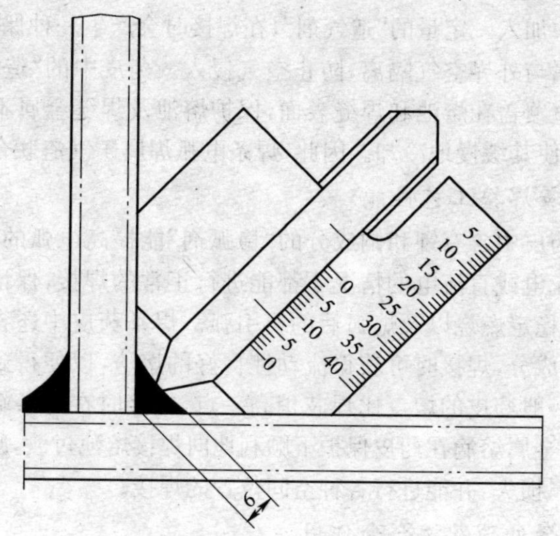

(c)

图 2-17 HCQ-1 型焊口检测器(续)

(a)测量管道错口尺寸 (b)测量坡口角度 (c)测量角焊缝厚度及 90°焊接角

HCQ-1 型焊口检测器是一种多用途的量具,可在焊前检测坡口角度、间隙、错边,还可以在焊后测量焊缝高度、焊缝宽度和厚度等。

第三节 焊 条

焊条是涂有药皮的供焊条电弧焊用的熔化电极，由药皮和焊芯两部分组成。压涂在焊芯表面上的涂料层称药皮；焊条中被药皮包覆的金属芯称为焊芯。焊条端部未涂药皮的焊芯部分长10～35mm，是焊条夹持端，供焊钳夹持并利于导电。焊条前端药皮有45°的倒角，可将焊芯金属露出，便于引弧。常用的焊条直径有ϕ2.5mm、ϕ3.2mm、ϕ4.0mm三种。

一、焊条药皮的作用

焊条药皮由稳弧剂、造渣剂、脱氧剂、造气剂、稀渣剂、合金剂、增塑润滑剂和粘结剂等各种成分所组成。焊条药皮有以下作用。

1. 机械保护作用

药皮中加入一定量的“造气剂”，在焊接时会产生一种保护性气体，使熔化金属与外界空气隔离，防止空气侵入。药皮中的“造渣剂”熔化后形成熔渣覆盖在熔池和焊缝表面，保护熔池及焊缝金属不受外界空气影响，并使其缓慢地冷却。因此，焊条电弧焊属于气渣联合保护。

2. 改善焊接工艺性能

焊条药皮中含有钾和钠成分的“稳弧剂”能提高电弧的稳定性，使焊条在交流电或直流电的情况下都能进行正常的焊接，保证焊条容易引弧、电弧稳定燃烧以及熄弧后的再引弧。焊条药皮中还含有合适的造渣、稀渣成分，焊接时可获得流动性良好的熔渣，以便得到成型美观的焊缝。一般药皮的熔点比焊芯稍高一点，焊接时在焊条端部形成一个套筒，使金属熔滴在药皮保护下顺利地向焊接熔池过渡，减少由飞溅造成的金属损失，并能进行各种空间位置的焊接。

3. 冶金处理及渗合金作用

焊接过程中，由于空气、药皮、焊芯中的氧和氧化物以及氮、氢、硫等杂质的存在，致使焊缝金属的质量降低。因此，药皮中需要加入一定量的铁合金等进行脱氧、去氢、脱硫、脱磷，并向焊缝渗入所需的合金元素，以得到满意的力学性能。结构钢焊条所用的焊芯成分是相同的，但由于药皮中添加的合金元素种类和数量不同，因而获得了强度等级不同的焊条。

二、焊条的分类及特性

1. 按药皮类型分类

(1)钛铁矿型

药皮中含有30%以上钛铁矿的焊条。该焊条焊接时，熔渣流动性能良好，电弧吹力较大，熔深较深，渣覆盖良好，脱渣容易，飞溅一般，焊波整齐，适用于全位置焊接，采用交流或直流正、反接。常用焊条为E4301、E5010。

(2)钛钙型

药皮中以氧化钛和碳酸钙(或镁)为主的焊条。该焊条焊接时，熔渣流动性良好，脱渣容易，电弧稳定，熔深适中，飞溅少，焊波整齐，适用于全位置焊接，采用交流或直流正、反接。常用焊条为E4303、E5003。

(3)高纤维钾型

药皮中约含15%以上有机物并以钾水玻璃为粘结剂的焊条。该焊条焊接时，有机物在电弧区分解产生大量的气体，保护熔敷金属，电弧吹力大，熔化速度快，熔渣少，脱渣容易，电弧稳定，适用于全位置焊接，采用交流或直流反接。常用焊条为E4311、E5011。

(4)高钛钠型

药皮中以氧化钛为主要组分并以钠水玻璃为粘结剂的焊条。这类焊条电弧稳定，再引弧容易，熔深较浅，渣覆盖良好，脱渣容易，焊波整齐，适用于立向上或立向下焊接，采用交流或直流正接，但熔敷金属塑性及抗裂性能较差，主要用于焊接一般碳钢薄板，也可用于盖面焊等。常用焊条为E4312。

(5)铁粉钛型

药皮在高钛钾型的基础上添加了铁粉的焊条。该焊条熔敷效率较高，适用于全位置焊接，焊缝表面光滑，焊波整齐，脱渣性很好，角焊缝略凸，采用交流或直流正、反接，主要用于焊接一般的碳钢结构。常用焊条为E5014。

(6)低氢钠型

药皮中以碱性氧化物为主并以钠水玻璃为粘结剂的焊条。其主要组成物是碳酸盐矿和萤石，碱度较高，焊接工艺性能一般，焊波较粗，角焊缝略凸，熔深适中，脱渣性较好。焊接时，要求焊条干燥，并采用短弧焊。可全位置焊接，采用直流反接。熔敷金属具有良好的抗裂性和力学性能，主要用于焊接重要的碳钢结构，也可焊接与焊条强度相当的低合金钢结构。常用焊条为E4315、E5015。

(7)低氢钾型

药皮中以碱性氧化物为主并以钾水玻璃为粘结剂的焊条。这类焊条的药皮在低氢钠型的基础上添加了稳弧剂，因而电弧比低氢钠型焊条稳定，可采用交流或直流反接。熔敷金属具有良好的抗裂性能和力学性能，主要用于焊接重要的碳钢结构，也可焊接与焊条强度相当的低合金钢结构。常用焊条为E4316、E5016。

(8)铁粉低氢型

药皮在低氢钠型的基础上添加了铁粉的焊条。该焊条药皮较厚，焊接时采用交流或直流反接，采用短弧。适用于全位置焊接，焊缝成型较好，主要用于焊接重要的碳钢结构，也可焊接与焊条强度相当的低合金钢结构，但角焊缝较凸，焊缝表面平滑，飞溅较少，熔深适中。熔敷效率较高。常用焊条为E5018、E5048。

2. 按焊条药皮熔化后熔渣的特性分类

由于焊条药皮的类型不同，熔化后形成的熔渣中所含的碱性氧化物（如氧化钙等）比酸性氧化物（如二氧化硅、二氧化钛等）多，这种焊条就称为碱性焊条或称为低氢型焊条，如E4315、E5015就属于这一类焊条。如果熔渣中的酸性氧化物比碱性氧化物多，这种焊条就称为酸性焊条，如E4301、E5001、E4303、E5003、E4322等焊条就属于酸性焊条。

(1)酸性焊条

常用的碳钢酸性焊条有钛钙型E4301、E5001等。酸性焊条的主要优点是工艺性好，容易引弧并且电弧稳定，飞溅少，脱渣性好，焊缝成型美观，容易掌握施焊技术。酸性焊条对工件上的锈、油等不敏感；焊接时产生的有害气体少。酸性焊条可用交流、直流焊接电源，适于各种位置的焊接，焊前焊条的烘干温度较低。

酸性焊条的缺点是焊缝金属机械性能差，尤其是焊缝金属的塑性和韧性均低于碱性焊条。其主要原因是酸性熔渣的脱氧主要依靠扩散方式,所以脱氧不完全,不能有效清除焊缝中的硫、磷等杂质。酸性焊条另一主要缺点是抗热裂纹性能不好,焊缝金属含硫量较高,因而热裂倾向大。由于焊缝金属扩散氢含量较高,所以抗冷裂纹性能也不好。再者,酸性焊条药皮氧化性较强,使合金元素烧损较多。由于上述缺点,酸性焊条适用于一般低碳钢和强度等级较低的普通低碳钢结构的焊接,一般不用于焊接低合金钢。

(2)碱性焊条

碱性焊条又称低氢焊条。由于碱性焊条药皮氧化性较弱,减弱了焊接过程中的氧化作用,因而焊缝中含氧量较少。由于焊接时放出的氧少,合金元素很少被氧化,所以焊缝金属的合金化效果较好,并且药皮中锰、硅含量较多。碱性焊条药皮中碱性氧化物较多,脱氧、脱硫、脱磷的能力比酸性焊条强。同时,药皮中的萤石有较好的去氢能力,故焊缝中含氢量低(低氢焊条因此得名)。使用碱性焊条,焊缝金属的塑性、韧性和抗裂性能都比酸性焊条高,所以,这类焊条适用于合金钢和重要的碳钢结构的焊接。

碱性焊条的主要缺点是工艺性差。由于药皮中萤石的存在,不利于电弧的稳定,因此,要求用直流焊接电源进行焊接。碱性焊条即使在药皮中加入稳弧剂(碳酸钾、碳酸钠等),虽可采用交直流两用焊接电源,但使用交流弧焊机时,其电弧稳定性也比酸性焊条差。此外,碱性焊条对坡口清理要求很高,脱渣性差。

使用碱性焊条要求很短的电弧,焊前坡口要去除锈、油和水分,焊条在焊前应严格烘干。碱性焊条必须采用直流反接才能施焊。

碱性焊条的烘干温度在200~300℃,烘2h。对含氢量有特殊要求的焊条,烘干温度应提高到450℃。经烘干的碱性焊条应放入100~200℃的电焊条保温筒内,随用随取。烘干后暂时不用的碱性焊条再次使用前,还要重新烘干。碱性焊条在焊接时会产生有毒气体,影响工人健康。由于碱性焊条对铁锈、油污、水分和电弧拉长都较敏感,容易产生气孔,因此,除焊前要严格烘干焊条、仔细清理焊件坡口外,在施焊时,还要始终保持短弧操作。

焊条是碱性还是酸性,如果一时难以区别,可观察焊条端部钢芯表面颜色。碱性焊条端部往往有烤蓝色，而酸性焊条则没有。另外，从熔渣颜色也可以识别。碱性焊条熔渣背面呈乌黑色，渣壳较致密；酸性焊条熔渣背面呈亮黑色，而且渣壳较疏松，多孔。当用交流电弧焊机施焊时，电弧稳定的是酸性焊条。

(3)按焊条的用途分类

焊条电弧焊条按用途可分为碳钢焊条、低合金钢焊条、不锈钢焊条、堆焊焊条、铸铁焊条、镍和镍合金焊条、铜及铜合金焊条、铝及铝合金焊条、特殊用途焊条等。近年来，许多焊条标准已等效采纳国际先进标准。

三、焊条的型号

1. 碳钢焊条(GB/T 5117—1995)

(1)碳钢焊条型号的表示方法

碳钢焊条型号表示方法为：在焊条型号中E表示焊条；E后面的前二位数字表示熔敷金属抗拉强度的最小值，单位为 kgf/mm^2(10MPa)；第三位数字表示焊条的焊接位置，“0”及“1”表示焊条适用于全位置焊接(平、立、仰、横)，“2”表示焊条适用于平焊及平角焊，“4”表示焊条适用于向下立焊；第三位和第四位数字组合时，表示焊接电流种类及药皮类型；若在第四位数字后面附加字母“R”表示耐吸潮焊条，附加“M”表示对吸潮和力学性能有特殊规定的焊条，附加“－1”表示冲击性能有特殊规定的焊条。

碳钢焊条的型号举例说明如下：

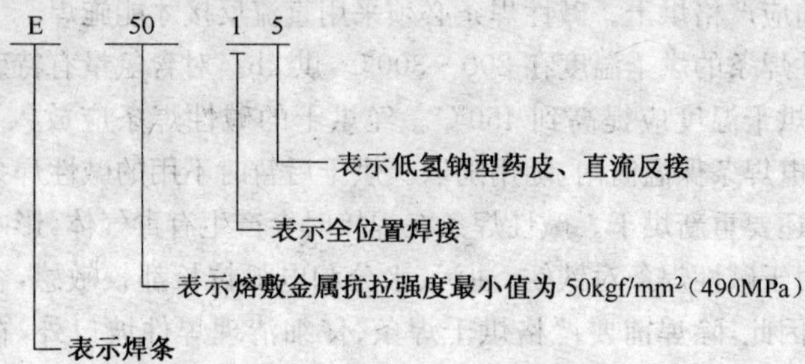

(2)常用碳钢焊条的型号、牌号及其用途(见表2-7)

表 2-7 常用碳钢焊条的型号、牌号及其用途

型号	牌号	药皮类型	电源种类	主要用途	焊接位置
E4300	J420G	特殊型	交流或直流	焊接一般低碳结构钢，特别适合火力发电站碳钢管道的全位置焊接	平、立、仰、横
E4303	J422	钛钙型	交流或直流	焊接较重要的低碳钢结构和同等强度的普低钢	平、立、仰、横
E4314	J422Fe	铁粉钛钙型	交流或直流	焊接较重要的低碳钢结构的高效率焊条	平、立、仰、横
E4301	J423	钛铁矿型	交流或直流	焊接较重要低碳钢结构	平、立、仰、横
E4320	J424	氧化铁型	交流或直流正接	焊接较重要低碳钢结构	平、平角焊
E4316	J426	低氢钾型	交流或直流反接	焊接重要的低碳钢及某些低合金钢结构	平、立、仰、横
E4315	J427	低氢钠型	直流反接	焊接重要的低碳钢及某些低合金钢结构	平、立、仰、横
E5024	J501Fe15	铁粉钛型	交流或直流	焊接某些低合金钢结构的高效率焊条	平、平角焊
E5003	J502	钛钙型	交流或直流	焊接相同强度等级低合金钢一般结构	平、立、仰、横
E5011	J505	高纤维素钾型	交流或直流	用于碳钢及低合金钢立向下焊底层焊接	平、立、仰、横
E5016	J506	低氢钾型	交流或直流反接	焊接中碳钢及重要低合金钢结构如 Q345 等	平、立、仰、横
E5015	J507	低氢钠型	直流反接	焊接中碳钢及重要低合金钢结构如 Q345 等	平、立、仰、横
E5048	—	铁粉低氢型	交流或直流	具有良好的立向下焊性能	平、立、仰、横

2. 低合金钢焊条(GB/T 5118—1995)

(1)低合金钢焊条型号的表示方法

低合金钢焊条型号表示方法为:字母“E”表示焊条;前两位数字表示熔敷金属抗拉强度的最小值,单位为 kgf/mm²(10MPa);第三位数字表示焊条的焊接位置,“0”及“1”表示焊条适用于全位置焊接(平焊、立焊、仰焊及横焊),“2”表示焊条只适用于平焊及平角焊;第三位数字和第四位数字组合时,表示焊接电流种类及药皮类型;数字后的后缀字母为熔敷金属的化学成分分类代号,并以短划“-”与前面数字分开,若还有附加化学成分时,附加化学成分直接用元素符号表示,并以短划“—”与前面后缀字母分开。E50××-×、E55××-×、E60××-×型低氢焊条的熔敷金属的化学成分分类后缀字母或附加化学成分后面加字母“R”时,表示耐潮焊条。

低合金钢焊条的型号举例说明如下:

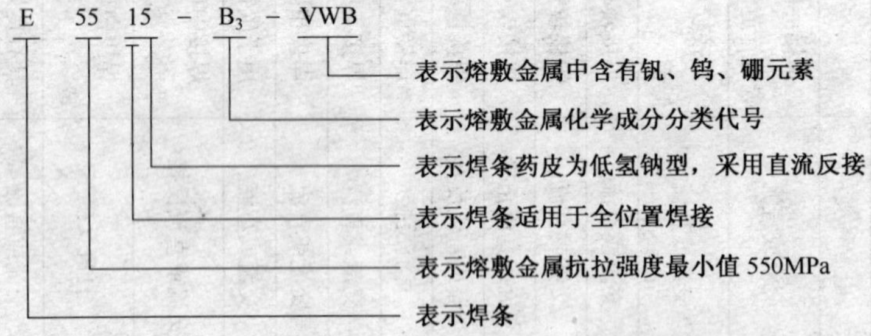

(2)常用低合金高强度钢焊条的型号、牌号及其用途(见表 2-8)

表 2-8 常用低合金高强度钢焊条的型号、牌号及其用途

型 号	牌 号	主要用途
E5015-G	J507MoNb	用于抗硫化氢,抗氢、氮、氨介质腐蚀用钢焊接,如12SiMoVNb、15MoV 等
E5015-G	J507MoW	用于抗高温氢、氮、氨腐蚀,如 10MoWVNb 焊接
E5015-G	J507NiCu J507CrNi J507NiCuP J507CuP	用于耐大气、耐海水腐蚀及其他耐候钢种的焊接

续表 2-8

型号	牌号	主要用途
E5015-G	J507FeNi	用于中碳钢及低温压力容器焊接
E5515-G	J557 J557Mo J557MoV	焊接中碳钢及相应强度的低合金钢，如 15MnTi，15MnV，15MnVN 等
E5516-G	J556RH	用于海洋平台、船舶、压力容器等低合金钢焊接
E6015-G	J607Ni	用于相应强度等级，并有再热裂纹倾向钢焊接
E6015-G	J607RH	用于压力容器、桥梁及海洋工程重要结构的焊接
E7015-D_2	J707	焊接 Cr9Mo、15MnMoV、14MnMoVB、18MnMoNb 等低合金钢
E8515-G	J857	焊接相应强度的低合金钢

(3)常用低合金耐热钢焊条的型号、牌号及其用途(见表 2-9)

表 2-9 常用低合金耐热钢焊条的型号、牌号及其用途

型号	牌号	主要用途
E5015-A_1	R107	用于工作温度在 510℃以下的 15Mo 等珠光体耐热钢的焊接
E5503-B_1 E5515-B_1	R202 R207	用于工作温度在 510℃以下的 12CrMo 等珠光体耐热钢的焊接
E5503-B_2 E5515-B_2	R302 R307	用于工作温度在 520℃以下的 15CrMo 等珠光体耐热钢的焊接
E5500-B_3-VWB E5515-B_3-VWB	R340 R347	用于工作温度在 620℃以下的相应耐热钢的焊接
E6000-B_3 E6015-B_3	R400 R407	用于 Cr2.5Mo 等珠光体耐热钢的焊接
E1-5MoV-15	R507	用于 Cr5MoV 等珠光体耐热钢的焊接
R1-9Mo-15	R707	用于 Cr9Mo 耐热钢及过热器管道的焊接
E1-11MoVNiW-15	R807	用于工作温度在 565℃以下的 1Cr11MoV 耐热钢的焊接

(4)常用低合金低温钢焊条的型号、牌号及其用途(见表 2-10)

表 2-10 常用低合金低温钢焊条的型号、牌号及其用途

型 号	牌号	主要用途
	W707	焊接在−70℃以下工作的 09Mn2V 等钢结构
E5515-C_1	W707Ni	焊接在−70℃以下工作的 09Mn2V,3.5Ni 等钢结构
E5515-C_2	W907Ni	焊接在−90℃以下工作的 3.5Ni 等钢结构
	W107Ni	焊接在−100℃以下工作的 06AlNbCuN,06MnNb 和 3.5Ni 钢等

3. 不锈钢焊条(GB/T 983—1995)

(1)不锈钢焊条型号的表示方法

不锈钢焊条型号的表示方法为:字母“E”表示焊条;字母“E”后面的数字表示熔敷金属化学成分分类代号,如有特殊要求的化学成分,该化学成分用元素符号表示放在数字后面;数字后的字母“L”表示碳含量较低,“H”表示碳含量较高,“R”表示硫、磷、硅含量较低;短划“-”后面的两位数字表示焊条药皮类型、焊接位置及焊接电流种类。

不锈钢焊条型号举例说明如下:

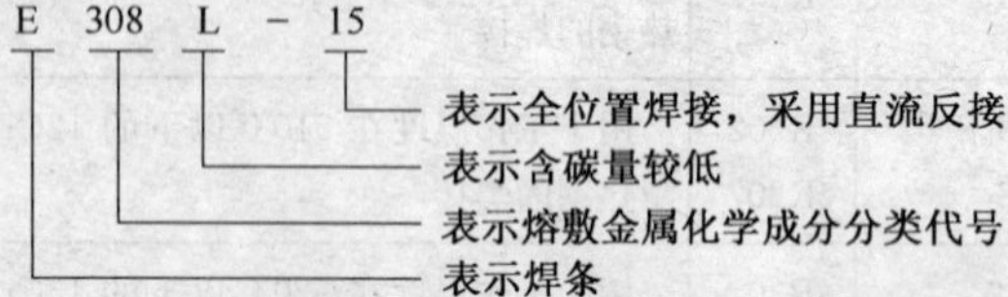

(2)常用不锈钢焊条型号(新、旧)、牌号及其用途(见表 2-11)

表 2-11 常用不锈钢焊条型号(新、旧)、牌号及其用途

型号(新)	型号(旧)	牌号	主要用途及性能
E410-16 E410-15 E410-15	E1-13-16 E1-13-15 E1-13-15	G202 G207 G217	焊接接头属空气淬硬材料,因此焊接时需要进行预热和后热处理,通常用于焊接 0Cr13,1Cr13 型不锈钢,也用于在碳钢上的表面堆焊
E430-16 E430-15	E0-17-16 E0-17-15	G302 G307	熔敷金属中含铬量较高,具有优良的耐腐蚀性能,在热处理后,可获得足够的塑性,通常用于焊接耐蚀耐热的 Cr17 不锈钢

续表 2-11

型号(新)	型号(旧)	牌号	主要用途及性能
E308L-16 E308L-15	E00-19-10-16 E00-19-10-15	A002 A002A	熔敷金属中含碳量低,在不含铌、钛等稳定剂时,也能抵抗因碳化物析出而产生的晶间腐蚀,通常用于焊接00Cr19Ni10,00Cr19Ni11Ti等不锈钢结构
E308-16 E308-17 E308-15	E0-19-10-16 E0-19-10-15	A102 A107 A112 A117	通常用于焊接工作温度低于300℃的相同类型的不锈钢结构,堆焊不锈钢表层,也可焊接高铬钢,如焊接0Cr18Ni9,1Cr18Ni9Ti
E309-16 E309-15	E1-23-13-16 E1-23-13-15	A302 A307	通常用于焊接相同类型的不锈钢,不锈钢衬里、异种钢、复合板等
E310-16 E310-15	E2-26-21-16 E2-26-21-15	A402 A407	通常用于焊接高温下工作的相同类型不锈钢,如0Cr25Ni20型不锈钢,也可以焊接Cr5Mo,Cr9Mo,Cr13等钢
E347-16 E347-15	E0-19-10Nb-16 E0-19-10Nb-15	A132 A137	常用焊接奥氏体钢,如0Cr18Ni9,0Cr19Ni10,0Cr18Ni9Ti,1Cr18Ni9Ti
E316-16 E316-15	E0-18-12Mo2-16 E0-18-12Mo2-15	A202 A207	由于钼提高了焊缝的抗蠕变能力,因此可以用于焊接在较高温度下使用的不锈钢,如0Cr17Ni12Mo2型不锈钢及相关合金
E316L-16	E0-18-12Mo2-16	A022	由于含碳量低,因此在不含铌、钛等稳定剂时,也能抵抗因碳化物析出而产生的晶间腐蚀,可焊接尿素及合成纤维设备,也可焊接铬不锈钢、异种钢
E318-16	E0-18-12Mo2Nb-16	A212	由于加入铌,提高了焊缝金属抗晶间腐蚀能力,通常用于焊接0Cr18Ni12Mo,00Cr17Ni14Mo2钢的重要设备,如尿素,维尼纶设备中接触强腐蚀介质的部件
E318V-16 E318V-15	E0-18-12Mo2V-16 E0-18-12Mo2V-15	A232 A237	由于增加钒,提高了焊缝金属热强性和抗腐蚀能力,用于焊接同类型含钒不锈钢或焊接普通耐腐蚀的0Cr19Ni10,0Cr17Ni12Mo等不锈钢

4．堆焊焊条(GB/T 984—2001)

堆焊焊条型号举例说明如下：

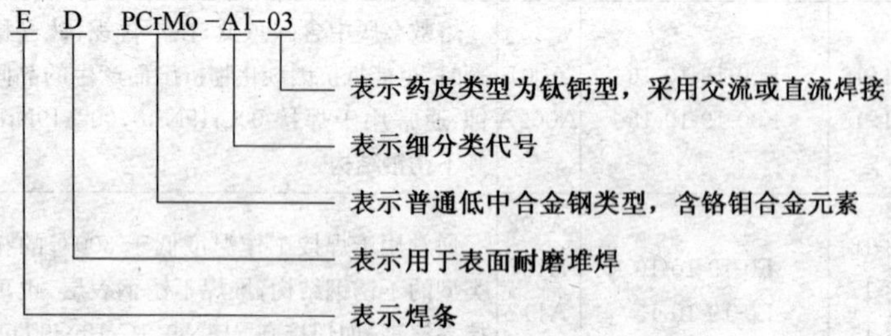

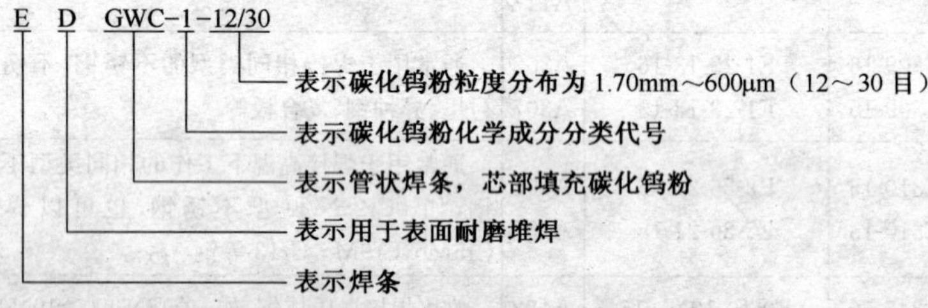

5．铸铁焊条(GB 10044—2006)

铸铁焊条型号举例说明如下：

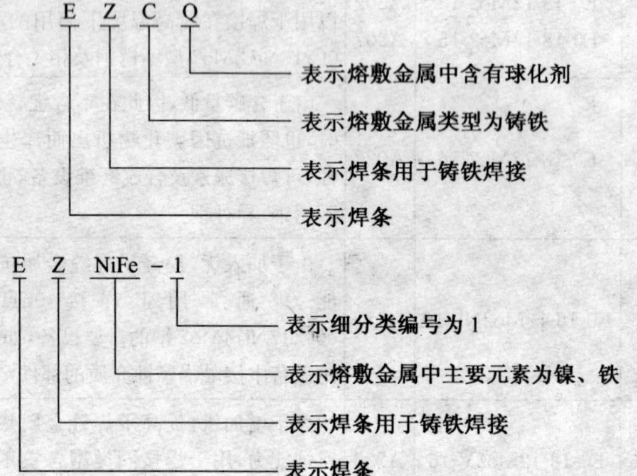

6. 镍及镍合金焊条(GB/T 13814—2008)

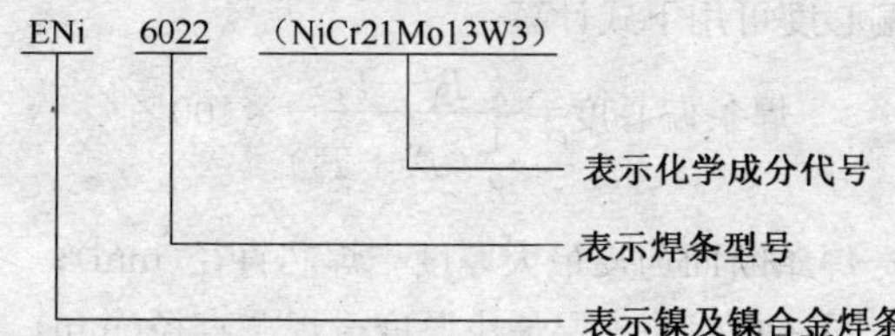

7. 铜及铜合金焊条(GB/T 3670—1995)

铜和铜合金焊条型号举例说明如下：

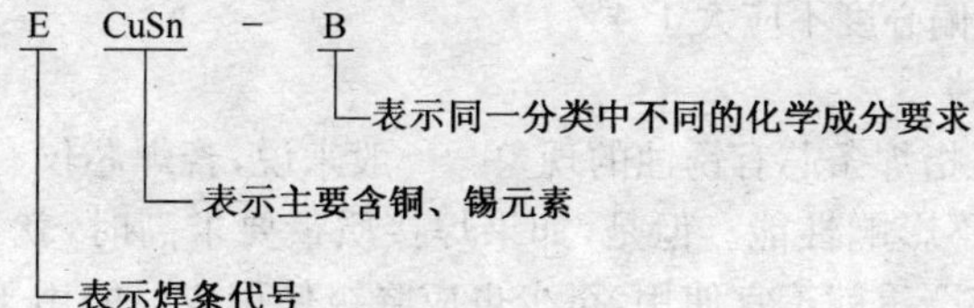

8. 铝及铝合金焊条(GB 3669—2001)

铝及铝合金焊条型号的表示方法为:字母“E”表示焊条,E 后面的数字表示焊芯用的铝及铝合金牌号。

铝和铝合金焊条举例说明如下：

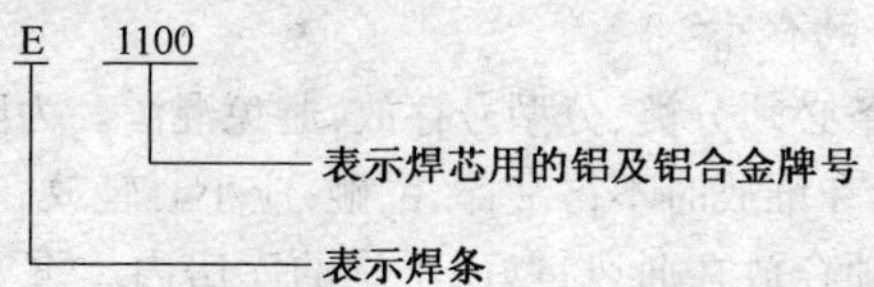

四、焊条的外观检查、保管和烘干

1. 电焊条的外观检查

(1)偏心

偏心是指焊条药皮沿焊芯直径方向偏心的程度,如图 2-18 所示。焊条若偏心,焊接时,焊条药皮熔化速度不同,无法形成正常的套筒,因而产生电弧的偏吹,使电弧不稳定,造成母材熔

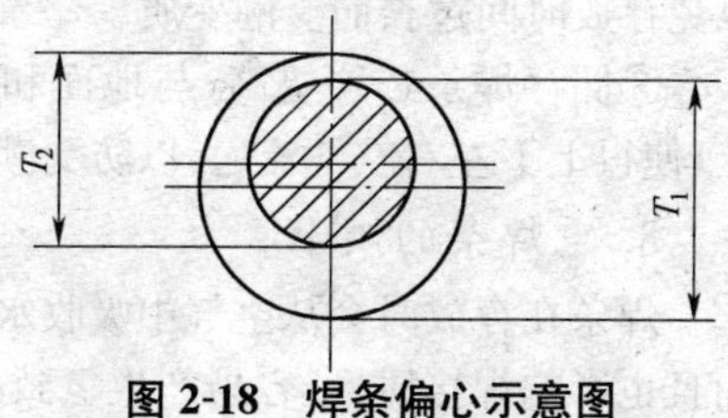

图 2-18　焊条偏心示意图

化不均匀，影响焊缝质量。因此，应尽量不使用偏心的焊条。

焊条的偏心度可用下式计算：

$$焊条偏心度=\frac{T_1-T_2}{\frac{1}{2}(T_1+T_2)}\times100\%$$

式中 T_1——焊条断面药皮最大厚度+焊芯直径(mm)；

T_2——同一断面药皮层最小厚度+焊芯直径(mm)。

根据国家标准的规定，直径不大于 2.5mm 焊条，偏心度不应大于 7%；直径为 3.2mm 和 4mm 焊条，偏心度不应大于 5%；直径不小于 5mm 焊条，偏心度不应大于 4%。

(2)锈蚀

锈蚀是指焊条芯有锈蚀的现象。一般来说，若焊芯仅有轻微的锈迹，基本上不影响性能。但是，如果焊接质量要求高时，就不宜使用。若焊条锈迹严重就不宜使用，至少也应降级使用或只能用于一般结构件的焊接。

(3)药皮裂纹及脱落

药皮在焊接过程中起着很重要的作用，如果药皮出现裂纹甚至脱落，则直接影响焊缝质量。因此，不应使用药皮脱落的焊条。

2. 电焊条的保管

①各类焊条必须分类、分型号存放，避免混淆。为防止破坏包装及药皮脱落，搬运和堆放时不得乱摔、乱砸，应小心轻放。

②焊条必须存放在通风良好、干燥的库房内。重要焊接工程使用的焊条，特别是低氢型焊条，最好储存在专用的库房内。库房要保持一定的湿度和温度，建议温度在 10～25℃，相对湿度在 60%以下。为防止焊条受潮，尽量做到现用现拆包装，并且做到先入库的焊条先使用，以免存放时间过长而受潮变质。

③储存焊条必须垫高，与地面和墙壁的距离均应大于 300mm 以上，使得上下左右空气流通，以防受潮变质。

3. 电焊条的烘干

焊条在存放时会从空气中吸收水分，不仅会使焊接工艺性能变坏，而且也影响焊接质量，容易产生氢致裂纹、气孔等缺陷，造成电弧不稳定、飞溅增多、烟尘增大等不利影响。因此，焊条(特别是低氢型碱性焊条)在使用前必须烘干。

(1)烘干温度

酸性焊条药皮中，一般均有含结晶水的物质和有机物，再烘干时，应以除去药皮中的吸附水、而不使有机物分解变质为原则。因此，烘干温度不能太高，一般规定为 75～150℃，保温 1～2h。新的酸性焊条一般不必烘干。

碱性焊条在空气中极易吸潮，而且药皮中没有有机物，在烘干时更需去掉药皮矿物质中的结晶水。因此，烘干温度要求较高，一般需 350～400℃，保温 1～2h。

(2)烘干方法及要求

①焊条烘干应放在正规的远红外线烘干箱内进行烘干，应缓慢加热、保温、缓慢冷却。经烘干的碱性焊条最好放入另一个温度控制在 80～100℃的低温烘箱内存放，随用随取。

②烘干焊条时，焊条不应成垛或成捆地堆放，应铺成层状，ϕ4mm 焊条不超过三层，ϕ3.2mm 焊条不超过五层。

③焊接重要产品时，每个焊工应配备一个焊条保温筒，施焊时，将烘干的焊条放入保温筒内。筒内温度保持在 50～60℃，还可放入一些硅胶，以免焊条再次受潮。

④焊条烘干一般可重复两次。据有关资料介绍，酸性的碳钢焊条重复烘干次数可以达到五次，但对于酸性焊条中的纤维素型焊条以及低氢型碱性焊条，重复烘干次数不宜超过三次。

第四节 焊条电弧焊焊接参数

焊接参数指焊接时、为保证焊接质量而选定的各项参数的总称。焊条电弧焊的焊接参数包括焊条直径、焊接电流、电弧电压、焊接层数和焊接速度等。焊接参数选择正确与否，会直接影响焊缝的形状、尺寸，焊接质量和生产效率，是焊工面临的首要问题。

一、焊条直径的选择

焊条直径的选择一般依据焊件的厚度、焊接位置和焊接接头形式。

首先，应根据焊件的厚度选取焊条直径(见表 2-12)。

表 2-12 根据焊件的厚度选取焊条直径

焊件的厚度(mm)	焊条直径(mm)
0.5～1.0	1.0～1.5
1.0～2.0	1.5～2.5
2.0～5.0	2.5～4.0
5.0～10	4～5
10 以上	5 以上

在多层多道焊中，第一层焊缝所用焊条直径一般不超过 3.2mm。在焊接后几层焊缝时，仰焊、横焊、立焊选用的焊条应比平焊时细些。立焊用焊条直径不大于 5mm，横焊和仰焊用焊条直径不大于 4mm。

二、焊接电流的选择

焊接电流是焊条电弧焊中最重要的焊接参数，也是焊工在操作中唯一需要调节的参数。焊接电流的大小，与焊条的类型、焊条直径、焊件厚度、焊接接头形式、焊缝位置以及焊接层次和焊条类型等有关。

焊接电流大时，飞溅和烟雾较大，焊条药皮易发红和脱落，且易产生咬边、焊瘤、烧穿等缺陷；电流太小时，则引弧困难，电弧不稳定，熔池温度低，焊缝窄而高，熔合不好，易产生夹渣、未焊透、未熔合等缺陷。

1. 焊接电流的选择原则

(1)根据焊条直径选择焊接电流(见表 2-13)

表 2-13 根据焊条的直径选择焊接电流的强度

焊条直径(mm)	1.6	2.0	2.5	3.2	4	5	6
焊接电流(A)	25～40	40～65	50～80	100～130	160～210	200～270	260～300

焊接电流的大小也可以根据下面的经验公式来估算：

$$I=(35\sim55)d$$

式中：I——焊接电流(A)；

d——焊条直径(mm)。

(2)根据焊接位置选择焊接电流

当焊接位置不同时，所用的焊接电流大小也不同。平焊时，由于运条和控制熔池中的熔化金属都比较容易，可选用较大的焊接电流。

立焊时，所用的焊接电流比平焊时小 10%～15%；而横焊、仰焊时，焊接电流比平焊时要减小15%～20%；使用碱性焊条时，比使用酸性焊条焊接的电流要减小10%。

(3)根据焊接层数选择焊接电流

通常情况下，焊接打底焊道时，使用较小的焊接电流，有利于保证焊接质量；焊接填充焊道时，通常采用较大的焊接电流；而盖面焊接时，为了防止咬边和获得美观的焊缝成型，使用适中的焊接电流。

2. 焊接电流的调节

根据以上原则所确定的焊接电流范围，必须通过试焊，即边焊边调整才可得到合适的焊接电流。焊接电流是否合适可根据下列经验来判断。

(1)听声音

焊接时可以从电弧的响声来判断电流大小。当焊接电流较大时，发出“哗哗”的声音；当焊接电流较小时，发出“丝丝”的声音，容易断弧；焊接电流适中时，发出“沙沙”的声响，同时夹着清脆的“噼叭”声。

(2)看飞溅

焊接电流过大时，飞溅严重，电弧吹力大，爆裂声响大，可以看到大颗粒的熔滴向外飞出；电流过小时，电弧吹力小，飞溅小，熔渣和金属熔液不易分清。

(3)看焊条熔化情况

焊接电流过大时，焊条用不到一半即出现焊条红热情况，出现药皮脱落现象；电流过小时，焊条熔化困难，易与焊件粘连。

(4)看熔池状况

焊接电流较大时，椭圆形熔池长轴较长；较小时，熔池呈现扁形；电流适中时，熔池形状呈鸭蛋形。

(5)看焊缝成型

焊接电流过大时，焊缝宽而低，易咬边，焊波较稀；电流较小时，焊缝窄而高，焊缝与母材熔合不良；电流合适时，焊缝成型较好，高度适中，过渡平滑。

三、电弧电压

电弧电压即电弧两端（两电极）之间的电压降。当焊条和母材一定时，电压主要由电弧长度来决定。电弧长，则电弧电压高；电弧短，则电弧电压低。当电弧长度大于焊条直径时称为长弧，为焊条直径的 0.5～1 倍时称为短弧。

使用酸性焊条时，一般采用长弧焊。这样电弧能稳定燃烧，并能得到良好的焊接接头。由于碱性焊条药皮中含有较多的 CaO 和 CaF_2 等高电离电位的物质，若采用长弧则电弧不易稳定，容易出现各种焊接缺陷，因此，凡碱性焊条均应使用短弧焊。

在焊接时，电弧不宜过长，否则电弧燃烧不稳定，所获得的焊缝质量也较差，而且焊缝表面的鱼鳞纹不均匀。电弧过长时，使焊缝的熔深较浅，而熔宽较宽。同时，还会由于空气中的氧、氮侵入电弧区，引起严重飞溅，使焊缝产生气孔。

仰焊时，电弧应最短，以防止熔化金属下淌；立焊、横焊时，为控制熔池温度，也应用小电流、短弧施焊。

在运条的过程中，不论使用哪种类型的焊条，都要始终保持电弧长度基本不变。只有这样，才能保证整条焊缝的熔宽和熔深一致，获得高质量的焊缝。

四、焊接层数

在焊接中、厚钢板时，要开坡口，必须采用多层焊和多层多道焊。对同一厚度的材料，其他条件不变时，焊接层次增加，热输入量减少，有利于提高焊接接头的塑性和韧性。而且，对低合金钢钢材来说，多层焊的前一道焊缝对后一道焊缝起着预热的作用，而后一道焊缝对前一道焊缝起着热处理作用(退火或缓冷)，有利于提高焊缝的性能。

采用多层焊和多层多道焊时，每层焊缝不宜过厚，一般每层焊缝的厚度不应大于 4mm。

五、焊接速度

焊接速度是单位时间内完成焊缝的长度，即焊条沿焊接方向移动的速度。在保证焊缝所要求的尺寸和质量前提下，焊工可根据情况掌握。速度过慢，热影响区加宽，晶粒粗大，焊缝变形也大；速度过快，易造成未焊透、未熔合、焊缝成型不良等缺欠。

第五节　焊条电弧焊的基本操作技术

一、引弧

1. 引弧的准备工作

电弧焊时，引燃焊接电弧的过程称为引弧。引弧的准备工作也是焊接的准备工作，其操作步骤是：

①穿好焊工工作服，戴好工作帽及电焊手套。

②准备好工件、焊条及辅助工具。

③清理干净工件表面的油污、水锈，以避免产生气孔和夹渣。

④检查焊钳及各接线处是否良好。

⑤检查无误后合闸、启动焊机并调节所需焊接电流。

⑥从焊条筒中取出焊条，用拇指按下焊钳弯臂，打开焊钳，把焊条夹持端放到焊钳口凹槽中，夹紧焊条。

⑦右手握住焊钳，左手持面罩。找准引弧处，手保持稳定，用面罩遮住面部，准备引弧。

2. 引弧的方法

引弧的方法有直击法和划擦法两种。

(1)直击法引弧

直击法引弧又称碰击法引弧。如图2-19所示，直击法引弧时，要将焊条末端对准待焊处，然后手腕下弯，使焊条轻微碰一下焊件再迅速提起焊条2～4mm。引燃电弧后，手腕托稳焊钳，保持电弧稳定燃烧，并使弧长为0.5～1倍的焊条直径，然后开始正常焊接。

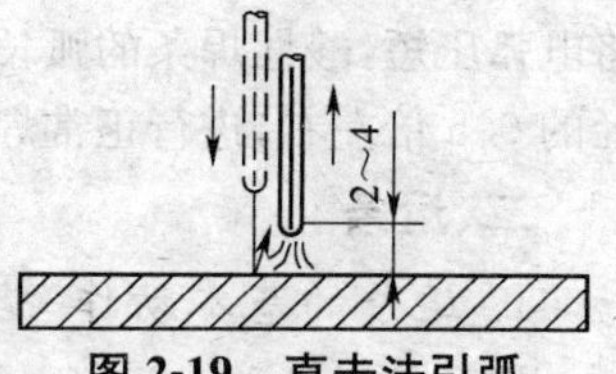

图2-19　直击法引弧

直击法的优点是：引弧点即焊缝的起点，从而避免母材表面被焊条划伤，所以，在生产中常用。直击法主要用于薄板的定位焊接；不锈钢板的焊接；铸铁的焊接和狭小工作表面的焊接。直击法适用于全位置焊接。

直击法对于初学者较难掌握，焊条提起动作太快并且过高，电弧易熄灭；动作太慢，会使焊条粘在工件上。当焊条一旦粘在工件上时，应迅速将焊条左右摆动，使之分离，若仍不能分离时，应立即松开焊钳并切断电源，以防短路时间过长而损坏电焊机。

(2)划擦法引弧

如图 2-20 所示，划擦法引弧时，焊条末端应对准待焊处，然后用手腕扭转，使焊条在焊件上轻微划动，划动长度一般在 20～25mm，当电弧引燃后的瞬间迅速提起焊条 2～4mm。引燃电弧后，手腕托稳焊钳，保持电弧稳定燃烧，使弧长为 0.5～1 倍的焊条直径，并迅速将焊条端部移至待焊处，稍做横向摆动即可。

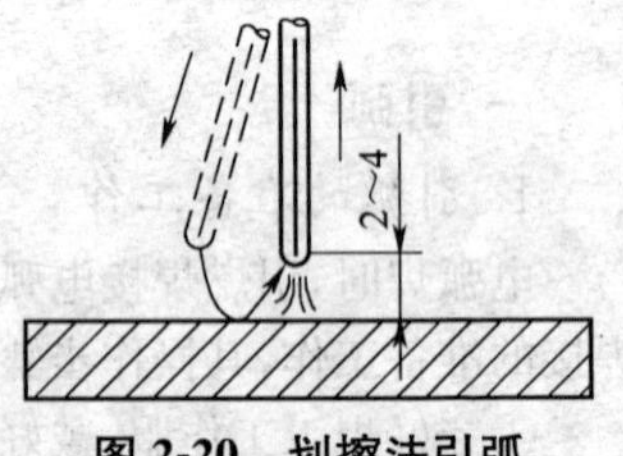

图 2-20 划擦法引弧

划擦法的优点是：对初学者来说，划擦法容易掌握。但如果掌握不当，容易损坏焊件表面，造成焊件表面电弧划伤。

划擦法不适于在狭窄的工作面上引弧，主要用于碳钢焊接、厚板焊接、多层焊焊接的引弧。

(3)引弧点的位置

由于钢板温度较低，药皮还未充分发挥作用，会使引弧点处焊缝较高，熔深较浅，易产生气孔。所以，应在焊缝起始点后面 10～20mm 处引弧，引弧后拉长电弧，迅速将电弧移至焊缝起点进行预热。预热后，将电弧压短，酸性焊条的弧长等于焊条直径，碱性焊条弧长应为焊条直径的 0.5 倍左右，进行正常焊接。

二、运条

1. 运条的基本动作

焊条的运动称为运条。运条是电焊工操作技术水平的具体表现。焊缝质量优劣、焊缝成型的良好与否，与运条有直接关系。运条由三个基本运动合成，分别是焊条的送进运动、焊条的横向摆动运动和焊条沿焊缝移动运动，如图 2-21 所示。

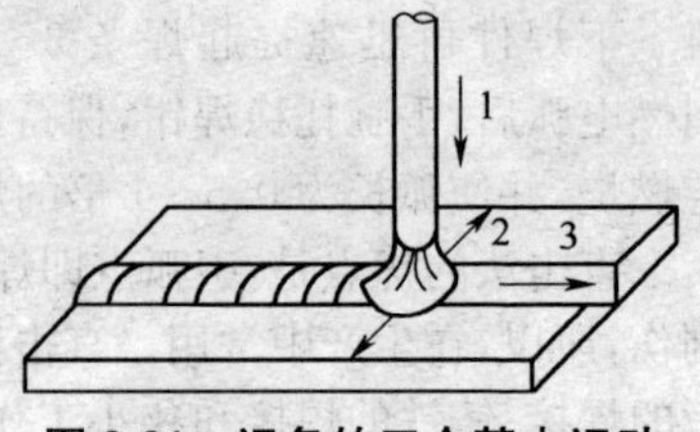

图 2-21 运条的三个基本运动

1. 焊条的送进 2. 焊条的摆动 3. 沿焊缝移动

(1)焊条的送进

焊条的送进运动主要用来维持所要求的电弧长度。为保证一定的电弧长度,焊条的送进速度与焊条的熔化速度相等,否则,会引起电弧长度的变化,影响焊缝的熔宽和熔深。焊条的送进与摆动和移动的复合动作可获得一定宽度、高度和熔深的焊缝,使焊缝成型良好。若送进速度慢,会发生电弧过长或断弧现象;若送进速度快,焊条来不及熔化即与焊件粘在一起。

(2)焊条的移动

焊条沿焊接方向向前移动的速度即为焊接速度(单位时间内完成的焊缝长度)。图2-22所示为焊接速度对焊缝成型的影响。若焊条移动速度太慢,会出现焊道宽而局部隆起和薄焊件烧穿的现象;太快,会出现焊道断续细长和熔合不良的现象;当焊条移动速度适中时,才能出现表面平整、焊波细致而均匀的焊道。

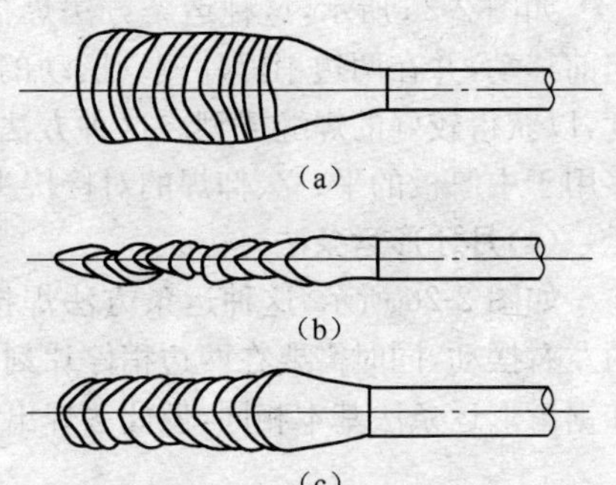

图2-22　焊条移动速度对焊缝成型的影响

(a)太慢　(b)太快　(c)适中

(3)焊条的横向摆动

焊条的横向摆动是为了得到一定宽度的焊缝。其摆动的范围根据焊件的厚度、坡口形式、焊缝层次和焊条直径等决定。一般来说,焊件越厚,摆动越宽。V形坡口比I形坡口摆动宽,外层比内层摆动宽。

2. 常用的运条方法

常用的运条方法有直线形、直线往复形、锯齿形、月牙形、三角形和圆圈形等,应根据接头的形式和间隙、焊缝的空间位置、焊条直径与性能、焊接电流及焊工的技术水平等方面来确定。

(1)直线形运条法

如图2-23所示,这种运条方法焊接时,焊条不做横向摆动,仅沿焊接方向做直线移动。常用于I形坡口的对接平焊和多层多道焊。

(2)直线往复运条法

如图 2-24 所示，这种运条方法焊接时，焊条沿焊缝的纵向做来回摆动，特点是焊接速度快，焊缝窄而低，散热快，适用于薄板(板厚 3～5mm)和接头间隙较大的多层焊的第一层焊。

图 2-23 直线形运条法

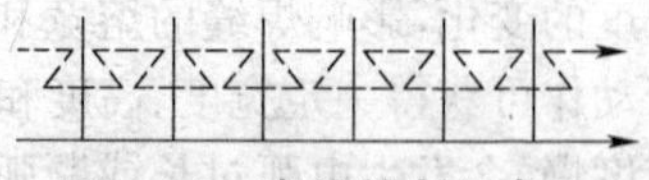

图 2-24 直线往复运条法

(3)锯齿形运条法

如图 2-25 所示，这种运条方法焊接时，焊条做锯齿形连续摆动及向前移动，并在两边稍停片刻。摆动的目的是为了得到必要的焊缝宽度，以获得较好的焊缝成型。这种方法操作容易，在生产中应用较广，多用于中厚板的平、立、仰焊的对接接头和立焊的角接接头的焊接。

(4)月牙形运条法

如图 2-26 所示，这种运条方法焊接时，焊条沿焊接方向做月牙形的左右摆动，同时需要在两边稍停片刻，以防咬边。这种方法应用范围和锯齿形运条法基本相同，但此法焊出的焊缝较高。

图 2-25 锯齿形运条法

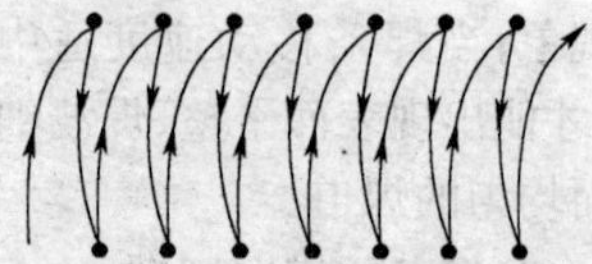

图 2-26 月牙形运条法

月牙形运条法的优点是：金属熔化良好，且有较长的保温时间，熔池中的气体和熔渣容易上浮到焊缝表面，适于仰焊、立焊、平焊和要求焊缝比较饱满的地方。

(5)正三角形运条法

如图 2-27 所示，焊条末端做连续正三角形运动，并不断向前移动。正三角形手法一次能焊出较厚的焊缝断面，有利于提高生产率，而且焊缝不易产生夹渣等缺陷。正三角形运条法适用于开坡口的对接接头和 T 形接头的立焊。

(6)斜三角形运条法

如图 2-28 所示，斜三角形手法能通过焊条的摆动控制熔化金属，使焊缝成型良好。斜三角形运条法适用于焊接 T 形接头的仰焊缝和有坡口的横焊缝。

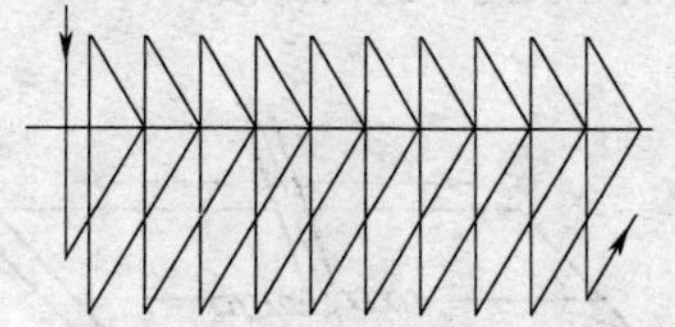

图 2-27 正三角形运条法

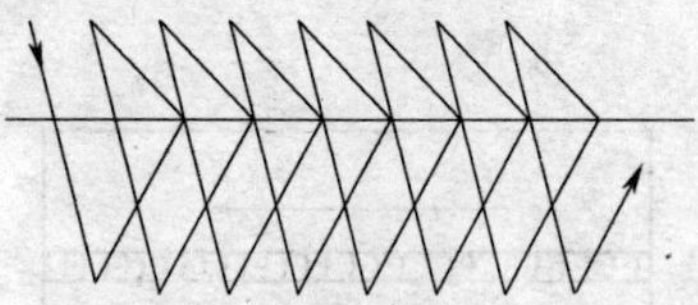

图 2-28 斜三角形运条法

(7)正圆圈形运条法

如图 2-29 所示，焊条末端连续做正圆圈运动，并不断前进。正圆圈运条法能使熔化金属有足够高的温度，有利于气体从熔池中逸出，可防止焊缝产生气孔。正圆圈运条法只适用于焊接较厚工件的平焊缝。

(8)斜圆圈形运条法

如图 2-30 所示，斜圆圈运条法可控制熔化金属不受重力影响，能防止金属液体下淌，有助于焊缝成型。斜圆圈运条法适用于 T 形接头的横焊(平角焊)和仰焊以及对接接头的横焊缝。

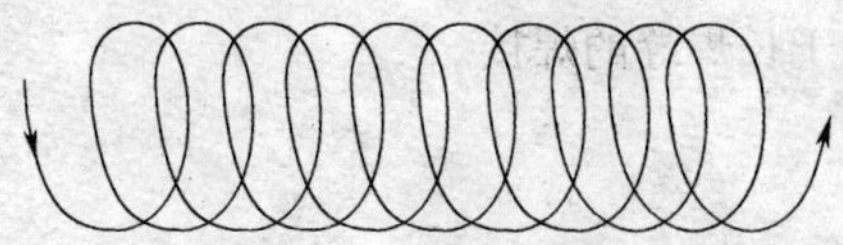

图 2-29 正圆圈形运条法

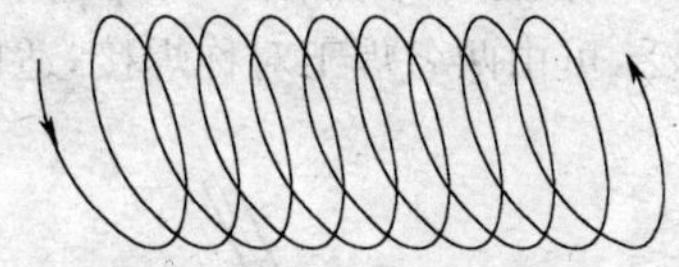

图 2-30 斜圆圈形运条法

三、各种长度焊缝的焊接方法

一般 500mm 以下的焊缝为短焊缝；500～1000mm 以内的焊缝为中等长度焊缝；1000mm 以上的焊缝为长焊缝。焊条电弧焊是断续进行的，在焊接金属结构时，为保证焊缝的连续性，减小焊接变形，焊缝长度不同，采用的焊接顺序也就有所不同。

1. 焊接顺序

(1)直通焊接法

如图 2-31 所示，从焊缝起点起焊，一直焊到终点，焊接方向始终保持不变。适用于短焊缝的焊接。

(2)对称焊接法

如图 2-32 所示，以焊缝中点为起点，交替向两端进行直通焊。其主要目的是为了减小焊接变形，适用于中等长度焊缝的焊接。

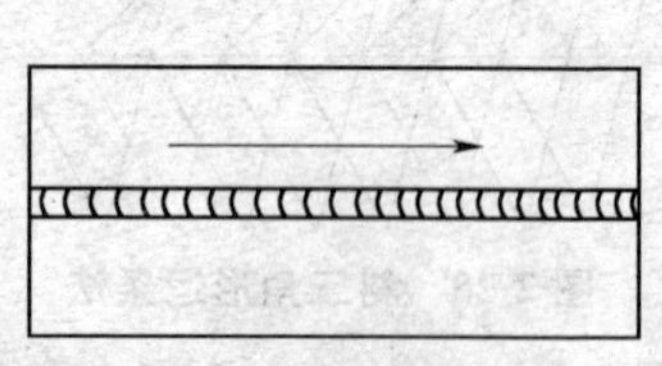

图 2-31 直通焊接法

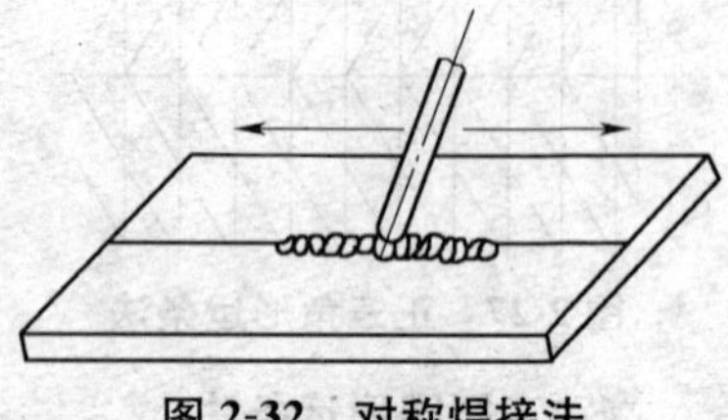

图 2-32 对称焊接法

(3)分段退焊法

如图 2-33 所示，分段退焊法应注意第一段焊缝的起焊处要略低些，在下一段焊缝收弧时，就会形成平滑的接头。分段退焊法的关键在于预留距离要合适，最好等于一根焊条所焊的焊缝长度，以节约焊条。此法适用于中等长度焊缝的焊接。

(4)分中逐步退焊法

如图 2-34 所示，从焊缝中点向两端逐步退焊。此法应用较为广泛，可由两名焊工对称焊接，适用于长焊缝的焊接。

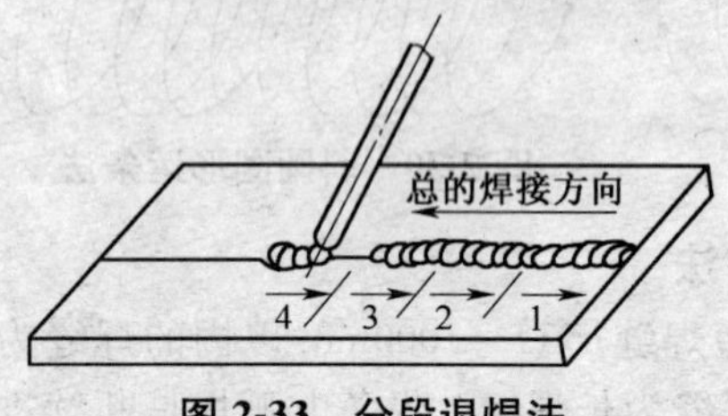

图 2-33 分段退焊法

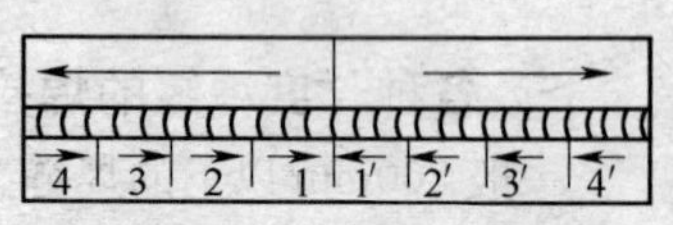

图 2-34 分中逐步退焊法

(5)跳焊法

如图 2-35 所示，朝一个方向进行间断焊接，每段焊接长度以 200～250mm 为宜，适用于长焊缝的焊接。

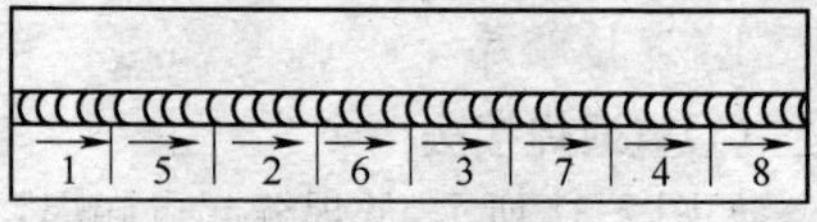

图 2-35 跳焊法

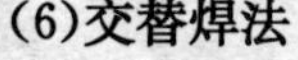

(6)交替焊法

如图 2-36 所示，交替焊法的基本原理是选择焊件温度最低位置进行焊接，使焊件温度分布均匀，有利于减小焊接变形。此方法的缺点是焊工要不断地移动焊接位置。适用于长焊缝的焊接。

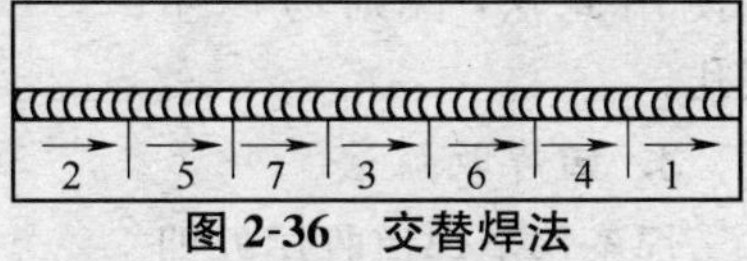

图 2-36　交替焊法

2. 焊道的连接

一条完整的焊缝，由于受到焊接顺序的限制，并且需用若干根焊条焊接而成，因而存在焊道连接问题。为保证焊道连接质量，使焊道连接均匀，最常用的接头方法是在先焊焊道收尾弧坑前面约 10mm 处引弧，拉长电弧移到原弧坑 2/3 处，压低电弧，焊条做微微转动，待填满弧坑后再向前移动进入正常焊接(见图 2-37)。

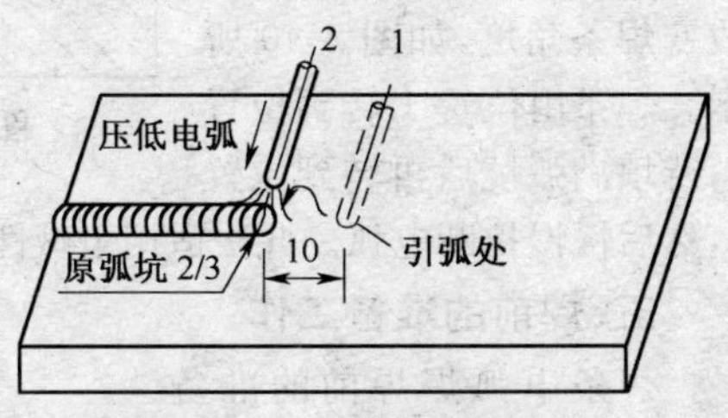

图 2-37　焊道的连接方法

四、收弧

采用正确的中断电弧的方法称为收弧。如果焊缝收尾时采用立即拉断电弧的方法，则会形成低于焊件表面的弧坑，容易产生应力集中和减弱接头强度，从而导致产生弧坑裂纹、疏松、气孔、夹渣等现象。因此，收弧时，不仅是熄灭电弧，还要将弧坑填满。收弧一般有以下三种方法：

1. 划圈收弧法

焊条焊至焊缝终点时，做圆圈运动，直到填满弧坑再拉断电弧，如图 2-38 所示。此法适用于厚板收弧，用于薄板则易将薄板烧穿。

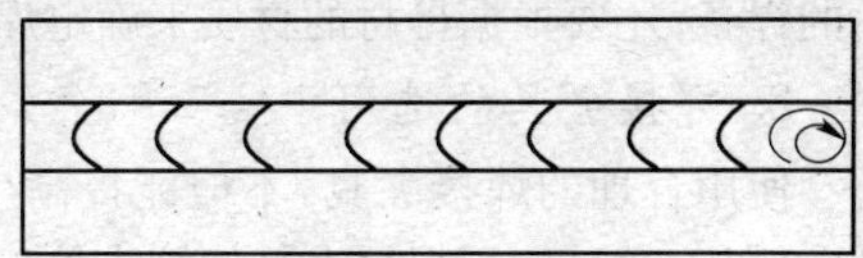
图 2-38　划圈收弧法

2. 灭弧法

焊条焊至焊缝终点时，在弧坑上做数次反复熄弧引弧，直到填满弧坑为止，如图 2-39 所示。此法适用于薄板和大电流焊接。碱性焊条不宜使用此法，否则易产生气孔。

3. 回焊收弧法

焊条移至焊道收尾处即停止，但不熄弧，此时，适当改变焊条角度，如图 2-40 所示。焊条由位置 1 转到位置 2，待填满弧坑后再转到位置 3，然后慢慢拉断电弧。此法适用于碱性焊条。

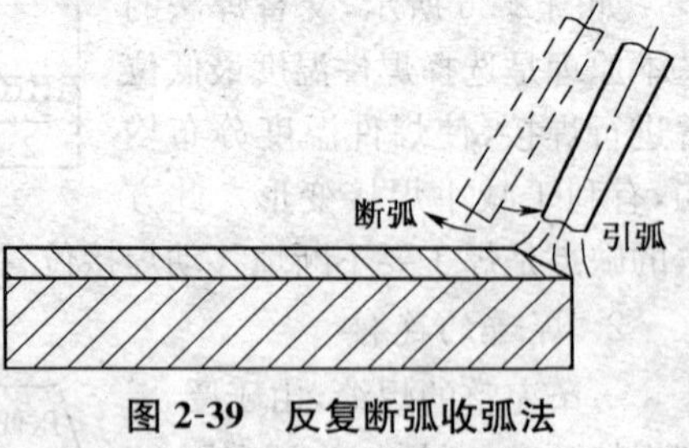

图 2-39　反复断弧收弧法

五、焊前的准备工作

焊条电弧焊焊前的准备工作做得好坏，与焊接质量有着密切的关系。焊前的准备工作包括正确选择焊接设备和焊接规范、母材和焊接材料（电焊条）的选用、焊接用夹具的选用、装配质量的检查、坡口的选用及加工和清理、定位焊等。

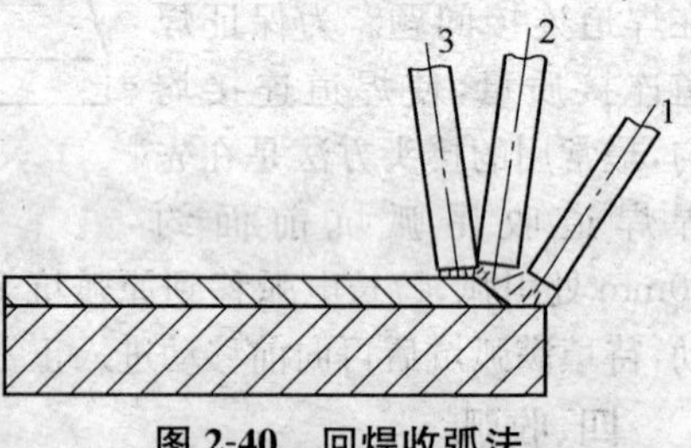

图 2-40　回焊收弧法

1. 材料的准备

母材（焊件材料）的质量必须符合设计图纸的要求。母材应具有出厂合格证。如果焊件材料的性能、成分不清楚，应通过化学分析和机械性能试验来鉴定。根据焊件的材质来确定母材是否需要预热；选择合适的焊条；还要根据母材的材质来确定焊接生产的工艺等。

2. 焊接夹具的选用

使用合理的焊接夹具，不但能提高生产效率，还能获得优质的产品。例如，通过使用焊接夹具使接头处于平焊位置，所焊出的产品的焊缝既漂亮，又不容易产生缺欠，还能提高生产效率。总之，在焊接尺寸和形状相同的产品时，如果采用夹具固定并组装起来焊接，要比一个一个地进行测量、进行定位焊、再进行焊接的方法效率高，制造精度也均匀一致。

3. 焊接接头装配质量的检查

在焊前的装配准备中，应对坡口和焊接接头部位的精度进行检查。如果坡口过于狭窄，则可能产生未焊透，使接头的使用性能降低；如果坡口过宽，则焊后变形明显，而且消耗的材料、工时多，不经济。

结构在装配时，还应检查装配间隙、错边量等是否符合图纸和工艺文件的要求。如果发现不符合要求的坡口和接头，要采取措施补救和修正。

接头装配间隙过大时，绝对不允许采用填充金属的错误方法进行修补，如图 2-41 所示。

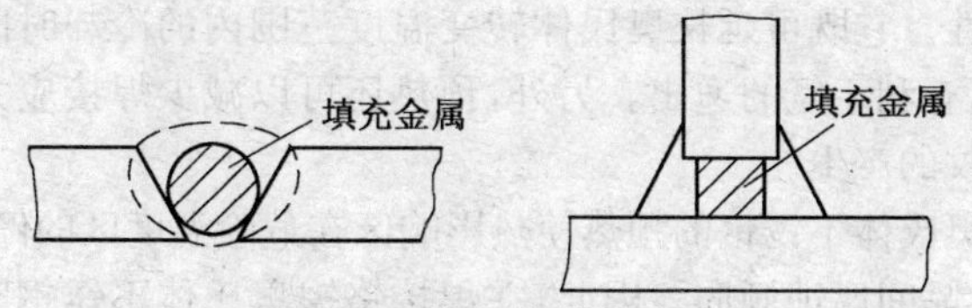

图 2-41　错误的修补方法

图 2-42 为角接头装配间隙过大时的修补方法。图中 a 为角接头间隙超过规定间隙 1.5mm 时的修补方法；b 为间隙接近 4mm 时，应加大焊脚尺寸；c 为角接头间隙超过 4mm 时，应使用垫板修复；d 表示对接接头距角接头的间隔距离应不小于 300mm。

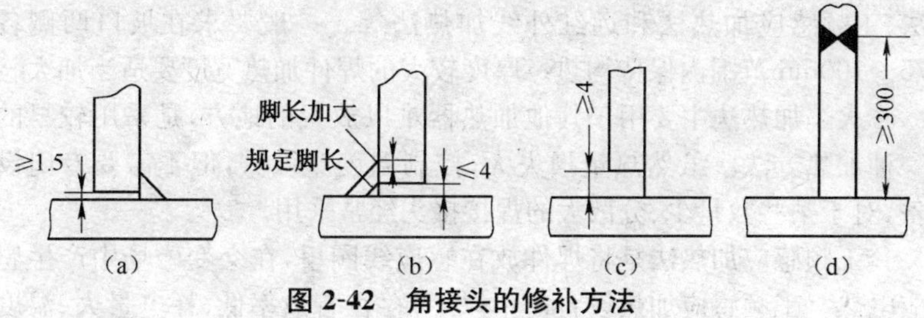

图 2-42　角接头的修补方法

对接接头的修补方法详见图 2-43。

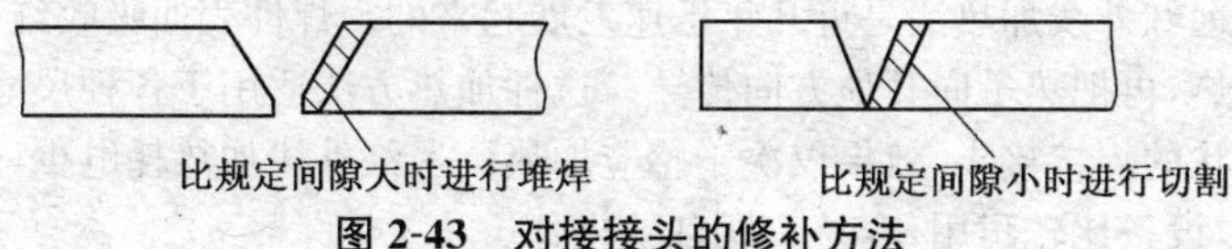

图 2-43　对接接头的修补方法

4. 清理工作

接头表面上的锈、水分、油、涂料、轧制氧化皮等，在焊接时容易引起气孔等缺欠。所以，焊接前必须清理干净。在多层焊接时，必须使用钢丝刷等工具把每一层焊缝的焊渣清理干净。如果接头表面有油和水分，可用气焊枪烘烤，并用钢丝刷清除。铁锈和轧制氧化皮等可采用喷砂清除，或采用砂轮机研磨的方法清除，并可在坡口面涂上 10～20μm 对焊接不会造成缺陷的防锈涂料。

5. 焊前预热

预热是降低焊后冷却速度的有效措施，主要目的在于改善金属材料的焊接性。它既可延长奥氏体转变温度范围内的冷却时间，降低淬硬倾向，又有利于氢的逸出。另外，预热还可以减少焊接应力，有利于防止冷裂纹的产生。

铬镍奥氏体不锈钢的预热使热影响区在危险温度区的停留时间增加，会增大晶间腐蚀倾向。因此，在焊接铬镍奥氏体不锈钢时，不得进行预热。

焊件焊接时是否需要预热以及预热温度的选择，主要取决于钢材和焊接材料的成分、工件厚度、结构刚性、焊接方法以及环境温度等，要通过焊接性试验确定。

预热的加热方法主要有火焰（氧乙炔、液化石油气、煤气等）加热法、工频感应加热法和远红外线加热法等。一般要求在坡口两侧各75～100mm范围内保持均热。厚度较大的焊件加热宽度要适当加大。

火焰加热法主要用于其他加热器难以放置的地方，是采用较早的一种加热方法。虽然热量损失大，控制温度难度大，但不需要专门设备，对于某些数量少、分散大的焊接接头经常采用。

工频感应加热法是将焊件放在感应线圈里，在交变磁场中产生感应电热。工频感应加热设备简单，尽管存在着效率低、耗电量大、温度超过居里点以后升温困难、有剩磁等缺点，仍多为采用。

远红外线加热法是近几年迅速发展起来的。焊件表面吸收红外线后发热，再把热量向其他方向传导。这种加热方法适用于各种尺寸、各种形状的焊接接头，效果仅次于感应加热。远红外线加热耗电少，热效率高，设备比较耐用，容易实现自动化。

六、定位焊

1. 定位焊缝

定位焊是为装配和固定焊接接头的位置而进行的焊接，又称点固焊。

定位焊缝起到在正式焊接之前把焊件组装成整体的作用。定位焊缝要作为正式焊缝的一部分而被保留在焊件之中，其质量好坏及位置、长度是否合适，会直接影响正式焊缝的质量和焊件的变形大小。定位焊实际上比正式焊接显得更为重要，因此，定位焊缝所用的焊条及对焊工技术水平的要求与正式焊缝一样，甚至更高些。定位焊前应将坡口及其两侧 20mm 范围内油污、铁锈、氧化物等清理干净。

2. 对定位焊的工艺要求

①定位焊缝短小，起头和收尾部位很接近，因而容易产生始端未焊透、收尾部分有裂缝的缺陷。要求在正式焊接之前，必须把有缺陷的定位焊缝剔除重焊。

②定位焊缝应避免在焊件的端部、角部等容易引起应力集中的地方。

③定位焊所用的焊条要用正式焊接时技术文件中所规定的焊条。焊条的直径比正式焊接的焊条细，为 3.2～4mm，焊接电流比正式焊接时大 10%～15%。

④在焊接淬硬倾向较大的低合金高强度钢和耐热钢时，焊定位焊缝也应预热，而且预热温度与焊正式焊缝时相同，并且应尽可能避免直接在坡口内焊接定位焊缝，可采用拉紧板、定位镶块等进行组装，正式焊接后拆除这些工艺件，并应把焊点磨平，检查有无表面裂纹。

⑤板的组对和定位焊时，应使终焊端的组对间隙比始焊端略大。不得强力组装，并留有一定的反变形。组对后不得有错边。

⑥管道组对及定位焊时，小直径管（≤ϕ60mm）一般在坡口内点固焊一点；中直径管（ϕ60mm～ϕ133mm）一般在坡口内点固焊二点；大直径管（≥ϕ159mm）一般在坡口内点固焊三点。大直径管因采用外加物方式进行定位焊，所以只要求点固牢固，但不宜过长和过厚。组对后应检查是否同轴，并应预留一定的反变形。

⑦板管的组对和定位焊时，由于定位焊缝是正式焊缝的一部分，要

求单面焊双面成型。

⑧定位焊缝两端尽可能焊出斜坡,也可以在组对后修出斜坡,以方便接头。

定位焊缝的厚度(在焊缝横截面中,从焊缝正面到焊缝背面的距离)、长度和间距可参照表 2-14。当焊件需要起重时,定位焊缝长度可适当加长。

表 2-14 定位焊缝尺寸 (mm)

焊件厚度	定位焊缝尺寸		
	厚度	长度	间距
<4	<4	5~10	50~100
4~12	3~6	10~12	100~200
>12	>6	15~30	100~300

第六节 各种位置的低碳钢板焊接技术

低碳钢焊接性良好,一般不需要焊前预热。只有在母材成分不合格(硫、磷含量过高)、厚壁工件、刚度过大、焊接时环境温度过低时,才需采取一定的预热措施。常用低碳钢典型产品的焊前预热温度见表 2-15。低碳钢焊件一般不进行焊后热处理。当焊接刚度较大、壁较厚及焊缝很长时,为避免在焊接过程中焊接裂纹倾向加大,应采取控制层间温度和焊后热处理等消除应力的措施(见表 2-16)。

表 2-15 低碳钢典型产品的焊前预热温度

焊接场地环境温度(℃)(小于)	焊件厚度(mm)		预热温度(℃)
	导管、容器类	柱、桁架、梁类	
0	41~50	51~70	100~150
−10	31~40	31~50	
−20	17~30	—	
−30	16 以下	30 以下	

表 2-16　控制层间温度和焊后热处理温度

牌　　号	材料厚度(mm)	层间温度(℃)	回火温度(℃)
Q235、08、10、15、20	50 左右	<350	600～650
	>50～100	>100	
25、20g、22g	25 左右	>50	600～650
	>50	>100	600～650

低碳钢的焊接材料(焊条)的选用原则是应保证焊接接头与母材强度相等(见表 2-17)。

表 2-17　焊接低碳钢焊条的选择

钢　号	焊 条 选 用		施焊条件
	一般结构(包括壁厚不大的中、低压容器)	焊接动载荷、复杂和厚板结构、重要受压容器及低温焊接	
Q235 Q255	E4321、E4313、E4303、E4301、E4320、E4322、E4310、E4311	E4303、E4301、E4320、E4322、E4310、E4311、E4316、E4315、(E5016、E5015)	一般不预热
Q275	E4316、E4315	E5016、E5015	厚板结构预热 150℃以上
08、10、15、20	E4303、E4301、E4320、E4322	E4316、E4315、(E5016、E5015)*	一般不预热
25、30	E4316、E4315	E5016、E5015	厚板结构预热 150℃以上

注：* 一般情况下不选用。

一、低碳钢板的平焊

对接平焊的特点是熔滴金属主要靠自重向熔池过渡，操作技术较易掌握，比较容易控制焊缝成型，焊缝表面美观。可用大直径焊条和较大电流施焊，生产效率高。对接平焊分不开坡口和开坡口两种。

1. 低碳钢薄板 I 形坡口对接平焊

(1)焊前准备

工件：Q235 钢板 300mm × 100mm ×(3～4)mm 2 块。焊条：

E4303,ϕ3.2mm。焊机:额定焊接电流大于160A交流或直流焊机。矫正工件,防止装配时焊口错边。将工件一侧板边10～20mm范围的铁锈或油污用钢丝刷(磨光机更好)打磨干净。

将焊接电流调节到100A左右。进行装配和定位焊,保证焊件在焊接时的相对位置和尺寸不变,对口间隙0～1mm(见图2-44)。

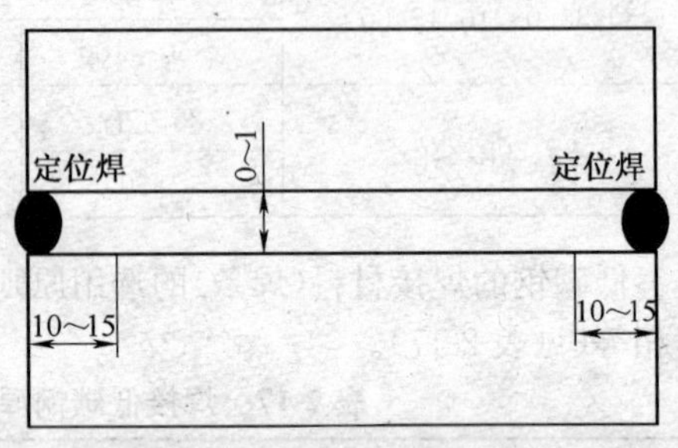

图2-44 定位焊

(2)焊接操作要领

①在板端内(焊缝上)10～15mm处引弧后,立即将电弧移向焊缝起焊处,拉长电弧预热1～2s(见图2-45),随即压低电弧,采用直线运条法向前施焊(见图2-46)。

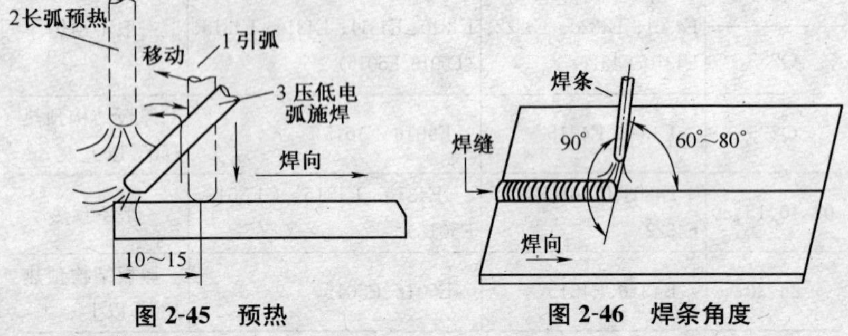

图2-45 预热 图2-46 焊条角度

②焊接时,要仔细观察熔池状态。正常情况下,在电弧吹力的作用下,金属熔液与熔渣是分离的(见图2-47)。未被熔渣覆盖而显露的明亮清澈的金属熔液部分就是我们常说的"熔池"。焊接时,若发现熔渣与金属熔液距离很近或全部覆盖了金属熔液,说明将会产生夹渣缺陷。此时,应立即减小焊条的倾角(图2-48),必要时增大焊接电流,或选用ϕ2.5mm的焊条。

③若对口间隙较大时,可采用直线往复形运条,可避免烧穿,提高工作效率。

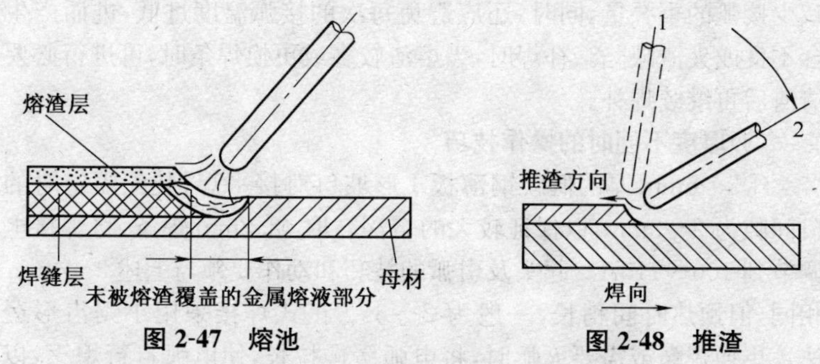

图 2-47　熔池　　　图 2-48　推渣

④接头与起头相似(可参照上述①)。收尾采用灭弧法。但因工件较薄,节奏要慢一点,直到填满弧坑后方可收弧,完成整个焊道的焊接。

⑤当遇到间隙较大焊缝时,其焊接方法是先将两板的边用直线或直线往复形运条进行敷焊,清渣后,再用锯齿形运条进行连接焊。焊接方法及顺序如图 2-49 所示。

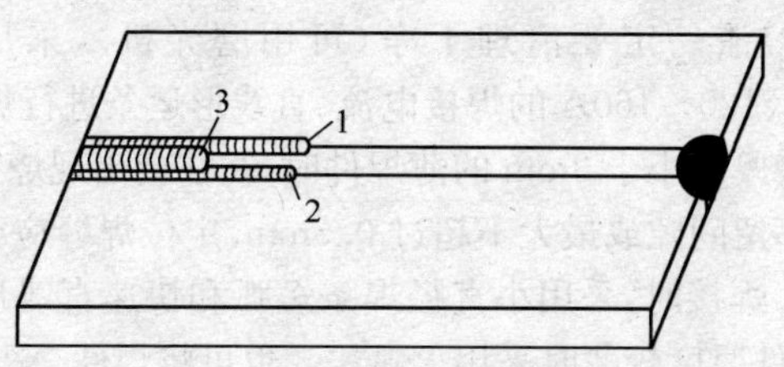

图 2-49　对口间隙较大时的焊接方法及顺序

⑥由于钢板薄、间隙又较大等因素,平焊时很容易产生烧穿(焊穿)现象。当发生烧穿时,应立即熄灭电弧。当烧穿部位冷却到较低温度时(但小区域仍为红热状态),再次在相应的位置引弧,采用灭弧法(俗称点焊)进行补焊。焊接时,接弧位置及补焊焊点的重叠及连接顺序如图 2-50 所示。补焊时,要先焊外,后焊内,并使接弧位置及温度分布对称均匀。尽量

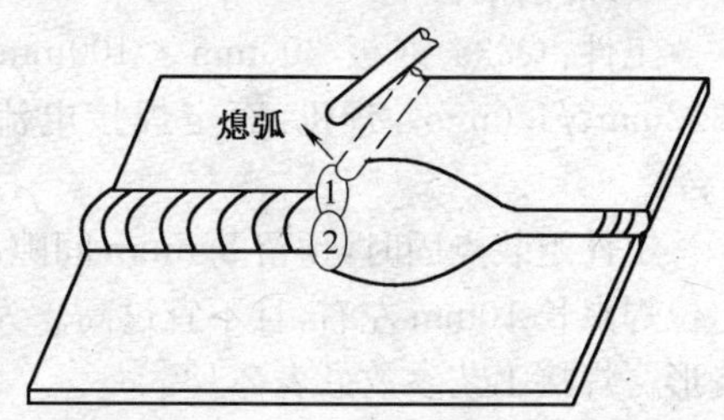

图 2-50　采用灭弧法(俗称点焊)进行补焊

减少接弧的重叠量，同时，还应避免每次的接弧温度过低，进而产生熔合不良或夹渣缺陷。补焊时，当熔渣较多或更换焊条时，可进行必要的清渣后再继续焊补。

(3)厚度不同时的操作技巧

①5～6mm 厚的低碳钢薄板 I 形坡口对接平焊，装配固定时的对口间隙为 2～3mm，以保证较大的熔深。取 ϕ3.2mm 焊条，将焊接电流调节到 100～110A。起头及引弧的技巧和动作要领与上述 3～4mm 板相同，但预热时间稍长，一般为 2～3s。正式焊接采用小锯齿形运条法。更换焊条或需要灭弧时，将电弧缓慢拉长，使电弧自行熄灭，以防产生弧坑缺陷。进行引弧及接头的操作时要快速更换焊条。5～6mm 板和 3～4mm 板的操作相比较，运条时必须采用锯齿形运条，虽然比直线形运条增加了难度，但由于板厚增大，运条的速度相对较慢，焊接难度会相应减小。焊接时，特别要注意仔细观察熔池状态和形态。正常情况下，金属熔液与熔渣处于分离状态，并保持椭圆形状。背面焊前，将焊口内的熔渣一定要清理干净(可用磨光机)，采用 ϕ3.2mm 或 ϕ4.0mm 焊条、120～160A 的焊接电流、直线形运条进行焊接。

②当焊接厚度小于 3mm 的薄焊件时，往往会出现烧穿现象，因此，在装配时可不留间隙或最大不超过 0.5mm，定位焊缝应密集且间距在 80～100mm。焊接时，采用小直径焊条短弧和快速直线形及直线往复形运条法，工件厚度较薄时采用灭弧法。也可将焊件一头垫起，进行倾斜 5°～10°的下坡焊。

2. 低碳钢中厚板 V 形坡口对接平焊

(1)焊前准备

工件：Q235 钢板 300mm×100mm×8mm 2 块。焊条：E4303，ϕ3.2mm、ϕ4.0mm。焊机：额定焊接电流大于 300A 交流或直流焊机 1 台。

工件组装点固时，预留 2.5mm 间隙，有利于焊透。工件两端点固，定位焊点长 10mm 左右，且不宜过高。为防止焊后变形，应做 1°～2°反变形。焊接工艺参数见表 2-18。

(2)焊接操作要领

V 形坡口对接平焊需在坡口内进行多层焊，具体可分成打底焊、填充焊和盖面焊。有一定的焊接难度。特别是在根部打底焊时，操作不当容易产生烧穿、夹渣现象，层与层之间也易出现夹渣、未熔合、气孔等缺陷。因此，在焊接时，应特别注意工艺参数的选择和正确的操作方法。

表 2-18　8mm 厚钢板的焊接工艺参数

板厚(mm)	坡口形式	钝边(mm)	对口间隙(mm)	焊条直径(mm)	焊接电流(A)	焊接层次	运条方法
8	V	0.5～1	2.5～3	3.2	90～110	打底层	小锯齿形
				3.2～4.0	140～160	填充层	锯齿形
				4.0	140～150	盖面层	锯齿形

①打底焊。第一层(打底焊)焊接时，选用直径 3.2mm 焊条。小间隙时，用微摆锯齿形运条法；大间隙时，用直线往复形运条法，以防烧穿。当间隙很大时，可先在坡口两侧各堆焊一条焊道使间隙缩小，然后再在中间施焊即可完成较大间隙打底层的焊接。

②填充焊。第二层焊接时，先将打底层熔渣清除干净。电流应稍大些，选用直径 3.2mm 焊条，用锯齿形运条法短弧焊接，摆动到两坡口侧面时，焊条稍做停留，待坡口两侧与母材熔合良好后方可移动，如图 2-51 所示。应控制焊接速度，使每层焊道有 3～4mm 的厚度，各层之间的焊接方向应相反，且接头相互错开不小于 30mm，收尾时注意填满弧坑。

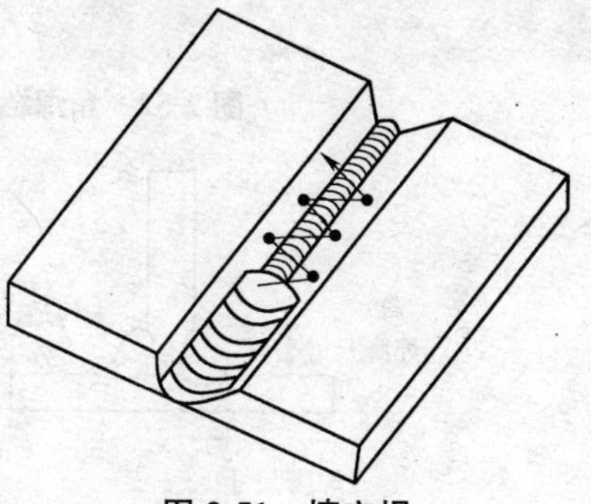

图 2-51　填充焊

③盖面焊。正面最后一层或背面焊缝均属于盖面焊。正面焊条选直径 4mm，采用锯齿形运条法，横向摆动以熔合坡口两侧 1～1.5mm 的边缘，控制焊缝宽度，两侧要充分停留，以防咬边。一般 12mm 以下厚度工件开 V 形坡口对接平焊，正面焊缝高 0.5～1.5mm，焊缝宽度 14～16mm。

背面盖面层焊，焊条选直径 3.2mm，也用锯齿形运条法，但要小幅横向摆动，与不开坡口反面焊相同。

3. 低碳钢板平角焊

(1)一般要求

平角焊主要是指角接接头及T形接头和搭接接头平焊。角焊缝各部分名称见图2-52。平角焊焊接操作中易产生垂直板咬边、未焊透、焊脚下偏(水平板焊脚尺寸大)、夹渣等缺陷(见图2-53)。如图2-54所示,在进行角接平焊的实际操作中,如焊件能翻动,应尽可能把焊件放在船形位置进行焊接,以使焊缝成型美观,并提高产生率。

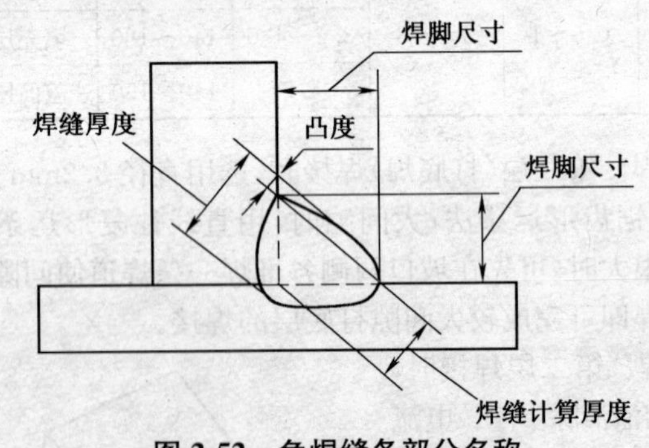

图2-52　角焊缝各部分名称

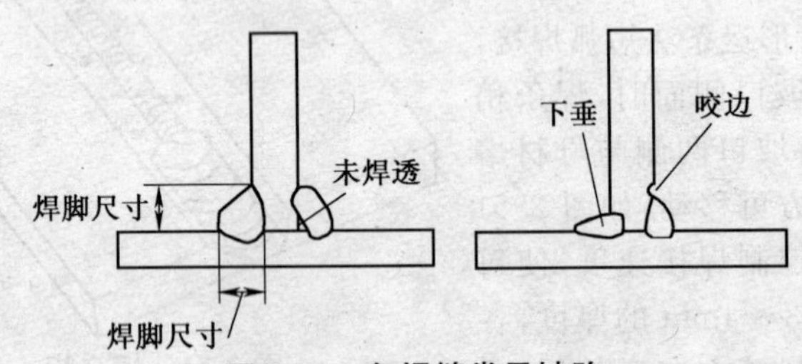

图2-53　角焊缝常见缺陷

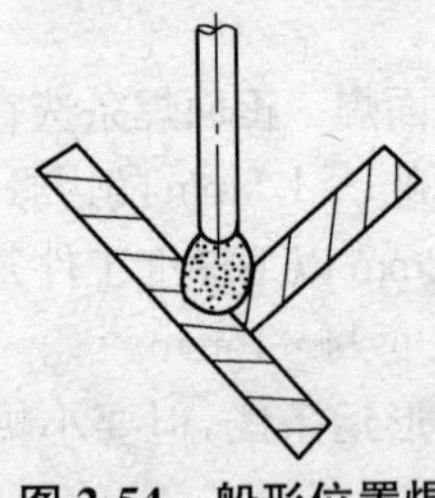

图2-54　船形位置焊

平角焊一般焊脚尺寸随焊件厚度的增大而增加。钢板厚度与焊脚尺寸的关系见表2-19。

角焊缝尺寸决定焊层次数与焊缝道数。一般当焊脚尺寸在8mm以下时,多采用单层焊;焊脚尺寸为8～10mm时,采用多层焊;焊脚尺寸大于10mm时,采用多层多道焊。其焊接工艺参数见表2-20。

表 2-19　钢板厚度与焊脚尺寸关系

钢板厚度(mm)	≥2～3	>3～6	>6～9	>9～12	>12～16	>16～23
最小焊脚尺寸(mm)	2	3	4	5	6	8

表 2-20　平角焊焊接工艺参数

焊接方法	焊脚尺寸(mm)	焊层(道)	焊条直径(mm)	焊接电流(A)	运条方法
单层焊	<5	一层一道	3.2	120～140	直线形
两层焊	8～10	第一层	3.2	120～140	直线形
		第二层	4.0	160～180	斜圆圈形
两层三道焊	>10	第一道	3.2	120～140	直线形
		第二、三道	4.0	160～180	直线形

从焊脚断面分析，呈凹圆滑过渡状焊脚应力集中最小，能提高接头承载力，见图 2-55。

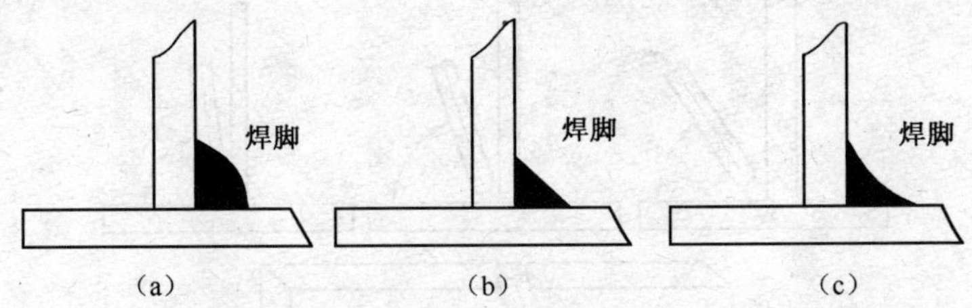

图 2-55　焊脚断面

(a)最差　(b)尚可　(c)最佳

(2)焊前准备

工件：Q235 钢板。焊条：E4303，ϕ3.2mm、ϕ4.0mm。焊机：额定焊接电流大于 300A 交流或直流焊机 1 台。

将水平板的正面中心向两侧 50～60mm 处清理干净铁锈、油污等，再将垂直板接口的边缘 30mm 内的铁锈、油污清理干净。

(3)焊接操作要领

①装配及定位焊。清理干净的水平板平放在平焊支架上，用钢板尺测量出工件两端中心点。然后把垂直板放置在水平板中心划线处，

用直角尺测量以保证两板 90°夹角。定位点固焊时，使用正式焊接用焊条，焊接电流需大些。定位焊位置应在焊件两端且对称点固，其点固焊顺序见图 2-56。定位焊缝长约 10mm，并做到定位焊缝薄而牢。

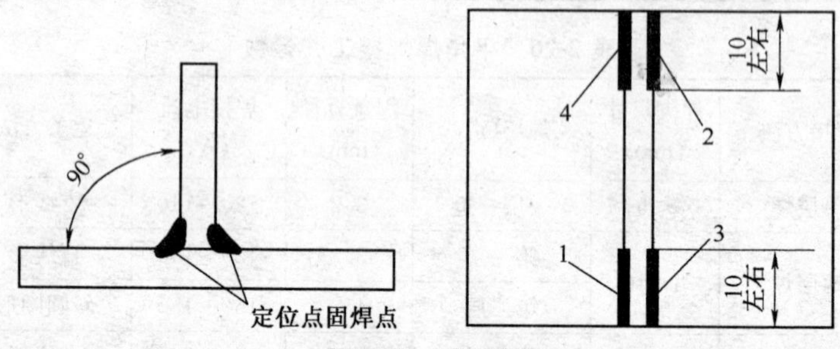

图 2-56 定位焊

②平角焊焊条角度。如图 2-57 所示，不等厚度板组装的平角焊时，厚板一侧的焊条角度应大些，使厚薄板受热趋于均匀，以保证接头熔合良好。

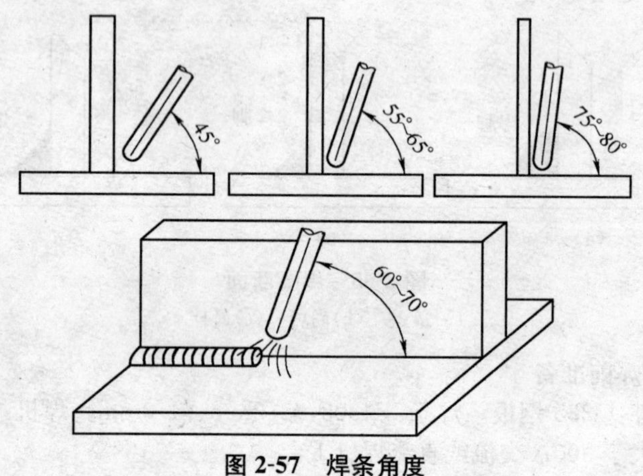

图 2-57 焊条角度

③平角焊起焊

如图 2-58 所示，平角焊起焊时，引弧点在工件端部内 10mm 处引弧，稍拉长电弧，移到工件最端部始焊。这样，可对起头处加以预热，然后压低电弧，开始焊接。

④单焊层。

a. 直线形运条单层焊接。当焊脚尺寸小于 5mm 时，采用直线形运条单层焊接，并用短弧运条，速度要均匀。焊条与水平板夹角为 45°，与焊接方向夹角为 60°～70°，如图 2-59 所示。

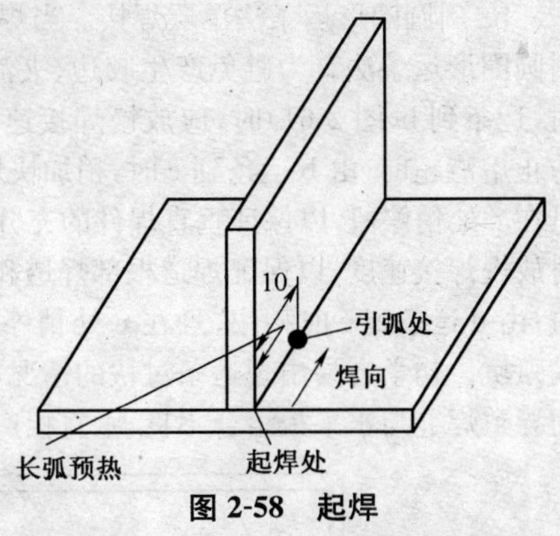

图 2-58　起焊

在焊接过程中，若将焊条端头的药皮套管边缘靠在焊缝上（图 2-60），并轻轻地压住它，随着焊条的熔化，逐渐沿焊接方向移动。这样，不但便于操作，还能获得较大熔深，焊缝表面也美观。初学者易出现焊接速度过快的现象，导致焊脚尺寸过小及未焊透，还易出现长电弧施焊的现象，导致焊缝立板咬边或夹渣。此外，接头、收尾、与对接平焊相同。

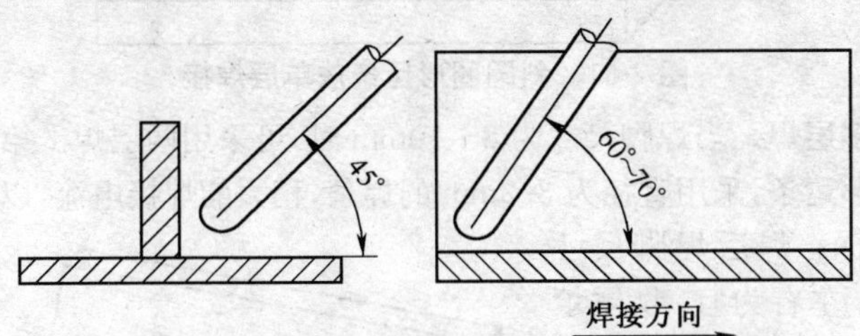

图 2-59　直线形运条单层焊接角焊缝的焊条角度

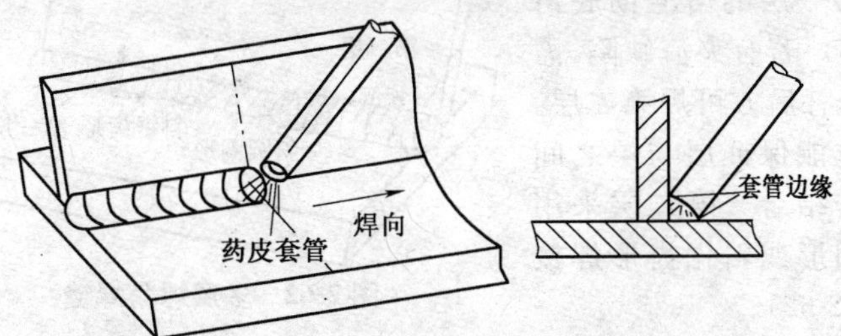

图 2-60　将焊条端头的药皮套管边缘靠在焊缝上

b. 斜圆圈形运条法单层焊接。当焊角尺寸为5～8mm时，可采用斜圆圈形运条法。为避免产生咬边、夹渣、边缘熔合不良等缺陷，焊接时，运条到b(图2-61)时，应放慢焊接速度，以保证水平焊件的熔深和防止熔渣超前；由b运条到c时，稍加快焊接速度，以防熔化金属下淌，且在c处稍停留，以保证垂直焊件的充分熔合，避免咬边；由c运条到d时放慢焊接速度，以保证焊道根部焊透和水平焊件的充分熔合，防止夹渣；由d运条到e时稍快，且在e处稍停留。如此反复进行，焊完时填满弧坑。初学者易出现运条过快的情况，在c处停留时间短或无停留，而导致焊缝与水平板熔合不良，垂直板产生咬边现象。

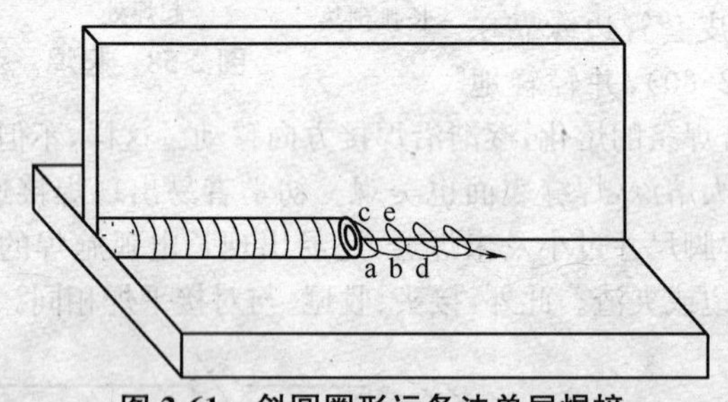

图2-61 斜圆圈形运条法单层焊接

⑤多层焊。当焊脚尺寸为8～10mm时，可采用两层焊。第一层焊用直线形运条，采用直径为3.2mm的焊条，稍大的焊接电流，以获得较大的熔深。焊后焊脚尺寸在5mm左右为宜，收尾填满弧坑。第二层焊接之前，要把第一层的熔渣彻底清理干净。若有夹渣缺陷，需进行修补后方可焊第二层。这样才能保证层与层之间的紧密结合。第二层采用斜圆圈形或斜锯齿形焊接(见图2-62)。

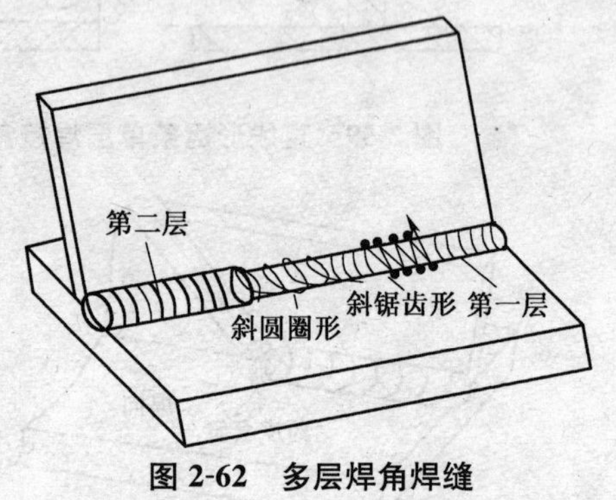

图2-62 多层焊角焊缝

⑥多层多道焊。当焊脚尺寸大于10mm时，可采用多层多道焊。图2-63所示为二层三道焊。焊接工艺参数同低碳钢板立焊(见表2-21)。

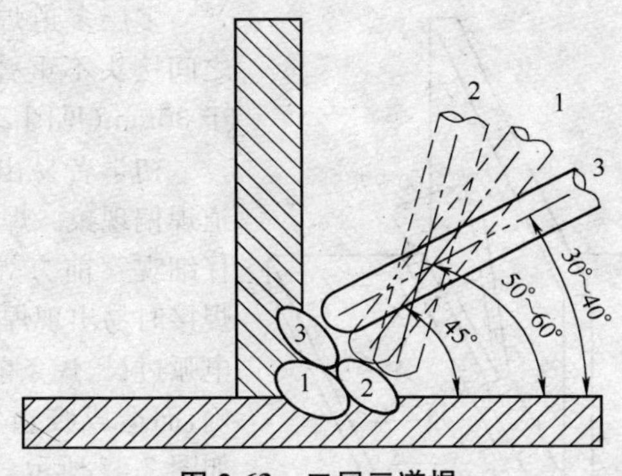

图 2-63 二层三道焊

第一层（第一道）焊接时，操作方法与单层焊接相同，焊后清理干净熔渣。

焊接第二层第一道（总第二道）焊道时，焊条与水平板的夹角为 50°～60°（见图 2-64），与焊接方向的夹角仍为 60°～70°，以保证水平板与焊道良好熔合，一般采用直线形或小斜圆圈形运条法，也可用小斜锯齿形运条法，使第二道焊道覆盖第一层焊道 2/3 以上（见图 2-64）。此焊道要保持平直而且宽窄一致，收尾填满弧坑。

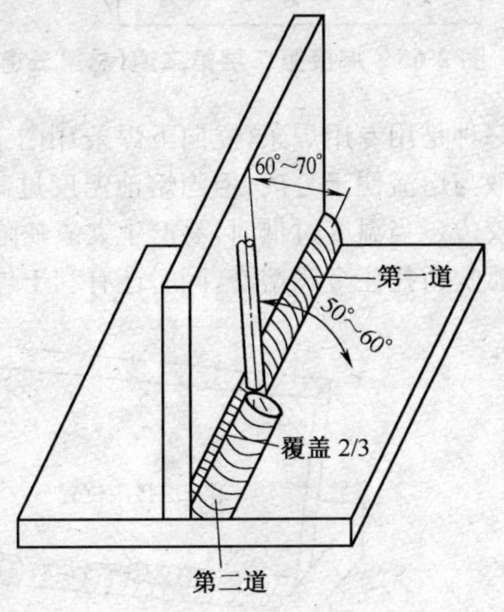

图 2-64 焊接第二层第一道（总第二道）

焊接第二层第二道（总第三道）时，焊条的前端在第二道焊道与垂直板夹角处（见图 2-65），且与水平板的夹角为 35°～40°。采用直线形运条，覆盖第二道焊道 1/3～1/2（见图 2-65）。焊接速度稍快，且要均匀一致，短弧焊接，以防产生咬边和焊脚下垂缺陷，收尾填满弧坑。

当焊角尺寸大于 12mm 时，一般用三层六道焊接。

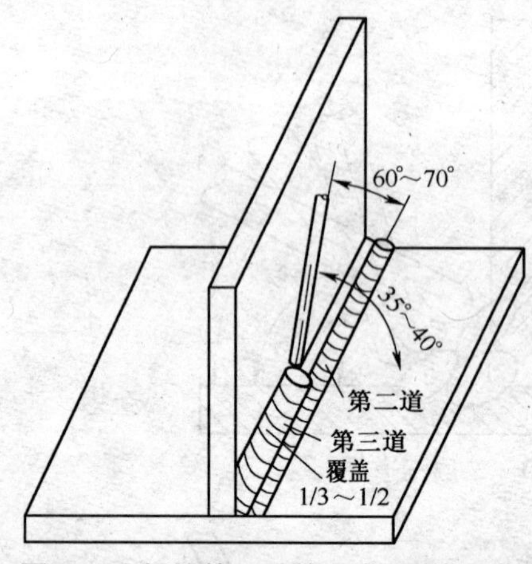

图 2-65　焊接第二层第二道(总第三道)

多层多道焊施焊中各道之间接头不重叠且间隔不小于 30mm(见图 2-66)。

初学者易出现第二道焊道焊偏现象。焊接时,应注意仔细观察前方焊道。第三道焊接时易出现焊条角度不当、电弧过长、焊条前端位置不正确,而造成咬边和焊脚下垂,如图 2-67 所示。

二、低碳钢板的立焊

对接立焊有两种方法,一种是常用的由下向上施焊,另一种是用专用焊条(立向下焊条)由上向下施焊。立焊的特点是金属熔液与熔渣便于分离,但当熔池温度过高时,金属熔液易下淌形成焊瘤、咬边。当温度过低时,易产生夹渣缺陷。焊接时采用短弧焊接,利用电弧吹力托住金属熔液,同时还有利于焊条熔化金属向熔池中过渡。

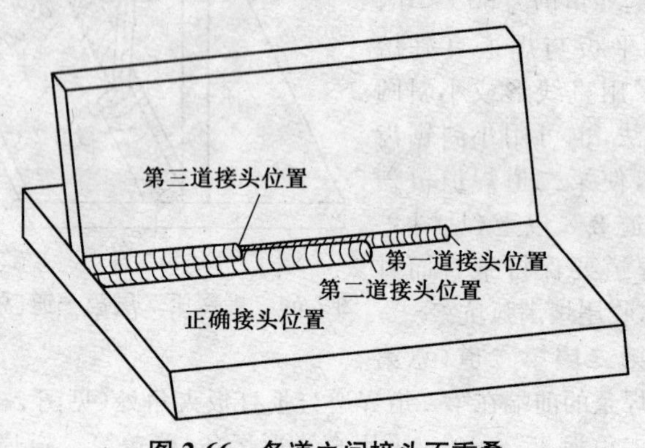

图 2-66　各道之间接头不重叠

立焊时,应注意以下问题:首先,焊条直径和电流强度应比平焊小。焊条直径应小于 4mm,立焊时选的电流强度可比平焊小 10%~15%,以避免过多的熔化金属下淌。其次,应采用短弧焊接法,以避免电弧过长所造成的熔滴下淌及严重飞溅。

立焊的操作姿势根据焊缝与焊工距离的不同，一般采用胳臂有依托和无依托两种姿势。图 2-68 所示为有依托、即胳臂大臂轻轻地贴在肋部或大腿、膝盖部位，随着焊条的熔化和缩短，胳臂自然地前伸，起到调节作用。用有依托的焊接姿势比较牢靠、省力。无依托即把胳臂半伸开或全伸开，悬空操作，需要通过胳臂的伸缩来调节焊条的位置。胳臂活动范围大，操作难度也较大。握焊钳的方式有正握式（如图 2-69a、b 所示）、反握式（如图 2-69c 所示）。图 2-69a 是一般立焊时常用的握焊钳方式。当遇到较低的焊接部位和不好施焊的位置时，常用图 2-69b 的握焊钳方式，也可以采用图 2-69c 的握焊钳方式。

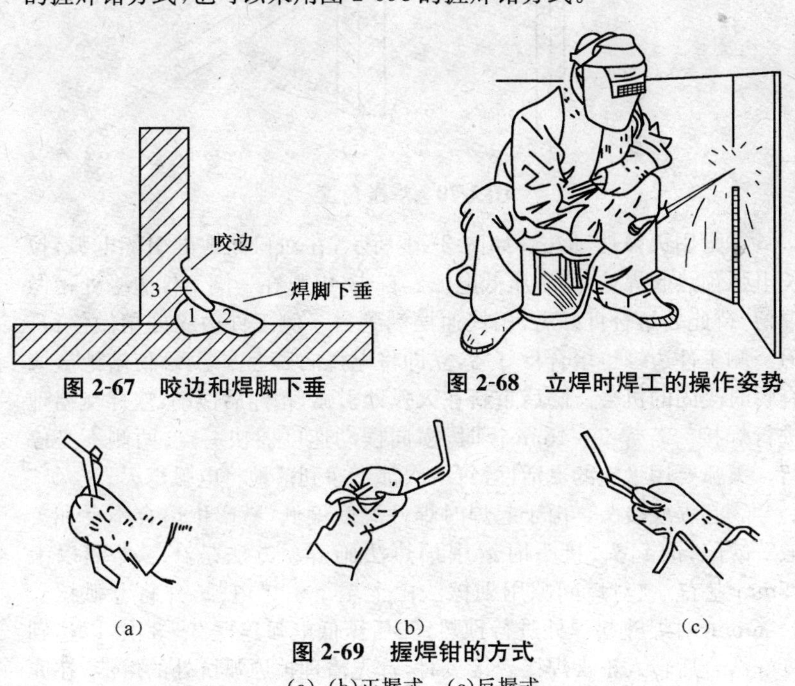

图 2-67　咬边和焊脚下垂

图 2-68　立焊时焊工的操作姿势

(a)　(b)　(c)

图 2-69　握焊钳的方式

(a)、(b)正握式　(c)反握式

1. 低碳钢薄板 I 形坡口对接立焊

(1)焊前准备

工件：Q235 钢板 300mm×100mm×5mm 2 块。焊条：E4303，

ϕ3.2mm。焊机：额定焊接电流大于300A交流或直流焊机1台。装配和定位焊：对口间隙为2.5～3mm，操作方法与对接平焊相同。

(2)焊接操作要领

①焊条角度。如图2-70所示，焊条处于两焊件接口且与两焊件垂直(夹角90°)，并与焊缝成60°～80°夹角，以此借电弧向斜上方的吹力托住熔池。

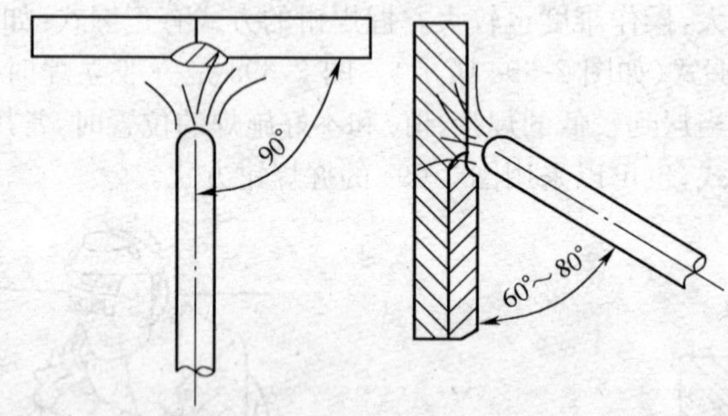

图2-70 焊条角度

②采用灭弧摆动法。如图2-71所示，在对口间隙处引燃电弧，拉长电弧预热起焊处，随后压低电弧。首先，电弧在一侧工件边缘处稍做停留，待此处熔合良好后，稍快速摆动到另一侧工件边缘处稍做停留。另一侧工件边缘也熔合良好后，立即将电弧向后上方熄灭，使熔池金属有瞬时凝固的机会。随后重新在灭弧处引弧，稍停后摆动，这样交错地进行焊接。若焊2～4mm板时，横向摆动速度要快一点，两侧不必停留。灭弧要用手腕的灵活性，每一次都干净利落地将电弧熄灭。

③起焊或接头。由于起焊时焊件温度偏低，易产生熔合不良和夹渣等缺陷，故起头、接头时运用预热法施焊。方法是在起焊端以上15mm左右，顺对口间隙用划擦法由上至下引燃电弧，并将电弧拉长3～6mm，对焊缝起焊处进行预热，然后压低电弧连摆2～3次，以达到良好熔合后转入正常焊接。接头时，首先清理掉原弧坑处的熔渣，在原弧坑上方15mm处引弧，拉长电弧对原弧坑预热，压低电弧在原电弧坑2/3处接头。

④控制熔池温度。当熔池呈扁平椭圆形时，说明熔池温度合适。若熔池的下方出现“鼓肚”时，说明熔池温度已稍高，应立即调整运条方

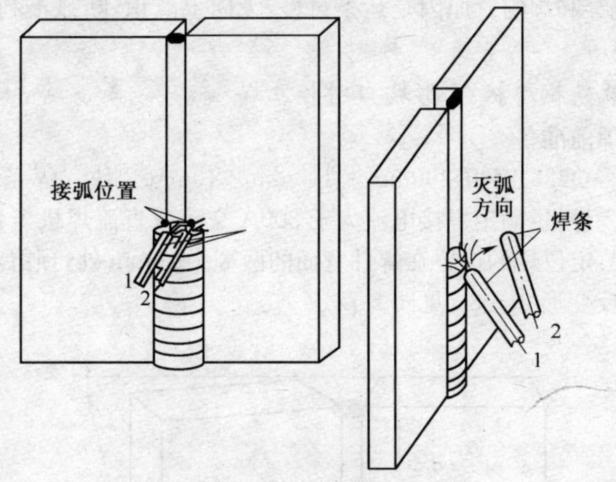

图 2-71　灭弧摆动法

法，即焊条在坡口两侧停留时间增加，加快中间过渡速度，并尽量缩短电弧长度。若不能把熔池恢复到偏平状态、“鼓肚”有所增大时，则说明熔池温度已过高，应立即灭弧，给熔池冷却时间，待熔池温度下降后再继续焊接。

⑤收尾。采用反复灭弧收尾法，准确地在熔池左右侧给两到三滴金属熔液，使弧坑饱满。

(3)焊接时容易出现的问题

①焊缝过宽、过高。原因是横向摆动时手腕僵硬不灵活，速度过慢等。

②焊波粗大。原因是接弧位置过于偏上。正确的接弧位置应与前一熔池重叠 1/3～1/2。

③焊缝窄而高。原因是没有边焊边向上移动的意识，而且接弧温度过高等。正确的接弧方法是灭弧后，熔池开始冷却，这时，焊条在空中做重新引弧的准备(焊条稍做稳定、即平稳向下移动准备引弧)。当熔池中心冷却到黄豆粒大小时，电弧正好在相应的位置引燃。

④夹渣。原因是运条没有规律，热量不集中，焊接时间短(每一个焊接过程)，电流过小，不会观察熔池，不能根据熔池状态的变化调整运条等。

⑤烧穿和焊瘤。原因是运条过慢,无向上意识,断弧不利落,接弧温度过高等。

2. 低碳钢薄板V形坡口对接立焊

(1)焊前准备

工件:Q235 钢板 300mm×100mm×10mm 2 块。焊条:E4303,ϕ3.2mm。焊机:额定焊接电流大于 300A 交流或直流焊机 1 台。装配与定位焊:定位焊的位置在焊件背面的两端头 10mm 处,预留对口间隙 2.5mm,反变形 2°～3°,见图 2-72。

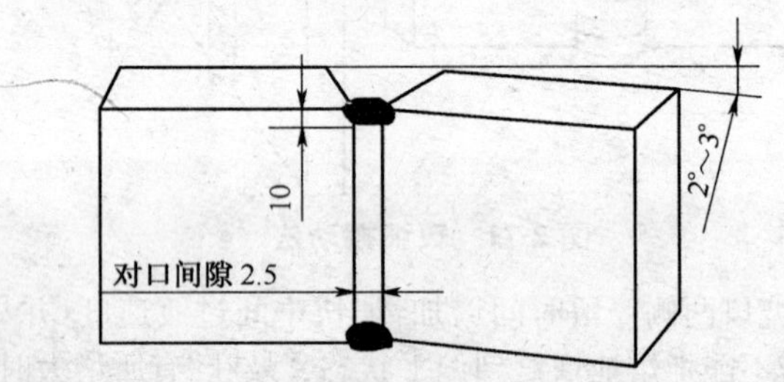

图 2-72 装配和定位焊

(2)焊接操作要领

V形坡口对接立焊采用多层焊,焊接工艺参数见表 2-21。

表 2-21 10mm 厚低碳钢板对接立焊焊接工艺参数

坡口形式	对口间隙(mm)	焊接层数	焊条直径(mm)	焊接电流(A)	运条方法
V形	2.5	打底层	3.2	90～100	灭弧微摆法
		填充层	3.2	95～105	锯齿形
		盖面层	3.2	90～100	锯齿形
		背面层	3.2	100～110	微摆锯齿形

①打底焊。选用直径 3.2mm 焊条,焊接电流 90～100A。焊条与焊缝成 70°～80°夹角,运条采用挑弧微摆法或灭弧微摆法。焊接时采用短弧,注意控制熔池形状、大小,防止烧穿、夹渣,防止焊道中间凸形,如图 2-73 所示。

②填充焊。填充层焊前应对打底层焊道进行彻底清理,高低不平

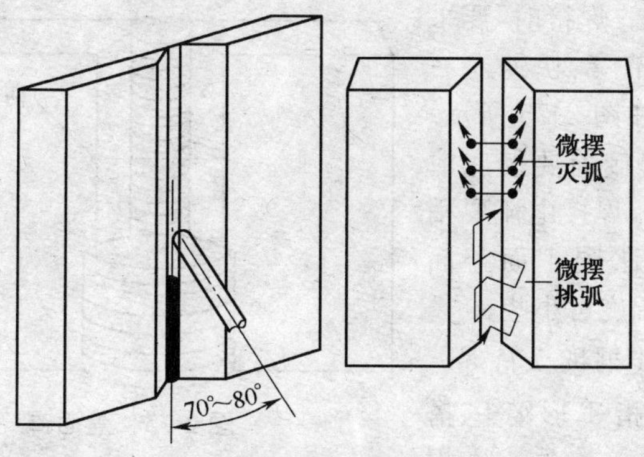

图 2-73　打底焊

处进行修整后再焊，焊接电流可稍增大，焊条与焊缝成 60°～70°夹角，采用锯齿形运条法（见图 2-74）。焊条摆动到两侧坡口面时，要稍做停留以控制熔池温度，使两侧良好熔合，并保证扁圆形熔池外形。填充层焊接的最后一层焊道应低于焊件表面 1～1.5mm，并保证两侧坡口边缘整齐，对局部低洼处进行修补，使整条填充焊道平整，为表面层焊接打下基础。

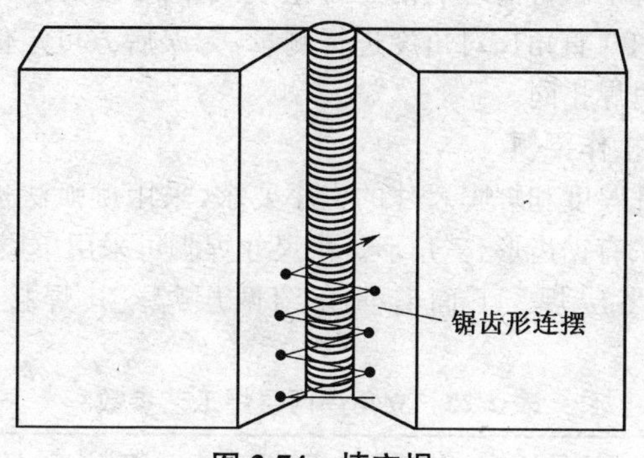

图 2-74　填充焊

③盖面焊。盖面层焊前要彻底清理前一道焊缝及坡口上的熔渣及飞溅物，焊接电流要比填充层的焊接电流小 10A 左右，焊条角度稍大些，采用锯齿形运条法，摆动到坡口边缘时进一步压低电弧并做停留，使坡口边缘熔化 1～2mm，以防咬边，中间过渡要快些，防止中间外凸

或产生焊瘤。焊接时，要采用短弧，有节奏、快速左右摆动运条，如图 2-75 所示。背面焊缝焊接前要彻底清理根部熔渣，焊接电流要稍大，运条方法同正面盖面焊，但横摆幅度可小些。

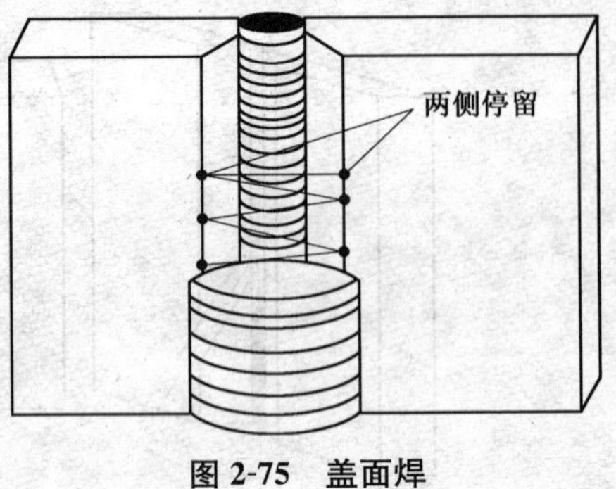

图 2-75　盖面焊

3. 低碳钢板立角焊

立角焊指 T 形接头、搭接接头焊件接口处于立焊位置时的焊接操作。立角焊时，焊缝根部易出现未焊透、焊缝两边易产生咬边、焊缝中间易出现夹渣、凸起等缺陷。

(1)焊前准备

工件：Q235 钢板 300mm×150mm×8mm 2 块。焊条：E4303，ϕ3.2mm。焊机：额定焊接电流大于 300A 交流或直流焊机 1 台。

焊前，将工件表面的铁锈及污物清理干净，直至露出金属光泽，并对工件进行矫正。将清理后的工件组装成 T 形接头。为保证角度的准确性，可用 90°直角尺对角度进行测量，无误后方可定位焊。点固焊的方法与平角焊相同。

(2)焊接操作要领

根据工件厚度和焊脚尺寸的大小要求，采用挑弧法进行焊接。常用的运条方法有锯齿形、三角形。小尺寸焊脚可采用单层焊，较大尺寸焊脚可采用多层焊。下面着重介绍两层焊。其焊接工艺参数见表2-22。

表 2-22　立角焊两层焊工艺参数

层次	焊条直径(mm)	焊接电流(A)	运条方法	焊脚(mm)
第一层	3.2	85～105	挑弧微摆法	5～6
第二层	3.2	95～115	锯齿形	8～10

立角焊操作时，当两焊件厚度相同时，为了使焊件能够均匀受热，焊条所在的平面与两焊件夹角为 45°，与焊缝中心线的夹角为 75°～

90°，如图 2-76 所示。

① 第一层焊。在起焊端 20mm 内，焊条沿两板夹角从上到下在工件起焊端定位焊缝处划擦引弧，引燃后稍拉长电弧，对起焊端进行预热（图 2-77a），然后压低电弧（短弧），在起焊点的端部进行微摆往复运条（图 2-77b）。

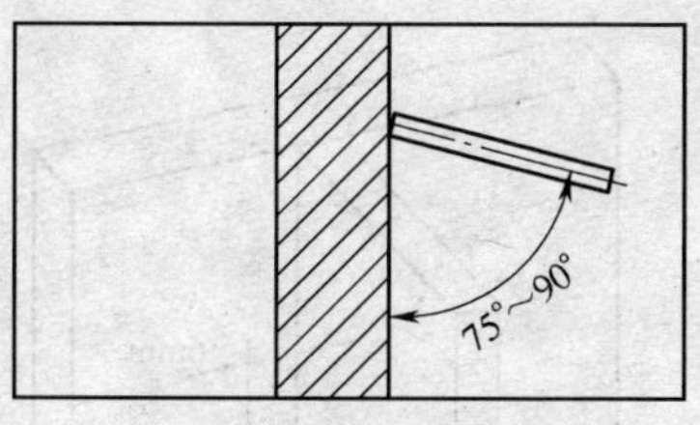

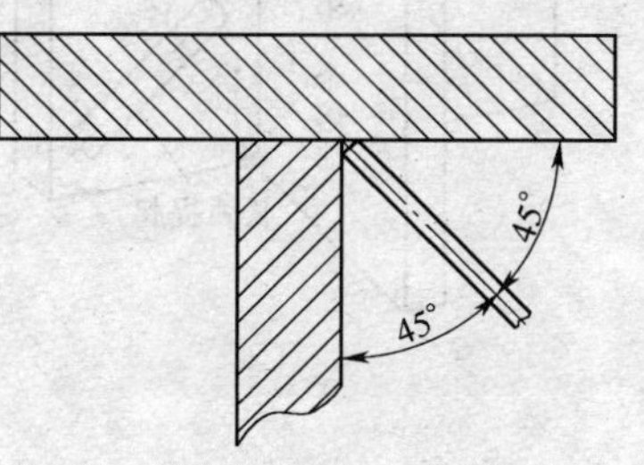

图 2-76　立角焊焊条角度

挑弧的方法是：当焊缝根部形成第一个椭圆形熔池时，把电弧拉长并向上提起，如图 2-78a 所示。待熔池冷却到暗点直径为 3mm 左右时，将电弧下移并缩短在前一熔池 1/3 处，如图 2-78b 所示。稍做微摆使前后熔池重叠 2/3，新熔池形成后电弧再次挑起。这样有节奏地反复进行，焊脚尺寸为 5～6mm，并保持焊缝两侧熔合良好。

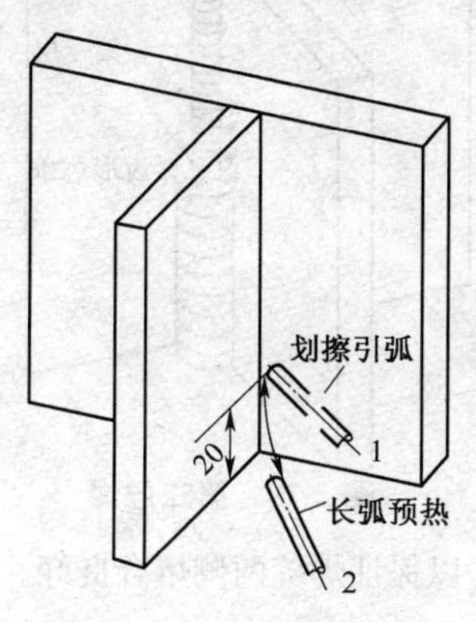

(a)

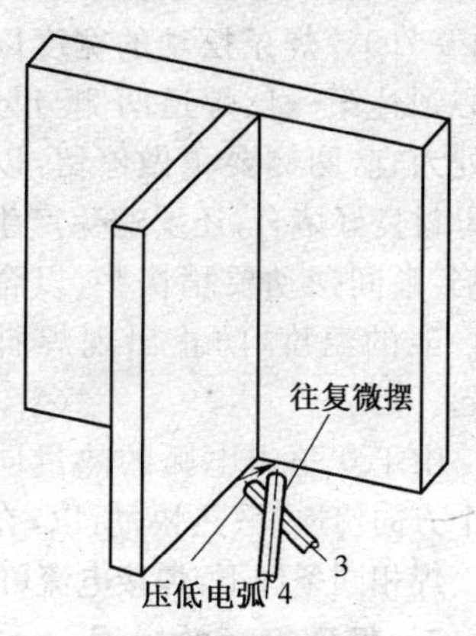

(b)

图 2-77　预热和在起焊点的端部进行微摆往复运条

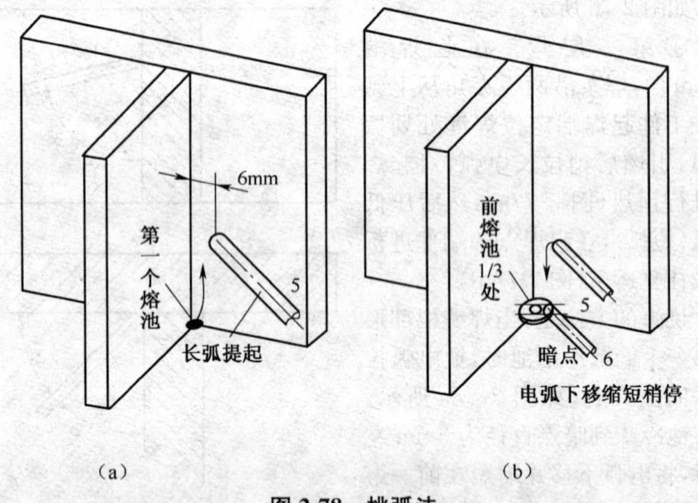

图 2-78　挑弧法

②第二层焊。第二层焊前首先彻底清理干净第一层焊道熔渣及飞溅物，采用锯齿形运条法短弧焊接（图 2-79）。焊条摆动的宽度以焊缝中心到达第一层焊道两侧与母材交界处为宜，两侧要稍做停留，以保证与母材良好熔合，还要避免产生咬边缺陷，中间摆动要稍快些，以合理控制熔池的温度，防止出现焊脚中间凸起。

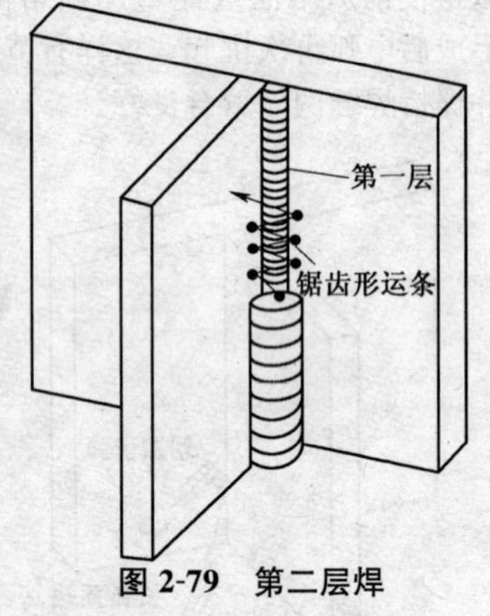

图 2-79　第二层焊

由于立角焊电弧的热量向焊件三个方向传递，散热快，所以，在与立对接焊相同条件下，焊接电流可稍大些，以保证焊缝两侧熔合良好。

三、低碳钢板的横焊

横焊是指焊接方向与地面呈平行位置的操作。横焊特点是熔池金属熔液因自重下坠，使焊道上低下高。当焊接电流较大或运条不当时，上部易咬边，下部易高或出现焊瘤，因此，开坡口的厚板多采用多层多道焊，较薄板焊接时也常常采用多道焊。

1. 低碳钢薄板Ⅰ形坡口对接横焊

(1)焊前准备

工件：Q235 钢板 300mm×100mm×(4～6)mm 2 块。焊条：E4303，ϕ3.2mm。焊机：额定焊接电流大于 160A 交流或直流焊机 1 台。装配及定位焊与平、立对接焊相同。低碳钢薄板不开坡口(Ⅰ形坡口)的对接横焊工艺参数见表 2-23。

表 2-23　低碳钢薄板不开坡口(Ⅰ形坡口)的对接横焊工艺参数

板厚(mm)	对口间隙(mm)	运条方法	焊条型号	焊条直径(mm)	焊接电流(A)	层数及道数	背面焊
<4	0	直线或直线往复	E4302	3.2	80～100	单层单道或2层多道	有或无
4～6	1.5～2.5	直线或直线往复	E4303	3.2	90～120	2层多道	有
6	2～3	斜圆圈形或直线	E4303	3.2	100～120	单层或2层多道	有

(2)焊接操作要领

①运条方法及焊条角度。运条方法的选择详见表 2-23。当采用直线形运条法时，焊条角度如图 2-80 所示；当采用直线往复形运条法时，焊条角度如图 2-81 所示；当采用斜圆圈形运条法时，焊条角度如图 2-82 所示。

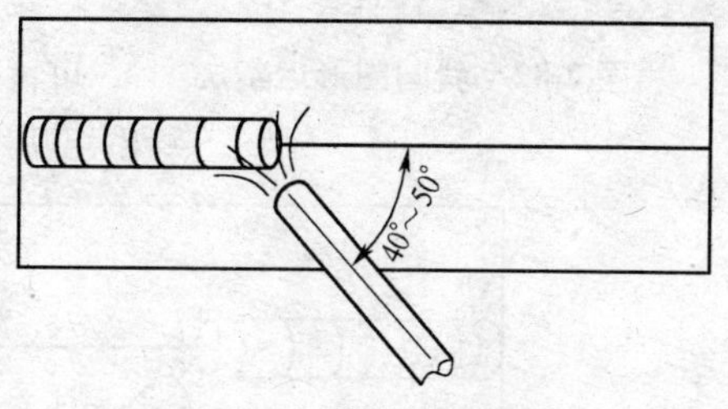

图 2-80　直线形运条法

②起焊或接头。距板端或原弧坑 10～15mm 处引弧后，立即移向始焊处长弧预热 2～3s，转入正常焊接。

③焊接注意事项：

a. 保持均匀稍快的焊接速度，熔池形状应较为明显，以防熔池超前。同时，焊工身体也应随焊条的运动倾斜或移动，使得动作稳定协调。当熔渣超前，或有熔渣覆盖熔池的倾向时，采用拨渣运条法，如图

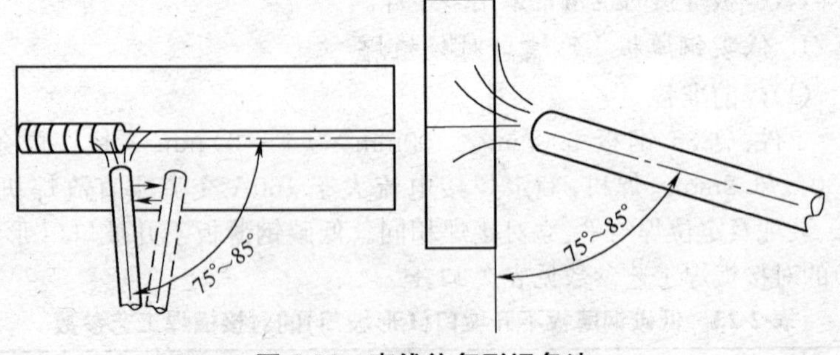

图 2-81　直线往复形运条法

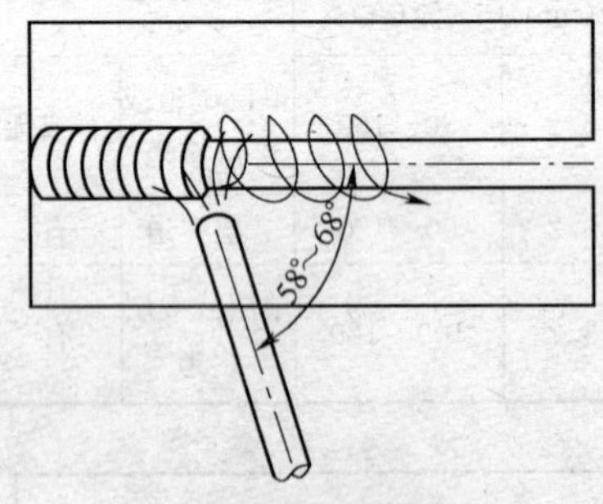

图 2-82　斜圆圈形运条法

2-83。

b. 采用短弧焊接，严密监视熔池温度和母材板边的熔化情况。若熔池内凹或金属熔液下滴，要及时灭弧，转为灭弧和连弧相结合的焊法，以防烧穿和咬边。焊到收尾处时，采用灭弧法填满弧坑。

c. 当焊缝上部凹或有咬边时，可再补焊一道或两道，成为单层多道焊。

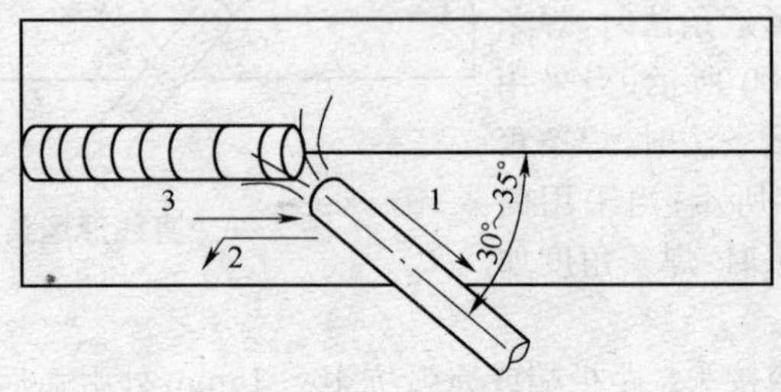

图 2-83　拔渣运条法

1. 拉长电弧　2. 向后斜下方吹(推)渣　3. 返回原处

d. 若焊缝的承载力较大时，先进行较低于母材表面的打底焊，再以多道焊盖面的方法焊接。第一道将焊条中心对准打底焊缝的底边进行施焊，焊速要均匀，焊道控制要直，才能保证后几道焊道和整个焊缝的美观。若前一道焊缝较高时，焊后一道焊缝时，应将焊条中心对准该焊缝上边缘压该焊缝的 1/3，若较低时，压该焊缝的 1/2 或 2/3。

2. 低碳钢薄板 V 形坡口对接横焊

(1)焊前准备

工件：Q235 钢板 300mm×100mm×12mm 2 块，开 V 形坡口。焊条：E4303，ϕ3.2mm、ϕ4.0mm。焊机：额定焊接电流大于 160A 交流或直流焊机 1 台。装配及定位焊与开坡口平、立对接焊相似，但反变形稍大，一般为 5°～7°。开坡口焊接采用多层多道焊，工艺参数见表2-24。

表 2-24　12mm 厚低碳钢板的焊接工艺参数

板厚(mm)	钝边厚(mm)	对口间隙(mm)	层序	运条方法	焊条型号	焊条直径(mm)	焊接电流(A)
12	1～2	0～2	打底层	直线或直线往复	E4303	3.2	90～105
			充填层	斜圆圈或直线	E4303	3.2 或 4.0	100～130
			盖面层	直线形	E4303	3.2 或 4.0	100～130

(2)焊接操作要领

①运条方法和焊条角度。运条方法的选择详见表 2-24。打底层时，焊条角度如图 2-84a 所示；填充焊时，焊条角度如图 2-84b 所示；盖面焊时，焊条角度如图 2-84c 所示。

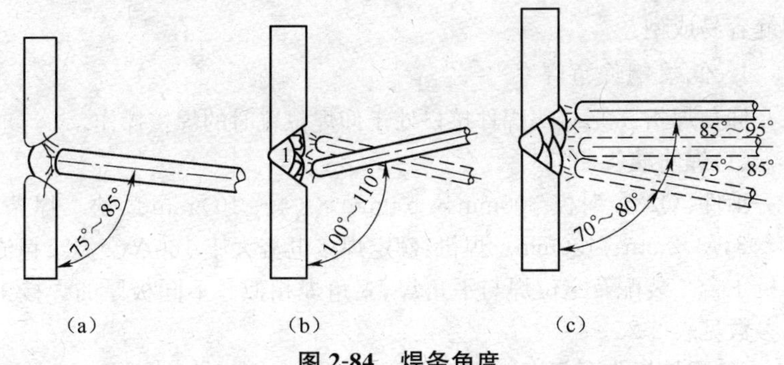

图 2-84　焊条角度

②焊接注意事项。除与不开坡口焊接注意事项相似外，应注意以下几点：

a. 根据坡口深和宽可自行确定层数和道数。每道焊接时，要保持正确的焊条角度。每层焊道的焊接速度应基本一致。施焊中要保持短弧。发生焊道排列下高上低或有凹时可补焊充填。

b. 前一层达到基本平整后，再进行后一层或盖面层的焊接。盖面层的最后一道焊易出现夹渣和咬边，因此，应采用稍大焊接电流、短弧施焊的方法。

c. 焊道排列是否平整美观，与前一道焊缝的边缘所处的相对位置即“重叠量”有关。重叠量过多，焊缝凸；重叠量过少，出现凹沟或夹渣。

d. 焊接填充焊最后一层时，应使焊缝控制在低于母材表面 0.5～1mm 的高度，这样有利于盖面层的焊接。

四、低碳钢板的仰焊

仰焊是指焊条位于焊件下方，焊工仰视焊接过程的焊接操作。仰焊是消耗体能和操作难度最大的焊接方式。仰焊的特点是金属熔液因自重下坠，金属熔液和熔渣不易分离，焊缝成型不好，操作时，熔池情况不易观察，焊工还会很快产生疲劳，运条不当时易产生夹渣等缺陷。

在仰焊时，必须注意尽可能采用最短的弧长施焊，使熔滴金属在很短的时间内由焊条过渡到熔池中去，促使焊缝成型。应选用比平焊细的焊条和比平焊小 5%～10%的焊接电流，以减小焊接熔池的面积，使焊缝容易成型。

1. 低碳钢仰角焊

仰角焊指 T 形接头焊件接口处于仰焊位置时的焊接操作。

(1)焊前准备

工件：Q235 钢板 300mm×100mm×(4～10)mm 2 块。焊条：E4303，ϕ3.2mm、ϕ4.0mm。焊机：额定焊接电流大于 160A 交流或直流焊机 1 台。装配及定位焊与平角焊、立角焊相似。不同板厚的焊接工艺参数见表 2-25。

(2)焊接操作要领

①运条方法和焊条角度。运条方法的选择详见表 2-25。焊条角度如图 2-85 所示。

表 2-25　不同板厚焊件的焊接工艺参数

焊条型号	焊条直径(mm)	运条方法	焊接电流(A)	层数	焊脚高(mm)	板厚(mm)
E4303	3.2 或 4.0	直线或直线往复	120～140	1	4～6	<6
E4303	3.2 或 4.0	斜圆圈	110～120	1	6～8	6～8
E4303	打底 3.2	直线或直线往复	110～120	2 层 2 道或多层多道	8 以上	10 以上
	盖面 3.2 或 4.0	斜圆圈或直线	110～130			

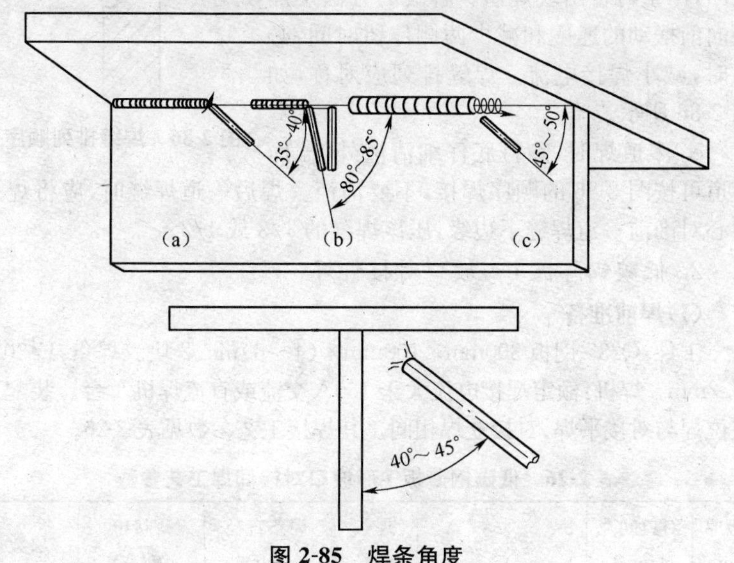

图 2-85　焊条角度

(a)直线形　(b)直线往复形　(c)斜圆圈形

②操作注意事项：

a. 要保持正确的焊条角度和均匀的焊接速度，保持短弧，向上送进速度要与焊条燃烧速度一致。

b. 起头时，在板端内 5～10mm 处引弧移至板端长弧预热 2～3s，压低电弧正式焊接。接头时(以斜圆圈运条法为例)，换焊条要快(即热接)，在原弧坑前 5～10mm 处引弧，移向弧坑下方长弧预热 1～2s，转入正常焊接。在起头和接头的预热过程中，很容易出现熔渣和金属熔液混在一起的飞溅的现象。这时，千万不能灭弧，应将焊条与上板夹角减小，以增大电弧吹力。如起焊处过高或产生焊瘤，应用电弧将其吹掉。

c. 采用斜圆圈运条时，有意识地让焊条先指向上板，使熔滴先与上板熔合。由于运条的作用，部分金属熔液会自然地被拖到立面的钢板上来，这样两边就能得到均匀的熔合。直线形运条时，保持 0.5～1mm 的短弧焊接，不要将焊条头搭在焊缝上拖着走，以防出现窄而凸的焊道。

d. 施焊中，所看到的熔池表面为平或稍凹为最佳。当温度较高时，熔池会表面外鼓或凸，严重时将出现焊瘤。解决的方法是加快向前摆动的速度和减少两侧停留时间，必要时，减小焊接电流。焊缝排列应对称，如图 2-86 所示。

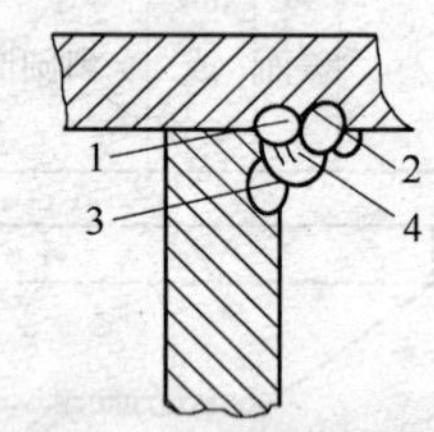

图 2-86　焊缝排列顺序

e. 多道焊时，除打底仔细清渣外，盖面各道可按图 2-86 的顺序焊接，不要清渣。焊后一道焊缝时，应将焊条中心对准前一道焊缝下边缘，压该焊缝的 1/3 或 1/2。

2. 低碳钢薄板 I 形坡口对接仰焊

(1)焊前准备

工件：Q235 钢板 300mm×100mm×(4～6)mm 2 块。焊条：E4303，ϕ3.2mm。焊机：额定焊接电流大于 160A 交流或直流焊机 1 台。装配及定位焊与对接平焊、对接立焊相同。其焊接工艺参数见表 2-26。

表 2-26　低碳钢薄板 I 形坡口对接仰焊工艺参数

板厚(mm)	对口间隙(mm)	运条方法	焊条型号	焊条直径(mm)	焊接电流(A)	层数
<4	0	直线或直线往复	E4303	3.2 或 4.0	80～110	1
4～6	1～3	锯齿形	E4303	3.2 或 4.0	100～140	1

(2)焊接操作要领

①运条方法和焊条角度。运条方法的选择见表 2-26。焊条角度如图 2-87 所示。

②操作注意事项：

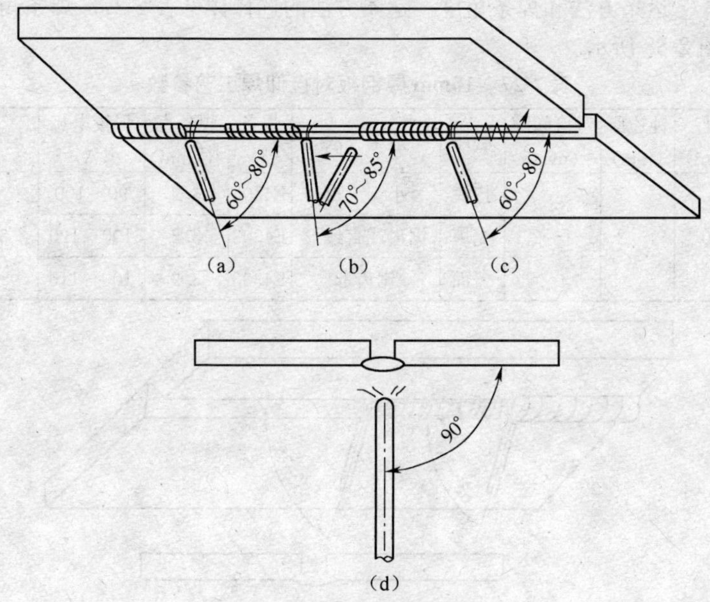

图 2-87　焊条角度

(a)直线形运条　(b)直线往复形运条　(c)锯齿形运条　(d)各运条与两侧钢板夹角

a. 起头、接头焊接操作要领与仰角焊相同。

b. 尽量保持短弧和均匀的焊速。保持正确的焊条角度。无论用哪一种运条法焊接速度都不能过慢。锯齿形运条时，在焊缝中心处过渡要稍快，到两边要稍停。

c. 快到收尾处时，温度较高，要采用灭弧法收弧，一定要将弧坑填满。

d. 焊前要做好个人防护，避免烧伤或烫伤。

3. 低碳钢薄板 V 形坡口对接仰焊

(1)焊前准备

工件：Q235 钢板 300mm×100mm×10mm 2 块，开 V 形坡口。焊条：E4303，ϕ3.2mm。焊机：额定焊接电流大于 160A 交流或直流焊机 1 台。装配及定位焊与对接平焊、对接立焊相同。其焊接工艺参数见表 2-27。

(2)焊接操作要领

①运条方法和焊条角度。运条方法的选择详见表 2-27。焊条角度如图 2-88 所示。

表 2-27　10mm 厚钢板对接仰焊工艺参数

板厚（mm）	钝边厚（mm）	对口间隙（mm）	层序	运条方法	焊条型号	焊条直径（mm）	焊接电流（A）	层数
10	1～2	1～2	打底	小锯齿形	E4303	3.2	90～100	3
			充填	锯齿或直线形	E4303	3.2	100～120	
			盖面	锯齿形	E4303	3.2	100～115	

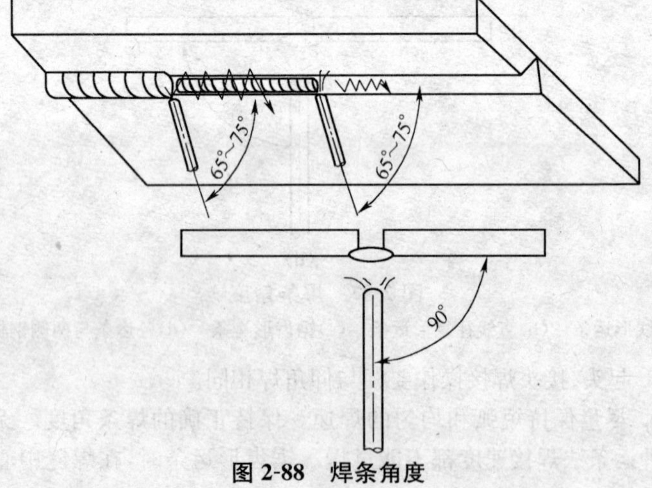

图 2-88　焊条角度

②操作注意事项：

a. 起头、接头焊接操作要领与仰角焊相同。

b. 在保证根部焊透的情况下，焊接速度尽量快一些，电弧要短。为避免凸起，运条到坡口两侧要稍做停留。

c. 填充层采用锯齿形，也可采用直线形多道焊。

d. 盖面焊前的焊道应低于母材表面 0.5mm 或平于母材。盖面焊时，运条一定要到位，两侧要稍做停留，焊接速度保持均匀。

e. 各层到收尾处时，温度控制不宜太高，最后，一定要将弧坑填满。

五、单面焊双面成型技术

在焊接接头坡口的一面进行焊接而在焊缝正、反面都能得到均匀整齐而无缺陷的焊道，这种焊接称为单面焊双面成型，是一种难度较高的焊接技术。

1. 打底层单面焊双面成型技术

单面焊双面成型技术的关键是打底焊。其他各填充层及盖面层的操作要点与各种位置的普通焊接操作技术相同。打底层单面焊双面成型技术可分为连弧焊法和间断灭弧焊法两大类。而间断灭弧焊法又分为一点焊法、二点焊法和三点焊法。

(1)连弧焊法

连弧焊打底层单面焊双面成型技术的特点是：电弧引燃后，中间不允许人为地熄弧，一直采用短弧连续运条，直至换另一根焊条时才熄弧。连弧焊保护性好，焊缝不容易产生缺陷，力学性能也较好。用碱性焊条焊接时，多采用连弧焊的操作方法。

连弧焊打底层单面焊双面成型技法具体包括引弧、焊条角度和运条方法、收弧和接头方法等。

①引弧。在定位焊缝上划擦引弧，焊至定位焊缝尾部时，以稍长的电弧（弧长约为 3.5mm）在该处摆动 2～3 个来回进行预热。当看到定位焊缝和坡口根部都有"出汗"现象时，说明预热温度已合适，此时，立即压低电弧（弧长约为 2mm），待 1s 后听到电弧穿透坡口而发出"噗噗"声，同时看到定位焊缝以及坡口根部两侧金属开始熔化并形成熔孔时，即说明引弧工作完成，可以进行连弧焊接。

②连弧法焊接。平焊时，要始终使电弧对准坡口间隙中间，并随着熔池温度变化而不断变化焊条的角度，如图 2-89 所示，并在焊接时，电弧在坡口两侧交替地进行清根。

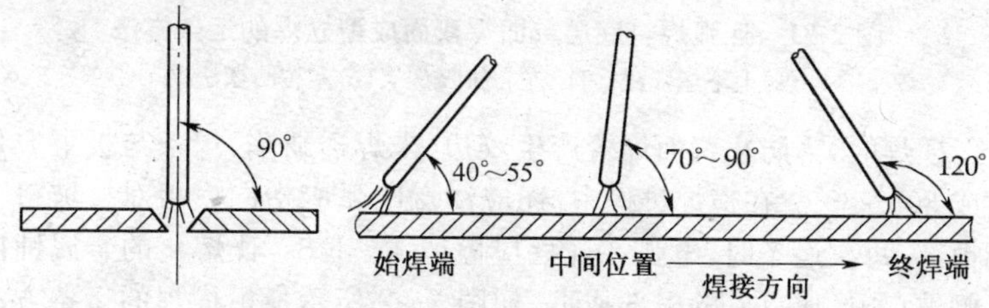

图 2-89　连弧焊打底层单面焊双面成型平焊

立焊时，焊条与两侧板成90°，自下而上地进行焊接，焊条与焊接方向始焊端成60°～80°角，在中间位置成45°～60°角，终端焊缝处的温度较高。为防止背面余高过大，可使角度变小为20°～30°，如图2-90所示。立焊，当坡口间隙较小时，可采用上下运弧法或左右排弧法。当坡口间隙偏大时，可采用左右凸摆法，如图2-91所示。

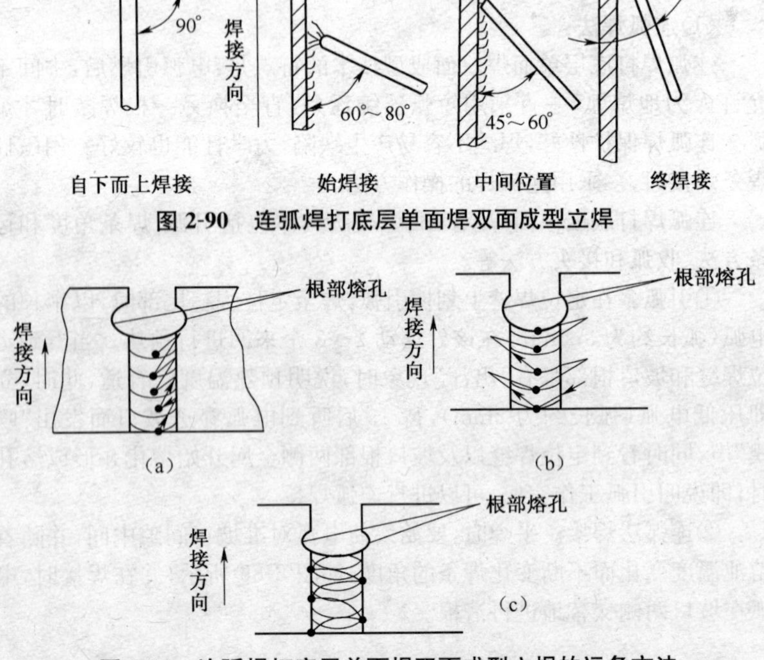

图2-90　连弧焊打底层单面焊双面成型立焊

图2-91　连弧焊打底层单面焊双面成型立焊的运条方法

(a)上下运弧法　(b)左右排弧法　(c)左右凸摆法

横焊时，为防止背面焊缝产生咬边、未焊透缺陷，焊条与板下方角度成80°～85°。在横焊过程中，还应注意电弧应指向横板对接坡口下侧根部，每次运条时，电弧在此处应停留1～1.5s，让熔化的金属铺向上侧坡口，形成良好的根部成型，如图2-92所示。板横焊的运条方法采用直线清根法或直线运条法。

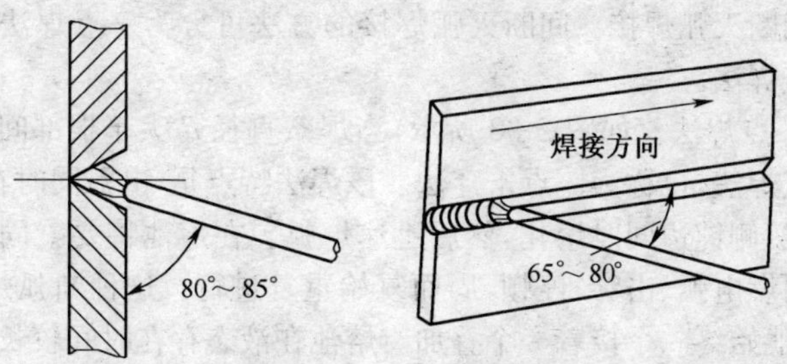

图 2-92　连弧焊打底层单面焊双面成型横焊

仰焊时，焊条引弧后采用短弧，并让电弧始终在对接板的间隙中间燃烧，焊条与焊接方向成 70°～90°角。焊接时，应尽量控制熔池温度低些，以减少背面焊缝下凹。仰焊时的运条方法采用直线运条法，并且左右略有小摆动。焊条略有左右小摆动的作用一是分散电弧热量，以防熔池温度过高，造成背面焊缝内凹过大；二是使坡口左右钝边熔化均匀，防止金属流淌。

③收弧和接头方法。在需要更换焊条熄弧前，应将焊条下压，使熔孔稍微扩大后往回焊接 15～20mm，形成斜坡形再熄弧，为下根焊条引弧打下良好的接头基础。接头方法有冷接和热接两种。冷接：更换焊条时，要把距弧坑 15～20mm 长斜坡上的焊渣敲掉并清理干净，这时，弧坑已经冷却，起弧点应该在距弧坑 15～20mm 的斜坡上。电弧引燃后，将其引至弧坑处预热，当有“出汗”现象时，将电弧压低直至听到“噗噗”声形成熔孔后，提起焊条再向前施焊。热接：当弧坑还处在红热状态时迅速更换焊条，在距弧坑 15～20mm 焊缝斜坡上起弧并焊至收弧处。这时，弧坑处的温度升高很快，当有“出汗”现象时，迅速将焊条向熔孔压下，听到“噗噗”声形成熔孔后，提起焊条继续向前施焊。

(2)间断灭弧焊法

间断灭弧焊法也称断弧法。采用间断灭弧焊法打底层焊接时，利用电弧周期性的燃弧—断弧（灭弧）过程，使母材坡口钝边金属有规律地熔化成一定尺寸的熔孔，在电弧作用正面熔池的同时，使 1/3～2/3 的电弧穿过熔孔而形成背面焊缝。间断灭弧焊打底层单面焊双面成型技术具体包括引弧、焊条角度和运条方法、收弧和接头方法等。

①引弧。间断灭弧焊引弧技法与连弧焊的引弧技法基本相同。

②间断灭弧焊接。间断灭弧焊接的方法可分为一点焊法、二点焊法和三点焊法。

a. 一点焊法。如图 2-93 所示，当焊条直径 d 大于根部间隙 b 时，采用一点焊法，也称为一点击穿法。该焊法特点是，电弧同时在坡口两侧燃烧，两侧钝边同时熔化，然后迅速熄弧。在熔池将要凝固时，又在灭弧处引燃电弧、击穿、停顿，周而复始重复进行。这种断弧焊法的优点是，熔池始终一个接着一个叠加。熔池在液态存在时间较长，冶金反应较充分，不易出现气孔、夹渣等缺欠。一点击穿法的缺点是熔池温度不易控制，温度低时容易出现未焊透，温度高时背面余高过大，甚至出现焊瘤。

b. 二点焊法。当焊条直径 d 接近根部间隙 b 时，采用两点焊法。图 2-94 所示为二点焊法，即二点击穿法。二点击穿法焊接时，电弧分别在坡口两侧交替引燃，左侧钝边给一滴熔化金属，右侧钝边也给一滴熔化金属，依次循环。这种间断灭弧焊法的优点是操作技术比较容易掌握，熔池温度也比较容易控制，钝边熔合良好。二点击穿法的缺点是焊道由两个熔池叠加而成，因而熔池反应时间不太充分，使气泡和熔渣上浮受到一定限制，容易出现夹渣、气孔等缺欠。但若熔池的温度控制在前一个熔池尚未凝固、对称侧的熔池就已形成，两个熔池能充分叠加在一起共同结晶，就能避免产生气孔和夹渣。

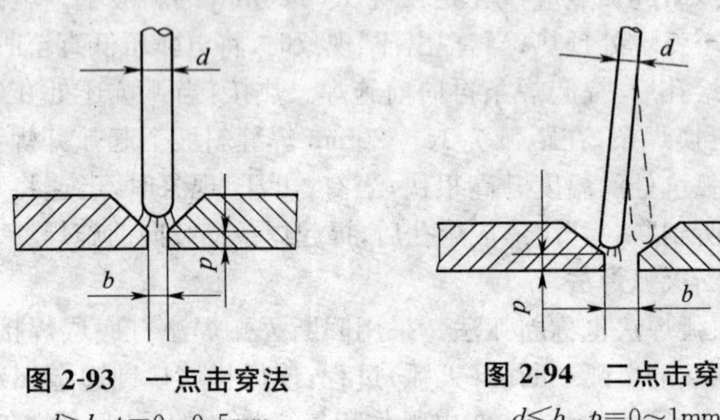

图 2-93 一点击穿法

$d>b$，$p=0\sim0.5$mm

图 2-94 二点击穿法

$d\leqslant b$，$p=0\sim1$mm

c. 三点焊法。图 2-95 所示为三点焊法，即三点击穿法。电弧引燃后，左侧钝边给一滴熔化金属，如图 2-95a 所示，右侧钝边给一滴熔化金属，如图 2-95b 所示，中间间隙给一滴熔化金属，如图 2-95c 所示，依次循环。三点击穿法的优点是比较适合根部间隙较大的情况。由于两焊点中间的熔化金属较少，第三滴熔化金属补在中央是非常必要的。否则，在熔池凝固前析出气泡时，由于没有较多的熔化金属愈合孔穴，在背面容易出现冷缩孔缺陷。

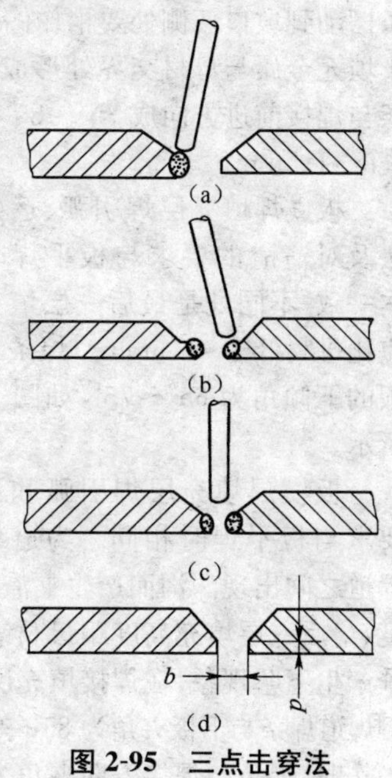

图 2-95　三点击穿法

$b>d$，$p=0.5\sim1.5$mm

间断灭弧焊打底层单面焊双面成型板平焊时，焊条与焊接方向的夹角为45°～55°。坡口根部钝边大时，夹角要小些，反之夹角可选大些；板立焊时，焊条与焊接方向夹角为65°～75°。始焊端温度较低时，夹角要大些，终焊端温度较高时，夹角可以小些。板横焊时，焊条与焊接方向夹角为65°～80°，与焊件下板夹角为80°～85°，电弧应指向对接缝下侧板根部并停留1～1.5s，以防止未焊透。板仰焊时，焊条应始终在板间隙中间，与焊接方向成70°～80°角。控制熔池温度应低些，以减少背面焊缝下凹。

③收弧和接头方法。间断灭弧焊收弧和接头方法与连弧焊的收弧和接头方法相同。

2. 填充层的单面焊双面成型技术

焊接单面焊双面成型填充层时，焊条除了向前移动外，还要有横向摆动。在摆动过程中，焊道中央移弧要快，即滑弧过程中电弧在两侧时要稍作停留，使熔池左右侧温度均衡，两侧圆滑过渡。在焊接第一层填充层即打底层焊后的第一层时，应注意焊接电流的选择。过大的焊接电流会使第一层金属组织过烧，使焊缝根部的塑性、韧性降低。因此，填充层焊接也要限制焊接电流。

板平焊填充层焊接时，引弧应在距焊缝起始端10～15mm处引弧，然后将电弧拉回到起始端施焊，一般采用月牙或横向锯齿形运条。焊条摆动到坡口两侧处要稍作停顿，使熔池和坡口两侧的温度均衡，以防止填充金属与母材交界处形成死角，因清渣困难而造成焊缝夹渣。焊条与焊接前进方向成 75°～85°夹角，最后一层填充层应比母材表面低 0.5～1.5mm。

板立焊填充层焊引弧、运条方法及对清渣的要求与板平焊时基本一致，不同处是最后一层填充焊应比母材低 1～1.5mm。焊条与立板的下倾角为 65°～75°，如图 2-96 所示。

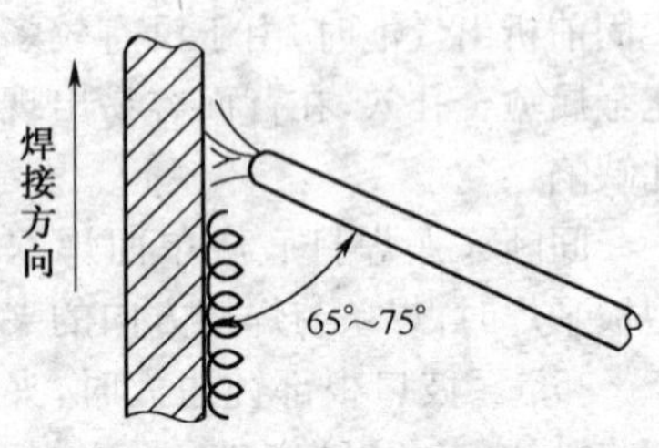

图 2-96　板立焊填充层焊焊条角度

板横焊填充层焊引弧和清渣要求与板平焊时相同。为避免在焊道之间出现深沟而产生夹渣缺陷，通常两焊道之间搭接 1/3～1/2 宽度，最后一层填充高度距母材表面 1.5～2mm 为宜。为防止盖面层焊缝产生下坠现象，在焊接填充层时，焊条与上、下板的夹角有所不同。下侧焊道焊条与下板夹角为 85°～95°，上侧焊道焊条与下板夹角为 55°～70°，操作时，焊条与焊接方向夹角为 80°～85°。

板仰焊填充层焊接时引弧与板平焊填充层焊接相同。板仰焊填充层焊接的运条采用短弧，焊接速度要快些，焊条与焊接方向的夹角为 55°～90°。一般采用月牙或横向锯齿形运条。焊条摆动到坡口两侧处要稍作停顿，使熔池和坡口两侧的温度均衡，以防止填充金属与母材交界处形成死角，因清渣困难而造成焊缝夹渣。

3. 盖面层单面焊双面成型技术

盖面层焊接前，仔细清除最后一层填充层与坡口两侧母材夹角处及填充层焊道间的焊渣，以及焊道表面的油、污、锈、垢。焊接引弧处应距焊缝始端 10～15mm，引弧后将电弧拉回到始焊端施焊。盖面层焊接接头技术采用热接法，更换焊条前，应对熔池稍填些液态金属，然后迅速更换焊条，在弧坑前 10～15mm 处引弧，并将其引到弧坑处划一个小圆圈预热弧坑。等弧坑重新熔化、形成的熔池延伸进坡口两侧边缘各 1～2mm 时，即可进行正常焊接。盖面焊焊缝接头时，引弧的位置很重要，如果引弧部位离弧坑较远且偏后，则盖面层焊缝接头处会偏高。如果引弧部位离弧坑较近且偏前时，则盖面层焊缝接头处会造成焊缝脱节。

盖面层板平焊和板立焊时均采用月牙形或横向锯齿形摆动的运条方法。焊条摆动到坡口边缘时，要稍做停留，并注意控制坡口边缘母材的熔化，控制在 1～2mm。在焊接时，要认真控制弧长和摆动幅度，防止出现咬边缺陷。盖面层板立焊时，焊条摆动的频率应比板平焊稍快，焊接速度要均匀，每个新熔池应覆盖前一个熔池 2/3～3/4。板平焊时，焊条与焊接方向的夹角为 75°～80°；板立焊时，焊条与板的下倾角为65°～70°。

盖面层板横焊时，采用直线运条法，不做任何摆动，应从下板坡口始焊，采用短弧，控制熔池金属的流动，防止产生“泪滴”现象。每道焊缝叠加直至熔进上板母材 1～2mm。焊接与下板相接的盖面层焊道时，焊条与下板夹角为 80°～90°；焊接焊缝中心线下方的焊道时，焊条与下板夹角为 95°～100°；焊接焊缝中心线上方的焊道时，焊条与下板的夹角为75°～85°。焊接与上板相接的盖面层焊道时，焊条与下板夹角为 85°～95°。盖面层板横焊各道焊缝搭接以及与母材搭接为 1/2 焊缝宽度，熔进母材 1～2mm。盖面层的各条焊道应平直、搭接平整，与母材相交应圆滑过渡，无咬边。

盖面层板仰焊时采用短弧、月牙形或锯齿形运条。多道焊时也可以用直线运条法。要合理选择焊接电流。焊条摆动到坡口边缘时，稳住电弧稍做停留，将坡口两侧熔化并深入每侧母材 1～2mm。焊接速度要均匀一致，控制弧长和摆动幅度，防止焊缝发生咬边及背面焊缝下凹过大等缺陷。长焊缝可以采用分段焊法或退步焊法。两道焊缝搭接 1/3 焊缝宽度。每道焊缝焊接前，应仔细清除焊道上的焊渣。仰焊时，焊条与焊接方向的夹角为 90°。

第七节　管子的焊接

一、小直径管对接单面焊双面成型技术

1. 小直径管对接垂直固定焊

(1)焊前准备

工件：16MnR；ϕ60mm×5mm。焊接材料：焊条：E5015，ϕ2.5mm。

使用前，按规定要求烘干。焊机：选用 ZX 型直流焊机，采用直流反接。焊前应将坡口内、外壁 15～20mm 处清除油、污、锈等杂质，要求呈金属光泽。试件坡口形式及尺寸如图 2-97 所示。装配时，应保证管件轴线对正不错口。采用与正式焊接相同的焊接材料定位焊，定位一点，定位焊缝长 15～20mm，定位后，试件间隙应保证在 3～3.5mm，且定位焊缝两侧修成缓坡状。

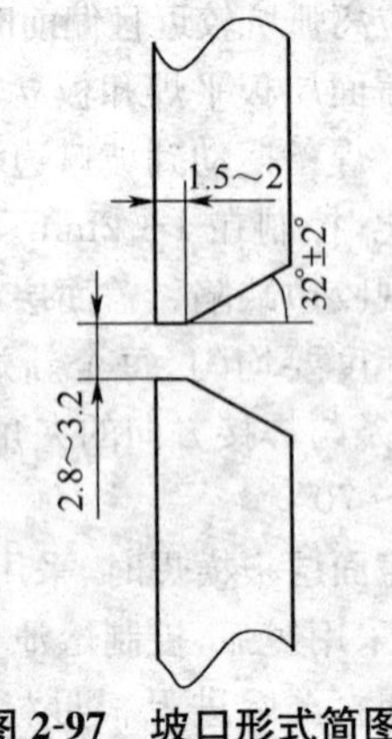

图 2-97 坡口形式简图

(2)焊接工艺参数(见表 2-28)

表 2-28 小直径管对接垂直固定焊焊接工艺参数

焊层	焊接电流(A)	焊接厚度(mm)
打底层	90～110	2.5～3.5
盖面层	80～100	2.5～3.5

(3)焊接操作要领

将试件横截面分为四段，如图 2-98 所示，*A* 点为定位焊缝，*C* 点为起焊点。先焊 *C*—*D*—*A* 位置；后焊 *A*—*B*—*C* 位置。同时，注意各层焊接时，各个接头应互相错开。

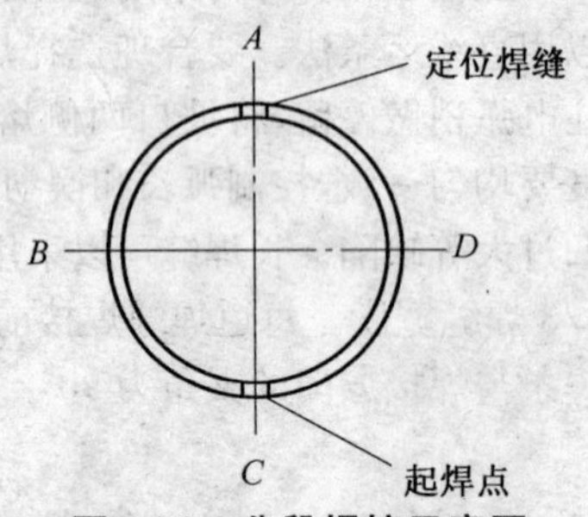

图 2-98 分段焊接示意图

①打底焊。打底层焊接采取间断灭弧焊的单面焊双面成型焊接方法，与间断灭弧焊打底层单面焊双面成型板横焊相似。焊条角度应保证焊条与焊接方向夹角为 70°～80°，与管件倾角为 10°～20°，如图 2-99 所示。

焊条在 *C* 点位置用划擦法在坡口内引燃电弧后，压低电弧拉至起焊处，对准管上坡口钝边处做稳弧动作，利用电弧热量击穿坡口钝边，

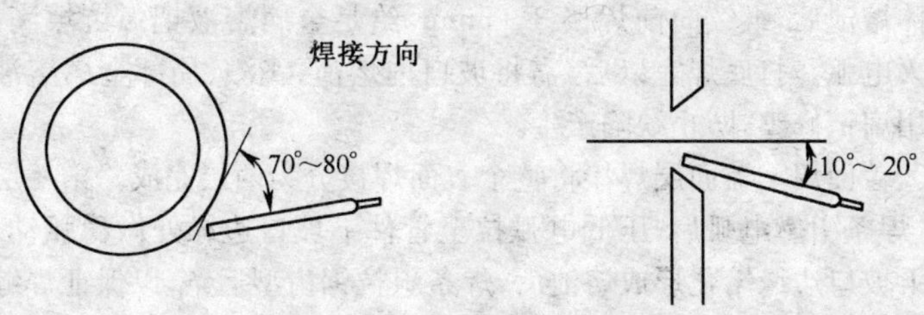

图 2-99 焊条角度示意图

产生熔孔形成熔池后，焊条给足一定量金属熔液，斜拉至下坡口钝边做稳弧动作，待下坡口钝边被击穿、产生熔孔形成完整熔池后，焊条回勾熄灭电弧。当熔池变成暗红色时，焊条在上坡口熔池 2/3 处引燃电弧，压低电弧横向拉动将上坡口钝边击穿，产生新熔孔形成熔池后，给足金属熔液，斜拉至下坡口钝边，形成完整熔池后回勾灭弧。以此方法逐点均匀运条焊接，如图 2-100 所示。

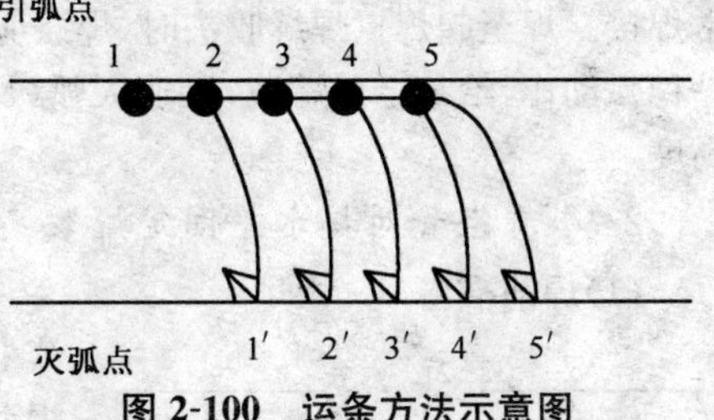

图 2-100 运条方法示意图

焊接时应注意：如果焊条角度不正确，电弧停留时间过长等，金属熔液极容易在焊缝背面形成下垂，产生内侧焊缝上部咬边。因此，焊接时，应掌握好操作方法，以获得焊接电流、焊条角度、焊接电弧停顿时间的最佳选择。既要保证背面成型好，又要保证下面焊缝平整，不要伤及坡口外边，且打底层焊缝低于管件表面 1mm。焊条焊完熄弧前，应将电弧拉至下坡口，在熔池中少量填充 2～3 滴金属熔液，使熔池缩小后，快速熄灭电弧。

接头时，焊条引弧点在收弧熔孔前 5～10mm 处，焊条引燃后，压低电弧横拉到管件上坡口熔孔，稳弧时间要稍长一些。看到钝边击穿形成熔孔时，给足金属熔液做一挤压动作，斜拉至下坡口熔孔，待钝边击穿整体熔池后，即可回勾灭掉电弧。

焊至 A 点位置焊缝时，把焊条与焊接方向夹角调整为 90°，与管件倾角调整为 0°，焊条前端对准起弧点连弧焊接，待焊接熔池与起焊点形成整体熔池后，继续向前焊接 3～5mm，给足金属熔液把弧坑填满，即可熄灭电弧。打底焊完以后，需将坡口内熔渣、飞溅、局部金属熔液下垂等用扁铲修整，防止缺陷产生。

②盖面焊。盖面层焊接将整个表面焊接分为两层完成。第一层焊接时，焊条引燃电弧后，压低电弧拉至管件下坡口边缘处做稳弧动作，待管下坡口边缘熔化形成熔池后，焊条斜拉锯齿型运条，以保证焊缝宽度。焊接时，应注意焊条与焊接方向角度为 70°～80°，与管件的倾角为 10°～15°(参照图 2-99)。第一层焊缝应占整个焊缝宽度 2/3，下坡口熔化要均匀一致，从而保证焊缝宽窄一样。

第二层焊接时，采用直线运条，焊条与管件倾角调整为 0°，焊接速度要快，第二层焊缝要压住熔化第一层焊缝 1/3 位置，且要保证上坡口边熔合好，不产生咬边。

接头时，焊条应在收弧点后边 10～15mm 引燃电弧燃烧后，压低电弧拉至收弧熔池 2/3 处，原地停留做稳弧动作，形成整体熔池后进行正常焊接。焊至起焊点焊缝收头时，焊条应焊到起焊点焊缝高点位置，做一稳弧动作，给足金属熔液，迅速灭弧，从而保证接头不低于正常焊缝高度。

2. 小直径管对接水平固定焊

(1)焊前准备

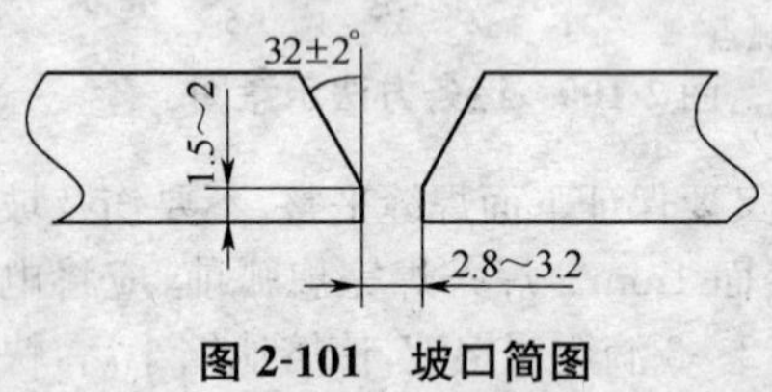

图 2-101 坡口简图

工件：16MnR；ϕ60mm×5mm。焊条：E5015，ϕ2.5mm，按规定温度烘干。焊机：选用 ZX 系列焊机，直流反接。将坡口两侧内、外表面 20mm 范围内油、污、锈等杂质清理干净，呈金属光泽。坡口形式加工尺寸及装配如图 2-101 所示。定位焊缝所用焊接材料与正式焊接相同。定位一点，定位焊缝长 15mm，要求焊缝两端修成缓坡状，不得有焊接缺陷。如图 2-102 所示，管件水平固定在焊接架上，外壁距上下障碍物距离各为 30mm，定位焊缝放在截面上相当于“时钟 12 点”位置。

(2)焊接工艺参数(见表 2-29)

(3)焊接操作要点

将焊缝分为2半周进行焊接。用时钟钟点位置来表示焊接位置。先焊相应于“时钟6点～3点～12点”位置，后焊相应于“时钟6点～9点～12点”位置。

①打底焊。采取间断灭弧焊的单面焊双面成型焊接方法，焊条角度变化如图2-103所示。

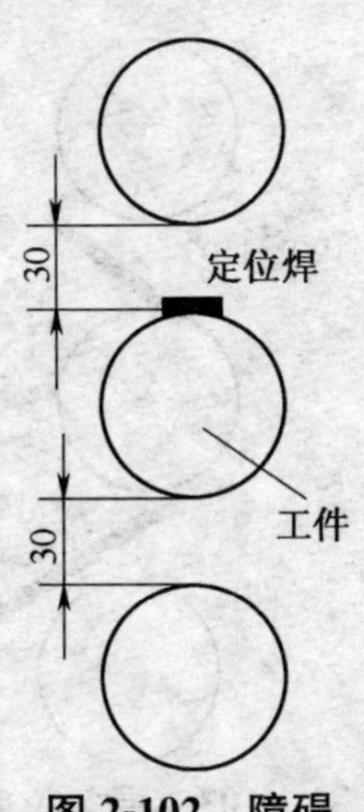

图2-102 障碍设置及定位图

焊条在相当于“时钟6点”位置引燃电弧，移至过中心10～15mm处，焊条前端对准坡口间隙内，在两钝边间做微小横向摆动。当钝边熔化与焊条熔滴连在一起时，焊条上送，使焊条端部到达坡口底边，产生第一个熔孔，形成焊缝熔池，焊条回到熔池中间，立刻灭掉电弧。当第一个熔池变成暗红色时，焊条立刻在熔池中间引燃电弧，焊条上送，使焊条端部到达坡口熔孔处，横向摆动，待两侧钝边击穿形成熔池、与焊条熔滴熔合在一起时，焊条再回到熔池中间灭掉电弧。重新引弧位置要准确。重新引弧时，焊条要对准熔池中间。新熔池要覆盖前一个熔池的1/3左右。

表2-29 小直径管对接水平固定焊焊接工艺参数

焊层	焊接电流(A)	焊接厚度(mm)
打底层	85～105	3～3.5
盖面层	75～100	2.5～3.5

随着焊接向上进行，焊条角度变大，焊条送入深度慢慢变浅。焊接过程中，熔池的形状、大小要基本保持一致，熔池金属熔液清晰明亮，熔孔始终深入每侧坡口1～1.5mm。收弧时，焊条先在熔池前方做一个熔孔，然后回到熔池，少量填充1～2滴金属熔液再熄弧。

接头时，焊条在弧坑后面10mm处引燃，压低电弧，运条到弧坑根部时，向弧坑根部顶一下，稍停顿击穿钝边产生熔孔，形成熔池后即可恢复正常手法焊接。焊至相当于“时钟12点”位置时，运条至定位焊根部，应将焊条向下压一下，待焊接熔池与定位焊根部熔合在一起，原地

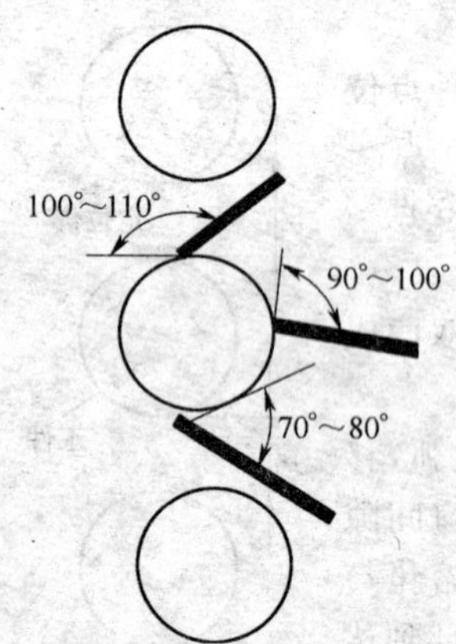

图 2-103 焊条角度示意图

停一下，给足金属熔液填满弧坑，即可熄灭电弧。左半圈焊接方法与右半圈相同。

打底层焊完以后，要认真清除打底层熔渣，修整局部上凸接头。

②盖面焊。盖面焊接可选用间断灭弧或连弧焊接两种方法。焊接时，焊条角度与打底层焊相同。

a. 间断灭弧焊接。间断灭弧焊接时，焊条与焊件相对位置与打底层焊相同。焊条在相当于“时钟 6 点”位置的打底焊道上引燃电弧，移至过中心 10～15mm 处，原地横向摆动，当打底层焊道与焊条熔滴形成熔池后，即可灭掉电弧。当熔池变成暗红色时，焊条马上在熔池中间部位引燃电弧。采取月牙形运条方法向两侧摆动，焊条摆动到两侧时，要稍加停留，并熔化坡口边缘各约 1mm，避免咬边。当两侧熔化好时，焊条回到熔池中间位置灭弧。如此反复焊接，形成表面焊缝。另外，焊接时应注意，焊缝开始时，焊条不要一下就摆动到坡口边缘，而是依次建立三个熔池，一个熔池比一个熔池扩大。在开始处小而薄，呈马蹄状；收尾时，焊条摆动逐渐变小，使弧坑呈斜坡状，便于接头。

b. 连弧焊接。连弧焊接时，焊条与管件相对位置同打底层焊相同。引燃电弧后，拉至过中心 10～15mm 处，在打底层焊道中间不动。待焊条熔滴与打底层焊道熔化形成熔池后，焊条按锯齿形运条法，一点点扩大熔池，以保证开始薄而窄。达到焊缝宽度以后，焊条在坡口两侧停留时间长一些，并熔化坡口边 0.5～1.0mm，以防止咬边。焊条摆动速度要均匀一致，在焊道中间快一些，以使焊缝表面平整。收弧时，摆动宽度一点点减小，使收尾处呈斜坡状，便于接头。

c. 接头。接头时，尽量采用热接法，迅速更换焊条，在弧坑上方 10mm 处引燃电弧。然后把焊条拉至弧坑中间，沿弧坑形状压住弧坑 2/3，产生熔池后，焊条左右摆动，做稳弧动作，将弧坑填满后即可正常焊接。焊至相当于“时钟 12 点”位置接头处，焊接熔池与收弧处斜坡底部熔合在一起时，焊条提供的金属熔液要逐渐少，横向摆幅要逐渐减小，使熔池形状逐渐变小，防止焊道变宽。焊到斜坡顶端时，焊条少量向熔池中间填充1～2滴金属熔液，迅速熄灭电弧。

3. 小直径管道的45°倾斜固定焊

(1)焊前准备

工件：16MnR；ϕ60mm×5mm。焊条：E5015，ϕ2.5mm，按规定温度烘干。焊机：选用ZX系列焊机，直流反接。将坡口两侧内、外表面20mm范围内清除油、污、锈等杂质，呈金属光泽。V形坡口，坡口角度32°±2°；钝边1～2mm，间隙2.8～3.2mm，如图2-104所示。管件定位焊所用焊条与正式焊接相同。定位一点，焊点长15mm，要求不得有焊接缺陷，两端修成缓坡状。

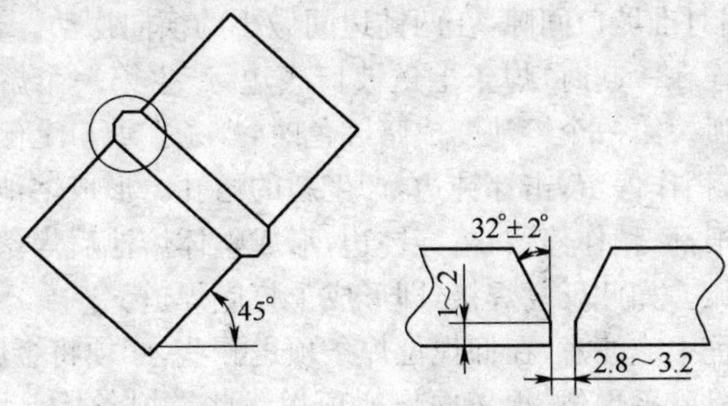

图2-104　坡口及点固位置示意图

(2)焊接工艺参数(见表2-30)

表2-30　小直径管道的45°倾斜固定焊焊接工艺参数

焊层	焊接电流(A)	焊层厚度(mm)
打底层	85～105	3～3.5
盖面层	75～100	3.5～3.5

(3)焊接操作要领

45°固定管子焊接位置，它介于水平固定与垂直固定之间。它们的焊接方法有相似之处，也有不同之处。焊接时，也分成两个半圈进行，每个半圈都分为斜仰、斜立、斜平三种位置，从相当于“时钟6点”位置起弧，至相当于“时钟12点”位置收弧。

①打底焊。采取间断灭弧的焊接方法，焊条角度变化如图2-105

所示。

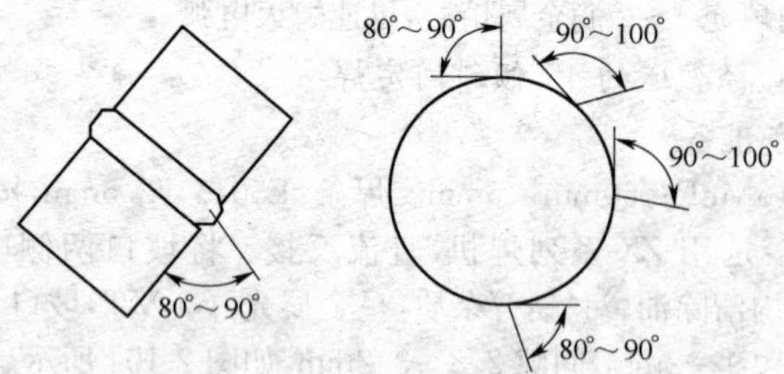

图 2-105 焊条角度示意图

焊接时，焊条在相当于“时钟 6 点”位置引燃，拉至过中心 10mm 处，焊条前端对准坡口间隙，在两钝边间做小的横向摆动。当钝边和焊条熔滴熔化连在一起时，焊条上送坡口底边，产生第一个熔孔，形成熔池后即可灭弧。第一个熔池变成暗红色时，焊条在坡口上侧引燃电弧，横拉至熔孔，稍作停留，击穿钝边，产生新的熔孔。形成熔池后，焊条斜拉到下坡口根部，稍作停留，击穿钝边，形成整体熔池后焊条向斜前方，迅速灭掉电弧。如此反复焊接，即形成了打底焊道。

焊接过程中应注意，在仰焊位焊条顶送深些，必须将金属熔液送到坡口根部；立焊、平焊位、焊条向熔池顶送浅些。焊条从上坡口向下坡口斜拉过渡时，一定要使熔池金属熔液呈水平状态。每次引弧时，焊条中心要对准熔池 2/3 左右，使新熔池覆盖前一个熔池 2/3 左右。收弧时，焊条向熔池中少量填充 2～3 滴金属熔液，熔池缩小后再灭掉电弧。

接头时，焊条在弧坑前 10mm(打底焊道)上引燃电弧，拉至上坡口熔孔，停留时间长一些，击穿钝边形成新的熔孔，产生熔池后斜拉至下坡口熔孔，稍加停留，击穿钝边形成的熔孔，形成整体熔池灭掉电弧，开始正常焊接。

在相当于“时钟 12 点”位置接头处，焊条焊至定位焊缝坡口底部时，焊条微微下压，并稍作停留，使电弧穿透背面。待焊接熔池与定位焊缝熔合在一起时，给足金属熔液，连弧向前焊过中心 10mm 处，再熄灭电弧。

左半圈焊接方法同右半圈。打底层焊完以后，要认真清渣，并把局部凸出铲平，进行盖面层的焊接。

②盖面焊。盖面焊接可采用间断灭弧或连弧焊两种焊接方法。焊接时，焊条与工件相对位置同打底层焊相同。开始与收尾部位留出一个待焊三角区，便于接头和收尾，如图 2-106 所示。

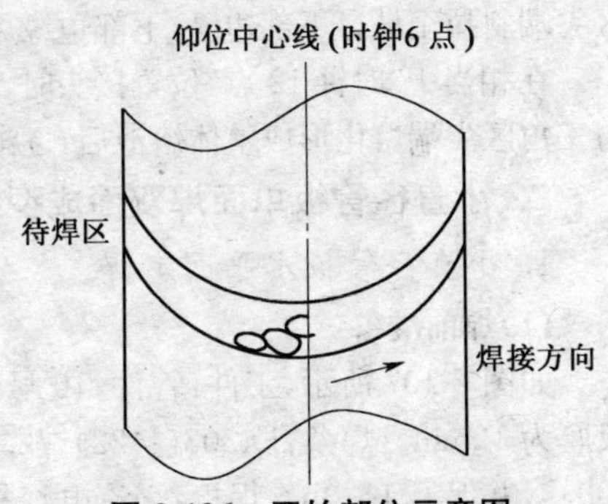

图 2-106　开始部位示意图

a. 间断灭弧焊接。焊条在打底焊道相当于"时钟 6 点"位置引燃电弧，移至过中心 10mm，在下坡口边缘压低电弧，稍加停顿，待焊条金属熔液与下坡口边缘熔合在一起，产生熔池后，焊条做小的斜锯齿形摆动，逐渐扩大熔池。达到焊缝宽度以后，焊条在上坡口边缘稍加停顿，焊条金属熔液与上坡口熔化形成整体熔池后，焊条采取月牙形运条方法，斜拉至下坡口边缘，稍加停顿，焊条金属熔液与下坡口熔化在一起时，迅速灭掉电弧。当熔池变成暗红色时，焊条立即在上坡口熔池处引燃，重复刚才焊接过程，斜拉至下坡口灭弧，依次循环。每个新熔池覆盖前一个熔池 2/3，形成表面焊缝。焊接过程中，焊条摆动到坡口两侧时，要稍作停留，并熔化坡口边缘 1～2mm，防止咬边。焊条斜拉运条时，要使熔池金属熔液处于水平状态，控制焊缝成型。

b. 连弧焊接。焊条在相当于"时钟 6 点"位置引燃电弧后，压低电弧，拉至过中心 10mm 处，在下侧坡口边缘稍作停顿，焊条熔滴与下坡口边缘熔化。产生熔池后，焊条采取斜锯齿形运条方法，把熔池一点点扩大，并保证下坡口边缘熔化。达到焊缝宽度后，焊条在两侧坡口边缘，停留时间长一些，并熔化坡口 1～2mm。焊条摆动运条时，要控制熔池，使熔池的上下轮廓线基本处于水平位置。

c. 收弧。焊条焊完或调整位置收弧时，焊条斜拉至下坡口，待下坡口边缘熔化后，焊条向熔池中少量填充 2～3 滴金属熔液，留出一个待焊三角区，熔池缩小后，迅速灭掉电弧。

d. 接头。仰焊、立焊位置接头时，焊条引燃后，压低电弧移动到上坡口三角区尖端，稍加停顿，上坡口边熔化形成熔池后，焊条直接从三角区尖端斜拉至坡口下部边缘，下部边缘熔化形成熔池后，进行正常焊接。

在相当于“时钟 12 点”位置接头时，焊条焊至三角区，待下侧坡口边与三角区尖端熔化形成整体熔池后，逐渐缩小熔池，填满三角区再收弧。

二、小直径管板单面焊双面成型技术

1. 小直径管板水平固定焊

(1)焊前准备

如图 2-107 所示，工件：管件，10 号钢，ϕ51mm×3.5mm，板材 20g，板厚为 12mm。焊条：E4303(J422)，ϕ2.5mm，使用前烘干温度为 150～200℃，并保温 1～2h。焊机：交流电焊机，型号为 BX3-500。组对间隙为 0.36～1.13mm，定位焊点为一点，定位焊缝长为 8～12mm，起焊点与定位焊点相隔 180°。

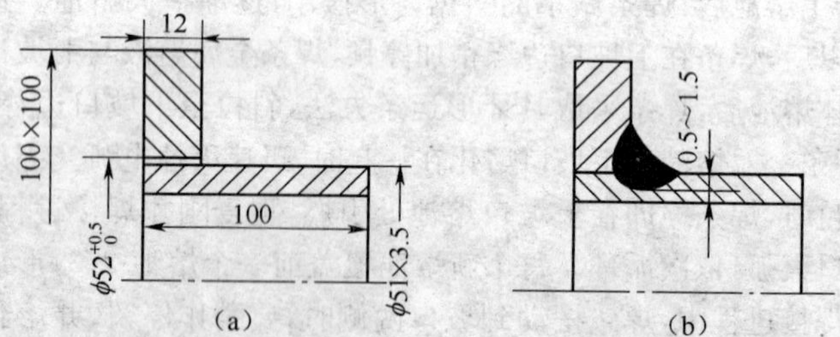

图 2-107 小直径管板水平固定焊尺寸简图

(a)焊件尺寸 (b)焊缝形式

(2)焊接工艺参数及焊缝尺寸要求(见表 2-31 及表 2-32)

表 2-31 小直径管板焊接工艺参数

焊接层次(道数)	焊条直径(mm)	焊接电流(A)	电弧电压(A)
打底层(1)	2.5	65～75	22～26
盖面层(2)	2.5	65～80	22～26

表 2-32 小直径管板焊缝尺寸要求

焊缝	焊脚尺寸	焊脚尺寸差	焊脚熔入管壁深度
正面	6～8	<2	0.5<熔入管壁深度<1.5

(3)焊接操作要领

采用单面焊双面成型技术，打底层使用一点击穿法，断弧频率在仰焊、平焊区段为 35～40 次/min，在立焊区段为 40～45 次/min。

施焊时，焊条与平板夹角为 40°～45°，焊条与焊接方向管切线的夹角随焊接位置不同发生相应改变。如图 2-108 所示，仰焊区段焊条与焊接方向管切线的夹角为 80°～85°；在仰焊爬坡区段，焊条与焊接方向管切线夹角为 100°～105°；在立焊区段，焊条与焊接方向管切线夹角为 90°；在立焊爬坡区段，焊条与焊接方向管切线夹角为 85°～90°；在平焊区段，焊条与焊接方向管切线夹角为 70°～75°。

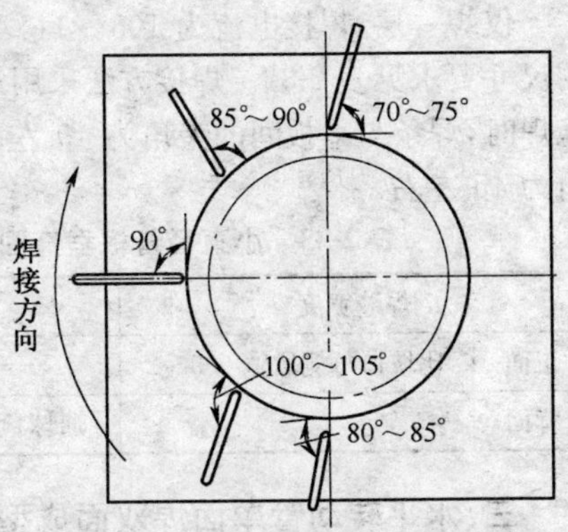

图 2-108 小直径管板水平固定焊焊条与焊接方向管切线的夹角

2. 小直径管板垂直固定焊

(1)焊前准备

图 2-109 所示，工件：管件，10 号钢，ϕ51mm×3.5mm，板材 20g，板厚为 12mm。焊条：E4303(J422)，ϕ3.2mm，使用前应烘干，烘干温度 150～200℃，保温 1～2h。焊机：交流电焊机，型号为 BX3-500。组对间隙为 0.36～1.16mm，定位焊点为一点，定位焊缝的长度为 8～12mm，起焊点与定位焊点相隔 180°。

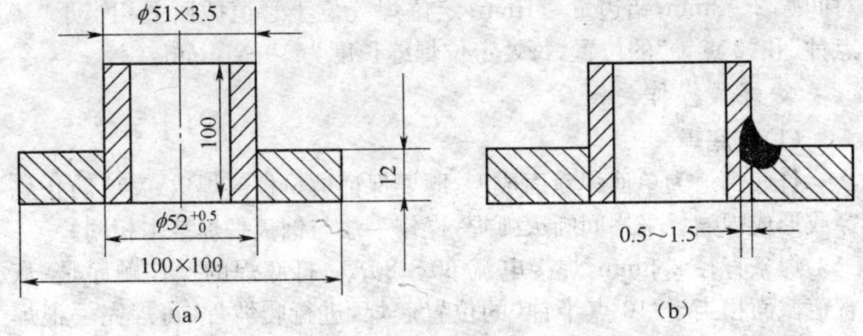

图 2-109 小直径管板垂直固定焊尺寸简图

(a)焊件尺寸 (b)焊缝形式

(2)焊接操作要领

仅焊一层，焊接电流为105～115A，电弧电压为22～26V，对焊缝的尺寸要求见表2-33。焊接方法采用连弧焊，直线运条不做横向摆动。施焊时，焊条与平板间的夹角为40°左右，焊条与焊接方向管切线的夹角为45°左右。

表2-33　小直径管板垂直固定焊焊缝的尺寸要求　(mm)

焊缝宽度		余高	余高差	焊缝宽度差
正面	比坡口每侧增宽0.5～2	0～4	<3	<2
背面	—	通球检测0.85$D_{内}$	<2	<2

三、水平转动管单面焊双面成型技术

水平转动管焊接时，由于管子在水平位置焊接，由全位置变为平焊或爬坡焊的位置，对焊工的操作和焊缝成型都十分有利。

1．焊前准备

工件：20号钢，ϕ108mm×8mm，坡口尺寸如图2-110所示，钝边0.5～1 mm。焊条：E4303，ϕ2.5mm，ϕ3.2mm。焊机：BX3-300。焊前将坡口及两侧20mm范围内的铁锈、油污、氧化物等清理干净，使其露出金属光泽。组对间隙2～3mm，错边量≤1mm；定位焊缝位于管道截面上相当于“10点钟”和“2点钟”的位置，每处定位焊缝长度为10～15mm。

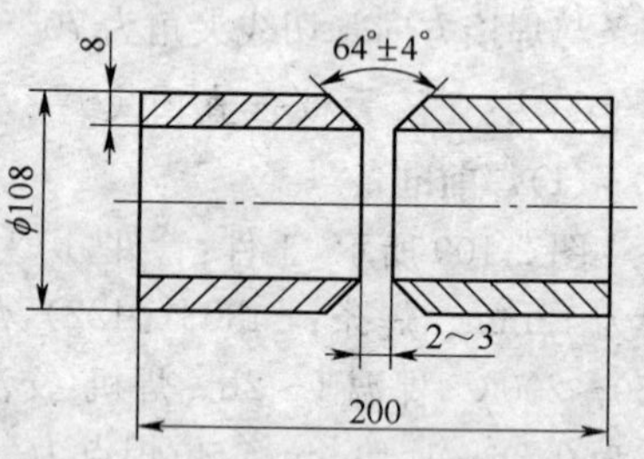

图2-110　管道水平转动焊对口简图

2．焊接操作要领

(1)打底焊

打底焊道为单面焊双面成型，既要保证坡口根部焊透，又要防止烧穿或形成焊瘤。采用间断灭弧焊，操作手法与钢板平焊基本相同。

焊条直径2.5mm，焊接电流60～80A。打底焊的操作顺序是：从管道截面相当于“10点半钟”的位置起焊，进行爬坡焊，每焊完一根焊条转动一次管子，把接头的位置转到管道截面上相当于“10点半钟”的位置。焊条角度如图2-111所示。

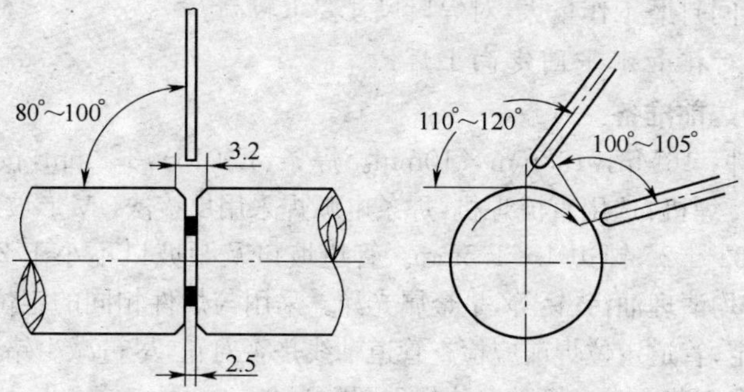

图 2-111 水平转动焊时的焊条角度示意图

焊条伸进坡口内让 1/4～1/3 的弧柱在管内燃烧，以熔化两侧钝边。熔孔深入两侧母材 0.5mm。更换焊条进行焊缝中间接头时，采用热焊法，与钢板平焊相同。

在焊接过程中，经过定位焊缝时，只需将电弧向坡口内压送，以较快的速度通过定位焊缝，过渡到坡口处施焊即可。

(2)填充焊

采用连弧焊进行焊接。施焊前，应将打底层的熔渣、飞溅清理干净。焊条直径 3.2mm，焊接电流 90～120A，焊条角度与打底焊相同。其他注意事项与钢板平焊相同。

(3)盖面焊

盖面焊缝要满足焊缝几何尺寸要求，外形美观，与母材圆滑过渡，无缺陷。施焊前，应将填充层的熔渣、飞溅清理干净。焊条直径 3.2mm，焊接电流 90～110A。施焊时，焊条角度、运条方法与填充焊相同，但焊条水平横向摆动的幅度应比填充焊更宽，电弧从一侧摆至另一侧时应稍快些。当摆至坡口两侧时，电弧应进一步缩短，并要稍作停顿以避免咬边。

四、水平固定管单面焊双面成型技术

水平固定管焊可分为对接管水平固定向上焊接和对接管水平固定下向焊接。其中，薄壁大直径管道的下向焊接工艺方法的优点是：焊接线能量特别小、焊道背面成型好、焊接速度快、焊条抗裂纹性好、抗气孔能力强、设备简单、非常适合野外作业。其缺点是：向下焊时，熔深较浅，焊道间打磨工作量大，对焊口尺寸要求较高。

1. 对接管水平固定向上焊

(1)**焊前准备**

工件：16Mn，ϕ133mm×10mm。焊条：E5015，ϕ3.2mm，按规定要求烘干。焊机：选用直流焊机，焊条电弧焊采用反接法。V形坡口，坡口面角度32°±2°，钝边1～1.5mm。管道坡口及距坡口不小于20mm的内、外壁均清理油污、锈等，呈金属光泽。采用与焊件相同的定位镶块等装配固定，管道定位焊前应检查管道轴线是否对正，尽量减少错边，保证间隙符合工艺要求。管件定位焊后间隙为3～4mm，定位3点。

(2)**焊接工艺参数(见表2-34)**

表2-34 对接管水平固定向上焊焊接工艺参数

层次	焊条直径(mm)	焊接电流(A)	焊缝厚度(mm)
(焊条电弧焊)打底层	ϕ3.2	110～130	3～3.5
填充层1	ϕ3.2	110～130	3～3.5
填充层2	ϕ3.2	110～130	3～3.5
盖面层	ϕ3.2	100～120	3～3.5

(3)**焊接操作要领**

管子水平固定位置焊接分两个半圆进行。右半圆由管道截面相当于“时钟6点”位置(仰焊)起，经相当于“时钟3点”位置(立焊)到相当于“时钟12点”位置(平焊)收弧；左半圆由相当于“时钟6点”位置(仰焊)起，经相当于“时钟9点”位置(立焊)到相当于“时钟12点”位置(平焊)收弧。焊接顺序是先焊右半周，后焊左半周。焊接时，焊条的角度随着焊接位置变化而变化，角度变化如图2-112所示。

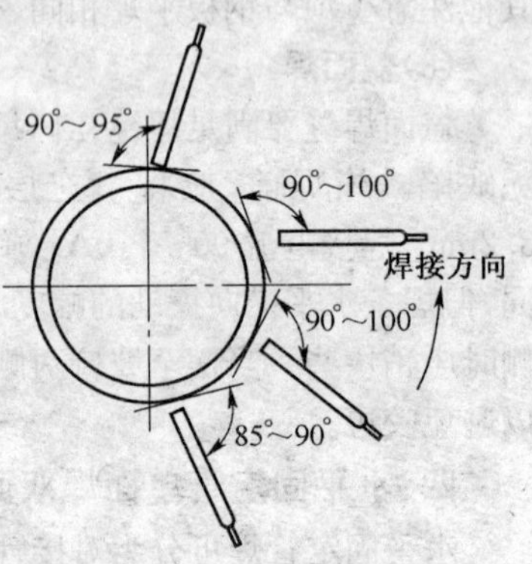

图2-112 焊条角度示意图

①打底焊。采用间断灭弧法焊接。焊条在坡口一侧(相当于“时钟

6 点”位置)引燃电弧后，马上压低电弧，将焊条移动到起焊点(起焊点应过相当于“时钟 6 点”位置 10～15mm)，焊条前端对准坡口中心，将焊条向上顶，并做左右稳弧动作，借助电弧吹力击穿坡口钝边。当形成熔池听到管内发出电弧穿透声以后，第一个熔孔与熔池即形成。熔池形成以后，焊条回到熔池中间位置迅速灭弧。当第一个熔池金属变成暗红色时，焊条立即在熔池中间位置引燃电弧，然后做小的横向摆动，将焊条移动到熔孔，击穿两侧坡口钝边，形成新的熔孔熔池后回到熔池中间位置熄灭电弧。用间断灭弧法逐点进行焊接。在仰焊区段内焊接时，焊条要顶住坡口钝边外沿，电弧压得越低越好，以保证管内金属饱满，防止产生内凹。在立焊位、平焊位焊接时，焊条向坡口里面压送应浅一些，防止产生焊瘤。

每一根焊条焊完灭弧前，应注意向熔池少量填充 2～3 滴金属熔液再熄弧，防止产生弧坑缩孔。接头时尽量采用热接法，即快速换焊条，在熔池还有足够温度时，在熔池后面焊道上 5～10mm 处引燃电弧，焊至熔孔压低电弧，做一个稳弧动作，击穿坡口钝边。当听到管内焊透电弧声后，即可进行正常的断弧焊接。焊至相当于“时钟 12 点”位置时，应越过中心 10～15mm 再收弧。

右半周焊好以后，为保证接头质量，可用锯条或扁铲将起焊点和收尾处加工出一个 10°～15°斜坡。左半周焊接接头时，采用搭接，即起弧点仍越过中心 10～15mm。电弧引燃后压低电弧，运条至起焊点斜坡处，将焊条上顶并作稳弧动作，把熔滴送至背面，形成熔孔和熔池后即可进行正常焊接。当焊条焊到右半周收尾处要接头时，应注意将焊条角度逐步调整为 85°～90°(见图 2-112)，焊条前端对准起弧点，并稍用力下压电弧做一个稳弧动作，听到背面发出电弧击穿声时，给足金属熔液，焊过中心线 5～10mm 处，可熄灭电弧。

打底层焊完以后，将打底层焊缝上的熔渣、飞溅、接头凸出等用扁铲清理干净、平整，以防止其他层焊接时出现夹渣和未熔合。

②填充焊。填充层采用连弧焊接，焊条角度同打底层焊相同。仰焊、平焊焊接接头都要互相错开。焊接时，焊条在相当于“时钟 6 点”位置附近引燃电弧，移动到过中心 10～15mm 打底焊缝中间，压低电弧，形成熔池后向两侧坡口摆动。运条方法采用月牙形或锯齿形，均匀运

条。焊条在坡口两侧停留时间长一些，在中间位置时速度要快，防止坡口两侧出现夹角和夹渣。仰焊起头一定要薄，形成一个马蹄形，这样才好接头。收头时，焊条要在焊缝中心位置，采用灭弧方法在熔池中少量填充 2～3 滴金属熔液，再熄弧。接头时，迅速更换焊条，在弧坑上方 10～15mm 处引燃电弧，把焊条拉至收弧处焊道中间，压住收弧处 2/3 熔池稍加停顿，形成熔池后横向摆动，当看到收弧处完全熔化时，即可进行正常焊接。

填充层焊接时，层与层之间清理要仔细，焊接时，焊条角度随着焊件空间位置的变化要正确。最后一层焊缝应保证管件坡口边缘不被破坏，并低于母材表面 1mm 左右，形成凹槽。

③盖面焊。盖面层焊接方法同填充层基本一样，但焊条横向摆动的幅度比填充层要宽，摆动幅度要均匀，在坡口两侧电弧压得越低越好，管件坡口边缘熔化 0.5～1mm。焊条在坡口两侧停留时，要确保管件坡口外边熔合好，避免产生咬边，以使焊缝成型美观。

2. 对接管水平固定下向焊接

(1)焊前准备

工件：ϕ300m×8mm。焊条：见表 2-35，按规定要求烘干。焊机：下向焊使用纤维素焊条时，一般焊接设备会出现断弧现象，所以，最好选用管道下向焊专用焊机。管两侧 15mm 范围清理至露出金属光泽。钝边 1～2mm，坡口角度单面为 32°±2°。管内壁不得有内坡口。管组合后错边量应小于 1.2mm，尽量减少在相当于“时钟 6 点”位置的错边量。组对间隙相当于“时钟 12 点”位置为 1.5mm，相当于“时钟 6 点”位置为 2mm。

下向焊最好采用对口器对口，直接焊接。也可以采用与管件成分相同的定位镶块对称点固，但点固要特别注意对口质量。

(2)下向焊焊接工艺参数(见表 2-35)

(3)焊接操作要领

①根焊。根焊道是整个焊缝的关键焊道，根焊道的质量直接影响整个焊道的质量及性能。

a. 在相当于“12 点～2 点”的位置时的焊接。在此焊段内，金属熔液由于自重有向管内下坠的趋势，若焊条角度过小或电弧过低，易形成背面窄而高的焊瘤及单边未熔合带夹渣的缺陷。

表 2-35　对接管水平固定下向焊焊接工艺参数

焊道名称	焊条牌号	药皮类型	直径(mm)	极性	电流范围(A)	焊接速度(cm/min)
根焊	E6010	纤维素型	ϕ3.2	焊条接负	70～100	10～30
热焊	E8010	纤维素型	ϕ4.0	焊条接正	150～170	20～30
填充焊	E8010 或 E8018	纤维素型或下向低氢型	ϕ4.0	焊条接正	160～180	20～30
盖面焊	E8010 或 E8018	纤维素型或下向低氢型	ϕ4.0	焊条接正	150～170	20～30

注:本表是按照陕西进京天然气管道的参数列出,表中填充焊和盖面焊中的 E8010 则是对一般焊接而言的。

焊接时,在相当于“时钟 12 点”位置引燃电弧后,焊条前端对准间隙横向摆动做一个稳弧动作,击穿坡口钝边形成熔孔熔池后,采取连弧焊接,适当拉长电弧并做往返运条,以控制两侧坡口钝边熔化 0.5～1mm 为宜。往返运条幅度不要太大,一般应小于焊条直径。焊条角度如图 2-113 所示。

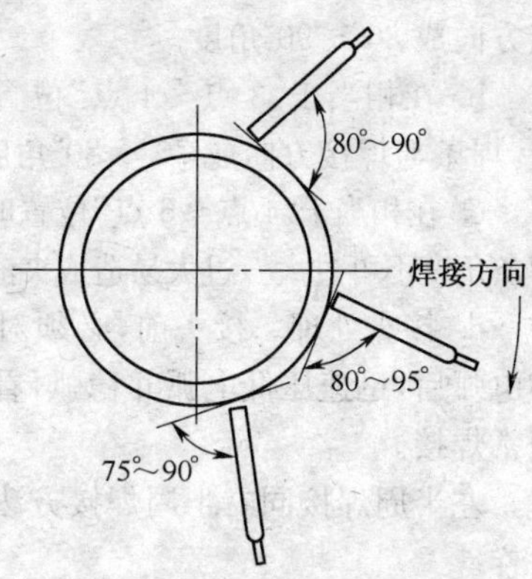

图 2-113　焊条角度示意图

b. 在相当于“2 点～4 点”的位置时的焊接。由于自重,金属熔液及熔渣都有顺着管子坡口面下坠的趋势,焊接时,焊条应顶住熔池压低电弧,不要拉长电弧,焊条角度变化要灵活掌握。焊条角度过大易造成熔渣超前,角度过小易形成背凹及咬边。正确的焊条角度应在 80°～95°,如图 2-113 所示。

c. 在相当于“4 点～6 点”的位置时的焊接。该位置金属熔液因自重而沿管外下坠的趋势较大,焊接时,应采取低电弧,将焊条前端顶住熔池,并且向上顶以促使熔滴过渡,保证仰焊位置根部不产生内凹,焊条角度 75°～90°,如图 2-113 所示。焊至相当于“时钟 6 点”位置最后接头时,焊条前端对准熔孔,用力向上顶,当听到“叭”的响声后,继续焊 10～20mm 后熄弧。

d. 接头处理。每根焊条的收弧处应打磨 15～20mm，呈缓坡状，熔孔上方必须均匀打薄，否则易形成未焊透、夹渣及接头凹陷。焊接时，焊条在打磨处引燃电弧，迅速压低电弧焊接，待焊条焊至熔孔处，有意识将电弧微微下压，听到电弧击穿声音后进行正常焊接。

左半周焊接与右半周焊接方法相同。打底层焊完后，应彻底除去焊道凸高及焊道夹角，形成焊道与坡口面的圆滑过渡。清理时，不能伤及原坡口边缘。

②热焊。

a. 在相当于“12 点～3 点”位置时的焊接。直线运条可适当抬高电弧。焊接时，要保证坡口边缘熔合好，无夹角和中间凸起，焊条与焊接方向成 80°～90°角度。

b. 在相当于“3 点～4 点”位置时的焊接。直线运条，保持短弧焊接，焊条与焊接方向成 70°～80°角度。

c. 在相当于“4 点～6 点”位置时的焊接。直线运条，电弧越短越好，焊条角度不可过大。过大易造成夹渣，焊条与焊接方向呈 90°～100°角度。

d. 接头处理。接头前，必须对收弧处进行打磨，焊条在收弧处引燃电弧后，迅速压低电弧并稳弧，看到收弧处形成熔池且填满后再进行正常焊接。

左半周焊接同右半周焊接方法相同。热焊焊道清理工作与打底焊一样。

③填充焊。在相当于“12 点～3 点”位置焊接时，直线运条，焊条做轻微的两边摆动。注意坡口两侧熔化好，焊条与焊接方向角度为 80°～90°。

在相当于“3 点～5 点”位置焊接时，焊条向两边做轻微快速摆动，摆动幅度以观察到熔池与坡口边缘熔合良好为宜。摆动频率若过低，则导致熔渣超前粘焊条。焊条与焊接方向角度为 70°～80°。焊条角度过小或过大，均易造成电弧吹力不足，或造成熔池熔渣超前。

在相当于“5 点～6 点”位置焊接时，焊条向两边做轻微摆动，电弧保持越短越好。焊条与焊接方向成 90°～100°角度。焊条角度过小，则会造成填充层焊道过高，过大则电弧吹力不够，熔化不好。

接头处焊前必须打磨。焊条在接头处引燃电弧后必须压住电弧作稳弧动作，待接头填满后即可正常焊接。

左半周焊接同右半周焊接方法相同。填充层焊后必须进行清理，清理工作同根焊一样。最后一层焊接时应注意：管件坡口外边不被破坏，应低于母材表面约1mm。

④盖面焊。在相当于“12点～3点”位置焊接时，可适当抬高电弧，焊条做轻微摆动，摆宽以控制熔池在两侧坡口每侧压边1～1.5mm为宜，并注意坡口两侧熔合好，避免产生咬边，焊条与焊接方向角度为80°～90°。

在相当于“3点～5点”位置焊接时，短弧焊接，焊条做快速摆动，摆宽要求同上，摆动频率若慢，熔池熔渣易超前造成夹渣、粘焊条及表面凹陷。焊条与焊接方向角度为70°～80°。

在相当于“5点～6点”位置焊接时，焊条做快速摆动，压低电弧，摆宽同上。当焊至近相当于“时钟6点”位置时，焊条端部指向前方，使部分熔滴以小颗粒状滴落，细小的熔滴过渡到熔池中去，从而起到降低余高的作用，焊条角度与焊接方向为90°～100°。

焊接过程中的接头方法同填充层一样。这里只介绍相当于“时钟6点”位置接头方法。第一个焊工焊到相当于“时钟6点”位置时必须收弧。若焊过相当于“时钟6点”位置时，会形成过高的焊瘤。另一个焊工焊到相当于“时钟6点”位置时，焊条做划圈动作并稳住电弧，填满弧坑，然后迅速熄灭电弧。

五、垂直固定管单面焊双面成型技术

1. 焊前准备

工件：20，ϕ108m×8mm，坡口尺寸如图2-114所示。焊条：E4303。焊机：BX3-300型弧焊变压器。装配间隙为3.0mm。定位焊相对位置如图2-115所示。采用与正式焊接的焊条进行定位焊，并要求在管件坡口内进行定位焊，定位焊缝长度为10～15mm，厚度为3～4mm，必须焊透且无缺陷。其两端应预先打磨成斜坡，以便接头。错边量≤0.8mm。

2. 焊接工艺参数(见表2-36)

3. 焊接操作要领

采用三层六道焊接。垂直固定管焊接操作技术基本和板状对接横焊相同，不同之处是管子有弧度，焊条要随时变换角度。

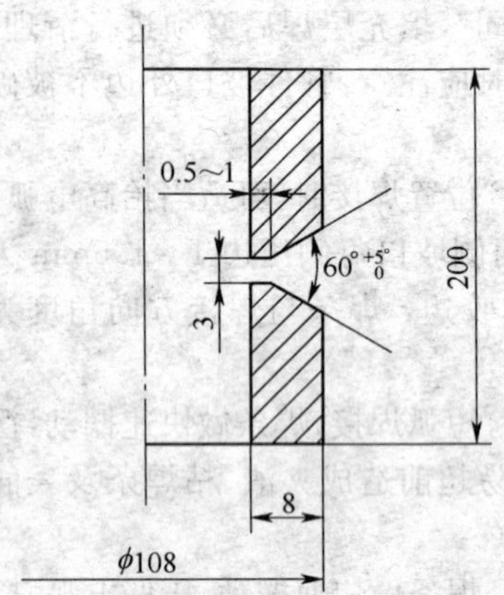

图 2-114 垂直固定管焊接工件及坡口尺寸

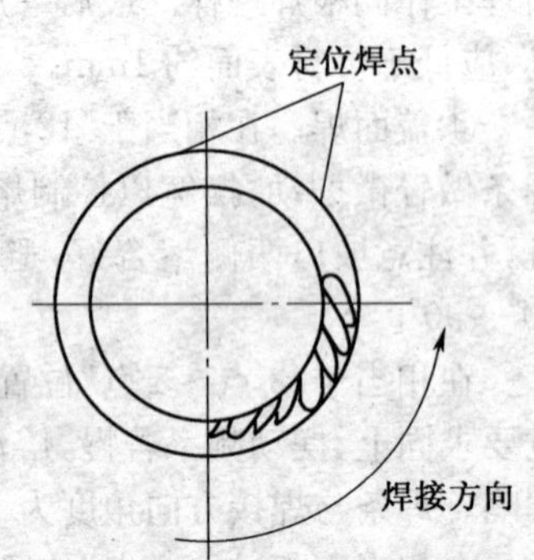

图 2-115 管子垂直固定焊位置

表 2-36 对接管垂直固定焊焊接工艺参数

焊接层次	焊条直径(mm)	焊接电流(A)
打底焊(第一层)	2.5	80～85
填充焊(第二层)	3.2	110～120
盖面焊(第三层)	3.2	110～120

(1)打底焊

可采用连弧焊或间断灭弧焊接。本实例为间断灭弧焊接，采用逆时针方向焊接。焊条与工件下侧夹角为75°～80°，与管子切线的焊接方向夹角为70°～75°，如图2-116所示。

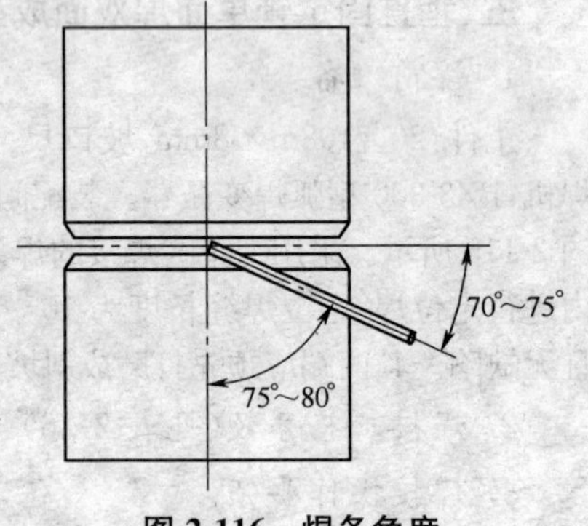

图 2-116 焊条角度

在与定位焊接点对称的坡口内引弧，采用两点击穿法进行焊接。待坡口两侧熔化时，焊条向根部压送，熔化并击穿坡口根部，听到“哗哗”的声音，并形成第一个熔池和熔孔，使两侧钝边熔化

0.5～1.0mm，立即灭弧。待熔池收缩到原熔池的 1/3 时，马上重新引弧进行焊接。电弧始终从坡口上侧引燃，并在上侧根部停留约 1 s，然后向下侧运条。在下侧根部停留 1～2 s 后，迅速移动焊条，使电弧沿坡口下侧后方灭弧。灭弧与接弧时间间隔要短，灭弧动作要果断，不得拉长电弧，灭弧频率每分钟 70～80 次。接弧位置要准确。焊接时，应保持熔池形状大小一致，熔池金属熔液清晰明亮。

打底焊换焊条时，在距离前段焊缝收尾处后约 10mm 处引弧，连弧焊接至收弧弧坑中心坡口根部时，焊条向下压一下，听到"哗哗"的声音，表示接头熔透并形成熔孔，立即灭弧，然后正常运条施焊。

与定位焊缝接头时，当运条到定位焊缝根部处，要留一个小孔。小孔直径与所用焊条直径相当。此时不能灭弧，并将定位焊缝端预热，继续补充金属熔液让小孔自由封口。在封口的同时焊条向下压一下，听到"哗哗"的声音后，稍作停顿，继续焊接约 10mm，填满弧坑再收弧。后半圈焊接时，引弧是从定位焊缝开始，然后接头。

(2)填充焊

采用连弧手法，进行一层二道焊接操作。换焊条接头是从收弧处前方约 10mm 处引弧，将电弧拉回弧坑并填满，然后正常运条施焊。从下侧坡开始排列，压第一道焊道 1/3～1/2。填充层高度距离焊件表面坡口边缘线 1～1.5mm，保持坡口边缘线完整。这是盖面焊的基准线。

(3)盖面焊

盖面层分三道焊接，从下侧坡口开始向上排列。焊前，应将填充层的熔渣和飞溅等物清理干净，并修平局部上凸的部分。采用直线不摆动运条。第一道焊道，焊条与工件下侧夹角约为 80°，使下坡口边缘熔化 1～2mm。第二道焊道，焊条与工件下侧夹角 85°～90°，并有 1/2 压在上一道焊道上。最后一道焊道，焊条与焊件下侧夹角为 70°～80°，并使上坡口边缘熔化 1～2mm，达到焊缝与工件表面圆滑过渡。

第三章　气焊与气割

第一节　气焊、气割原理及其特点

一、气焊原理及其特点

1. 气焊的原理

气焊是利用气体火焰作为热源的焊接方法。气焊的基本原理是：利用可燃气体加上助燃气体，在焊炬里进行混合，并使它们发生剧烈的氧化燃烧，然后用氧化燃烧的热量去熔化工件接头部位的金属和焊丝，使熔化金属形成熔池，冷却后形成焊缝。通常用的是氧乙炔焊。乙炔(C_2H_2)作为可燃气体，氧气作为助燃气体，火焰温度可以达到 3100 ～3300℃。但近来液化石油气和丙烷(C_3H_8)燃气的焊接也已迅速发展。

图 3-1 所示为气焊系统。气焊设备包括乙炔瓶、回火防止器、氧气瓶、减压阀和焊炬，通过软管连接组成焊接系统。

2. 气焊的特点和应用

(1)气焊的特点

气焊的优点是：焊工能够控制热输入量、焊接区温度、焊缝的尺寸和形状及熔池黏度，这对精细件例如薄板和管件的焊接是十分有利的。气焊火焰种类是可调的，因此，焊接气氛的氧化性或还原性是可控制的；设备简单、价格低廉、移动方便，在无电力供应的地区可以方便地进行焊接。

气焊的缺点是：气焊温度比焊条电弧焊低，火焰热量比较分散，热影响区及变形大；生产率较低，除修理外不宜焊接较厚的工件；因气焊火焰中氧、氢等气体与熔化金属发生作用，会降低焊缝性能；不适于焊接难熔金属和“活泼”金属；难以实现自动化。

(2)气焊的应用

目前，气焊主要应用范围包括：有色金属及铸铁的焊接和修复；碳

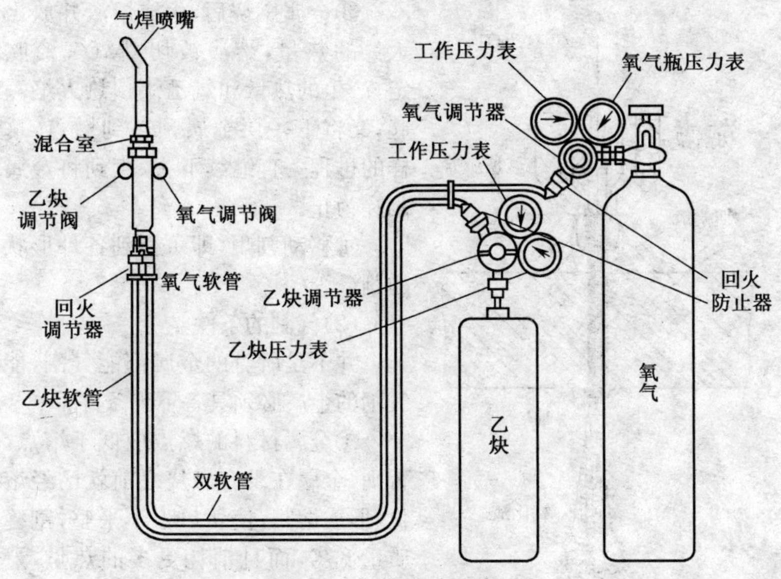

图 3-1　气焊系统示意图

钢薄板的焊接及小直径管道的制造和安装。

另外，由于气焊火焰调节方便灵活，因此，在弯曲、矫直、预热、后热、堆焊、淬火及火焰钎焊等各种工艺操作中得到应用。

二、气割原理及其特点

1. 气割的原理

气割也称为氧气切割，是利用气体火焰的热能将低碳钢和低合金钢件切割处预热到一定温度后，喷出高速切割氧流，使其燃烧并放出热量实现切割的方法。

(1)气割的过程

如图 3-2 所示，金属的气割过程是预热—燃烧—吹渣的连续过程，其实质是金属在纯氧中燃烧的过程，而不是金属的熔化过程。

①用氧乙炔火焰(中性焰)将金属切割处预热到燃烧温度(燃点)。碳钢的燃点为 1100～1150℃。

②向加热到燃点的被切割金属开放切割氧气，使金属在纯氧中剧烈燃烧(氧化)。

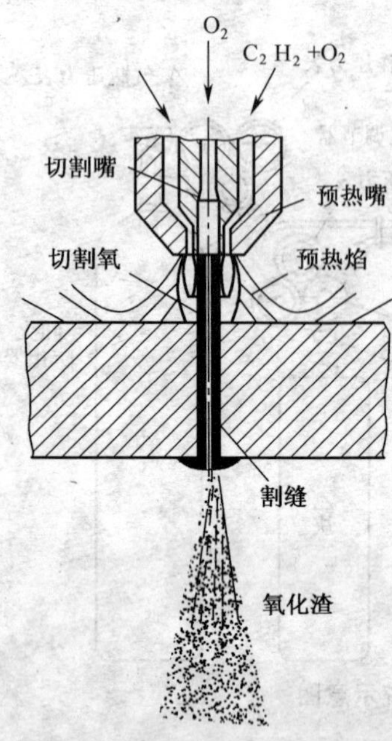

图 3-2 氧气切割过程示意图

③金属燃烧后，生成熔渣并放出大量的热量，熔渣被切割氧气流吹走，产生的热量和氧乙炔预热火焰一起，又将下一层金属预热到燃点，这样的过程一直继续下去，直到将金属割穿为止。

④移动割炬，即可得到各种形状的割缝。

(2)气割的条件

并不是所有的金属都能气割，能气割的金属必须具备下列条件：

①金属材料的燃点应低于熔点。否则，金属在没有燃烧之前就已经熔化，形成熔割，使切口很不平整，割缝质量低劣，而且消耗更多的热量，严重时使切割过程无法进行。

②金属的熔点应高于其氧化物的熔点。反之，如果生成的金属氧化物熔点高于金属熔点，则高熔点的金属氧化物将会阻碍下层金属与切割氧气流的接触，使下层金属难以氧化燃烧，气割过程就难以进行。如果金属氧化物的熔点较高，则必须采用熔剂来降低金属氧化物的熔点。

③金属氧化物的黏度低、流动性应较好。否则，氧化物会粘在切口上，很难吹掉，影响切口边缘的整齐。

④金属在燃烧时应能放出大量的热量。用此热量对下层金属起到预热作用，维持切割过程的延续。

⑤金属的导热性应差。否则，由于金属燃烧所产生的热量及预热火焰的热量传播很快，切口处金属的温度很难达到燃点，切割过程就难以进行。铜、铝等导热性较强的有色金属不能采用普通的气割方法进行切割。

⑥金属中含有阻碍切割进行和提高淬硬性的成分及杂质要少。

2. 气割的特点

气割的优点是：切割效率高，切割钢的速度比其他机械切割方法快；对于用机械方法难以切割的截面形状和厚度，采用氧乙炔焰切割比较经济；切割设备的投资比机械切割设备的投资低，切割设备轻便，可用于室外作业；切割小圆弧时，能迅速改变切割方向；切割大型工件时，不用移动工件，借助移动氧乙炔火焰，便能迅速切割；可进行手工和机械切割。

气割的缺点是：切割的尺寸公差大，精度低于机械方法；有发生火灾以及烧坏设备和烧伤操作工的危险；需要采用合适的烟尘控制装置和通风装置；切割材料受到限制，如铜、铝、不锈钢、铸铁等不能用氧乙炔焰切割。

3. 气割的应用

氧气切割主要用于切割低碳钢和低合金钢，广泛用于钢板下料、开坡口，在钢板上切割出各种外形复杂的零件等。在切割淬硬倾向大的碳钢和强度等级高的低合金钢时，为避免切口淬硬或产生裂纹，在切割时，应适当加大火焰能率和放慢切割速度，甚至在切割前进行预热。

铸铁、高铬钢、铬镍不锈钢、铜、铝及其合金等金属材料不能用气割方法进行切割，常用氧熔剂切割、等离子弧切割等其他方法进行切割。

第二节　气焊、气割用设备和工具

一、氧气瓶、乙炔瓶、液化石油气瓶

1. 氧气瓶

氧气瓶是储存和运输氧气的一种高压容器。氧气瓶主要由瓶体、瓶阀、瓶帽、瓶箍和防振橡胶圈组成。氧气瓶的形状和构造如图 3-3 所示。

氧气瓶外表面涂天蓝色漆，并用黑漆写上“氧”字。

氧气瓶的规格见表 3-1。工业中最常用的氧气瓶规格是：瓶体外径为 219mm，瓶体高度约为 1370mm，容积为 40L。当瓶内灌入压力为 15MPa 时（150 个大气压），储存 6m^3 氧气。

氧气瓶内氧气的储存量可以根据氧气瓶的容积和氧气表所指示的压力进行测算。测算公式为：

$$V=10V_0P$$

式中　V——瓶内氧气储气量(L)；

V_0——氧气瓶容积(L)；

P——氧气表所指示的压力(MPa)。

如氧气瓶容积为40L，氧气瓶内气压（氧气表所指示压力）为12MPa，则氧气瓶内氧气的储存量为：

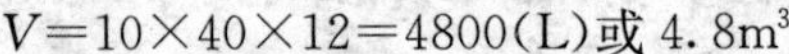

$$V=10\times40\times12=4800(\text{L})或4.8\text{m}^3$$

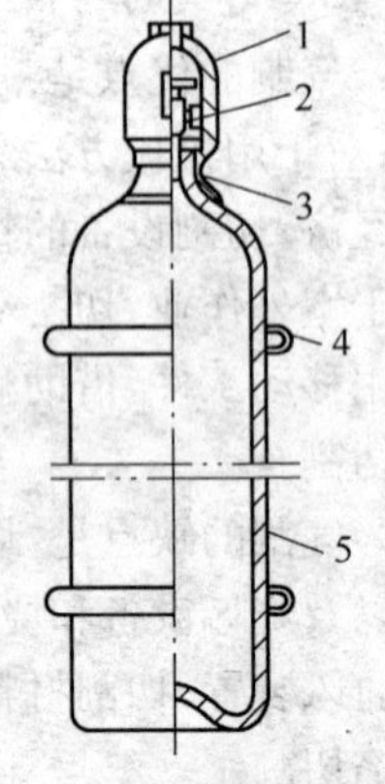

图3-3　氧气瓶的构造

1. 瓶帽　2. 瓶阀　3. 瓶箍　4. 防振橡胶圈　5. 瓶体

氧气瓶有严格的材质要求和制造质量标准，在出厂前都必须经过水压试验。水压试验的试验压力是工作压力的1.5倍。为保证安全，氧气瓶在使用中必须根据国家《气瓶安全监察规程》进行定期技术检验。一般氧气瓶每三年检验一次，如有腐蚀、损伤等问题时可提前检验。经技术检验合格后才能继续使用。

表3-1　氧气瓶的规格

瓶体表面漆色	工作压力(MPa)	容积(L)	瓶体外径(mm)	瓶体高度(mm)	质量(kg)	水压试验压力(MPa)	采用瓶阀
天蓝	15.0	33 40 44	219	1150±20 1137±20 1490±20	45±2 55±2 57±2	22.5	QF-2铜阀

2. 氧气瓶的安全使用

①直立放置。氧气瓶在使用时一般应直立放置，并必须安放稳固，防止倾倒。

②严防自燃和爆炸。高压氧气与油脂、碳粉、纤维等可燃有机物质接触时容易产生自燃，甚至引起爆炸和火灾。因此，应严禁氧气瓶阀、氧气减压器、焊炬、割炬、氧气皮管等沾上易燃物质和油脂等；焊工不得使用沾有油脂的工具、手套和穿着油污工作服去接触氧气瓶阀、减压器

等;氧气瓶不得与油脂类物质、可燃气体钢瓶同车运输,或在一起存放。存放时,氧气瓶与可燃物、易燃液体的隔离距离至少应在 6m 以上,必要时,用高于 1.6m 高的阻燃隔板进行隔离。

③禁止敲击瓶帽。取瓶帽时,只能用手和扳手旋取,禁止用铁锤或其他铁器敲击。

④防止氧气瓶阀开启过快。在瓶阀上安装减压器之前,应先拧开瓶阀吹掉出气口内杂质,并应轻轻地开启和关闭氧气瓶阀。装上减压器后要缓慢地开启阀门,防止氧气瓶阀开启过快而造成高压氧气流速过高而引起减压器燃烧或爆炸。

⑤防止氧气阀连接螺母脱落。在瓶阀上安装减压器时,和氧气瓶阀连接的螺母至少应拧上三扣以上,以防止开气时脱落。人体要避开阀门喷射方向。

⑥严防瓶温过高引起爆炸。气瓶可由于保管和使用不妥,受日光曝晒、明火、热辐射等作用而致使瓶温过高,压力剧增,甚至超过瓶体材料强度极限而发生爆炸。操作中,氧气瓶与乙炔瓶、明火或热源的距离应大于 5m。夏季必须把氧气瓶放在凉棚内,以免受到强烈的阳光照射;冬季不应将氧气瓶放在距离火炉和暖气太近的地方,以防氧气受热膨胀,引起爆炸。氧气瓶的工作、存放的环境温度不得超过 40℃。

⑦冬季氧气瓶冻结的处理。冬季使用氧气瓶时,瓶阀或减压器可能会出现冻结现象,这是由于高压气体从钢瓶排出流动时吸收周围热量所致。如果氧气瓶已冻结,只能用低于 40℃的热水解冻,严禁敲打或用明火直接加热。

⑧氧气瓶与电焊设备同时使用时的注意事项。氧气瓶与电焊设备在同一工作地点使用时,瓶底应垫以绝缘物以防气瓶带电;与气瓶接触的管道和设备应有接地装置,防止产生静电造成燃烧或爆炸。

⑨氧气瓶内应留有余气。氧气瓶内氧气不能全部用完,应留有余气,其压力为 0.1～0.3MPa,以便充氧时鉴别瓶内气体和吹除瓶阀内的灰尘,防止可燃气体、空气倒流进入瓶内。

⑩氧气瓶运输时的禁忌。氧气瓶在搬运时必须戴上瓶帽,并避免相互碰撞。在厂内或工地运输应使用专用小车,并固定牢靠。手推小车时,小车与地面的角度不允许超过 45°。严禁把氧气瓶放在地上滚

动。禁止单人肩扛氧气瓶。氧气瓶无防振圈或气温在－10℃以下时，禁止用转动方式搬运气瓶。禁止用手托瓶帽来移动气瓶。用起重设备搬运氧气瓶时，应使用专用的吊架或台架，不得使用吊钩、钢索或电磁吸盘。

3. 乙炔瓶

乙炔瓶是一种储存和运输乙炔的压力容器，又称溶解乙炔瓶。乙炔瓶主要由瓶体、多孔性填料、丙酮、瓶阀、石棉、瓶座等组成，如图 3-4 所示。瓶内装有浸满了丙酮的多孔性填料。使用时，溶解在丙酮内的乙炔就分解出来，而丙酮仍留在瓶内。

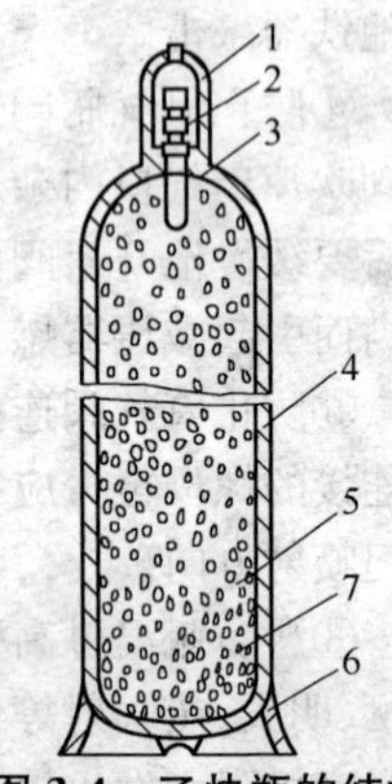

图 3-4　乙炔瓶的结构

1. 瓶帽　2. 瓶阀　3. 石棉　4. 瓶体　5. 多孔性填料　6. 瓶座　7. 丙酮

目前，生产中最常用的乙炔瓶的规格为：常用乙炔瓶的工作压力为 1.47MPa，设计压力为 3MPa，水压实验为 6MPa。瓶外径 250mm，容积为 40L，充装丙酮为 13.2～14.3kg，充装乙炔量为 6.2～7.4kg，约为 5.3～6.3m^3。

乙炔瓶的上部记载有瓶的容积、重量、制造年月、最高工作压力和水压试验压力等。在使用期间，每三年进行一次技术检验。使用中的乙炔瓶不再进行水压试验，只做气压试验。气压试验的试验压力为 3.5 MPa，气压试验所用的气体为纯度不低于 97%的干燥氮气。试验时，把乙炔瓶浸入地下水槽中，静放 5min 后，如发现气瓶壁处有渗漏，应报废。乙炔瓶内的多孔性填料如有裂纹和下沉现象时，应重新更换填料。

乙炔瓶体由优质碳素钢或低合金钢板材经轧制焊接制造。乙炔瓶外表面涂白色漆，并用红漆写上“乙炔不可近火”字样。

4. 乙炔瓶的安全使用

①乙炔瓶必须是由国家定点厂家生产，新瓶的合格证必须齐全，并与钢瓶肩部的钢印相符。使用过程中，气瓶必须根据国家《溶解乙炔气瓶安全监察规程》的要求，进行定期技术检验。

②乙炔瓶搬运、装卸、使用时都应竖立放稳，严禁在地面上卧放使

用。一旦要使用卧放的乙炔瓶，必须先直立后，静止 20min 后再连接乙炔减压器。

③乙炔瓶不得靠近热源和电气设备，防止曝晒，一般应在 40℃以下使用。当环境温度超过 40℃时，应采取有效的降温措施。乙炔瓶与明火距离不得小于 5m(乙炔发生器与明火距离不得小于 10m)。禁止用 40℃以上热水或其他热源对乙炔瓶进行加热。

④乙炔瓶使用时，禁止敲击、碰撞。

⑤使用乙炔瓶时，必须安装回火防止器。开启瓶阀时，焊工应站在阀口侧后方，动作要轻缓，瓶阀开启不要超过 1.5 圈，一般情况只开启 0.75 圈。

⑥乙炔瓶阀必须与乙炔减压器连接可靠。在乙炔瓶阀、易溶塞等处用肥皂水进行检查，严禁在漏气的情况下使用。否则，一旦触及明火，将可能发生爆炸事故。

⑦乙炔瓶内气体严禁用尽，必须留有一定的剩余压力(0.1～0.2MPa)。

⑧禁止在乙炔瓶上放置物件、工具，或缠绕、悬挂橡胶软管和焊炬、割炬等。

⑨瓶阀冻结时，可用低于 40℃的热水解冻。严禁火烤。

5. 液化石油气瓶

液化石油气钢瓶如图 3-5 所示。钢瓶的壳体采用气瓶专用钢焊接而成。根据钢瓶大小，瓶体中间有一道或两道焊缝。

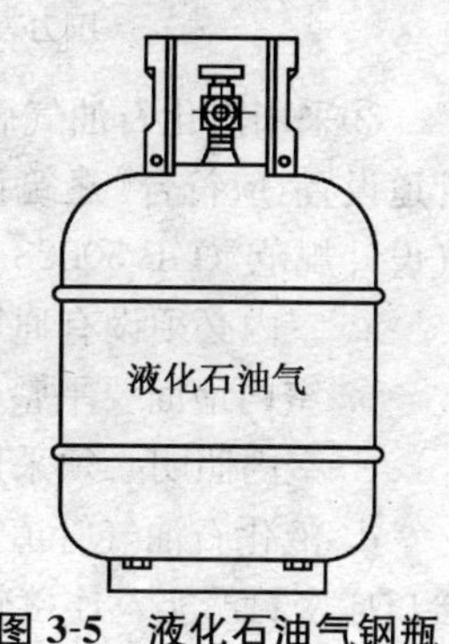

图 3-5　液化石油气钢瓶

按用户用量及使用方式，气瓶容量为 15kg、20kg、30kg、50kg 等多种。一般民用大多为15kg，工业上目前常采用 30kg。气瓶最大工作压力 1.6MPa，水压试验的压力为 3.2MPa。

气瓶外表面涂银灰色漆并用红漆写有“液化石油气”字样。

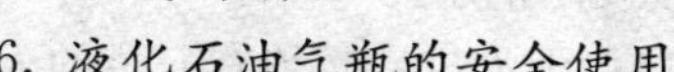
6. 液化石油气瓶的安全使用

①瓶阀必须密封严实，瓶座、护罩应齐全。

②液化石油气用量比较集中的场所、车间或气瓶组站可将三瓶以上液化石油气连接，由汇流排导出，在汇流排总导出管上应装总减压器

和回火防止器(见图 3-6)。单个液化石油气瓶使用时应在出口处加装减压器。

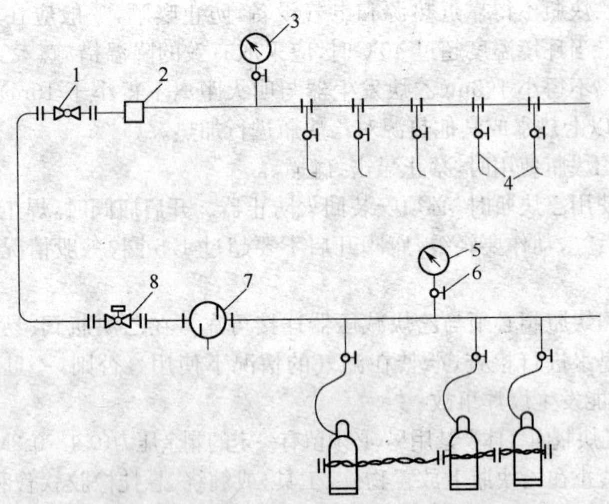

图 3-6 液化石油气瓶集中供气管路布置图

1. 逆止阀 2. 回火防止器 3. 低压压力表 4. 工作供气出口 5. 压力表 6. 气阀 7. 滤清器 8. 减压器

③采用液化石油气瓶集中供气的储存气瓶室和汇流排室的设计、管道设置,应符合《建筑设计防火规范》(GB 50016—2006)及《城镇燃气设计规范》(GB 50028—2006)的规定。

a. 室内必须设有通风换气孔,使室内下部不滞留液化石油气。

b. 室内地面要平整,不应同外界地沟(坑)或地漏孔连通。

c. 室内照明必须采用防爆型灯具和开关,严禁明火采暖。

d. 液化石油气管道连接宜采用焊接。切割、焊接所使用导管的连接口应密封严实。连接软管应采用耐油胶管,胶管的爆破压力不应小于最大工作压力的 4 倍,胶管的长度要尽量短。

e. 液化石油气使用场地及储气室、汇流排室必须有充足的灭火消防设备。

④在室外使用液化石油气瓶气割、焊接或加热时,气瓶应平稳放置在空气流通的地面上,同明火(火星飞溅、火花)与热源距离必须在 5m

以上。禁止使用沸水加热或火烤。液化石油气瓶应与暖气管道设备保持1.5m以上距离。

⑤液化石油气瓶应加装减压器，禁止用胶管同液化石油气瓶阀直接连接。

⑥液化石油气瓶将要用完时，瓶内应留有余气，便于充装前检查气样和防止其他气体进入瓶内。

⑦液化石油气瓶内剩余残液应退回充气站处理，禁止随便倾倒。

⑧液化石油气瓶泄漏的处理。

a. 如果发现燃气气瓶的瓶阀周围有泄漏，应关闭气瓶阀、拧紧密封螺母。气瓶泄漏导致的起火可通过关闭瓶阀，采用水、湿布、灭火器等手段予以熄灭。如仍无法熄灭，该区域人员必须疏散，并用大量水流浇湿气瓶，使其保持冷却。

b. 当不能制止气瓶阀门泄漏时，应把瓶体移至室外空旷通风的安全地带，远离所有火源，并做相应的警示。再缓缓打开气瓶阀，逐渐释放内存的气体。有缺陷的气瓶和瓶阀应标明记号，并送专业部门修理，经检验合格后，才可重新使用。

二、氧气瓶阀、乙炔瓶阀

1. 氧气瓶阀的构造和故障排除

(1)氧气瓶阀的构造和故障排除

氧气瓶阀是控制氧气瓶内氧气进、出的阀门。使用时，如将手轮逆时针方向旋转，则可开启瓶阀，顺时针方向旋转则关闭瓶阀。目前，国产氧气瓶阀分为活瓣式和隔膜式两种。隔膜式气密性好，但因容易损坏，使用寿命短，所以，目前主要采用活瓣式氧气瓶阀。活瓣式氧气瓶阀的构造详见图3-7。

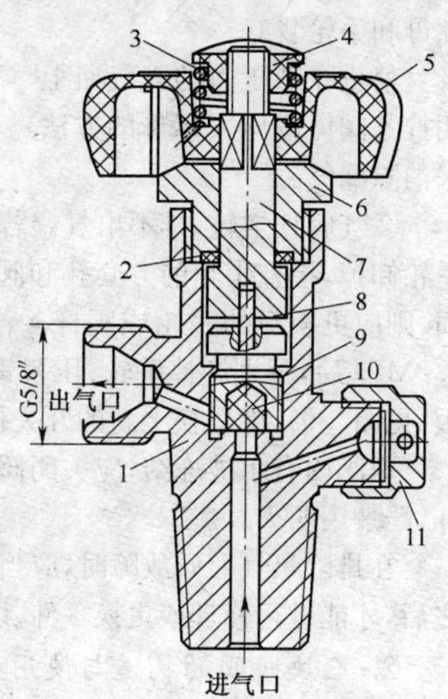

图3-7　活瓣式氧气瓶阀的构造

1. 阀体　2. 密封垫圈　3. 弹簧　4. 弹簧压帽　5. 手轮　6. 压紧螺母　7. 阀杆　8. 开关板　9. 活门　10. 气门　11. 安全装置

(2)氧气瓶阀常见故障及排除

氧气瓶阀由于长期使用,会发生漏气(用肥皂水涂在瓶阀上试验)或阀杆空转等故障。这些故障在装上减压器后、开启氧气阀门时才易发现。瓶阀常见故障及排除方法如下:

①瓶阀漏气。如果发现瓶阀漏气,可在瓶内压力低于0.2MPa时用扳手拧紧压紧螺母,若无效,可按顺时针方向旋动手轮,关紧瓶阀,然后卸掉手轮和压紧螺母,取出损坏的密封垫圈,随后装上新的密封垫圈(见图3-8),并用扳手将压紧螺母和手轮装好。

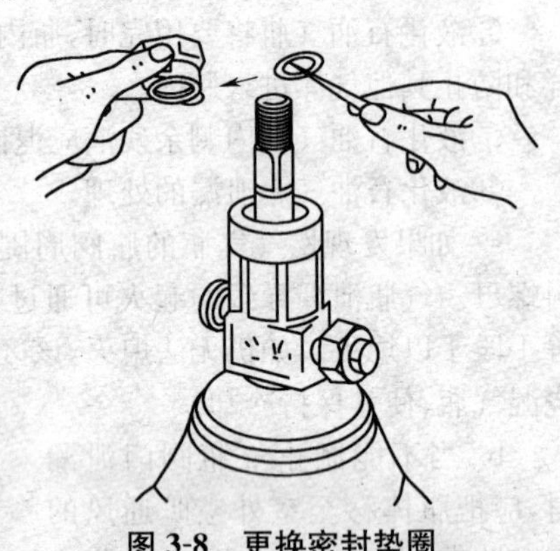
图3-8 更换密封垫圈

禁止在带压力的氧气瓶上用拧紧阀体或压紧螺母的方法来消除漏气。

②气阀杆空转,排不出气。若发现气阀杆空转、排不出气时,可将手轮卸掉,检查手轮的方套孔和阀杆的方棱是否被磨成圆形。若已磨损,则应更换新的手轮或阀杆。若空转仍未排除,可待瓶内压力低于0.2MPa后,分别卸掉手轮、压紧螺母、密封圈、阀杆,取出断裂的开关板(见图3-9),然后换上新的开关板,最后再将阀杆等重新装好。

瓶阀内有水被冻结,应关闭阀门,用热水或蒸汽缓慢加温,使之解冻,严禁用明火烘烤。

在排除氧气瓶阀故障时,应当特别注意,一定要先把氧气阀门关闭之后,才能进行修理或更换零件,以防止发生意外事故。

2. 乙炔瓶阀的构造与使用

乙炔瓶阀是控制瓶内乙炔进出的阀门,主要由阀体、阀杆、压紧螺母、活门和过滤件等组成,详见图3-10。

乙炔瓶阀与氧气瓶阀不同,没有旋转手轮,活门的开启和关闭均利用方孔套筒扳手转动阀杆上端的方形头,使嵌有尼龙密封垫料的活门向上(或向下)移动而达到开启(或关闭)的目的。方形套筒扳手逆时针

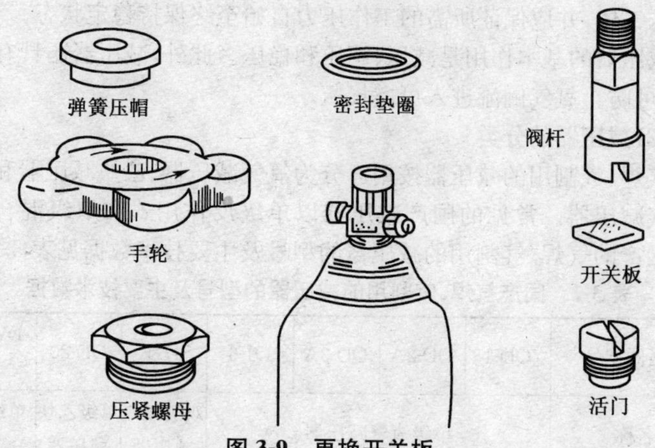

图 3-9　更换开关板

方向旋转，活门向上移动，瓶阀开启，相反，则关闭乙炔瓶阀。溶解在丙酮内的乙炔不能从乙炔瓶中随意大量放出，一般每小时放出的乙炔不应超过瓶装容量的 1/7。

由于乙炔瓶阀的阀体旁侧设有连接减压器的侧接头，因而，必须使用带有夹环的乙炔瓶专用减压器。

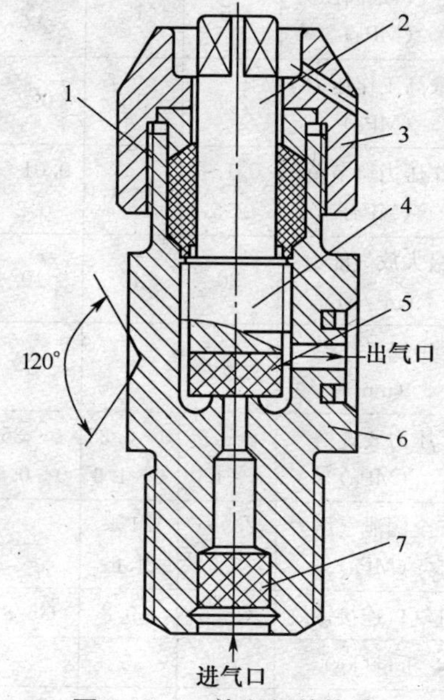

图 3-10　乙炔瓶阀的构造

1. 防漏垫网　2. 阀杆　3. 压紧螺母　4. 活门　5. 密封垫料　6. 阀体　7. 过滤件

三、减压器和回火防止器

1. 减压器的作用、分类和构造

(1)减压器的作用

由于气瓶内压力较高，而气焊和气割所需的压力却较小，所以，需要用减压器把储存在气瓶内的较高压力的气体降为低压气体，并应保证所需的工作压力自始至终保持稳定状态。

减压器的基本作用是减压、调压和稳压。此外，减压器还具有逆止作用，可防止氧气倒流进入可燃气瓶。

(2)减压器的分类

气焊、气割用的减压器按用途分为氧气减压器、乙炔减压器和液化石油气减压器。常见的国产减压器以单级反作用式和双级混合式为主。国产的气焊、气割用的减压器的型号及主要技术数据见表 3-2。

表 3-2 国产气焊、气割用的减压器的型号及主要技术数据

减压器型号	QD-1	QD-2A	QD-3A	QJ-6	SJ7-10	QD-20	DW2-16/0.6
名称	单级氧气减压器				双级氧气减压器	单级乙炔减压器	单级丙烷减压器
进气口最高压力(MPa)	15	15	15	15	15	2	1.6
最高工作压力(MPa)	2.5	10	0.2	2	2	0.15	0.06
工作压力调节范围(MPa)	0.1～2.5	0.1～1.0	0.01～0.2	0.1～2	0.1～2	0.01～0.15	0.02～0.06
最大放气能力(m^3/h)	80	40	10	180	—	9	—
出气口孔径(mm)	6	5	3	—	5	4	—
压力表规格(MPa)	0～25 0～4.0	0～0.25 0～1.6	0～25 0～0.4	0～25 0～4	0～25 0～4	0～2.5 0～0.25	0～2.5 0～0.16
安全阀泄气压力(MPa)	2.9～3.9	1.15～1.6	—	2.2	2.2	0.18～0.24	0.07～0.12
进气口连接螺纹	G5/8	G5/8	G5/8	G5/8	G5/8	夹环连接	G5/8 左
重量(kg)	4	2	2	2	3	2	3
外形尺寸(mm)	200×200×200	165×170×160	165×170×160	170×200×142	200×170×220	170×185×315	165×190×160

(3)减压器的构造

①QD-1 型氧气减压器。QD-1 型氧气减压器的构造和工作原理如图 3-11 所示。使用 QD-1 型氧气减压器时，当顺时针方向旋拧调节螺钉时，可顶开减压活门，高压氧气便从缝隙中流入低压室。由于氧气在低压室内体积发生膨胀而使压力降低，即起到减压作用。

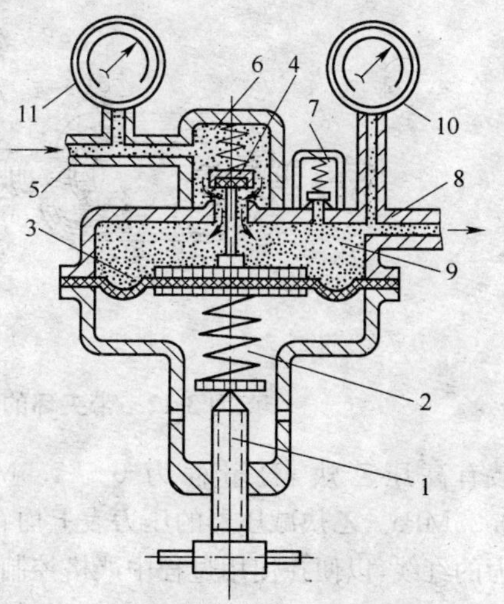

图 3-11　QD-1 型氧气减压器的构造和工作原理

1. 调节螺钉　2. 调压弹簧　3. 薄膜片　4. 减压活门　5. 进气口　6. 高压室　7. 安全阀　8. 出气口　9. 低压室　10. 低压表　11. 高压表

在使用过程中，如果气体输送量减少，即低压室压力增高，通过薄膜片压缩调压弹簧，带动减压活门向下移动，使开启程度逐渐减小；反之，减压活门的开启程度就会逐渐增大。当氧气瓶内的氧气压力逐渐下降时，高压室中促使减压活门关闭的作用力也就逐渐减小，即减压活门的开启程度逐渐增大，从而保证了低压室内氧气工作压力的稳定，这就是减压器的稳压作用。

②QD-20 型乙炔减压器。QD-20 型乙炔减压器供瓶装溶解乙炔减压用。QD-20 型乙炔减压器进口最高压力为 2MPa，工作压力的调节范围为 0.01～0.15MPa。

QD-20 型单级乙炔减压器的构造和工作原理与 QD-1 型氧气减压器基本相同，所不同的是乙炔减压器与乙炔瓶阀连接采用夹环和紧固螺钉来加以固定，见图 3-12。

QD-20 型单级乙炔减压器装有安全阀，当输出压力大于 0.18MPa 时开始泄气，在输出压力达到 0.24MPa 时安全阀打开。QD-20 型减压器的工作压力为 0.15MPa 时的最大流量为 9m^3/h。乙炔减压器本体

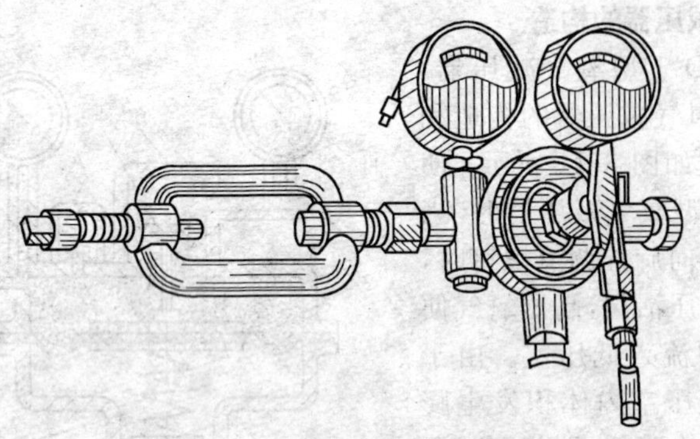

图 3-12 带夹环的乙炔减压器

装有高压乙炔表，量程为 0～2.5MPa；低压乙炔表量程为 0～0.25MPa。乙炔减压器的压力表上均有指示该压力表最大许可工作压力的红线，以便在使用过程中严格控制。

乙炔减压器的外壳漆成白色，氧气减压器的外壳漆成天蓝色，应严格加以区别。

2. 减压器的安全使用及故障排除

(1)减压器的安全使用

①氧气、氢气、溶解乙炔气、液化石油气等的减压器必须选用符合气体特性的专用减压器。各种气体专用的减压器禁止换用或替用。禁止在焊接、切割设备上使用未经检验合格的减压器。只有经过检验合格的减压器才允许使用。减压器只能用于设计规定的气体及压力。减压器及压力表应定期检验，以确保调压的可靠性和压力表读数的正确性。

②同时使用两种不同气体进行焊接时，不同气瓶减压器的出口端都应装上各自的单向阀，以防止气体相互倒灌。

③液化石油气和溶解乙炔气瓶、液化二氧化碳气瓶等用的减压器必须保证减压器位于瓶体最高部位，防止瓶内液体流出。

④安装减压器前，要略打开气瓶瓶阀，吹除瓶嘴的尘土和其他污物，以防止其进入减压器的活门座后影响活门严密性，引起低压自行升高，甚至会在打开瓶阀时损坏低压表。开启氧气瓶阀时，操作者不应站

在气体喷出方向的一侧，避免瓶内气体流向人体，禁止如图 3-13 所示的错误操作。

图 3-13　错误

⑤减压器在专用气瓶上应安装合理、牢固。采用螺纹连接时，应拧足 5 个螺扣以上；采用专门夹具压紧时，装卡应平整牢靠。减压器与气瓶及软管连接必须良好，无任何泄漏。

⑥打开气瓶瓶阀前，应检查调压螺钉是否已经松开。开启瓶阀时，操作者应避开瓶嘴正面，缓慢地用手轮或扳手开启瓶阀，检查减压器连接部位是否漏气，压力表显示是否正常。如发现螺扣连接漏气，应先关闭瓶阀，再检查螺扣连接，排除漏气。禁止在气瓶瓶阀打开时带压拧紧螺扣。

⑦减压器接通气源后，如发现表盘指针迟滞不动或有误差，必须由当地劳动、计量部门考核认可的专业人员修理，禁止焊工自行调整。

⑧禁止用棉、麻绳或一般橡胶等易燃物料作为氧气减压器的密封垫圈。氧气减压器禁止沾油。

⑨从气瓶上拆卸减压器之前，必须将气瓶阀门关闭，并将减压器内的剩余气体释放干净。

⑩不准在高压气瓶或集中供气的汇流导管的减压器上挂放任何物件，如焊炬、电焊钳、胶管、焊接电缆等。

(2)减压器的常见故障及其排除

减压器的常见故障及排除方法见表 3-3。

表 3-3　减压器的常见故障及排除方法

故障特征	产生原因	消除方法
减压器连接部分漏气	1. 螺钉配合松动 2. 垫圈损坏	1. 把螺钉拧紧 2. 更换垫圈
安全阀漏气	活门垫料与弹簧产生变形	调整弹簧或更换活门垫料

续表 3-3

故障特征	产生原因	消除方法
减压器罩壳漏气	弹性薄膜装置中的薄膜片损坏	拆开、更换膜片
调压螺钉虽已旋松，但低压表有缓慢上升的自流现象(或称直风)	1. 减压活门或活门座上有污垢 2. 减压活门或活门座损坏 3. 副弹簧损坏	1. 去除污垢 2. 更换减压活门 3. 更换副弹簧
减压器使用时压力下降过大	减压活门密封不良或有堵塞	去除堵塞和更换密封垫料
工作过程中，发现气体供应不足或压力表指针有较大摆动	1. 减压活门处有水冻结现象 2. 氧气瓶阀开启不足	1. 用热水或蒸汽加热方法消除，切不可用明火加温，以免发生事故 2. 加大瓶阀开启程度
高、低压力表指针不回到零值	压力表损坏	修理或更换后再使用

3. 回火防止器的作用及构造

(1)回火现象

在气焊、气割过程中，气体火焰伴有鸣爆声进入喷嘴、焊炬(割炬)逆向燃烧的现象称为回火。如果喷嘴里混合气流出速度比燃烧速度慢，则气体火焰就进入喷嘴逆向燃烧，这是发生回火的根本原因。造成气体流出速度比燃烧速度慢的主要原因有：

①焊炬和焊嘴、割炬和割嘴太热，混合气在喷嘴内就已开始燃烧。

②焊嘴和割嘴堵塞，混合气不易流出。

③焊嘴和割嘴离工件太近，喷嘴外气体压力大，混合气不易流出。

④乙炔压力过低或输气管太细、太长、曲折、堵塞等。

⑤焊炬失修，阀门漏气或射吸性能差，气体不易流出等。

气焊、气割过程中发生回火时，应立即先关闭氧气阀，再关闭乙炔阀，分析发生回火的原因，采取措施，防止回火继续发生。

(2)回火防止器

回火防止器也叫回火保险器，装在燃气管路上（见图 3-14）防止向气源回烧的保险装置。其作用是在气焊、气割过程发生回火时，能有效地截住回火，阻止回火火焰逆向燃烧进入乙炔管道和乙炔气瓶而引起爆炸。简而言之，回火防止器的作用就是阻止回火。

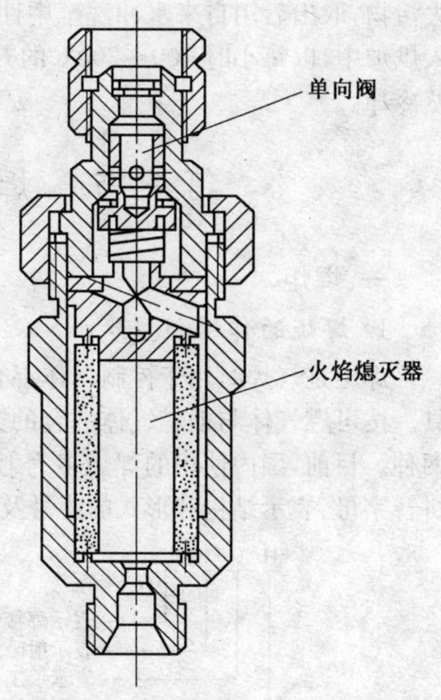

图 3-14 中压干式回火防止器的构造

乙炔瓶常用干式回火防止器。中压干式回火防止器主要有中压泄压膜式和粉末冶金片式（或多孔陶瓷管式）两种。常用的多孔陶瓷管式中压干式回火防止器的构造如图 3-14 所示。

干式回火防止器能有效阻止回火，但对乙炔要求清洁和干燥。每月要检查一次并清洗残留在其内的烟灰和污迹，以保证气流畅通，工作可靠。此外，每一把焊炬或割炬，都必须与独立的、合格的干式回火防止器配用。

使用中压泄压膜式回火防止器时，泄压膜因回火而爆破后，必须及时更换。使用中压粉末冶金片干式回火防止器或中压多孔陶瓷管式干式回火防止器时，要求乙炔所含杂质和水分很少，因此，在乙炔站内应装置干燥器和净化器，使乙炔预先经过干燥和过滤。

干式回火发生器在使用过程中应经常做密封性检查，在使用中发现泄气或不正常现象应立即进行修理。干式回火防止器在使用时，若发现流量减少、阻力增加，其原因是粉末冶金片或多孔陶瓷止火管的微孔被水或杂质堵塞。应旋下主体，取出多孔陶瓷管或粉末冶金片在规定溶剂中清洗，并干燥后方可装配。装配后须做止火性能试验，合格后方能继续使用。

粉末冶金片堵塞时可在丙酮中清洗，并用压缩空气吹干。陶瓷止火管堵塞时，将表面有炭黑的止火管放入98%的浓盐酸中浸泡24h，除去污物，取出后用自来水冲洗至中性，并在红外线灯泡下烘干，然后放入烘炉中，以每小时100～200℃的升温速度升至800℃，保温4h再自然冷却。

第三节 焊炬与割炬

一、焊炬

1. 焊炬的作用和型号

焊炬是气焊时用于控制气体混合比、流量和火焰并进行焊接的工具。按可燃气体与助燃气体混合的方式不同，可分为射吸式和等压式两种。目前，国内使用的焊炬多为射吸式。射吸式焊炬的型号由汉语拼音字母、表示结构和形式的序号及规格组成。例如：

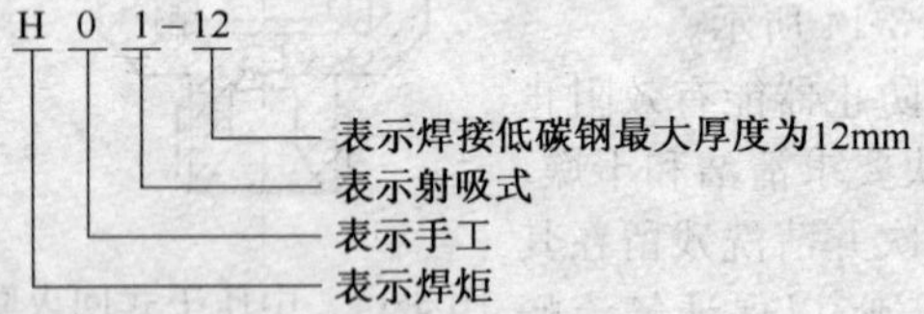

射吸式焊炬主要技术数据见表3-4。

2. H01-6型射吸式焊炬

图3-15所示为目前使用较广的H01-6型射吸式焊炬，它主要由本体、乙炔调节阀、氧气调节阀、喷嘴、射吸管、混合气管、焊嘴、手柄、乙炔管接头和氧气管接头等部分组成。

射吸式焊炬工作原理是：当使用H01-6型焊炬时，打开氧气调节阀，氧气立即从喷嘴快速射出，这样，在喷嘴的外围形成真空，即产生负压和吸力。这时再打开乙炔调节阀，乙炔就会聚集在喷嘴的外围。由于氧气射流的负压作用，喷嘴外围的乙炔很快被氧气吸入射吸管、进入混合气管再从焊嘴喷出。H01-6型焊炬利用射吸作用，使压力较高(0.1～0.8MPa)的氧与压力较低(0.001～0.1MPa)的乙炔均匀地按一定比例混合(体积比约为1∶1)，并以相当高的流速喷出。无论是低压乙炔，还是中压乙炔都能保证焊炬的正常工作。

表 3-4 射吸式焊炬主要技术数据

焊炬型号	H01-6					H01-12					H01-20					H02-1		
焊嘴号码	1	2	3	4	5	1	2	3	4	5	1	2	3	4	5	1	2	3
焊嘴孔径(mm)	0.9	1.0	1.1	1.2	1.3	1.4	1.6	1.8	2.0	2.2	2.4	2.6	2.8	3.0	3.2	0.5	0.7	0.9
氧气压力(MPa)	0.2	0.25	0.3	0.35	0.4	0.4	0.45	0.5	0.6	0.7	0.6	0.65	0.7	0.75	0.8	0.1	0.15	0.2
乙炔压力(MPa)	0.001～0.1					0.001～0.1					0.001～0.1					0.001～0.1		
氧气消耗量(m^3/h)	0.15	0.20	0.24	0.28	0.37	0.37	0.49	0.65	0.86	1.10	1.25	1.45	1.65	1.95	2.25	0.016～0.018	0.045～0.05	0.10～0.12
乙炔消耗量(L/h)	170	240	280	330	430	430	580	780	1050	1210	1500	1700	2000	2300	2600	20～22	55～65	110～130
焊接厚度(mm)	1～2	2～3	3～4	4～5	5～6	6～7	7～8	8～9	9～10	10～12	10～12	12～14	14～16	16～18	18～20	0.2～0.4	0.4～0.7	0.7～1.0

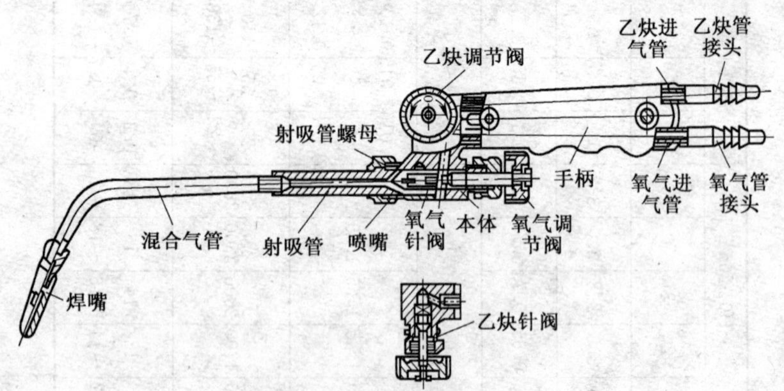

图 3-15 H01-6 型射吸式焊炬

焊炬配有不同规格的 5 个焊嘴，每个焊嘴上刻有不同数字 1、2、3、4、5，数字小的焊嘴孔径小，数字大的孔径大，焊接时可根据材料、板厚选用所需的焊嘴。

3. 射吸式焊炬的安全使用

射吸式焊炬应符合《射吸式焊炬》(JB/T 6969—1993)的要求。

①使用前必须检查其射吸情况。先将氧气橡胶管紧接在氧气接头上，使焊炬接通氧气。此时，先开启乙炔调节阀手轮，再开启氧气调节手轮，用手指按在乙炔接头上，如果手指感到有一股吸力，则表明射吸作用正常。如果没有吸力，甚至氧气从乙炔接头中倒流出来，则说明没有射吸能力，必须进行修理，严禁使用。

②焊炬射吸检查正常后，再把乙炔橡胶管接在乙炔接头上。一般要求氧气进气接头必须与氧气橡胶管连接牢固，即用卡箍或退火的铁丝拧紧。而乙炔进气接头与乙炔橡胶管应避免连接太紧，以不漏气并容易插上和容易拔下为准。同时，应检查其他各气体通道、各气体调节阀处和焊嘴处是否正常和有无漏气。

③上述检查合格后才能点火。点火时，应把氧气调节阀稍微打开，然后打开乙炔调节阀。点火后，应立即调整火焰，使火焰达到正常形状。如果调整不正常或有灭火现象，应检查是否漏气或管路堵塞，并进行修理。点火时，也可以先打开乙炔调节阀，点燃乙炔并冒烟灰，此时

立即打开氧气调节阀调节火焰。这种点火方法可避免点火时的鸣爆现象，而且在送氧后一旦发生回火便立即关闭氧气，防止回火爆炸。这种点火方法还能较容易地发现焊炬是否堵塞，其缺点是稍有烟灰。

④停止使用时，应先关闭乙炔调节阀，然后再关闭氧气调节阀，以防止火焰倒袭和产生烟灰。在使用过程中，若发生回火，应迅速关闭乙炔调节阀，同时关闭氧气调节阀。等回火熄灭后，再打开氧气调节阀，吹除残留在焊炬内的余焰和烟灰，并将焊炬的手柄前部放在水中冷却。

⑤在使用过程中，如发现气体通路或阀门有漏气现象，应立即停止工作，消除漏气后，才能继续使用。

⑥焊炬各气体通路均不得沾染油脂，以防氧气遇到油脂而燃烧爆炸。再者，焊嘴的配合面不能碰伤，以防止因漏气而影响使用。

⑦焊炬停止使用后应挂在适当的地方，或拆下橡胶管将焊炬存放在工具箱内。严禁将带气源的焊炬存放在工具箱内。

4. 焊炬常见的故障及排除方法

①出现“叭叭”响声（放炮）和连续灭火现象。是因焊炬使用时间过长、乙炔中的杂质、特别是氢氧化钙等烟灰在射吸管内壁附着太厚所致。排除时，用比射吸管孔径细的齐头钢丝刮除里面的烟灰，尤其是在射吸管孔端部 10mm 处，更要清除干净。

②射吸能力小，火焰较小。是因氧气阀针积灰较厚或因氧气阀针弯曲和射吸管孔与氧气调节阀孔不同轴引起，应清除积灰和调直阀针。

③没有射吸能力，同时还出现逆流现象。因射吸管孔处有杂质或焊嘴堵塞。如果焊嘴没有堵塞，应把乙炔橡胶管卸下来，用手指堵住焊嘴并开启氧气调节阀使氧气倒流，将杂质从乙炔管接头吹出。必要时，可把混合气管卸下来，清除内部杂质。如果焊嘴堵塞，可用通针及砂布将飞溅物清除干净。

④点燃后火焰忽大忽小。因氧气阀针杆的螺纹磨损，配合间隙过大，使阀针和针孔不同轴引起，须更换氧气阀针。

⑤乙炔接头处倒流。主要是与氧气阀针相吻合的喷嘴松动漏气，应拧紧。

⑥在焊接大型焊件或预热焊件时，出现连续灭火等现象。原因是焊嘴和混合气管温度过高或焊嘴松动。这时，应关闭乙炔，将焊嘴浸入

水中冷却或拧紧焊嘴，或将石棉绳用水湿润后，将焊嘴和混合气管缠绕包裹住。

二、割炬

1. 割炬的作用和型号

割炬是气割的主要工具，其作用是在工作中形成一定形状的气体预热火焰将低碳钢和低合金钢件切割处预热到一定温度，然后从割嘴中心喷射出切割氧气流，使已经达到燃点温度的工件在氧气流中燃烧，并利用氧气流的吹力吹掉氧化燃烧后形成的氧化物，完成切割。割炬按可燃气体与氧气混合方式的不同可分为射吸式和等压式两种。通常使用的为射吸式割炬，其外形和构造见图 3-16。

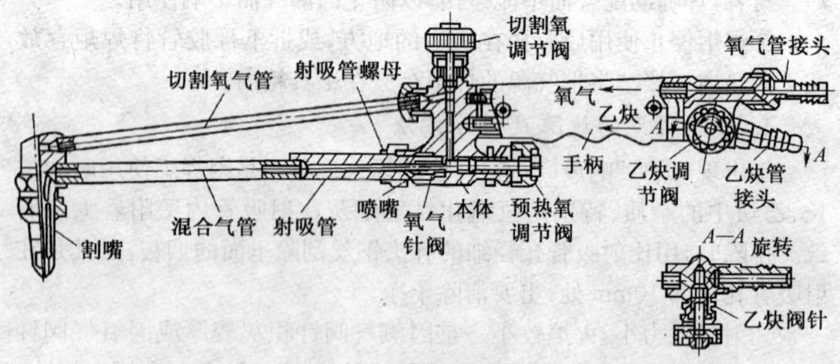

图 3-16 G01-30 型射吸式割炬的外形和构造

割嘴的构造与焊嘴不同。焊嘴上混合气喷孔为一小圆孔，如图 3-17a 所示，因此，气焊火焰呈圆锥形；而割嘴上的混合气喷孔呈环形（组合式割嘴，如图 3-17b）或梅花形（整体式割嘴，如图 3-17c），因此，形成的气割预热火焰呈环状分布。

射吸式割炬型号由汉语拼音字母、表示结构和形式的序号及规格组成。例如：

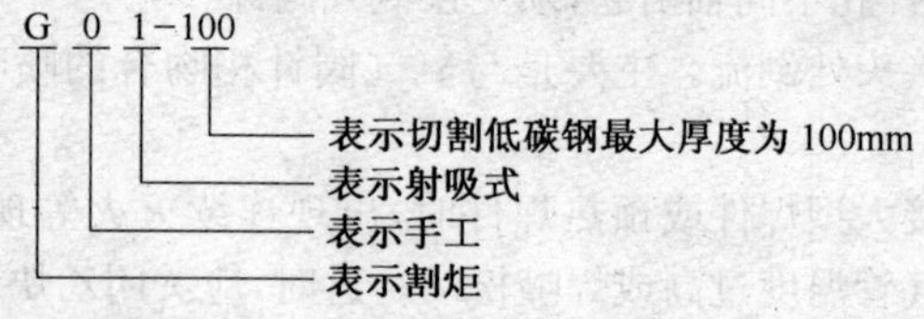

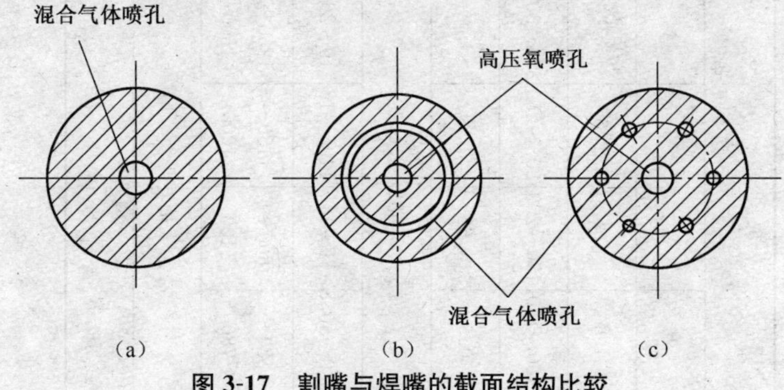

图 3-17　割嘴与焊嘴的截面结构比较

(a)焊嘴　(b)环形割嘴　(c)梅花形割嘴

射吸式割炬的主要技术数据见表 3-5。

注意：当使用液化石油气切割时，由于液化石油气与乙炔的燃烧特性不同，因此，不能直接使用乙炔用的射吸式割炬，应配用液化石油气专用割嘴。例如，G07-100 割炬是专供液化石油气切割用的割炬。

2. 割炬的安全使用和常见故障的排除方法

焊炬的安全使用、常见的故障和排除方法基本上也适用于割炬。此外，还应注意以下问题：

①应根据切割工件的厚度选择合适的割嘴。装配割嘴时，必须使内嘴和外嘴保持同轴，以保证切割氧射流位于预热火焰的中心。安装割嘴时注意拧紧割嘴螺母。

②射吸式割炬经射吸情况检查正常后，方可把乙炔胶管接上，以不漏气并容易插上、拔下为准。使用等压式割炬时，应保证乙炔有一定的工作压力。

③点火后，当拧预热氧调节阀调整火焰时，若火焰立即熄灭，表明各气体通道内存有脏物或射吸管喇叭口接触不严，以及割嘴外套与内嘴配合不当。此时，应将射吸管螺母拧紧；无效时，应拆下射吸管，清除各气体通道内的脏物及调整割嘴外套与内套间隙，并拧紧。

④预热火焰调整正常后，割嘴头发出有节奏的"叭叭"声，但火焰并不熄灭，若将切割氧开大时，火焰就立即熄灭。其原因是割嘴芯处漏气。此时，应拆下割嘴外套，轻轻拧紧嘴芯；如果仍然无效，可再拆下外套，并用石棉绳垫上。

表 3-5 射吸式割炬主要技术数据

割炬型号	G01-30			G01-100			G01-300			
割嘴号码	1	2	3	1	2	3	1	2	3	4
割嘴孔径(mm)	0.6	0.8	1.0	1.0	1.3	1.6	1.8	2.2	2.6	3.0
切割厚度范围(mm)	2～10	10～20	20～30	10～25	25～30	30～100	100～150	150～200	200～250	250～300
氧气压力(MPa)	0.2	0.25	0.30	0.2	0.35	0.5	0.5	0.65	0.8	1.0
乙炔压力(MPa)	0.001～0.1			0.001～0.1			0.001～0.1			
氧气消耗量(m^2/h)	0.8	1.4	2.2	2.2～2.7	3.5～4.2	5.5～7.3	9.0～10.8	11～14	14.5～18	19～26
乙炔消耗量(L/h)	210	240	310	350～400	400～500	500～610	680～780	800～1100	1150～1200	1250～1600
割嘴形式	环形			梅花形或环形			梅花形			
割炬总长	500			550			650			

⑤点火后火焰虽正常，但打开切割氧调节阀时，火焰就立即熄灭。其原因是割嘴头和割炬配合面不严。此时应将割嘴拧紧，无效时应拆下割嘴，用细砂纸轻轻研磨割嘴头配合面，直到配合严密。

⑥当发生回火时，应立即关闭切割氧调节阀，然后关闭乙炔调节阀及预热氧调节阀。在正常工作停止时，应先关切割氧调节阀，再关乙炔和预热氧调节阀。

⑦割嘴通道应经常保持清洁光滑，孔道内的污物应随时用通针清除干净。

⑧工件表面的锈蚀、污垢要清理掉。在水泥地面上切割时，应垫高工件，以防锈皮和熔渣在水泥地面上爆溅伤人。

三、胶管及气焊辅助工具

1. 胶管

国产胶管是用优质橡胶掺入麻织物或棉织纤维制造的。胶管分氧气胶管、乙炔胶管和液化石油气胶管。氧气胶管和乙炔胶管不得相互代用。

《气体焊接设备焊接、切割和类似作业用橡胶软管》(GB/T 2550—2007)规定氧气胶管为蓝色，氧气胶管内径有 8mm、10mm 等，工作压力为 2MPa，试验压力为 4MPa，爆破压力不低于 6MPa；规定乙炔胶管为红色，乙炔胶管内径有 8mm、10mm 等，工作压力为 0.3MPa，试验压力为 0.6MPa，最小爆破压力为 0.9MPa。液化石油气胶管必须使用耐油橡胶管，爆破压力应大于 4 倍工作压力。

胶管长度一般不小于 5m。若操作地点离气源较远时，可用胶管接头把两根胶管连接起来。但必须用卡子或细铁丝扎牢。

2. 胶管接头

胶管接头是胶管与减压器、焊炬等的连接接头。连接接头的形式有三种，详见图 3-18。胶管接头的连接嘴上车有数条凹槽，主要是为了保证接头处的气密性，并保证橡胶管用卡子或铁丝绑扎在连接嘴上而不脱落。接头的螺母用于将接头旋拧到减压器或焊炬上。为了区别氧气胶管的接头和乙炔胶管的接头，在乙炔胶管接头的螺母上刻有 1～2 条槽。胶管接头的螺母的螺纹尺寸一般为 M16×1.5。

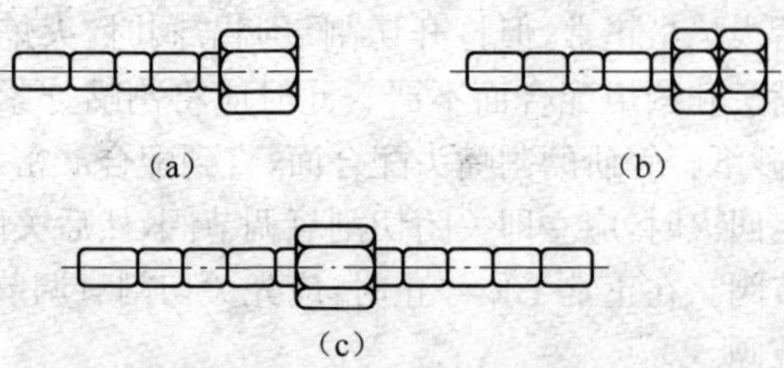

图 3-18 橡胶管接头形式

(a)连接氧气胶管用的接头 (b)连接乙炔胶管用的接头

(c)连接两根胶管用的接头

3. 胶管的安全使用

①乙炔胶管与氧气胶管不能相互换用,不得用其他胶管代替。

②氧气、乙炔气胶管与回火防止器、汇流排等导管连接时,管径必须互相吻合,并用管卡严密固定。

③乙炔胶管管段的连接,应使用含铜 70%以下的铜管、低合金钢管或不锈钢管。

④工作前,应吹净胶管内残存的气体,再开始工作。

⑤焊接、切割工作前,应检查胶管有无磨损、扎伤、刺孔、老化、裂纹等情况,并及时修理或更换。

⑥禁止使用泄漏、烧坏、磨损、老化或有其他缺陷的胶管。

⑦氧气胶管严禁沾染油脂。

⑧新的胶管首次使用时,要先把胶管内壁滑石粉吹干净,以防焊炬、割炬通道堵塞。

4. 气焊辅助工具

(1)护目镜

气焊工在气焊操作时,应配戴护目镜,以保护眼睛不受火焰强光的刺激和能比较清楚地观察熔池,同时还可以防止飞溅物溅入眼内。护目镜的颜色和深浅应根据施工现场、焊炬的大小和被焊材料的性质来选择,一般宜用 3～7 号的黄绿色镜片。

(2)点火枪

气焊、气割时点火的工具采用点火枪比较安全方便。但对于某些着火点较高的可燃气体(如液化石油气),必须用明火点燃。当用火柴点燃时，必须把划着了的火柴，从焊嘴或割嘴的后面送到焊嘴或割嘴上，以防手被烧伤。

(3)通针

每个焊工都应备有粗细不等的三棱式钢质通针一组，以便在工作中清除堵塞在焊嘴或割嘴内的脏物。

(4)其他辅助工具

气焊作业中使用的其他辅助工具有清理焊缝用的工具，如钢丝刷、凿子、手锤、锉刀等；还有连接和启闭气体通路的工具，如钢丝钳、活扳手、卡子及铁丝等。

气焊工所用的上述工具必须专用和放在专门的工具箱内，不得沾有油污。

第四节　气　　焊

一、气焊用气体火焰

气焊用气体火焰既是气焊的热源，又起到机械保护作用，隔绝空气，同时还和熔池金属发生一些化学冶金反应，影响焊缝的化学成分。

1. 气体火焰的种类

(1)氧乙炔火焰

乙炔与氧混合燃烧形成的火焰叫氧乙炔焰。氧乙炔焰具有很高的温度(约 3200℃)，热量集中，是气焊主要采用的火焰。氧乙炔焰根据氧和乙炔混合比的不同，可分为中性焰、碳化焰和氧化焰三种类型。

工业用氧气是从空气中提取的，其质量可分为两个等级。一级品氧气纯度不低于 99.2%，二级品氧气纯度不低于 98.5%。纯度越高，越有利于气焊、气割。

(2)氧液化石油气火焰

氧液化石油气火焰也分为氧化焰、碳化焰和中性焰三种。由于液化石油气的着火点较高，使得点火较乙炔困难，必须用明火才能点燃。

液化石油气的温度比氧乙炔焰略低，火焰温度可在 2800～2850℃。氧液化石油气火焰主要用于金属切割(即气割)。用于气割时，金属预热时间稍长，但可以减少切口边缘的过烧现象，切割质量较好。在切割多层叠板时,切割速度比使用氧乙炔焰预热快 20%～30%。氧液化石油气火焰除越来越广泛地应用于钢材的切割外,还用于焊接有色金属。

2. 气焊火焰种类

(1)中性焰

中性焰是氧乙炔混合比为 1.0～1.2 时燃烧所形成的,在一次燃烧区内既无过量氧又无游离碳的火焰。中性焰由焰心、内焰和外焰三个区组成,如图 3-19a 所示。中性焰的主要特征是焰心为尖锥形,呈亮白色,轮廓清楚,内焰呈蓝白色,外焰与内焰无明显的界限,从里向外,由淡蓝色变成橙黄色。中性焰的焰心端部有淡白色火苗时隐时现地跳动。中性焰在离焰心端前面 2～4mm 处(内焰区内)温度最高,达 3150℃左右。

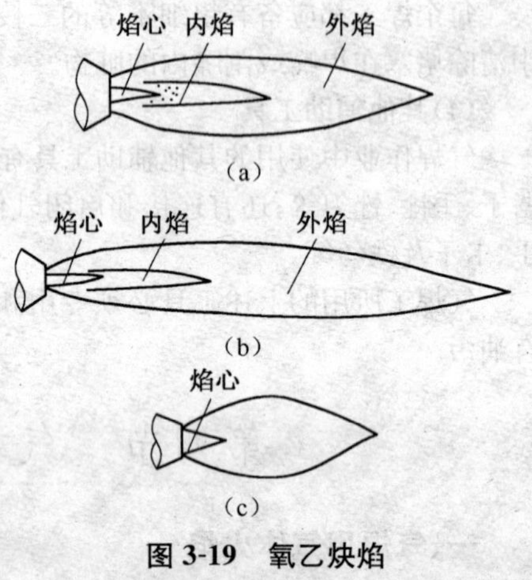

图 3-19 氧乙炔焰

(a)中性焰 (b)碳化焰 (c)氧化焰

气焊一般都可以采用中性焰(黄铜气焊除外),广泛地用于低碳钢、中碳钢、普通低合金钢、合金结构钢、不锈钢、铜、铝及铝合金等金属材料的气焊。

(2)碳化焰

碳化焰是氧乙炔混合比小于 1.0、火焰中含有游离碳、具有较强的还原作用并有一定的渗碳作用的火焰,如图 3-19b 所示。碳化焰的主要特征是整个火焰长而软,焰心较长,呈白色,外围略带蓝色,内焰呈蓝色,外焰呈橙黄色。当乙炔过多时,还会冒黑烟。焰心、内焰和外焰三个区很明显。碳化焰的最高温度不超过 3000℃。轻微的碳化焰可用于铸铁、高碳钢、高速钢等气焊和硬质合金堆焊、钎焊等。

(3)氧化焰

氧化焰是氧乙炔混合比大于 1.2,火焰中有过量的氧。如图 3-19c

所示。尖形焰心外面形成一个有氧化性的富氧区的火焰。氧化焰的主要特征是焰心缩短，短而尖，焰心颜色不很亮，既没有淡白色的内焰，焰心端部也没有淡白色火苗跳动，焰心外面没有内焰外焰之分，比较短，带蓝紫色。氧化焰笔直有劲，并发出"嘶嘶"的响声。氧化焰有氧化性。氧化焰最高温度可达 3300℃。气焊一般不用氧化焰，只有在气焊黄铜、锡青铜和镀锌铁皮等时才采用轻微氧化焰，以利用其氧化性，生成一层氧化物薄膜覆盖在熔池表面上，减少低沸点的锌、锡的蒸发。

3. 各种金属材料气焊时采用的火焰的种类

各种金属材料气焊时采用的火焰种类见表 3-6。

表 3-6　各种金属材料气焊时采用的火焰种类

焊件材料	火焰种类
低碳钢	中性焰
中碳钢	中性焰或乙炔稍多的中性焰
高碳钢	乙炔稍多的中性焰或轻微的碳化焰
低合金钢	中性焰
紫铜	中性焰
青铜	中性焰或轻微的氧化焰
黄铜	氧化焰
铝及铝合金	中性焰或乙炔稍多的中性焰
不锈钢	中性焰或乙炔稍多的中性焰
铅、锡	中性焰或乙炔稍多的中性焰
锰钢	轻微氧化焰
镍	中性焰或轻微的碳化焰
铸铁	碳化焰或乙炔稍多的中性焰
镀锌铁皮	氧化焰
高速钢	碳化焰或轻微的碳化焰
硬质合金	碳化焰或轻微的碳化焰

二、气焊材料

1. 焊丝

焊丝是气焊时起填充作用的金属丝。焊丝的化学成分可影响焊缝质量。所以，正确选择焊丝的牌号非常重要。除焊接低碳钢常用的焊丝外，还有低合金钢焊丝、不锈钢焊丝、铸铁焊丝、铜及铜合金焊丝、铝及铝合金焊丝等。这些焊丝都有相应的国家标准，在选用时可按焊件的化学成分查表选择。

一般低碳钢焊件采用的焊丝有 H08、H08A；重要的低碳钢焊件用 H08Mn、H08MnA；中等强度焊件用 H15A；强度较高的焊件用 H15Mn。焊接屈服强度为 300MPa 和 350MPa 的普通低合金钢时，采用的焊丝有 H08A、H08Mn 和 H08MnA 等。

焊接中碳钢和低合金结构钢时，可采用碳素结构钢焊丝，如 H08Mn、H08MnA、H10Mn2 及 H10Mn2MoA 等。

焊丝的存放应按类别、牌号、规格分开，并堆放在干燥的地方，以防焊丝表面生锈和腐蚀。焊丝在使用前要认真挑选，凡疏松、夹渣、气孔、过热等材质差的焊丝，均不能使用。焊丝在使用前应彻底清除表面的油、锈等污物。

2. 气焊熔剂

(1)气焊熔剂的作用

在气焊过程中，气焊熔剂直接加入到熔池中，在高温下，熔剂熔化与熔池内的金属氧化物或非金属夹杂物相互作用形成熔渣，浮在焊接熔池表面，覆盖着熔化的焊缝金属，从而可以防止熔池金属的氧化并改善焊缝金属的性能。在气焊时，也可以把需要渗入的合金元素粉末混合在熔剂中加入熔池，达到过渡合金元素的目的。

总之，气焊熔剂的作用是：保护熔池，减少有害气体侵入；去除熔池中形成的金属氧化物和非金属杂质；增加熔池金属的流动性，改善焊接性，使焊接过程顺利进行；改善焊缝金属性能，从而获得高质量的焊接接头。

一般低碳钢气焊不必使用熔剂，在焊接有色金属、铸铁和不锈钢等材料时，必须采用气焊熔剂。气焊熔剂可以在焊前预先涂在焊件的待焊处或焊丝上，也可以在气焊的过程中，将焊丝在盛装熔剂的器皿中沾上熔剂，填加到熔池中。

(2)常用气焊熔剂的性能及其应用

常用气焊熔剂的性能及其应用见表 3-7。

表 3-7　常用气焊熔剂的性能及其应用

牌号	名称	适用材料	基本性能
CJ101	不锈钢及耐热钢气焊熔剂	不锈钢及耐热钢	熔点约为 900℃，有良好的润湿作用，能防止熔化金属被氧化，焊后熔渣易清除
CJ201	铸铁气焊熔剂	铸铁	熔点约为 650℃，呈碱性反应，富潮解性，能有效去除铸铁在气焊时产生的硅酸盐和氧化物，有加速金属熔化的功能
CJ301	铜气焊熔剂	铜及铜合金	熔点约为 650℃，呈酸性反应，能有效溶解氧化铜和氧化亚铜
CJ401	铝气焊熔剂	铝及铝合金	熔点约为 560℃，呈碱性反应，能有效破坏氧化铝膜，因具有潮解性，在空气中能引起铝的腐蚀，焊后必须将熔渣清除干净

三、气焊工艺参数

气焊的焊接工艺参数包括焊丝直径、火焰性质、火焰能率、焊嘴倾角和焊接速度等。

(1)焊丝直径的选择

焊丝的直径应根据焊件的厚度、坡口的形式、焊缝位置、火焰能率等因素确定。焊丝直径常根据焊件厚度初步选择(见表 3-8)，试焊后再调整确定。

表 3-8　碳钢气焊时焊件厚度与焊丝直径的关系　(mm)

工件厚度	1.0～2.0	2.0～3.0	3.0～5.0	5.0～10.0	10～15
焊丝直径	1.0～2.0 或不用焊丝	2.0～3.0	3.0～4.0	3.0～5.0	4.0～6.0

在火焰能率一定时，如果焊丝过细，焊接时往往在焊件尚未熔化时焊丝已熔化下滴，这样，容易造成熔合不良和焊波高低不平、焊缝宽窄不一等缺陷；如果焊丝过粗，则熔化焊丝所需要的加热时间就会延长，同时增大了对焊件的加热范围，使工件焊接热影响区增大，容易造成组织过热，降低焊接接头的质量。

在多层焊时，第一、二层应选用较细的焊丝，以后各层可采用较粗的焊丝。一般平焊应比其他焊接位置选用粗一号的焊丝。右焊法比左焊法选用的焊丝要适当粗一些。

(2)火焰性质和火焰能率的选择

①火焰性质的选择。火焰性质即气焊火焰的种类,分为氧化焰、碳化焰和中性焰三种。应根据焊接材料的种类和性能选择火焰种类。由于气焊焊接质量和焊缝金属的强度与火焰性质有很大的关系,因而在整个焊接过程中应不断调节火焰成分,保持火焰的性质,从而获得质量好的焊接接头。不同金属材料所采用的气焊火焰种类见表 3-6。

②火焰能率的选择。火焰能率指单位时间内可燃气体的消耗量,单位为 L/h。火焰能率的物理意义是单位时间内可燃气体所提供的能量。

火焰能率的大小由焊炬型号和焊嘴号码大小来决定。焊嘴号码越大,火焰能率也越大。所以,火焰能率的选择实际上是确定焊炬的型号和焊嘴的号码。

火焰能率的大小主要取决于氧、乙炔混合气体中氧气的压力和流量及乙炔的压力和流量。流量的粗调通过更换焊炬型号和焊嘴号码实现;流量的细调通过调节焊炬上的氧气调节阀和乙炔调节阀来实现。

火焰能率应根据焊件的厚度、母材的熔点和导热性及焊缝的空间位置来选择。如焊接较厚的焊件、熔点较高的金属、导热性较好的铜、铝及其合金时,就要选用较大的火焰能率,才能保证焊件焊透;反之,在焊接薄板时,为防止焊件被烧穿,火焰能率应适当减小。平焊缝可比其他位置焊缝选用稍大的火焰能率。在实际生产中,在保证焊接质量的前提下,应尽量选择较大的火焰能率。焊炬型号和焊嘴号码与焊接钢板的厚度之间的关系见表 3-4。

③焊嘴倾斜角的选择。焊嘴的倾斜角是指焊嘴中心线与焊件平面之间的夹角 α,如图 3-20 所示。焊嘴的倾斜角度的大小主要根据焊嘴的大小、焊件的厚度、母材的熔点和导热性及焊缝空间位置等因素综合决定。当焊嘴倾斜角大时,因热量散失少,焊件得到的热量多,升温就快;反之,热量散失多,焊件受热少,升温就慢。

一般低碳钢气焊时,焊嘴的倾斜角度与工件厚度的关系见图 3-20。一般说来,在焊接工件的厚度大、母材熔点较高或导热性较好的金属材

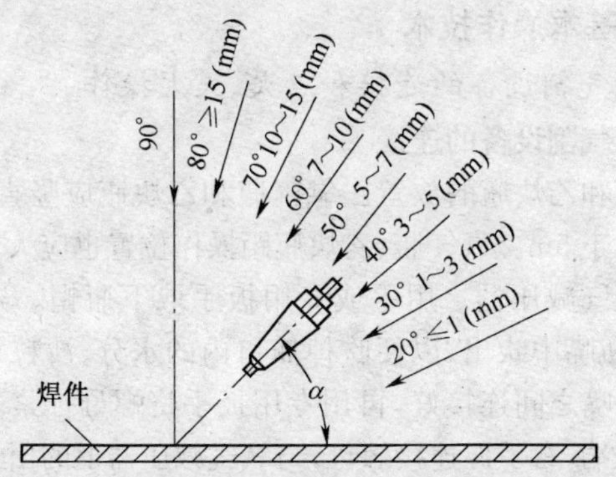

图 3-20　低碳钢气焊时焊嘴倾斜角与焊件厚度的关系

料时，焊嘴的倾斜角要选得大一些；反之，焊嘴倾斜角可选得小一些。

在气焊的过程中，焊嘴的倾斜角度还应根据施焊情况进行变化。如在焊接刚开始时，为迅速形成熔池，采用焊嘴的倾斜角度为 80°～90°；当焊接结束时，为更好地填满弧坑和避免焊穿或使焊缝收尾处过热，应将焊嘴适当提高，焊嘴倾斜角度逐渐减小，并使焊嘴对准焊丝或熔池交替加热。

在气焊过程中，焊丝对焊件表面的倾斜角一般为 30°～40°，与焊嘴中心线的角度为 90°～100°，如图 3-21 所示。

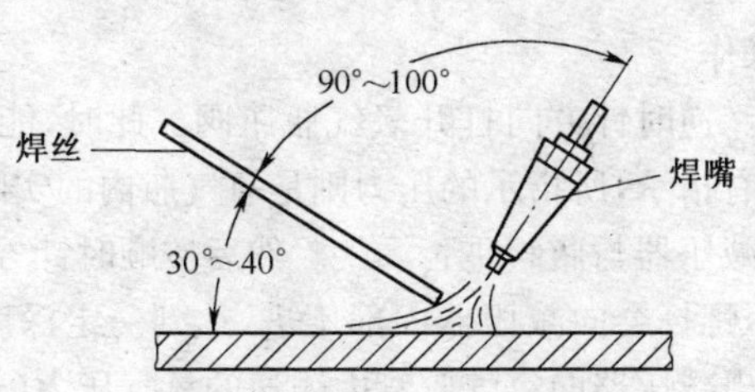

图 3-21　焊嘴与焊丝的相对位置

④焊接速度的选择。在保证焊接质量的前提下，应尽量提高焊接速度，以减少焊件的受热程度并提高生产率。一般说来，对于厚度大、熔点高的焊件，焊接速度要慢些，以避免产生未熔合的缺陷；而对于厚度薄、熔点低的焊件，焊接速度要快些，以避免产生烧穿和使焊件过热而降低焊接质量。

四、气焊基本操作技术

1. 气焊、气割设备的连接和点火、灭火操作

(1)气焊、气割设备的连接

①氧气瓶和乙炔瓶的放置。氧气瓶和乙炔瓶应竖直放置，两者之间的距离应大于5m。氧气瓶、乙炔瓶距操作位置也应大于5m。

②安装氧气减压器。用手或专用扳手取下瓶帽。先开启一下瓶阀，让氧气从瓶嘴中吹出，以便吹掉瓶口内的水分、沙粒等污物。将减压器与氧气瓶嘴之间连接好，再用专用扳手将螺母拧紧。然后左手持氧气胶管的一端，右手握连接螺母，与氧气减压器上的出气口对接并将螺母拧紧。

③安装乙炔减压器。将减压器的进气口对准乙炔瓶出气口，顶丝对准瓶嘴的背面，然后用专用扳手旋转顶丝并拧紧。用专用扳手开启乙炔瓶阀，此时能见到乙炔高压表上指示出的瓶内压力。再将乙炔胶管插在乙炔减压器的出气口上。

④连接焊炬或割炬。连接割炬时，将氧气胶管的螺母与割炬上的氧气接头连接起来，用扳手拧紧，防止漏气。再将乙炔胶管插在割炬的乙炔接头上。连接焊炬时，分别把氧气和乙炔胶管插在焊炬的氧气和乙炔接头上即可。

(2)点火操作

①开氧气。逆时针方向打开氧气瓶瓶阀。此时，能见到氧气减压器的高压表上有指示;所指示的压力则是氧气瓶内的实际压力。这时，用肥皂水检查减压器与瓶阀是否漏气。然后按顺时针方向旋转调压螺杆。此时，调压螺杆会向减压器内部旋进，达到一定深度后，减压器的低压表会指示出减压器向氧气胶管内输送的氧气压力(气焊时，氧气压力的调整值见表3-4)。

②开乙炔。用专用扳手逆时针方向开启乙炔瓶阀。此时，乙炔减压器的高压表指示出瓶内乙炔的压力，用肥皂水检查减压器与瓶阀是否漏气。然后顺时针方向旋转乙炔减压器的调压螺杆，此时，能见到低压表上指示出输送到胶管中的乙炔压力(气焊时，乙炔压力的调整值见表3-4)。

③点火。

a. 右手握住焊炬的手柄，先稍许开启氧气调节阀，然后再开乙炔调节阀。两种气体在焊炬内混合后，从焊嘴喷出，此时，将焊嘴靠近点火源即可点燃。在点火时，也可以左手开启焊炬上的乙炔阀至一定程度(约半圈)，使乙炔从焊嘴处吹出，再开启氧气阀门少许，准备点火。这种方法的优点是当焊炬不正常、发生回火现象时，便于立即关闭氧气阀，防止回火爆炸。

b. 左手持点火枪或打火机在焊嘴的后方将乙炔氧混合气点燃。点火时，拿火源的手不要正对焊嘴，也不要将焊嘴指向他人或可燃物，以防发生事故。刚开始点火时，可能出现连续放炮声，原因是乙炔不纯，需放出不纯的乙炔重新点火。有时出现不易点火的现象，多数情况是氧气开得过大所致，这时，应将氧气调节阀关小。

c. 左手操作焊炬上的乙炔阀手轮，右手的拇指和食指操作氧气阀手轮，通过调节氧气和乙炔的比例，调整出符合要求的火焰。

d. 点燃气割火焰的操作过程与点燃气焊火焰一样，但火焰调整好后还要检查切割氧(风线)的形状是否良好。操作方法是：右手握住割炬手柄，右手食指和拇指握住预热氧手轮，便于随时调整火焰，左手食指和拇指握住切割氧手轮开启切割氧阀后，能见到风线的形状。火焰点燃调整好后，可按要求进行作业。

(3)灭火

需要熄灭火焰时，应先关闭乙炔调节阀，再关闭氧气调节阀。否则，就会出现大量的炭灰(冒黑烟)。

2. 左向焊法和右向焊法

气焊操作分左向焊法和右向焊法两种，如图 3-22 所示。这两种方法对焊接生产率和焊缝质量的影响都很大。

(1)左向焊法

焊丝和焊炬都是从焊缝的右端向左端移动，焊丝在焊炬的前方，焊炬跟着焊丝后面运走，火焰指向焊件金属的待焊部分。这种操作方法叫左向焊法，如图 3-22b 所示。

左向焊法时，焊工能够很清楚地看到熔池的上部凝固边缘，并可获得高度和宽度较均匀的焊缝；由于焊炬火焰指向焊件未焊部分，对金属

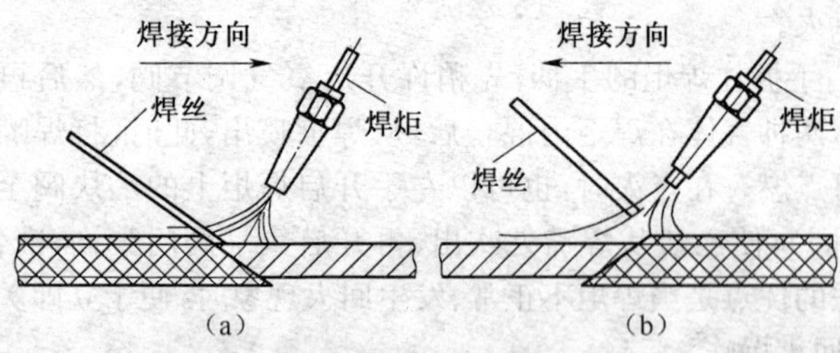

图 3-22　右向焊法和左向焊法

(a)右向焊法　(b)左向焊法

有着预热作用，因此，焊接薄板时生产效率较高。这种焊法容易掌握。缺点是焊缝易氧化，冷却较快，热量利用率较低。左向焊法是应用最普遍的气焊方法，适用于焊接 5mm 以下的薄板和低熔点金属。

(2)右向焊法

焊丝与焊炬从焊缝的左端向右端移动，焊丝在焊炬后面，焊炬在焊丝前面移动，火焰指向金属已焊部分。这种操作方法叫右向焊法，如图 3-22a 所示。

右向焊法时，由于火焰可以遮盖整个熔池，使熔池和周围的空气隔离，所以能防止焊缝金属的氧化和减少产生气孔的可能性。同时，可使已焊好的焊缝缓慢地冷却，改善焊缝组织。由于焰心距熔池较近以及火焰受坡口和焊缝的阻挡，因此，火焰热量较为集中，火焰能的利用率也较高，使熔深增加和生产率提高。

右向焊法的缺点主要是不易掌握，一般采用较少，操作过程对焊件没有预热作用，所以，它只能适用于焊接较厚的焊件。

3. 氧乙炔焰的调节

焊炬的握法：应右手拿焊炬，将拇指和食指位于氧气调节阀处，同时，拇指还可以开关、调节乙炔调节阀，随时调节气体的流量。

刚点燃的火焰一般为碳化焰。这时，应根据所焊材料的种类和厚度，分别调节氧气调节阀和乙炔调节阀，直至获得所需要的火焰性质和火焰能率。如将氧气调节阀逐渐开大，直至火焰的内外焰、焰心轮廓明显时，可认为是中性焰；如再增加氧气或减少乙炔，可得到氧化焰；如增加乙炔或减少氧气，则得到碳化焰。如果同时增大乙炔和氧气，则可增大火焰能率。如火焰能率仍不够大时，应更换直径大的焊嘴。

调整后的火焰形状不得歪斜或发出“吱吱”的声音。若发现火焰不正常时，要用通针把焊嘴内的杂质清除干净，使火焰正常后才可焊接。有时，由于供给焊炬的乙炔量不均匀，会引起火焰性质不稳定，这时，中性焰会自动变成氧化焰或碳化焰。因此，在气焊操作中还应随时注意观察火焰性质的变化，并及时调节氧气调节阀。

4. 起焊

起焊时，由于刚开始焊，焊件温度较低或接近环境温度，为便于形成熔池，并利于焊件的预热，焊嘴倾角应大些，以便集中热量快速加热。当板厚大于 2mm 时，还应在板端 20mm 长度范围内，让火焰做几次往复预热动作，使起头处加热均匀。如果两焊件的厚度不相等，火焰应稍微偏向厚件，以便焊缝两侧温度基本相同，熔化一致，熔池刚好在焊缝处。当焊点处形成白亮而清晰的熔池时，即可填入焊丝，并向前移动焊炬进行正常焊接。

在施焊时，应正确掌握火焰的喷射方向，使焊缝两侧的温度始终保持一致，以免熔池不在焊缝正中而偏向温度较高的一侧，致使凝固后的焊缝歪斜。焊接火焰内层焰心的尖端要距离熔池表面 3～5mm，自始至终保持熔池的大小、形状不变。

起焊点的选择：一般平焊对接接头的焊缝，从对接焊缝一端 30mm 处施焊，目的是使焊缝处于板内，传热面积大，当母材金属熔化时，周围温度已升高，从而在冷凝时不易出现裂纹。管子焊接时，起焊点应在两定位焊点中间。

5. 焊接过程中焊嘴和焊丝的运动

为控制熔池的热量，获得高质量的焊缝，焊嘴和焊丝应做均匀协调的摆动。焊嘴和焊丝的运动包括三种动作：

①焊嘴沿焊缝纵向移动，不断地熔化工件和焊丝，形成焊缝。

②焊嘴沿焊缝做横向摆动，充分加热焊件，使液体金属搅拌均匀，得到致密性好的焊缝。在一般情况下，板厚增加，横向摆动幅度应增大。

③焊丝在垂直焊缝的方向送进并做上下移动，调节熔池的热量和焊丝的填充量。

在焊接时，焊嘴在沿焊缝纵向移动、横向摆动的同时，还要做上下跳动，以调节熔池的温度；焊丝除做前进运动、上下移动外，当使用熔剂时，也应做横向摆动，以搅拌熔池。

在正常气焊时，焊丝与焊件表面的夹角一般为 30°～40°，焊丝与焊嘴中心线夹角为 90°～100°。焊嘴和焊丝的协调运动使焊缝金属熔透、均匀，又能够避免焊缝出现烧穿或过热等缺陷，从而获得优质、美观的焊缝。

焊嘴和焊丝的摆动方法及幅度与焊件厚度、材质、焊缝的空间位置和焊缝尺寸等因素有关。平焊时，焊嘴与焊丝常见的几种摆动方法详见图 3-23。图中 a、b、c 所示方法适用于各种材料较厚、大焊件的焊接和堆焊；d 所示方法适用于各种薄板焊件的焊接。

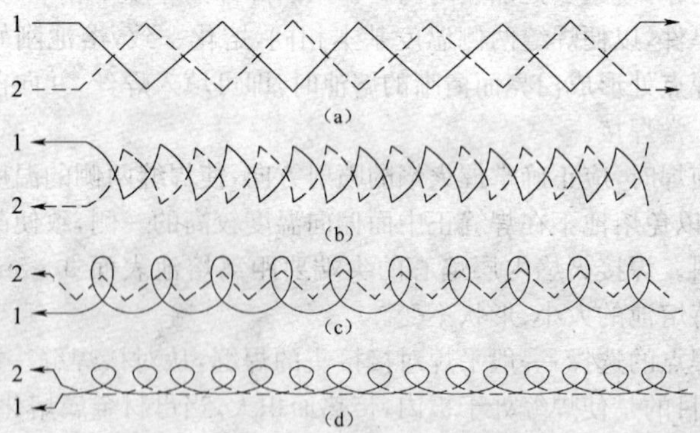

图 3-23 焊嘴和焊丝的摆动方法

1. 焊嘴 2. 焊丝

气焊过程中填丝的方法：在正常焊接时，焊工不仅应密切注意熔池的形成情况，而且要将焊丝末端置于外层火焰下进行预热。当焊丝熔滴送入熔池后，要立即将焊丝抬起，让火焰向前移动，形成新的熔池，然后再继续向熔池送入焊丝，如此循环形成焊缝。

为获得优质的焊接接头，应使熔池的形状和大小始终保持一致。如果所需火焰能率较大，由于焊接温度高、熔化速度快，这时，应使焊丝保持在焰心的前端，使熔化的焊丝熔滴连续加入熔池；如果所需火焰能率较小，由于熔化速度慢，则填入焊丝的速度也要相应减慢。当使用熔剂焊接时，还应用焊丝搅拌熔池，使熔池中的氧化物和非金属夹杂物漂浮到熔池表面。当焊接间隙较大或薄壁焊件时，应将火焰焰心直接对向焊丝，利用焊丝挡住部分热量，同时，焊嘴做上下跳动，以防止焊缝边缘或熔池前面过早地熔化。

6. 接头与收尾的焊接方法

(1)焊道的接头方法

焊接时，焊道接头因更换焊丝等原因而形成。焊道接头是每一个整体焊缝质量的关键部位。操作方法有热接法和冷接法两种。

①热接法。焊接时，当焊丝变短烤手时，扔掉焊丝头，这时，火焰不要离开熔池，立刻取事先准备好的焊丝送入熔池转入正常焊接。

②冷接法。焊接时，当焊丝变短烤手时，不必扔掉焊丝头，将焊丝头粘在熔池上，立刻将火焰离开熔池，取新焊丝与焊丝头进行对接焊，然后立刻将火焰移向原来熔池前 10mm 左右处，边预热边向前移动或摆动。这时可不必填加焊丝。当火焰使其形成新液态熔池时，立刻转入正常焊接。

若焊接重要的焊件时，必须采取 8～10mm 的重叠焊，确保牢固的焊缝接头质量。

(2)焊道的收尾方法

将要到达焊道的末尾时，由于焊件温度升得很高，易产生塌陷或烧穿现象。操作要领是减小焊嘴倾角，加快速度，多填充焊丝，最后注意填满熔池。另外，焊接到末尾时，也可利用有节奏的跳动火焰法进行最后末尾焊接。但为保证熔池不被氧化，不应将火焰抬得过高，使熔池在外焰的保护之下。总之，气焊收尾时要掌握好倾角小、焊速增、加丝快、熔池满的要领。

在气焊的过程中，除上述的基本操作方法外，还应注意焊嘴的倾斜角度是不断变化的。一般在预热阶段，为较快地加热焊件，迅速形成熔池，焊嘴的倾斜角度为 50°～70°；在正常焊接阶段，焊嘴的倾斜角度为 30°～50°；在收尾阶段，焊嘴的倾斜角度为 20°～30°，详见图 3-24 所示。

五、薄壁钢板平焊位的气焊

1. 薄壁钢板对接平焊

(1)焊前准备

焊件：Q235 钢板，长 200mm 以上，宽 100mm 以上，厚 1～3mm。焊丝：牌号 H08 或一般铁丝均可，直径 $\phi2$～$\phi3$mm，并将焊丝截取

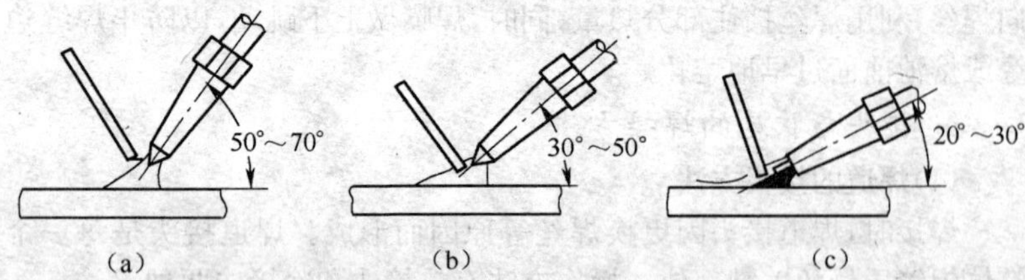

图 3-24 焊嘴倾斜角度在焊接过程中的变化

(a)焊前预热 (b)焊接过程中 (c)收尾时

500mm 左右，捋直为宜。设备及工具的准备：安装连接好设备，检查气瓶、气路、焊炬、减压器是否完好和有无泄漏，各连接接头要用专用管卡固定拧紧。准备好手套、护目墨镜、手锤、钢丝刷、磨光机、钢丝钳、通针、点焊枪、活动扳手、旋具等常用工具。

将工件一侧板边缘约 20mm 表面的氧化皮、铁锈等用磨光机或钢丝刷及砂布清理干净，使其表面露出金属光泽。

(2)气焊工艺参数

当板厚为 1mm 左右时，焊炬型号：H01-6。焊嘴型号：1 号。氧气工作压力：0.1～0.2MPa。乙炔工作压力：0.001～0.1MPa。焊炬的运动方式：直线形。火焰能率：适中。火焰性质：中性焰。焊缝层数：单层。

(3)气焊操作要领

①装配间隙和定位焊。小于 2mm 的焊件对接装配间隙为 0。大于 3mm 的焊件可用磨光机开坡口，对接装配时不必留间隙。若不开坡口时，为保证焊透，需留 2～3mm 的间隙。

2.5mm 以上厚度的工件，若焊件面积较小，为防止焊后发生角变形，要在装配的同时(即焊前)，进行预留反变形。

定位焊接的厚度和在接头上的位置也有一定的要求。其厚度一般不超过焊件厚度的 1/2，焊接应位于接头的底部到中间以下位置(见图 3-25)。如果位置过高或过厚，都无法保证正式焊道的焊接质量。

薄板定位焊的长度、间距和焊接顺序见图 3-26。

②起头。采用左向焊法，从焊道的右端起焊，将火焰焰心的焰端对准工件端部进行预热。若板厚小于 1mm 时，由于薄焊件端部温度上升

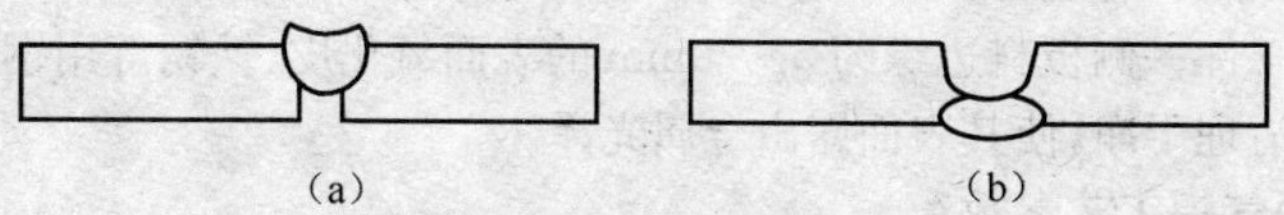

图 3-25　定位焊缝的厚度和在接头上的位置

(a)不好　(b)好

得很快，可不预热。焊嘴倾角50°左右，并作好随时送丝的准备。当起焊处金属由红色固体状态变为白亮的液体熔池时，立即送入焊丝，将熔滴滴入熔池，以直线或小锯齿形的运炬方式进入正常焊接。

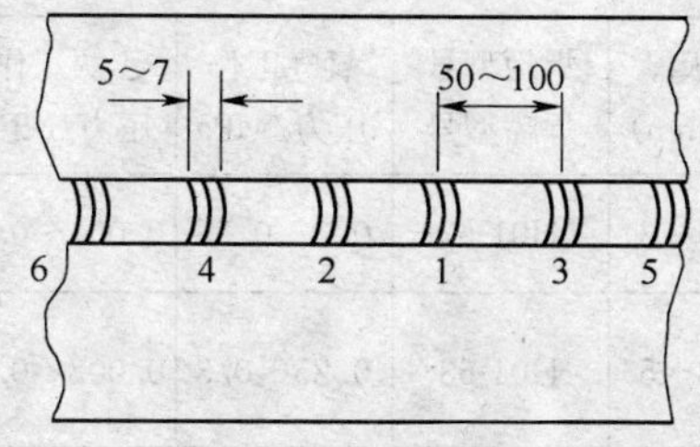

图 3-26　薄板定位焊顺序

③正常焊接。焊接中，焊嘴倾角为 35°～40°，焊丝与焊嘴夹角为 100°～110°。如见到熔池过小，焊丝不能与焊件熔合，说明热量不足，应增加焊炬倾角，减慢焊速；如果见到熔池过大或已熔穿，说明热量过大，应减小焊炬倾角或加快焊接速度，并多加焊丝。

④焊道的接头和收尾。参照本节四、气焊基本操作技术中"接头与收尾的焊接方法"进行。

(4)操作注意事项

①当遇到板料很薄或间隙较大时，采用有节奏的跳焰法，可给熔池一个瞬时冷却的机会，即利用手腕的灵活性，让焊嘴抬高—落下—再抬高—再落下的往复循环过程。

②火焰能率的大小同样也影响焊缝形状。如果火焰能率不足，焊出的焊道偏窄、偏高。火焰能率过大时，焊出的焊道较宽较平。应根据实际情况及时调整火焰的能率。

2. 薄壁钢板平角焊

(1)焊前准备

焊件：低碳钢板，长 200mm 左右，宽 50mm 以上，厚 1～5mm。焊丝：牌号 H08，直径 $\phi2$～$\phi3$mm。设备及工具的准备：参照薄壁钢板对接平焊相关内容进行。

将工件一侧板料边缘约 5～20mm 的表面氧化皮、铁锈等用钢丝刷或砂布清理干净，使其表面露出金属光泽。

(2)气焊工艺参数

薄壁钢板平角焊工艺参数见表 3-9。

表 3-9 薄壁钢板平角焊工艺参数

板厚(mm)	焊炬型号 焊嘴型号	氧气工作压力/MPa	乙炔工作压力/MPa	运炬方式	火焰能率	火焰性质	焊缝层数
1～3	H01-62	0.2～0.25	0.001～0.1	直线形	适中	中性焰	单层
3～5	H01-63	0.25～0.3	0.002～0.1	斜圆圈或斜锯齿形	稍大	轻微氧化焰	单层

(3)外平角焊操作要领

①装配与定位焊如图 3-27 所示。其定位焊长度、间距和焊接顺序参照图 3-26 及其相关内容进行。

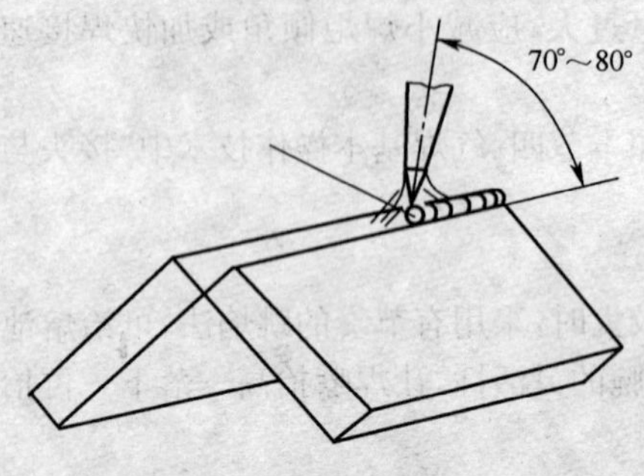

图 3-27 外平角焊焊嘴倾角

②起头。采用左向焊法(较厚板可采用右向焊法)，将火焰焰心的前端对准工件的右端起头处进行预热。由于起焊或接头处的温度较低，焊嘴的倾角应大一些，以利于集中热量快速加热进入施焊状态。焊嘴的倾角如图 3-27 所示。

③正常焊接。如果焊件厚度小于 3mm，焊接时，火焰要均匀向前移动，一般不做横向摆动，焊丝的一端均匀地向熔池送进，否则会出现焊道高低不平、宽窄不一的现象。操作方法如图 3-28 所示。

若焊件厚度大于 4mm，可采用右向焊法。焊接时，焊炬要轻微前后移动，焊丝也要一下一下地送进熔池，这样才能获得良好的焊缝。

④操作注意事项。

a. 熔池下塌。发现熔池有下塌现象时，要加快送丝速度，同时需要减小焊炬角度，并采用跳焰法，以减少熔池受到的热量，特别是在间隙过大或已出现焊穿的情况下，更有必要这样操作，如图 3-29 所示。

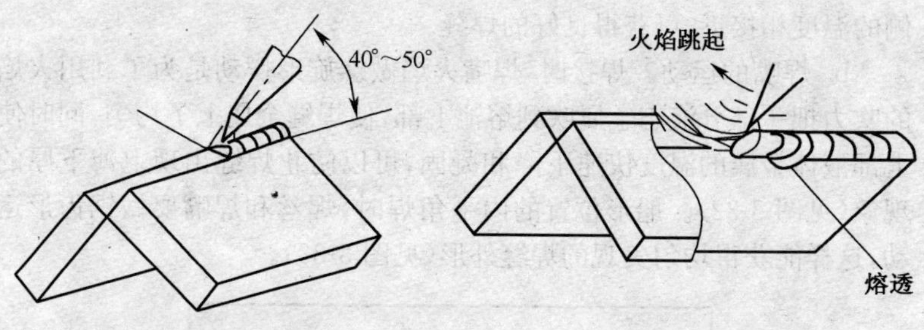

图 3-28　外平角焊正常焊接时的焊嘴倾角

图 3-29　跳焰法

b. 焊缝两侧温度过低。当发现焊缝两侧温度过低、熔池温度不够时，应减慢送丝速度和焊接速度，适当加大火焰能率，增加焊嘴的角度，如图 3-30 所示。

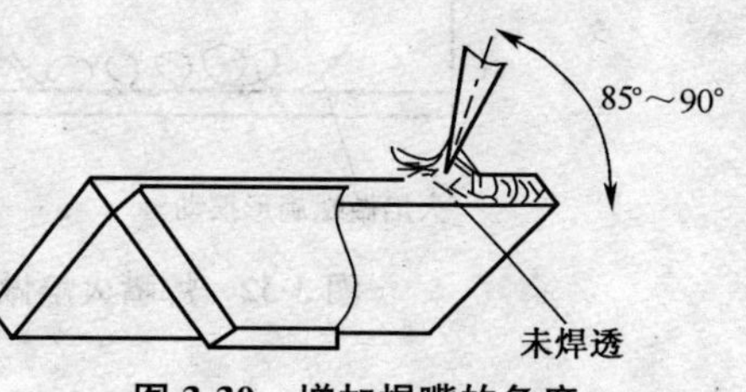

图 3-30　增加焊嘴的角度

(4)内平角焊操作要领

①装配与定位焊如图 3-31 所示。其定位焊长度、间距和焊接顺序参照图 3-26 及其相关内容进行。

②正常焊接。

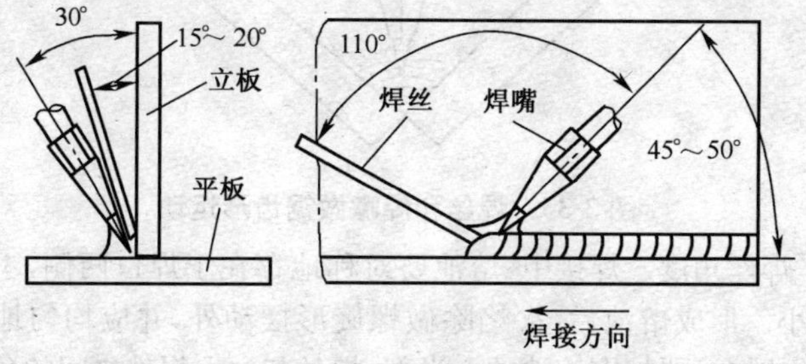

图 3-31　焊嘴倾角

a. 焊嘴倾角。如果两块焊件厚度相同，底板位于水平位置时，焊嘴火焰与水平面之间的角度要大一些。如果底板的位置位于立面上，焊嘴火焰与水平面之间的角度要小一些(见图 3-31)，这样能使焊道两侧的温度相接近，可获得良好的焊缝。

b. 焊嘴的运动。焊接时，焊嘴火焰做螺旋形摆动是为了利用火焰的吹力把一部分液态金属吹到熔池上部，使焊缝金属上下均匀，同时使上部液体金属的温度快速下降和凝固，可以防止焊缝出现上薄下厚的现象(见图 3-32)。船形位置的内平角焊时，焊丝和焊嘴要做锯齿形运动，这样能获得均匀美观的焊缝外形(见图 3-33)。

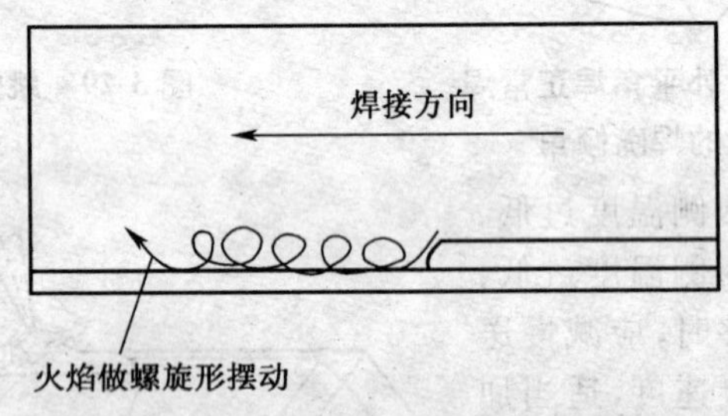

图 3-32　焊嘴火焰做螺旋形摆动

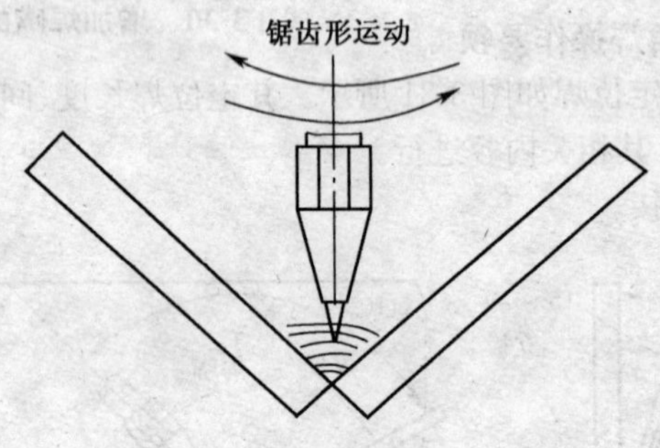

图 3-33　焊丝和焊嘴做锯齿形运动

c. 焊丝角度。焊接中，熔池要对称地存在于焊口两侧，不能一边大一边小。形成熔池后，火焰除做螺旋形摆动外，并应均匀地向前移动，焊丝的熔滴要加在熔池的上半部，焊丝与立面焊件之间的角度要小一些，以便于遮挡熔池上部的液态金属，防止液态金属下淌造成咬边，如图 3-34 所示。

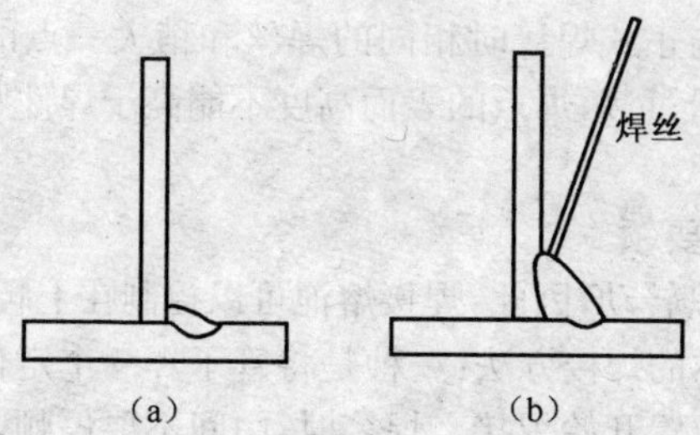

图 3-34 熔池对称于焊口两侧

(a)不好 (b)好

六、低碳钢管的气焊

1. 低碳钢管对接平位转动焊

(1)焊前准备

焊件:低碳钢管,长 100～150mm,壁厚 2～5mm。直径 $\phi60$～$\phi100$mm 或直径更大一些的钢管。焊丝:牌号 H08,直径 $\phi2$～$\phi3$mm。

用磨光机或半圆锉刀、砂布把钢管接口内外的铁锈、氧化皮等清理干净。管口是否开坡口及管口之间的对口间隙大小要根据管壁厚度确定,参照表 3-10 选取。

表 3-10 管子对接的坡口尺寸和装配间隙

接头形式	壁厚(mm)	坡口角度	钝边(mm)	间隙(mm)
不开坡口对接	≤2.5	—	—	1.0～2.0
开坡口对接	2.5～4	60°～70°	0.5～1.5	1.5～2.0
	4～6	60°～80°	1.0～1.5	2.0～3.0
	6～10	60°～90°	1.0～2.0	2.0～3.0

(2)定位焊

先将焊件平放在工作台上或角钢中,两管的接口要平齐。壁厚小于 2mm 时,钢管可不开坡口,对口间隙为 1～2mm。定位焊焊点的多少与管子直径大小有关。管直径小于 70mm 时,可定位焊两点;直径为 $\phi100$～$\phi300$mm 时,定位焊 4～6 点;直径为 $\phi300$～$\phi500$mm 时,定位焊 6～8点。其定位顺序应采取对称焊,不论管径大小,气焊时的起焊点都应选择在两定位点的中间。

定位焊采用与正式焊接时相同的焊丝和稍大一点的火焰，焊点的起头和结尾要圆滑过渡，焊点的表面高度不能高于焊件厚度 1/2 位置，如图 3-35 所示。

(3)气焊操作要领

由于管子可以转动，因此，焊接熔池可以控制在上爬坡或水平的位置上。有两种基本的焊接方法：一种是将管子焊一个定位焊点，再从与该焊点相对称的位置开始焊接。焊接时，中间不要停顿，用转动设备不断地转动管子，一直焊到与起焊点重合为止，如图 3-36 所示。另一种焊法需分多次焊完，即从某一点开始焊接，焊一段转一次，直至重合为止。

图 3-35 定位焊点

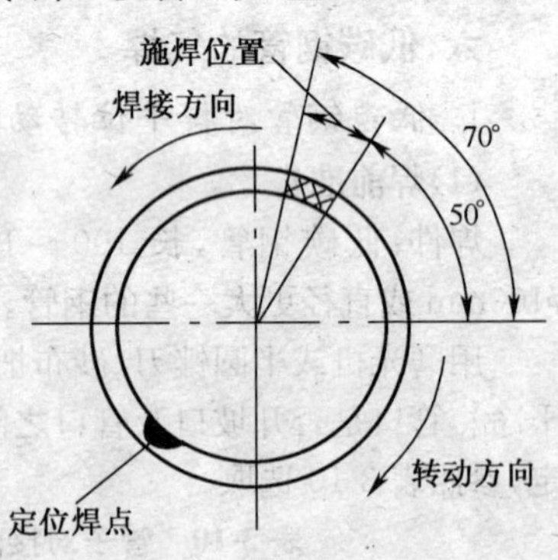

图 3-36 水平转动时的施焊位置

(4)开坡口管接头焊接

具体操作可用左向焊法，也可以用右向焊法。用左向焊法爬坡焊时，熔池要控制在与管子水平中心线上方成 50°～70°的夹角范围内（见图 3-37a），这样有利于控制熔池形状和使接头均匀熔透。如采用右向焊法，火焰指向已熔化的金属部分。为防止熔化金属被火焰吹成焊瘤，熔池要控制在与管子垂直中心线成 10°～30°的夹角范围内施焊（见图 3-37b）。

(5)焊缝层数

整个接头可分三层焊完。第一层焊嘴和管子表面的倾角为 45°左右，火焰焰心末端距熔池 3～5mm。当看到坡口钝边熔化形成熔池后，

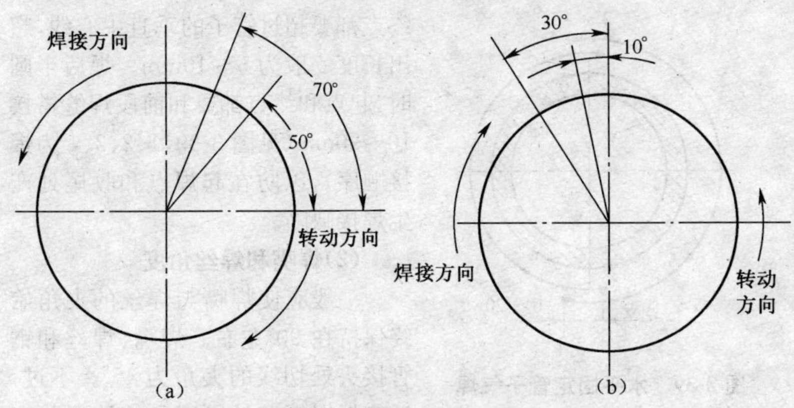

图 3-37　开坡口管接头焊接

(a)左向焊法　(b)右向焊法

马上把焊丝送入熔池前沿，使其熔化并填充熔池。焊第二层时，焊炬要作适当的横向摆动。焊第三层时，火焰能率要小一些，这样有利于控制焊缝表面形状。

(6)操作注意事项

①在整个焊接过程中，每一层焊道应一次焊完，各层的起焊点互相错开 20～30mm，以保证接头的质量。每次焊接结束时，要填满熔池，火焰慢慢离开熔池，以免出现气孔、夹渣等缺陷。

②收尾时，应在钢管环焊缝接头处熔化后，方可使火焰慢慢地离开熔池。

2. 水平固定管的气焊

水平固定管的气焊包括了所有空间位置的操作，如图 3-38所示，故要求气焊工要有较高的操作技能，熟练掌握各种空间位置的操作技能。其操作要领如下：

(1)分成两个半圆进行焊接

当焊前半圆时，起点和

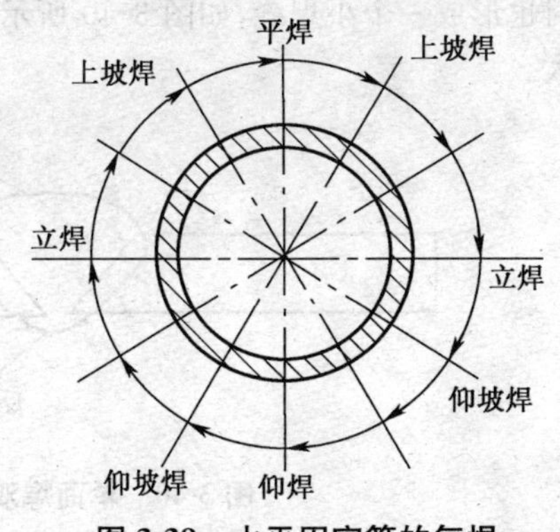

图 3-38　水平固定管的气焊

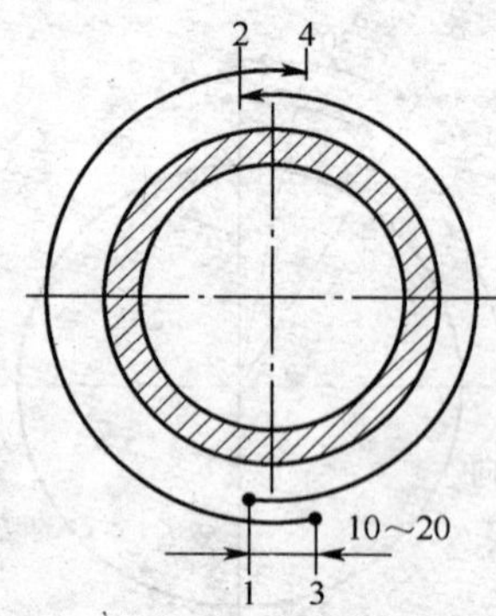

图 3-39　水平固定管子气焊的起点和终点

终点都要超过管子的垂直中心线，超出长度一般为 5～10mm。焊后半圆时，起点和终点都要和前段焊缝搭接 10～20mm(见图 3-39，1、2、3、4 为焊接顺序)，以防在起焊点和收尾处产生焊接缺陷。

(2)焊嘴和焊丝角度

一般应使焊嘴与焊丝的夹角始终保持在 90°左右。焊嘴、焊丝和钢管接头处切线的夹角为 45°。不过，还应根据管壁的厚度和熔池形状变化的情况，及时进行调整和灵活掌握。

(3)仰焊操作

焊嘴与焊丝要配合得当，焊丝不宜添加过多。应根据熔池形状的变化，不断调整气焊火焰对熔池的加热时间。若熔池增大时，应立即将火焰移开，待熔池稍冷后再继续施焊。施焊过程中要严格控制熔池温度，以防焊缝金属过热、过烧或形成焊瘤等缺陷。

3. 水平转动管单面焊双面成型的气焊操作

气焊的单面焊双面成型是指在焊接表面焊缝的同时，焊缝的背面同时也形成一个小焊缝，如图 3-40 所示，在操作上比焊一般焊缝时难度大。

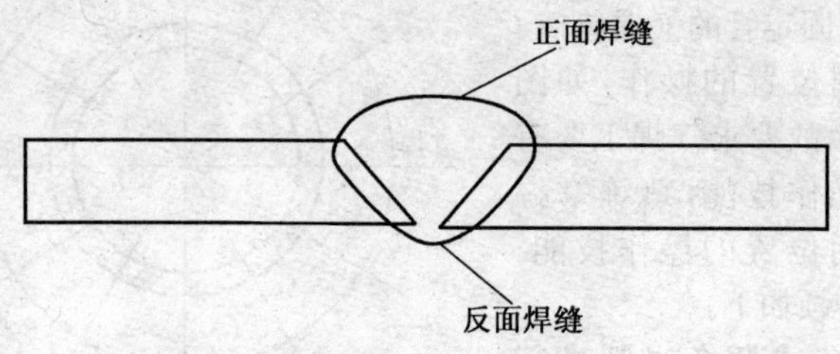

图 3-40　单面焊双面成型

(1)焊前准备

焊件:低碳钢管,直径为 φ50～φ70mm,壁厚为 3.5～6mm,坡口尺寸及装配间隙见表 3-10。焊丝:牌号 H08 等,直径 φ2.5～φ3mm。管件的清理、对接和定位焊:见上述低碳钢管对接平位转动焊的内容。焊前接头的对口间隙非常重要,过大过小都很难达到背面成型的效果,如图 3-41所示。焊缝层数:壁厚小一些的管子焊两层,厚一些的管子焊三层。

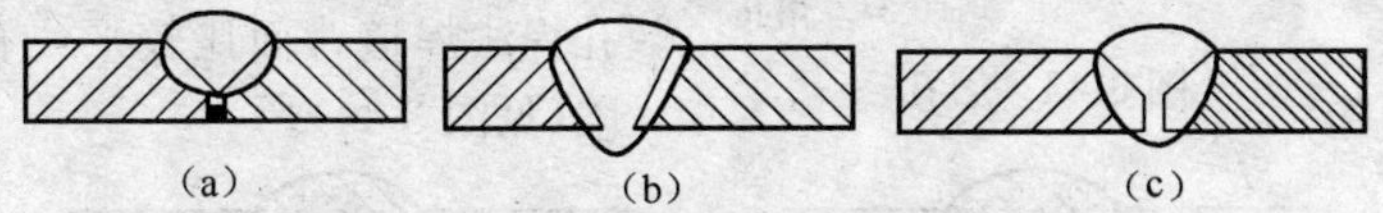

图 3-41　对口间隙对焊接质量的影响

(a)钝边太大间隙太小　(b)钝边太小间隙太大　(c)合格

(2)单面焊双面成型气焊操作方法及要领

①焊接位置。气焊时,熔池要始终保持在平焊爬坡的位置上。

②焊嘴和焊丝角度。采用中性焰,能率偏小,焊嘴与管子表面焊接点的切线夹角为 45°左右,焊丝与管轴线夹角方向成 90°,与焊嘴也成 90°,如图 3-42 所示。

③第一层焊。第一层焊(打底焊)重点在于反面成型,不能有未焊透、焊瘤等缺陷。为保证焊透,通常可利用穿孔法和非穿孔法焊接。穿孔法就是在焊接过程中使金属熔池前端始终有一个小熔孔。形成熔孔的目的有两个:一是使管壁熔透,以得到单面焊双面成型;二是通过熔孔的大小还可以控制熔池的温度。熔孔的大、小控制在等于或稍大于焊丝直径。熔孔形成后,开始填充焊丝。施焊中,焊炬不做横向摆动,而只在熔池和熔孔做轻微地前后摆动,以控制熔池温度。熔孔的大小能决定背面焊道的高低和宽窄,所以,操作中要特别注意熔孔的大小和形状(见图 3-43)。

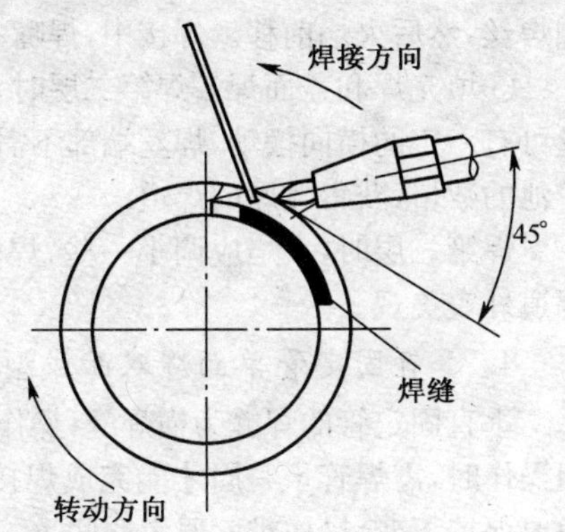

图 3-42　焊嘴和焊丝角度

非穿孔焊法则不要求熔池前端必须形成熔孔，但原则上以熔池底部的焊件钝边应完全熔化为准。这两种焊法的明显区别是焊道的背面高度不一样。穿孔焊法焊道背面高一些，非穿孔焊法焊道背面比较平或有凹陷（见图 3-44）。

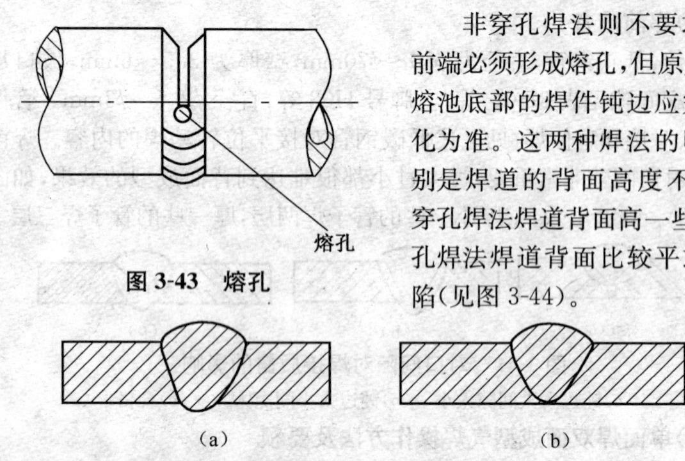

图 3-43 熔孔

图 3-44 焊道背面的高度

(a)穿孔法 (b)非穿孔法

④起焊。起焊时，看到坡口钝边熔化并形成熔池时，即可将焊丝向熔池前端送入，随之抬起。如果此时熔池前端仍是熔透状态，可继续填加焊丝，然后火焰前移。焊接中，焊嘴不做横向摆动。

⑤填充焊和盖面焊。焊第二层时，火焰可调得稍大一些，焊嘴和焊丝可有一定的横向摆动，焊丝端部不需离开熔池，这样能增加焊丝熔入熔池的数量，获得较厚的焊道。

焊第三层时，火焰应调小一些，焊丝的熔化量也应减少，这样能使焊道外表美观。

4. 垂直固定管单面焊双面成型的气焊操作

垂直固定管的焊缝为横焊缝，操作特点与直横缝有很多相似之处，但操作时，需焊管子一周才能完成焊接，且焊嘴、焊丝与管件之间的夹角要保持不变，操作难度要大一些。

单面焊双面成型的管接头一般需开单边 V 形或 V 形坡口（见图 3-45）。

焊接时可采用左向焊法和右向焊法两种方法焊接，如图 3-46 所示。由于是横位焊缝，焊接中比较容易出现焊不透、上沿咬边、下沿出瘤和未熔合等缺陷，如图 3-47 所示。

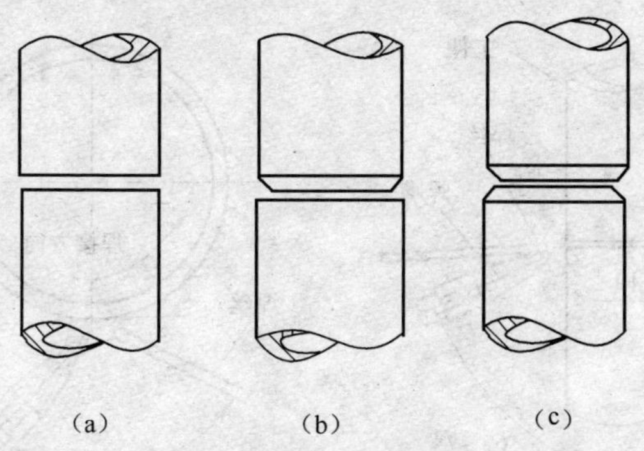

图 3-45　垂直固定管单面焊双面成型管接头

(a)不开坡口对接接头　(b)单边 V 形坡口对接接头　(c)V 形坡口对接接头

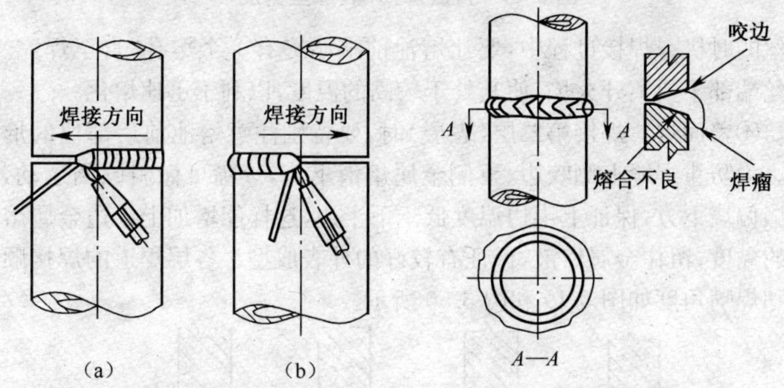

图 3-46　垂直固定管的焊接方向

(a)左向焊法　(b)右向焊法

图 3-47　焊接缺陷

(1)左向焊法焊接

①对口间隙保持在 1.5～2mm。

②火焰能率和焊嘴、焊丝角度。焊接第一层(打底层)的操作重点同样是背面成型，焊接中火焰能率要比平焊时小一些，焊嘴与管轴线的夹角为 65°～75°，与焊接点的切线夹角为 45°～50°，焊丝与管子轴线成 70°～90°的夹角，与焊嘴的轴线成 90°～110°的夹角(见图 3-48)。

③第一层焊。焊接第一层(打底层)时，要掌握好熔池尺寸和填加

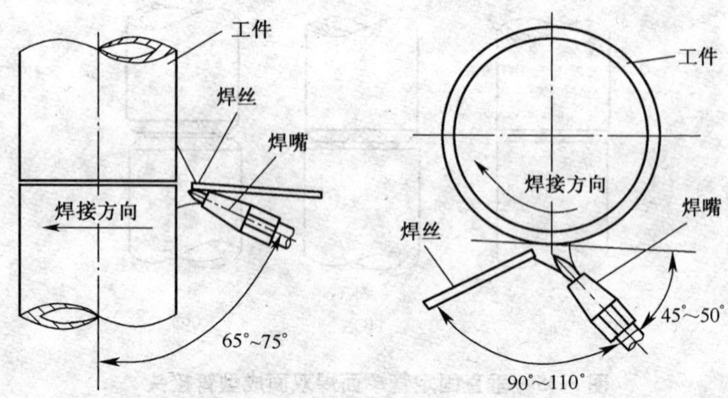

图 3-48 打底焊焊嘴、焊丝角度

焊丝的时机。焊接过程中，要让熔池前端始终有一个熔孔，直至焊完。焊丝端部不要离开火焰，使其处于较高的温度，以利于迅速熔化。

④盖面焊。焊接第二层（表层）时，要特别注意熔池前后部位的形状。为防止焊缝上侧咬边、下侧金属熔液下流，焊嘴可做斜圆圈运动，火焰偏烧下方，保证上半边温度低于下半边，这样能增加上半边金属熔液的黏度，留住金属熔液，保证有较好的外表成型。各层焊道的焊接顺序和焊嘴角度如图 3-49 和图 3-50 所示。

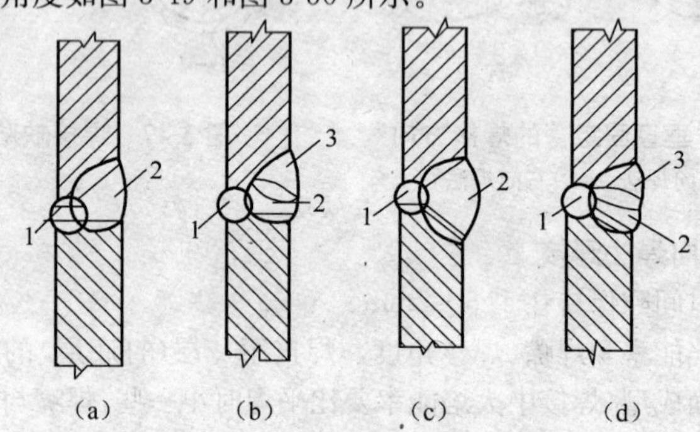

图 3-49 各层焊道的焊接顺序

(a)、(b)单边带钝边 V 形坡口多层焊的顺序

(c)、(d)带钝边 V 形坡口多层焊的顺序

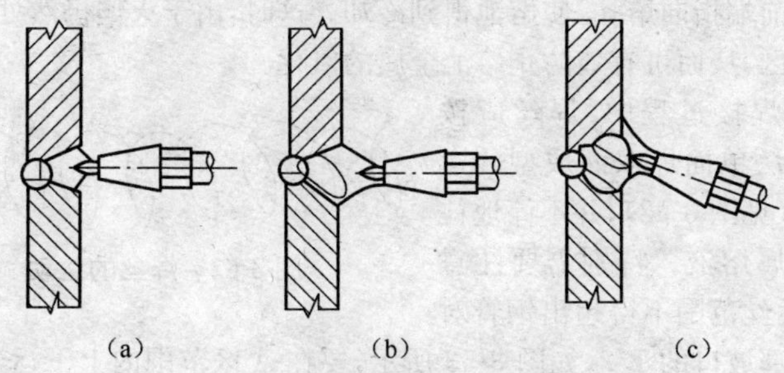

图 3-50　各层焊道的焊嘴角度

(a)焊第一道时的夹角　(b)焊第二道时的夹角　(c)焊第三道时的夹角

(2)右向焊法焊接

①火焰性质、能率和焊嘴、焊丝角度。将气焊火焰调节成中性焰，火焰能率与焊接一般同等厚度焊件相同或稍小一些。焊嘴与钢管轴线的夹角一般为 80°左右，与钢管切线方向的夹角为 45°～50°，如图3-51所示。

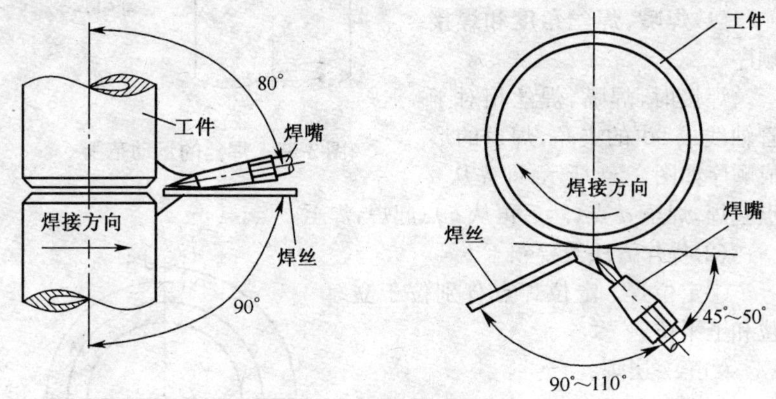

图 3-51　焊嘴、焊丝角度

②操作要领。

a. 用火焰加热起焊处，使钝边熔化，并形成一个大小等于或稍大于焊丝直径的小熔孔。熔孔形成后，即可向熔池添加焊丝。

b. 在焊接过程中，焊嘴一般不做横向摆动，而是在熔池和熔孔之间稍做前后摆动，以控制熔池温度。当熔池金属将要下淌时，应使火焰焰心的前端指向熔孔，使熔池得到冷却。这时，由于火焰仍然处于熔池和近缝区，从而可有效防止熔池金属的氧化。

c. 焊接过程中，焊丝应按右向焊法单面焊双面成型的运丝方式（见图 3-52），并不停地往上挑金属熔液。特别需要注意的是，运丝范围不得超出钢管对接头下部坡口的 1/2，如图 3-53 所示，要在 A 区范围内上下运丝，否则容易造成熔池下淌的现象。

图 3-52 焊丝的运动

d. 焊缝若一次焊成时，其焊接速度不宜过快，这样不仅可以保证焊透，而且可以得到一定的余高。

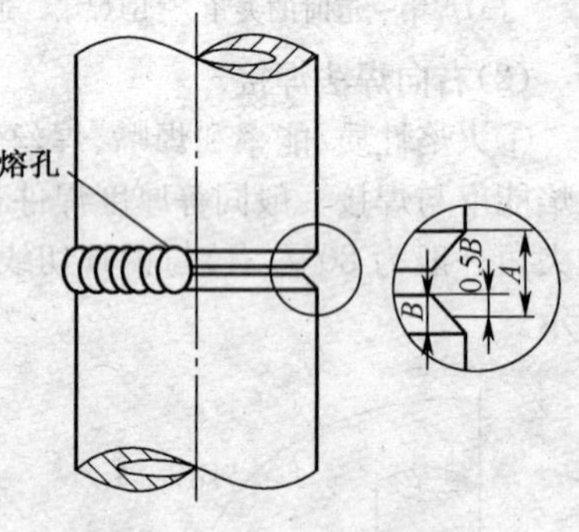

图 3-53 焊丝的运动范围

5. 水平固定管单面焊双面成型的气焊操作

(1)焊嘴、焊丝角度和焊接顺序

焊接时，焊嘴、焊丝相对于管轴线成 90°的夹角，焊道的形成顺序如图 3-54 所示，即先从 a 点起焊，焊至 d 点，然后再从 b 点起焊，焊至 c 点。

(2)操作方法及要领

①定位焊。定位焊点分别位于立位和上平位。

②第一层焊。

a. 第一层焊缝（打底焊缝）最为关键。由于金属熔液重力的作用，焊接仰焊位时，管口特别容易出现金属熔液外下坠、内塌陷缺陷；焊至平焊位时，又很容易出现外凹陷、内过瘤缺陷（见图 3-55），而立焊位和上、下爬坡位置操作起

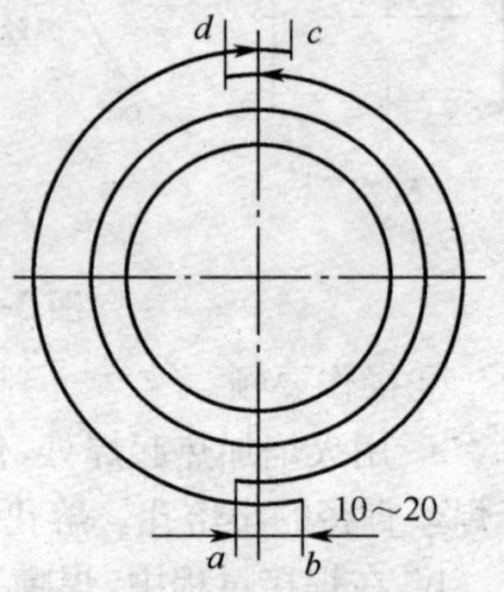

图 3-54 焊接顺序

来相对容易一些。

b. 焊接仰焊位时，焊丝应位于焊嘴上部，焊丝端部要位于火焰的保护区内，如图 3-56 所示。火焰应指向熔池后方，利用火焰气体对液态金属的承托作用来减轻焊道凹陷。此外，还有一种方法也能解决凹陷问题。焊接时，可采用较细的焊丝，焊接时焊丝从对口间隙中伸入到管内部，焊丝端部熔滴进入管内的熔池上，能获得很好的反面成型（见图 3-57）。

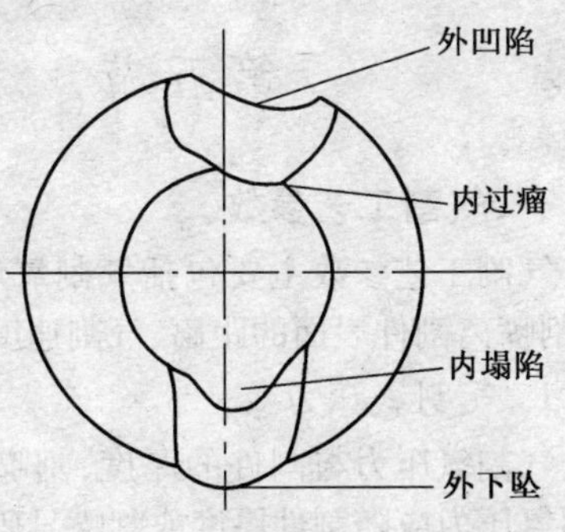

图 3-55　第一层焊缝容易出现的问题

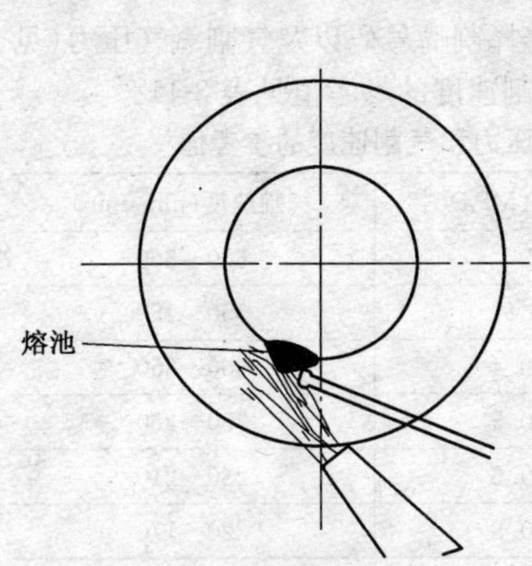

图 3-56　仰焊位时焊丝端应位于火焰的保护区内

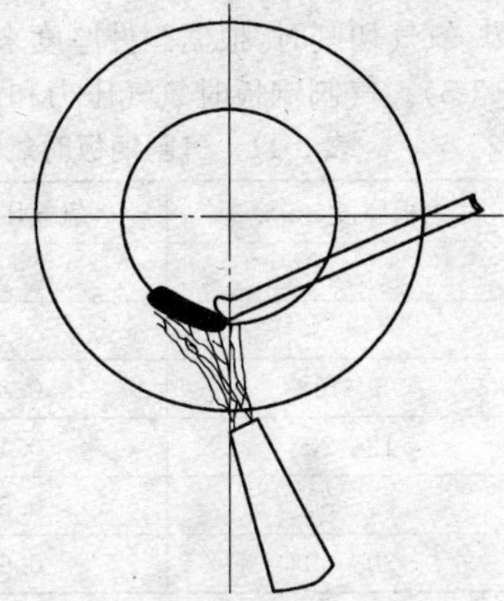
图 3-57　仰焊位时用较细的焊丝从对口间隙中伸入到管内

c. 焊平焊位和爬坡位时，为防止出现外凹陷、内过瘤缺陷，可通过减少熔池尺寸，采用较细、吹力稍大一些的火焰焊接。

③填充焊和盖面焊。第二层和第三层焊接的操作难度不大，操作方法与一般水平固定管的气焊相同。

第五节　气　　割

一、气割工艺参数

气割工艺参数主要包括气割氧压力、预热火焰能率、割嘴倾斜角度、割嘴离割件表面的距离、气割速度等。

1. 气割氧压力

气割氧压力与割件的厚度、割嘴号码以及氧气纯度等因素有关。气割氧压力应随割件厚度或割嘴号码的增大而增大。如果氧气压力过低，会使气割过程氧化反应减慢，同时在割缝背面形成黏渣，甚至不能将割件的全部厚度割穿。相反，氧气压力过大，不仅造成浪费，而且对割件产生强烈的冷却作用，使割缝表面粗糙，割缝加大，切割速度反而减慢。

氧气切割时，根据割件厚度来选择割嘴号码以及气割氧气压力（见表3-5）。气割钢板时氧气压力和气割速度的参考值见表3-11。

表3-11　气割钢板时氧气压力和气割速度的参考值

钢板厚度(mm)	氧气压力(MPa)	气割速度(mm/min)
<3	0.2	650～500
4	0.3	550～450
5～10	0.3～0.4	500～350
12～20	0.4～0.5	350～260
20～30	0.5～0.6	280～210
30～50	0.6～0.8	220～170

氧气的纯度对氧气消耗量、切割质量和气割速度有很大影响。气割用氧气的纯度一般要求在99.5%以上。氧气纯度每降低1%时，气割1m长的割缝，气割时间将增加10%～15%，氧气消耗量将增加25%～35%，甚至使气割过程很难进行。

2. 预热火焰能率

预热火焰的作用是把金属割件加热，并始终保持能在氧气流中燃烧的温度，同时使钢材表面上的氧化皮剥落和熔化，便于切割氧射流与铁的化合反应。预热火焰对金属加热的温度：低碳钢时为1100～1150℃。

气割时，预热火焰均采用中性焰或轻微的氧化焰。因为碳化焰中有剩余的碳，会使割件的切割边缘增碳，所以不能使用碳化焰。在气割过程中要随时注意调整预热火焰，防止火焰的性质发生变化。

预热火焰能率以可燃气体每小时消耗量(L/h)表示。预热火焰能率与割件厚度有关。割件越厚，火焰能率应越大。但是火焰能率过大时，会使割缝上缘产生连续珠状钢粒，甚至熔化成圆角，同时造成割件背面黏渣过多而影响质量。当火焰能率过小时，割件得不到足够的热量，迫使切割速度减慢，甚至使气割过程产生困难，这在厚板切割时更应注意。

3. 割嘴倾斜角度

割嘴倾斜角度直接影响气割速度和后拖量。割嘴倾斜角度可分为前倾和后倾两种，如图 3-58 所示。倾角的大小主要根据割件厚度而定，见表 3-12。

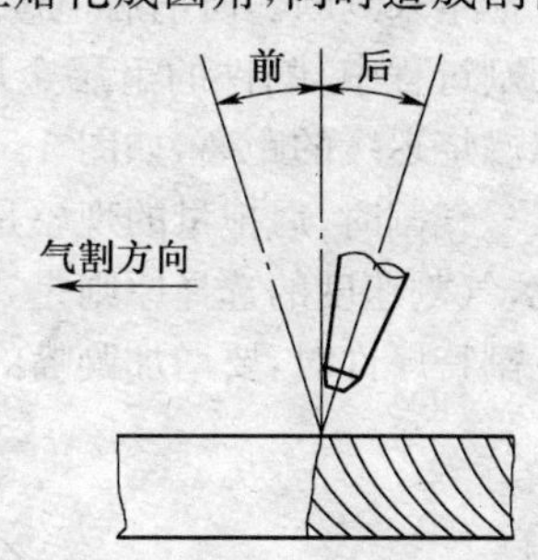

图 3-58 割嘴倾斜角度示意图

表 3-12 割嘴倾角与割件厚度的关系

割件厚度(mm)	<6	6～30	>30		
			起割	割穿后	停割
倾角方向	后倾	垂直	前倾	垂直	后倾
倾角角度	25°～45°	0°	5°～10°	0°	5°～10°

4. 割嘴离割件表面距离

割嘴离割件表面的距离应根据预热火焰的长度及割件的厚度而定，一般为 3～5mm。这样的距离加热条件好。同时，割缝渗碳的可能性最小。当气割小于 20mm 的中厚钢板时，火焰要长些，割嘴离割件表面的距离可适当增大。在气割 20mm 以上厚钢板时，由于切割速度慢，为防止割缝上缘熔化，所需的预热火焰应短些，割嘴离割件的距离可适当减小。这样有利于保持切割氧的纯度，也提高了气割的质量。

5. 气割速度

气割速度与割件厚度和使用的割嘴形状有关。割件越厚，切割速度越慢；反之，割件越薄，则切割速度越快。切割速度太慢，会使割缝边缘熔化；速度过快，会产生很大的后拖量或割不透的现象。

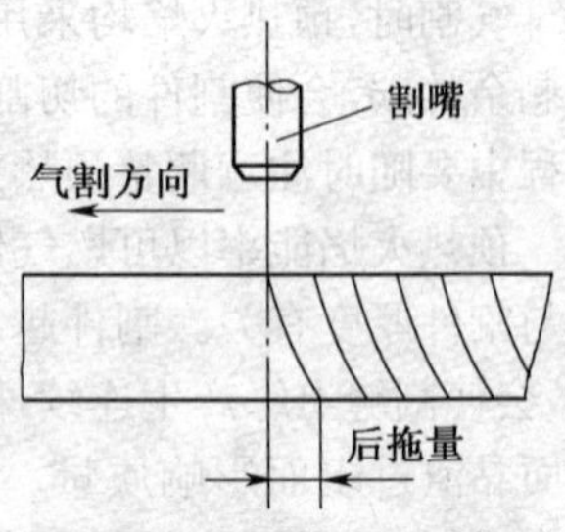

图 3-59 后拖量示意图

切割速度的正确与否主要根据割缝后拖量来判断。所谓后拖量就是在氧气切割过程中，割件的下层金属比上层金属燃烧迟缓的距离，如图 3-59 所示。

气割时，后拖量的现象是不可避免的，在气割厚板时更为明显。因此，气割速度的选择原则是，应该以使割缝产生的后拖量较小为原则。气割特厚件时，要增加割嘴的横向摆动来减少后拖量，如图 3-60 所示。

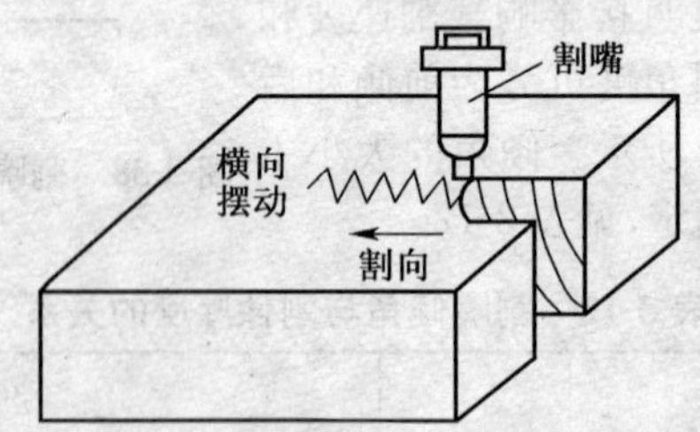

图 3-60 增加割嘴的横向摆动来减少后拖量

二、手工气割基本操作技术

1. 气割前的准备

①气割前，应仔细检查整个工作现场是否符合安全生产要求。检查溶解乙炔瓶或乙炔发生器和回火防止器的工作状态是否正常。将气割设备连接好，开启乙炔瓶阀和氧气瓶阀，调节减压器，将氧气和乙炔气调节到所需工作压力（见本章第四节气焊基本操作技术中“气焊气割设备的连接和点火、灭火操作”）。

②使用射吸式割炬，应将乙炔皮管拔下，检查割炬是否有射吸力。若无射吸力，不得使用。

③准备好钢丝刷、锤子、扳手、通针、点火枪、眼镜等辅助工具。

④去除工件表面的污垢、油漆、氧化皮等。

⑤割件应垫平、垫高，距地面保持一定高度，切勿在距水泥地面很近的位置气割，以防爆溅伤人并有利于熔渣吹除。

⑥气割时，为防止被飞溅的氧化物熔渣烫伤，可用挡板遮住。

2. 确定工艺参数

根据工件的厚度正确选择气割工艺参数、割炬和割嘴号码(见表3-13)。

表 3-13　低碳钢气割工艺参数参考值

板厚(mm)	割炬型号	割嘴型号及切割孔径(mm)	割嘴形状	氧气压力(MPa)	乙炔压力(MPa)	割嘴倾角	割嘴与工件距离(mm)
<5	G01～30	1号0.6	环形	0.2～0.3	0.01～0.06	后倾25°～45°	3～5
6～10	G01～30	2号0.8	环形	0.3～0.4	0.01～0.08	后倾80°或垂直	3～5
12～20	G01～30	3号1.0	环形	0.4～0.5	0.01～0.10	垂直	3～5

3. 点火

①点火时，先打开乙炔阀门少许，放掉气路中可能存有的空气，然后打开预热氧阀门少许。准备点火时，手要避开火焰，防止烧伤。火焰点燃后调整为中性焰或轻微氧化焰。

②点火并调整好火焰性质(中性焰)及火焰长度。然后，试开切割氧调节阀，观察切割氧气流(风线)的形状。切割氧气流应为笔直而清晰的圆柱体，并要有适当的长度，这样，才能使切口表面光滑干净、宽窄一致。如果风线形状不规则，应关闭所有阀门，用通针修整割嘴内表面，使之光滑。

4. 操作姿势

①右手握住割炬把手，并以右手的拇指和食指握住预热氧阀门，以便随时调整预热火焰。当发生回火时，能及时切断通向混合室的氧气。左手的拇指和食指握住切割氧阀门，其余手指平稳地托住混合气管，以

便掌握方向。

②因各人习惯不同，操作姿势可以多种多样。初学者可按基本的“抱切法”练习，即双脚成八字形（见图 3-61）蹲在割件割线的后面，右臂靠住右膝盖，左臂空悬在两膝之间，保证移动割炬方便。

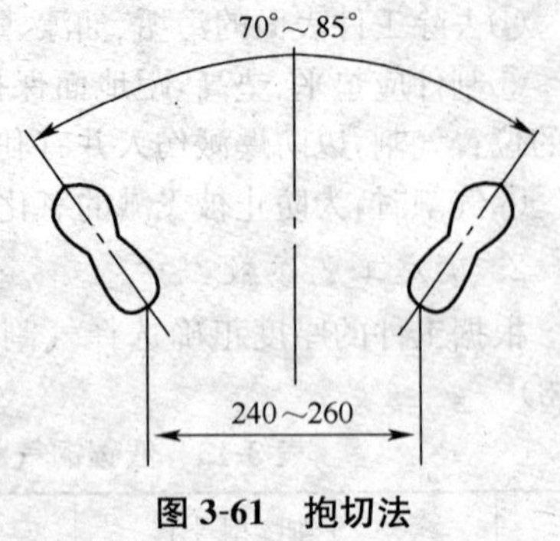

图 3-61 抱切法

③切割方向一般是由右向左，上身不要弯得太低，呼吸要平稳，两眼要注视切口前面的割线和割嘴。

5. 手工气割操作要领

①预热。预热位置一般选择在割件的边缘，保持好割嘴与工件距离，待边缘预热到亮红色时，便可进行气割。

②起割。预热达到燃烧温度后，慢慢开启切割氧气调节阀。若看到金属熔液被氧气流吹掉时，再加大切割氧气流，待听到工件下面发出“噗噗”声时，则说明已被割透。这时，应按工件的厚度灵活掌握气割速度。

③气割过程。

a. 在切割过程中，割炬运行始终要均匀，割嘴离工件距离要保持不变（3～5mm）。在气割过程中，应严格控制割嘴在行走中上下起伏过大而造成回火。手工气割时，可将割嘴沿气割方向后倾 20°～30°，以提高气割速度。

b. 当熔渣的流动方向基本上与割件表面相垂直时，说明气割速度正常；若熔渣成一定角度流出，即产生较大的后拖量，则说明气割速度过快，详见图 3-59。

c. 当气割较长的直线或曲线割缝时，一般切割 300～500mm 后，需移动操作位置。此时，应先关闭切割氧调节阀，将割炬火焰离开工件后再移动身体位置。继续气割时，割嘴一定要对准割缝的切割处，并预热到燃点，再缓慢开启切割氧。薄板气割时，可先开启切割氧，然后将割炬火焰对准切割处继续切割。

d. 在切割中，有时因割嘴过热或割嘴距工件太近，氧化铁渣飞溅，堵塞割嘴的喷射孔。这时，火焰会伴随一声爆鸣声而突然熄灭，并发出"吱吱"的火焰倒流声，说明发生了回烧或回火现象。此时，应立即关闭切割氧阀门，并迅速关闭预热氧阀门和乙炔阀门，待割嘴稍冷后再修理割嘴，重新点火进行切割。

④切割结束时收尾。

a. 气割临近终点时，割嘴沿气割方向后倾一定角度，使割件下部提前割透，使割缝在收尾处较整齐。

b. 气割过程完毕后，应迅速关闭切割氧调节阀，并将割炬抬高，再关闭乙炔调节阀，最后关闭预热氧调节阀。

c. 如果停止工作时间较长，应将氧气瓶阀关闭，松开减压器调压螺钉，并将氧气皮管中的氧气放出。

⑤回火的处理。

a. 气割过程中，若发现鸣爆及回火时，应迅速关闭切割氧调节阀，以防氧气倒流入乙炔管内，并尽快使回火熄灭。

b. 如果此时割炬内还在发出"嘘嘘"的响声，说明割炬内的回火尚未熄灭，这时，应迅速将乙炔调节阀关闭。经几秒钟后，再打开预热氧调节阀，将混合管内的炭粒和余焰吹尽，然后重新点燃，继续气割。

c. 在制止回火后，应用剔刀剔除粘在割嘴上的熔渣，用通针通氧气喷射孔和预热火焰的氧和乙炔的混合气出气孔，并将割嘴放在水中冷却，再继续点火切割。

三、手工气割实例

1. 钢板的气割

(1)薄钢板的气割

①薄钢板气割特点。

a. 对厚度 4mm 以下的钢板进行气割时，易产生波浪变形，给切割操作带来困难。

b. 气割中氧化铁渣不易被吹掉，冷却后粘在钢板背面不易铲除。

c. 若切割速度过慢或火焰能率过大时，会出现前面割后面又粘合在一起的现象。

②气割前的准备。

a. 工件：低碳钢板，长500mm，宽400mm，厚2～4mm。割炬：C01-30型，1号环形割嘴。辅助工具：钢丝刷、锤子、扳手、通针、点火枪、眼镜等。

b. 确定气割工艺参数(参照表3-13)。

c. 用钢丝刷清理干净工件表面的油污、铁锈等。

d. 在工件上用石笔画直线，并把画好线的割件放在专用支架上。

③气割操作要领。

a. 选用小号割嘴和较小的预热火焰能率。

b. 割嘴与割件距离保持在10～15mm。

c. 割嘴与钢板的倾角为后倾25°～45°。

d. 采用尽可能快的气割速度。其速度快慢的掌握应以割缝连续不断为原则。

e. 切割中，若出现割缝两侧金属熔化或随割随粘连现象，说明火焰能率过大或割速太慢，应减小火焰能率或加快割速；若出现局部割不透或割缝突然中断，说明速度太快或割嘴过高，应调好割速和割嘴与工件的距离。

(2)中、厚钢板的气割

①气割前的准备。

工件：低碳钢板，长450mm，宽300mm，厚8～16mm 1块，厚20～30mm 1块，厚100～200mm 1块。割炬：G01-30型，3号环形割嘴。割炬：G01-100型，3号环形割嘴。辅助工具：钢丝刷、锤子、扳手、通针、点火枪、眼镜等。

②中板气割。对于厚度在6～20mm的钢板进行气割时，不会产生明显的变形，比较容易形成割缝，操作难度不大。操作时，需注意的是：

a. 切割中，割嘴角度要保持垂直，切割快要结束时割嘴应后倾10°～20°。

b. 切割速度对割口质量影响很大。割速正常时，氧化铁渣流动性好，割纹与割件表面基本垂直。若割速过快，就会产生较大的后拖量(见图3-59)，有时会出现割不透的现象。

③厚板气割。气割厚度为25mm以上的钢板时，要选用大型割炬和割嘴(G01-100型割炬，3号环形割嘴)，氧气和乙炔的压力也要提高，

氧气和乙炔要保证充分供应，确保氧气供应充足，必要时多个氧气瓶并联，同时使用流量较大的双级式氧气减压器。对风线的质量要求较高。一般情况下，风线的长度应比割件厚度长1/3，如图3-62所示，并要有较强的流动力度。操作时，需注意的是：

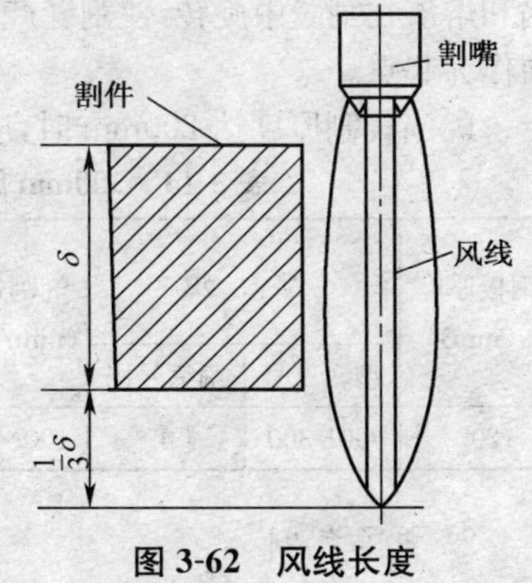

图 3-62　风线长度

a. 预热时，首先从割件边缘棱角处开始预热（见图3-63），当达到切割温度后，打开切割氧阀门并增大切割氧，同时割嘴与割件前倾5°～10°，然后开始切割（图3-64）。

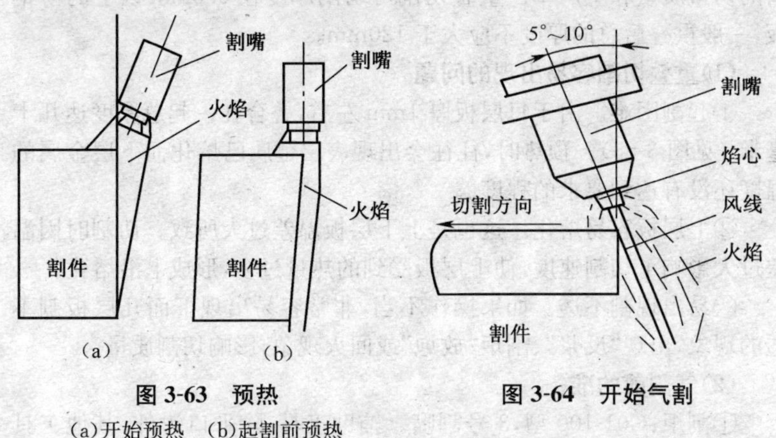

图 3-63　预热

(a)开始预热　(b)起割前预热

图 3-64　开始气割

b. 待割件边缘全部割透后，使割嘴垂直于割件，沿割线向前移动。若所割钢板厚度很大时，割嘴要做横向月牙形摆动。

c. 在气割过程中，速度要慢，要均匀一致，并随时注意乙炔压力的变化，及时调整预热火焰，保持一定的火焰能率。

d. 当气割临近结束时，气割速度可比正常速度适当放慢。这样，可使后拖量减少并容易将整条割缝完全割断。

e. 在气割过程中，若遇到割不穿的情况应立即停止气割，以免气涡和熔渣在割缝中旋转，使割缝产生凹坑。重新起割时，应选择另一方向作为起点。

f. 当气割厚度达 200mm 时，应选择表 3-14 中的工艺参数。

表 3-14　200mm 厚钢板气割工艺参数

钢板厚度(mm)	割炬		气割速度(mm/min)	乙炔压力(MPa)	氧气压力(MPa)		割嘴离割件表面距离(mm)
	型号	割嘴号码			预热	切割	
200	G01-300	4	100～120	0.05	0.50	1.10	10

2. 重叠气割

当大批切割钢板零件时，可将钢板叠在一起切割，这样，可得到很高的切口质量和生产率。重叠切割可切割厚度在 0.5mm 以上的薄钢板，一般重叠后总的厚度不应大于 120mm。

(1)重叠切割容易出现的问题

①起割困难。由于每层板厚 1mm 左右，叠合在一起总厚度达几十毫米（见图 3-65）。预热时，往往会出现表层金属已熔化而下层金属的温度还没有达到要求的程度。

②上层板容易熔化。这也是上下层板温差过大所致。切割时因温差过大影响了切割速度，使上层板受到的热量过多，形成上沿熔化。

③易出现割不透。如果操作不当，非常容易出现下面几层板割不透的现象，出现“反浆”、割炬“放炮”或回火现象，影响切割质量。

(2)气割前的准备

①割炬：G01-100 型，3 号割嘴。辅助工具：除平口钳外，其他工具同上述。

②气割前一定要将割件表面氧化物、铁锈和油污及尘垢清理干净，这样有利于各层板之间的导热，同时也能保证氧气流直接与金属接触，以便顺利燃烧氧化。

③减小各层板之间的间隙对减小层间温差有利。板与板间应紧密相贴，彼此之间不留空隙。否则，在切割时，钢板局部会被烧熔。钢板重叠好后应压紧，压紧的方法可用专用弓形夹具或上下用厚钢板压住，也可以用电焊将叠好的钢板点固焊在一起。

(3)气割操作要领

①割前预热要充分。切割前,预热对多层板气割尤为重要。有经验的气割工切割这样的工件时,割件上表面和下表面都进行预热,这样对起割时能顺利割透工件十分有利。

②为了起割方便,在开割处,钢板可以叠成 3°～5°的斜角,详见图3-65。

③重叠切割和切割同样厚度的钢板相比较,切割速度要慢一些,切割氧气压力要增加 0.10～0.20MPa。其他气割工艺参数可按气割同样厚度的钢板选择。

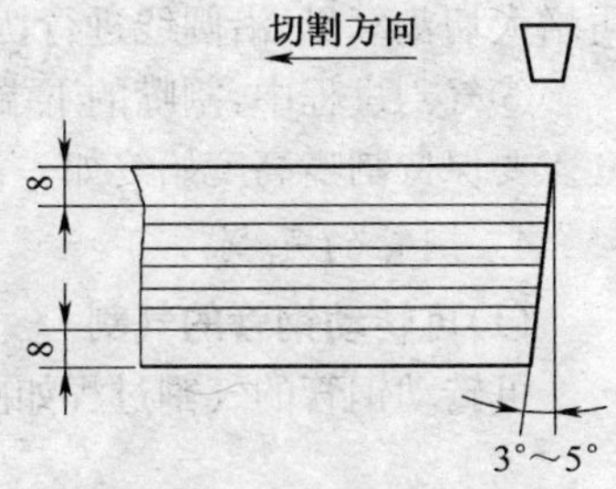

图 3-65 钢板的叠合方式

3. 法兰的气割

(1)气割前的准备

①工件:低碳钢板,长 300mm,宽300mm,厚 8～10mm。割炬:G01-30 型,2 号割嘴。辅助工具:同前述。专用工具:割圆规、样冲。

②气割前,将工件表面清理干净,用样冲在圆中心打好定位眼,用圆规划出同心圆,并用石笔加重画出。

③将法兰的下方垫空垫牢,并注意支垫物不应放在割线下方。

(2)操作要领

①气割法兰时,切割顺序是先割外圆,后割内圆。

②将割圆规的锥体尖置于圆中心的样冲眼内(见图 3-66),通过调整,让割嘴套的中心正对准待割圆的割线上。

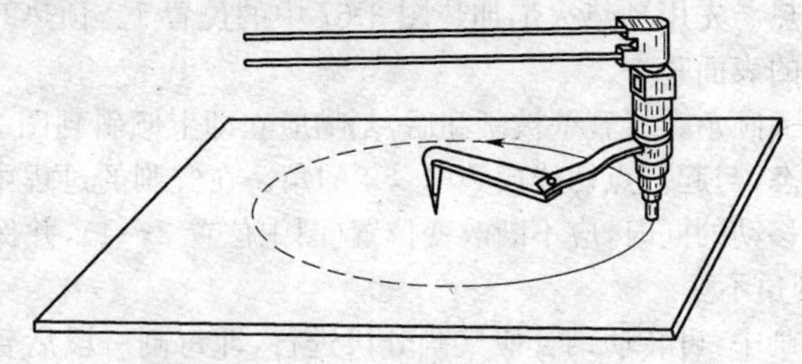
图 3-66 用划规割圆的示意图

③气割时，把割嘴套在割嘴套内，点燃火焰后，再把锥体尖放在圆心的样冲眼内，持好割炬，并对起割点进行预热。

④当预热点的金属温度达到能切割的温度后，应将割嘴向后倾斜20°左右，便于氧化铁渣吹出，再打开切割氧阀门，随着割炬移动，割嘴角度逐渐转为垂直于钢板，此时，氧化铁渣朝割嘴倾斜相反的方向飞出，以防堵塞喷孔。当氧化铁渣火花不再上飞时，说明已将钢板割透，再增大切割氧量，沿圆线进行切割。

⑤气割过程中，割嘴的下端向圆心方向稍微靠紧一些，以免割嘴脱套。要保持割嘴高度始终如一，割速均匀，不要忽快忽慢。

4. 钢管的气割

(1)可转动钢管的气割

可转动钢管的气割过程如图 3-67 所示。其操作要领如下：

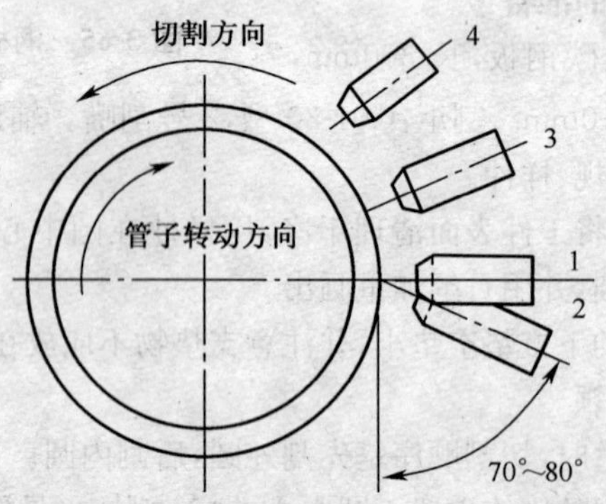

图 3-67 可转动钢管的气割过程示意图

①预热。先用预热火焰加热图 3-67 中的位置 1。预热时，应使割嘴与管子的表面垂直。

②割嘴倾角。待管壁被割穿后，割嘴应立即上倾斜到图 3-67 中的位置 2 状态，与起割点切线成 70°～80°的角。在气割的过程中，割嘴随切口向前移动的同时，应不断改变位置(图中位置 2～4)，并保证 70°～80°的气割角不变。

③气割中，可转动钢管使气割分段进行，即每割一段后暂停一下，待钢管稍加转动后再继续气割。一般气割直径较小的钢管时，可分 2

～3 次割完；气割直径较大的钢管时，可适当多几次，但分割的次数不宜过多。

(2)水平固定钢管的气割

水平固定钢管的气割过程如图 3-68 所示。首先，从管道的底部(仰视位置)开始预热，割透后，割嘴向上移动。切割时，割嘴按图 3-68 所示的方向进行切割。当切割到管道的水平位置时，关闭切割氧，再将割炬移到管道的下部开始切割另一半。

由下至上对称气割的方法有以下优点：切缝观察较清楚；割炬移动方便；当切割结束时，割炬正好在水平位置，可以避免已切断的管子碰坏割嘴。

水平固定钢管的气割操作具体要领如下：

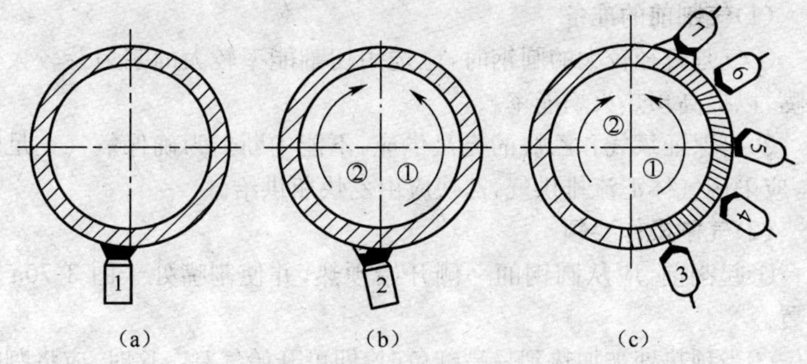

图 3-68　固定钢管气割示意图

(a)预热　(b)起割　(c)正常切割

①首先用预热火焰加热图 3-68a 所示钢管的下部。加热时，割嘴应垂直于钢管表面。

②当钢管的表面被加热到呈亮红色时，应将割嘴转到图 3-68b 所示的位置，并开启切割氧调节阀，使割嘴与起割点切割线成 70°～80°的倾角，按图上①的方向进行切割。

③当切割到上方水平位置时，应关闭切割氧调节阀，再将割嘴移到钢管的下部。按照上述操作方法，沿图 3-68b 中切割方向②继续气割。

④气割过程中，要时刻注意切割氧流必须与钢管的轴线垂直(见图 3-69a)，切不可偏斜(见图 3-69b)，否则会影响切口质量。

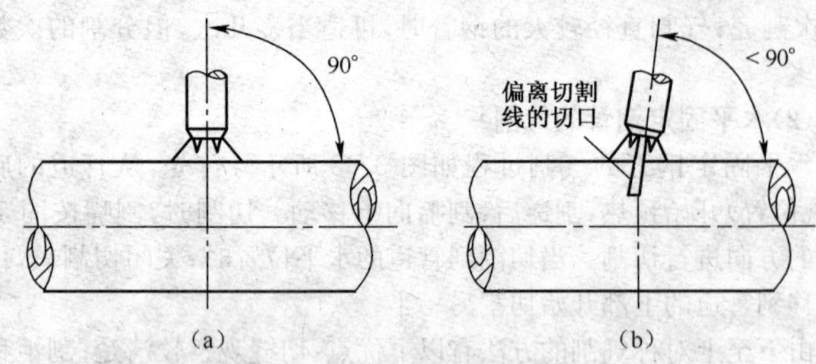

图 3-69　切割氧流必须与钢管的轴线垂直

(a)正确　(b)错误

5. 圆钢的气割

(1)气割前的准备

①气割直径较大的圆钢时，应选用切割能率较大的割炬及较大号割嘴，以提高预热火焰能率。

②要保证氧气和乙炔的充足供应，不能中断。为确保氧气充足供应，应采用气体汇流排供气，乙炔应由乙炔瓶供给。

(2)气割操作要领

①起割前，应从圆钢的一侧开始预热，并使割嘴处于图 3-70a 的位置。

②当预热处被加热到呈亮红色时，即可开始气割。这时，应将割嘴迅速转到与地面相垂直的位置，如图 3-70b 所示。同时，应开启切割氧调节阀，将圆钢割穿，并向前移动割炬，开始正常切割，如图 3-70c 所示。

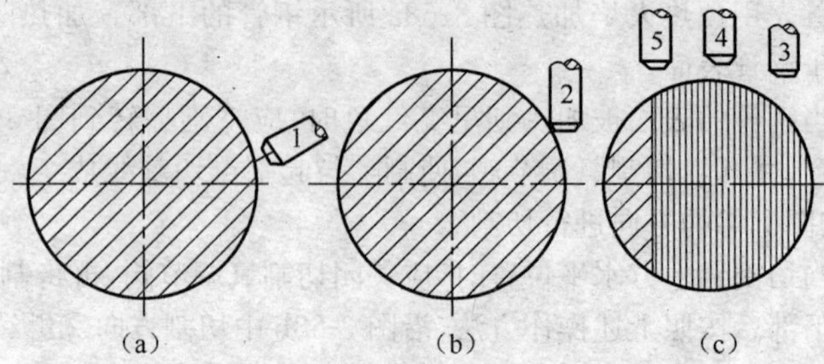

图 3-70　圆钢切割示意图

(a)预热　(b)起割　(c)正常切割

③切割直径较大的圆钢时，割炬可稍做月牙形横向摆动。

④若圆钢直径太大，一次无法割穿时，可采用分瓣气割法，如图 3-71 所示，分 2～3 次切割。切割第一瓣时，割炬横向摆动宽度要稍大些，以利于后面各瓣切割时的排渣。

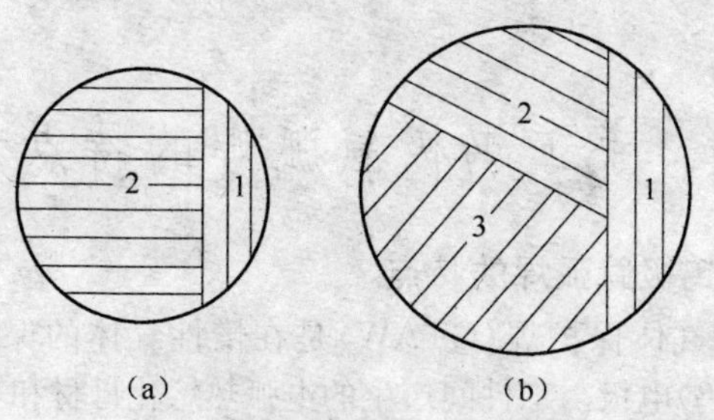

图 3-71　圆钢分瓣气割法

(a)分两瓣切割　(b)分三瓣切割

(3)工艺参数

以气割 320mm 直径圆钢为例，选择气割工艺参数见表 3-15。

表 3-15　ϕ320mm 圆钢气割工艺参数

圆钢直径(mm)	割炬		气体压力(MPa)		每个切口所用时间(包括预热时间)(min)
	型号	割嘴号码	氧气	乙炔	
320	G01-300	4	1.30	0.05	15

第四章 手工钨极氩弧焊

第一节 手工钨极氩弧焊的特点和应用

一、手工钨极氩弧焊的特点

钨极惰性气体保护焊(GTAW)是在惰性气体的保护下,利用钨(纯钨或活化钨)电极与工件间产生的电弧热熔化母材和填充焊丝的一种焊接方法,属于非熔化极(钨极)气体保护焊。保护气体可采用惰性气体氩气、氦气或氩、氦的混合气体,在特殊应用场合可添加少量的氢。在工业生产中钨极氩弧焊的应用广泛。

钨极氩弧焊按操作方式分为手工钨极氩弧焊、半机械化和机械化钨极氩弧焊、钨极脉冲氩弧焊、热丝钨极氩弧焊(填充金属丝插入熔池的同时,通入100A左右的电流,利用电阻热预热焊丝,可使焊接速度提高3~5倍)。其中,手工钨极氩弧焊应用最多(见图4-1)。

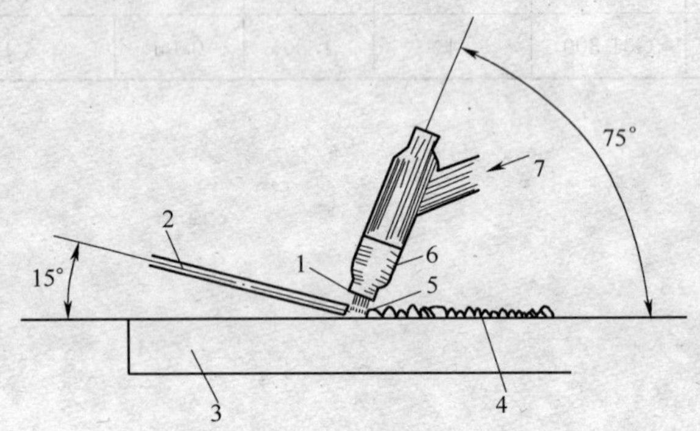

图4-1 手工钨极氩弧焊示意图

1. 钨极 2. 填充金属 3. 焊件 4. 焊缝金属 5. 电弧 6. 喷嘴 7. 保护气体(氩气)

手工钨极氩弧焊的优点：保护效果好，焊缝质量高，几乎能焊所有金属材料；小焊接电流、低电弧电压时的电弧也很稳定，容易实现单面焊双面成型；可全位置焊；其中，手工钨极氩弧焊与自动钨极氩弧焊相比，设备简单，操作灵活方便，适应性强。

钨极氩弧焊的缺点：生产率低，焊接电流不能太大；只适于焊接薄板，一般适于焊接 6mm 以下；成本较高，氩气较贵。

钨极氩弧焊的应用：用于焊接铝、钛等化学性质活泼的有色金属和不锈钢等高合金钢；用于接头性能质量要求高的单面焊双面成型的打底焊，例如，高压管道的打底焊等；用于焊接薄板，例如，厚度不大于 6mm 的焊件，必要时还可采用脉冲钨极氩弧焊（TIG）。

二、手工钨极氩弧焊焊接设备

手工钨极氩弧焊设备包括弧焊电源、控制箱、焊枪和供气系统等部分，如图 4-2 所示。

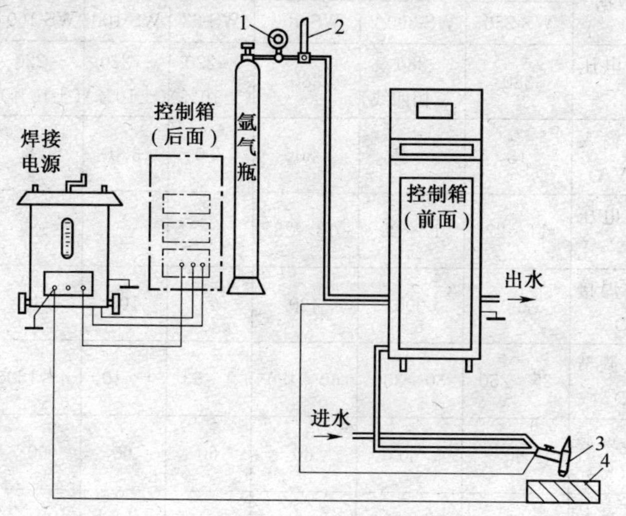

图 4-2　手工钨极氩弧焊焊接设备

1. 减压器　2. 流量计　3. 焊枪　4. 工件

1. 手工钨极氩弧焊电源

手工钨极氩弧焊电源应采用陡降外特性，最好是垂直陡降外特性。

这样，在弧长变化时，焊接电流变化小，焊接参数稳定，焊接质量也就稳定。常用的钨极氩弧焊电源有交、直流两种。

钨极氩弧焊由于直流反接时钨极烧损严重，因此，焊接碳钢、合金钢、不锈钢、铜、钛等金属材料时，应采用直流弧焊电源，而且采用直流正接。钨极氩弧焊焊接铝、镁及其合金时，工件表面的氧化铝膜熔点高，严重影响熔合。在直流反接时，可利用质量大的带正电荷的氩离子撞击工件(阴极)表面，产生“阴极破碎”(又称“阴极雾化”)作用，从而去除氧化铝薄膜，获得熔合良好的优质焊缝。但直流反接时，钨极烧损严重，因此应采用交流弧焊电源。交流钨极氩弧焊时，有“阴极破碎”作用，能去除氧化铝薄膜，钨极烧损也不太严重。常用直流、交流钨极氩弧焊电源的型号及主要技术数据见表4-1和表4-2。

表4-1 常用直流钨极氩弧焊电源的型号及主要技术数据(一)

技术数据	型号						
	WS-250	WS-300-2	WS-400	WS-63	WS-100	WS-160	WS-315
电源电压(V)	380	380(三相四线)	380	~220(±10%)	~220(±10%)	~220(±10%)	三相、380
额定输入容量(kVA)	18	—	30	2.0	3.0	4.8	9
工作电压(V)	11~22	12~20	13~28	—	—	—	—
额定焊接电流(A)	250	300	400	63	100	160	315
电流调节范围(A)	25~250	30~300	60~450	4~63	4~100	4~160	8~315
额定负载持续率(%)	60	60	60	60	60	60	60
电流衰减时间(s)	3~10	3~10	3~10	0~10	0~10	0~10	0~10
冷却水流量(L/min)	1	1	>1	—	—	—	—
氩气流量(L/min)	25			—	—	—	—

续表 4-1

技术数据	型号						
	WS-250	WS-300-2	WS-400	WS-63	WS-100	WS-160	WS-315
用　途	焊接 δ=1～10mm 不锈钢、高合金钢、铜等	焊接 δ=1～10mm 不锈钢、高合金钢、铜等	焊接不锈钢、铜及铝、镁以外的有色金属及合金	该机适用于不锈钢、铜、钛等金属及合金的焊接 采用场效应管(EFT)脉冲宽度调制(PWM)逆变技术，可进行焊条电弧焊，又可进行氩弧焊，该机在 TIG 焊时，引弧特别容易。设有提前送气、滞后关气和自动线性衰减装置			
配用焊枪	Q-4、Q-5 Q-6、Q-7	PQ1-350 PQ1-150	Q-4、Q-5、 Q-6、Q-7	—	—	—	—

表 4-2　常用交流钨极氩弧焊电源的型号及主要技术数据(二)

技术数据	型号		
	WSJ-150	WSJ-400	WSJ-500
电源电压(V)	380	220 或 380	220/380
空载电压(V)	80	80～88	80～88
工作电压(V)	—	20	30
额定焊接电流(A)	150	400	500
电流调节范围(A)	30～150	60～500	50～500
额定负载持续率(%)	35	60	60
钨极直径(mm)	$\phi1 \sim \phi2.5$	$\phi1 \sim \phi7$	$\phi1 \sim \phi7$
引弧方式	脉冲	脉冲	脉冲
稳弧方式	脉冲	脉冲	脉冲
冷却水流量(L/min)	—	1	1
氩气流量(L/min)	—	25	25
用　途	焊接 0.3～3mm 的铝及铝合金、镁及其合金	焊接铝和镁及其合金	焊接铝和镁及其合金
配用焊枪	PQ-150	PQ1-150 PQ1-350	PQ1-150 PQ1-350 PQ1-500
配用电源	—	BX3-400-1	BX3-500-2

2. 控制箱

钨极氩弧焊的控制系统控制氩弧焊的程序，自动接通和切断焊接电源；提供高频高压或高压脉冲引弧；控制氩气，提前送气和滞后停气，以保护钨极及引弧、熄弧处的焊缝；控制焊接结束时的电流自动衰减；使用交流弧焊电源时，还有脉冲稳弧器和隔直电容的作用。后者用来消除焊铝时交流回路中的直流分量。

3. 焊枪

焊枪的作用是夹持钨极、传导焊接电流和输送氩气。焊接电流 200A 以上的钨极和焊枪必须用水冷却；焊接电流 100A 以下的，不用水冷；有的焊枪额定焊接电流 150A 的，也采用水冷。水冷时，水管接至焊枪上，用水压开关或者手动来控制水流的开关。PQ-150 水冷式焊枪如图 4-3 所示。常用手工钨极氩弧焊焊枪技术数据见表 4-3。

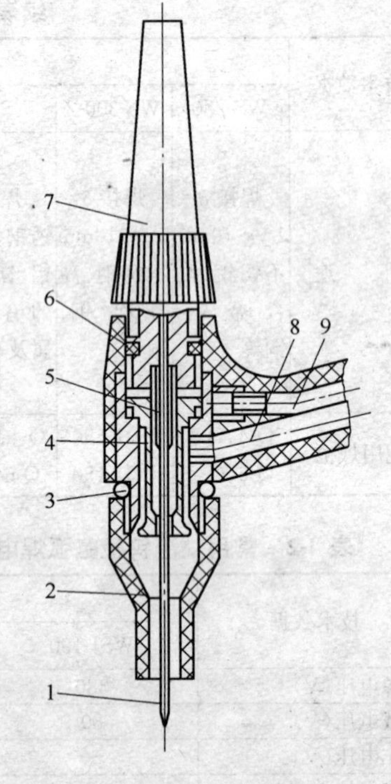

图 4-3　PQ-150 水冷式焊枪

1. 钨极　2. 陶瓷喷嘴　3. 密封环　4. 扎头套管　5. 电极扎头　6. 枪体　7. 绝缘帽　8. 进气管　9. 冷却水管

表 4-3　常用手工钨极氩弧焊焊枪技术数据

型　　号	许用电流(A)	冷却方式	钨极直径(mm)	喷嘴孔径(mm)	喷嘴材料
PQ1-150	150	水　冷	1、2、3	6、9	高温陶瓷
PQ1-350	350	水　冷	3、4、5	9、12、16	高温陶瓷
PQ1-500	500	水　冷	2、3、4、5、6、7	11、12、14、16、18、20	镀铬紫铜

4. 供气系统

供气系统包括氩气瓶、减压器、流量计和电磁气阀等。氩气瓶的构造与氧气瓶相似。瓶体银灰色并标以“氩气”深绿色字样。氩气瓶工作压力为14.7MPa，容积40L(升)。氩气瓶安全使用规程与氧气瓶相似。减压器作用与氧气减压器一样，用以减压、稳压和调压。通常采用氧气减压器即可。气体流量计是测定通过的气体流量大小的装置。有用单独的转子流量计，也有把减压器和转子流量计做成一体的。电磁气阀是用电信号控制气流通断的装置。

5. 钨极

常用的钨极材料有三种：纯钨极、钍钨极和铈钨极。目前，国外还有使用含氧化锆0.15%～0.40%的锆钨极等。

①纯钨极。要求焊机具有较高的空载电压；另外，纯钨极易烧损，电流越大烧损越严重。目前很少使用。

②钍钨极。在钨中加入3.0%的氧化钍，具有较高的热电子发射能力和耐熔性。用交流电时，许用电流值比同直径的纯钨极可提高1.3倍，空载电压可大大降低。但钍钨极的粉尘具有微量的放射性，因此，在磨削电极时，要注意防护。

③铈钨极。在钨中加入2.0%以下的氧化铈，比钍钨极具有更大的优点，弧束细长，热量集中，电流密度还可以提高5%～8%；燃损率低，寿命长；易引弧，电弧稳定；放射剂量极低，可用小电流焊接薄板工件。再者，铈钨极端头形状易于保持，因而得到广泛应用。

钨极端头的形状和角度对电弧的稳定性、使用寿命及焊缝形状都有很大影响。钨极端头形状主要有尖锥形、圆弧形、平头形和平顶锥形，详见图4-4。

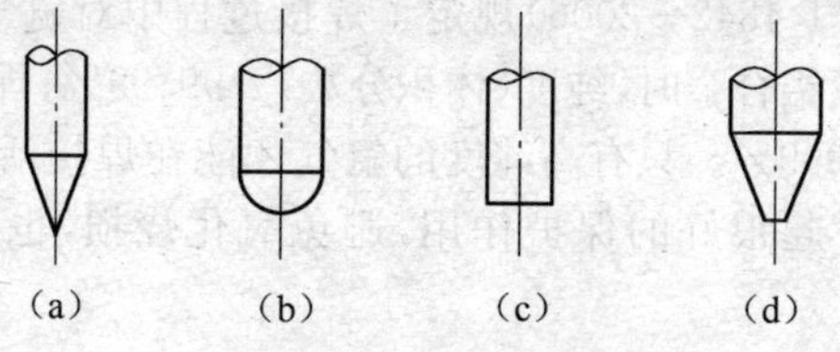

图4-4　钨极端头形状

(a)尖锥形　(b)圆弧形　(c)平头形　(d)平顶锥形

尖锥形钨极用于直流正接,用小电流焊接薄板和卷边对接接头,电弧稳定,焊缝较窄。当薄钢板对接接头不加填充金属丝时,不宜采用尖锥形钨极;当钨极磨得过尖时,易咬边,弧坑下塌。

圆弧形钨极用于交流电源。若用于直流正接时,电弧不稳。

平头形纯钨极用于直流反接,焊接铝镁及其合金。

平顶锥形钨极用于直流正接,电弧集中,燃烧稳定,焊缝成型良好,平顶部的直径由所用电流决定;焊接电流较小时,直径可小些;焊接电流较大时,直径可大些。一般来说,平顶部的直径为钨极直径的1/2～1/5,锥体部分长度为钨极直径的3～5倍。

钨极端头角度一般30°较好,电弧集中,燃烧稳定,熔深大,使用寿命长,适用于薄板的焊接。90°以上夹角时,电弧较分散,适用于厚板的焊接。

第二节　钨极氩弧焊的焊接材料、坡口和焊接规范

一、钨极氩弧焊的焊接材料

1. 氩气

氩(Ar)气是一种理想的保护气体。氩气是惰性气体,不与被焊的任何金属起化学反应;氩气是单原子气体,在电弧高温下也不分解吸热;氩气不溶解于被焊的液态金属,不会产生气孔;氩气比空气重,使用时不易漂浮失散,有利于起保护作用。

氩气在空气中含量较少,从空气中制取费时,且成本高,因此,氩气比较贵。

《氩》(GB/T 4842—2006)规定了焊接过程中对氩气纯度的要求:焊接碳钢、铝及铝合金时,纯度(体积分数)≥99.99%;焊接钛及钛合金时,纯度≥99.999%。只有高纯度的氩气才能在焊接活泼的有色金属和高合金钢时起很好的保护作用,避免氧化烧损,也可减轻钨极的烧损。

2. 焊丝

钨极氩弧焊用的焊丝只起填充金属的作用。焊丝的化学成分与母

材相同或相近。在焊接低碳钢时，为防止气孔产生，可采用含少量合金元素的焊丝。

碳钢、低合金钢焊丝的型号由三部分组成。第一部分用字母"ER"表示焊丝；第二部分两位数字表示焊丝熔敷金属的最低抗拉强度；第三部分为短划"-"后的字母或数字，表示焊丝化学成分代号。不锈钢焊丝的牌号在不锈钢牌号的前面用"H"表示。

铜及铜合金焊丝型号由三部分组成，第一部分为字母"SCu"表示铜及铜合金焊丝，第二部分为四位数字，表示焊丝型号；第三部分表示化学成分代号，为可选部分，使用括弧。

铝及铝合金焊丝型号由三部分组成，第一部分为字母"SAl"表示铝及铝合金焊丝，第二部分为四位数字，表示焊丝型号；第三部分表示化学成分代号，为可选部分，使用括弧。

二、钨极氩弧焊坡口的选择

焊接碳钢、低合金钢、不锈钢、高镍合金时，钨极氩弧焊坡口形式及其尺寸见表 4-4。

表 4-4　碳钢、低合金钢、不锈钢、高镍合金钨极氩弧焊坡口形式及其尺寸

坡口名称	坡口尺寸	坡口简图
Y形	$\delta=3\sim12$mm $b\leqslant3$mm $p\leqslant2$mm 碳钢、低合金钢、不锈钢：$\alpha=60°$ 高镍合金：$\alpha=80°$ 铝：$\alpha=90°$	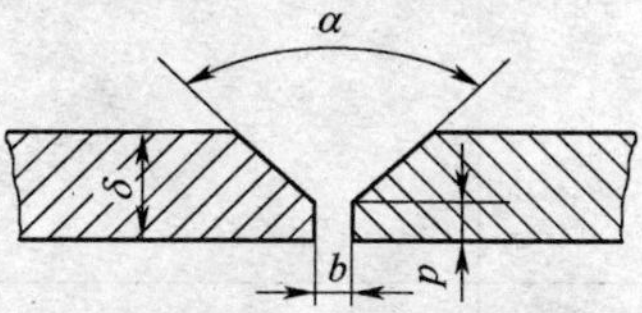 α δ b p
双Y形	$\delta>12$mm $b\leqslant3$mm $p\leqslant1.5$mm $\alpha=60°\sim90°$	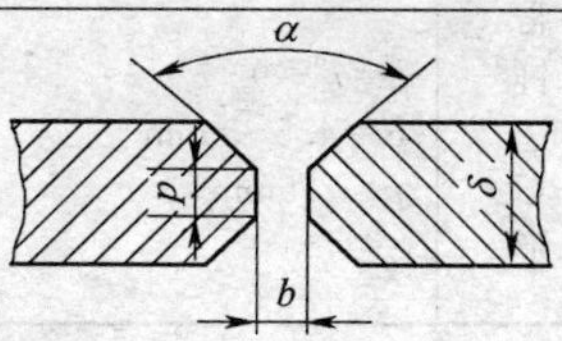 α p δ b
双U形带钝边	碳钢、低合金钢、不锈钢：$\beta=7°\sim9°$ 高镍合金：$\beta=15°$ 铝合金：$\beta=20°\sim30°$ $R=4.5\sim8$mm $p\leqslant3$mm $b\leqslant2$mm	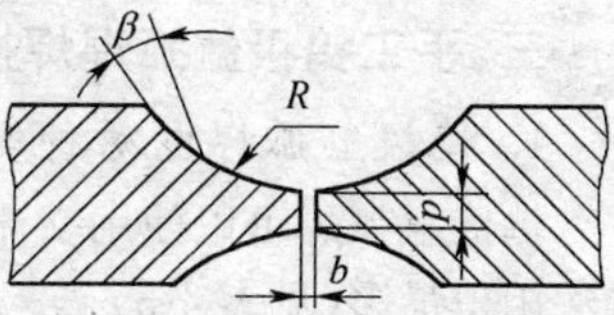 β R p b

续表 4-4

坡口名称	坡口尺寸	坡口简图
单边V形	黑色金属：$\beta=45°$ 铝合金：$\beta=60°$ $p\leqslant3mm$ $b\leqslant2mm$	带钝边单边V形坡口 带钝边双单边V形坡口
J形	$\beta=7°\sim15°$ $p\leqslant3mm$ $R=12.5mm$	带钝边J形坡口 带钝边双J形坡口
带钝边U形	$\beta=7°\sim9°$ $R=4.5\sim8mm$ $p\leqslant2.5mm$	

三、手工钨极氩弧焊焊接规范

1. 钨极氩弧焊电源种类和极性的选择

钨极氩弧焊可以使用交流和直流两种电源。采用直流电源时以正接法用得最多(见表 4-5)。

表 4-5　钨极氩弧焊电源种类和极性的选择

焊件材料	直流		交流
	正接	反接	
低碳钢、低合金高强度钢	△①	×③	○②
高合金钢、不锈钢、镍	△	×	○
铝、镁、铝青铜	×	×	△
黄铜、铜基合金铜	△	×	○
钛	△	×	○
异种金属	△	×	○

①△——最佳;②○——良好;③×——最差。

直流正接时,钨极是阴极,焊件是阳极。由于阳极温度比阴极温度高,所以,此时熔池深而窄,生产率高,焊件的收缩应力和变形都比较小;直流正接时,钨极得到的热量较少,因此不易过热,烧损少,寿命长,对于同一焊接电流可以采用直径较小的钨极。所以除铝、镁及其合金外,应尽量采用直流正接。

直流反接时,氩气被电离后产生的正离子会高速撞击阴极,使表面的氧化膜击碎,具有去除焊缝及其周围母材表面氧化膜的作用,通常称为“阴极破碎”现象。在焊接铝、镁及其合金时,焊缝及其周围母材表面上会生成一层致密难熔的氧化膜(如 Al_2O_3,它的熔点为 2050℃,而铝的熔点为 657℃)。如不及时消除,焊接时会形成未熔合,并使焊缝表面形成皱皮或内部产生气孔、夹渣。交流氩弧焊当电流为负半周时,相当于直流反接,焊件为阴极,会产生“阴极破碎”现象,可用来破碎氧化膜。而电流为正半周时,相当于直流正接,钨极为负极,此时,钨极的损耗要小得多,故铝、镁及其合金钨极氩弧焊时,一般选择的是交流电源。

2. 手工钨极氩弧焊焊接工艺参数

手工钨极氩弧焊焊接工艺参数包括焊接电流、电弧电压、焊接速度、钨极直径、喷嘴直径、氩气流量和焊接层数等。此外,还有焊丝直径、喷嘴至工作表面的距离和钨极伸出长度等。

(1)焊接电流

焊接电流主要根据焊件材质、厚度、接头形式和焊接位置选择,过大或过小的焊接电流都会使焊接成型不良或产生焊接缺陷。如果已有直径大致合适的钨极，则焊接电流还应该在该直径的钨极许用电流范围内选择，见表 4-6。

表 4-6 按电极直径推荐的电流范围 (A)

电极直径(mm)	直流				交流	
	电极为负(－)		电极为正(＋)			
	纯钨	加入氧化物的钨	纯钨	加入氧化物的钨	纯钨	加入氧化物的钨
0.5	2～20	2～20	—	—	2～15	2～15
1.0	10～75	10～75	—	—	15～55	15～70
1.6	40～130	60～150	10～20	10～20	45～90	60～125
2.0	75～180	100～200	15～25	15～25	65～125	85～160
2.5	130～230	170～250	17～30	17～30	80～140	120～210
3.2	160～310	225～330	20～35	20～35	150～190	150～250
4.0	275～450	350～480	35～50	35～50	180～260	240～350
5.0	400～625	500～675	50～70	50～70	240～350	330～460
6.3	550～675	650～950	65～100	65～100	300～450	430～575
8.0	—	—	—	—	—	650～830
10	—	—	—	—	—	—

(2)钨极直径

钨极的直径可根据焊件厚度、焊接电流大小和电源极性进行选择。焊接时，当电流超过允许值时，钨极就会强烈地发热，致使熔化和挥发，引起电弧不稳定和焊缝中产生夹钨等缺陷。铈钨极与钍钨极相比，其最大允许电流密度可增加 5%～8%。

(3)电弧电压

电弧电压由电弧长度决定。弧长增大，电弧电压增高，焊道宽度增大，焊道厚度减小。电弧电压过高，不但会未焊透，并会使氩气保护效果变差。因此，在不短路的情况下，应尽量减小电弧长度。钨极氩弧焊的电弧电压一般为 10～20V。

(4)焊接速度

焊接速度的选择主要根据工件厚度决定，并和焊接电流、预热温度等配合，以保证获得所需的焊道厚度和宽度。焊接速度加快时，氩气流量要相应加大。焊接速度过大，保护气流会严重偏后，可能使钨极端部、弧柱、熔池暴露在空气中，从而使保护效果变差。

(5)喷嘴直径

增大喷嘴直径的同时，应增加气体流量，此时，保护区扩大，保护效果好。但喷嘴直径过大时，不仅使氩气的消耗增加，而且对窄一些的焊缝，焊炬伸不进去，或妨碍焊工视线，不便于观察操作。因此，常用的喷嘴直径取 8～20mm 为宜。喷嘴直径也可按经验公式选择：

$$D=(2.5\sim3.5)d$$

式中　D——喷嘴直径(一般指内径)，单位为 mm；

d——钨极直径，单位为 mm。

一般 d 偏大，系数取偏小一点。

(6)氩气流量

为可靠地保护焊接区不受空气污染，必须有足够流量的保护气体。但不是氩气流量越大，保护效果越好。对于一定直径(孔径)的喷嘴，气体流量可按下列经验公式确定：

$$Q=(0.8\sim1.2)D$$

式中　Q——氩气流量，单位为 L/min；

D——喷嘴直径，单位为 mm。

氩气的保护效果可以根据焊缝表面的色泽来判断，见表 4-7。

表 4-7　焊缝表面色泽与气体保护效果

材料	最好	良好	较好	不良	最坏
不锈钢	银白、金黄	蓝色	红灰	灰色	黑色
钛合金	亮银白色	橙黄色	蓝紫(带乳白色)	青灰色	有一层白色氧化钛粉

(7)喷嘴至工件表面的距离

喷嘴离焊件越远，则空气越容易沿焊件表面侵入熔池，保护气层也越会受到流动空气的影响而发生摆动，使气体保护效果降低。通常喷嘴至焊件间的距离取 5～15mm。

(8)**钨极伸出长度**

钨极端头至喷嘴端面的距离为钨极伸出长度。钨极伸出长度小，可使喷嘴至工件表面距离近，气体保护效果好。通常在焊接对接焊缝时，钨极伸出长度 3～6mm 较好；焊接角接接头和 T 形接头的角焊缝时，钨极伸出长度 7～8mm 较好。

影响氩气保护效果除了氩气纯度和上述有关工艺参数外，还有焊接接头形式。不同的接头形式会使气体产生不同的保护效果。如图 4-5 所示，在焊接区域设置临时性的挡板，可改进保护条件。焊接质量要求较高的焊件氩弧焊时，除正面受到氩气的保护外，在焊件反面也要进行保护，此时可另加附加装置。对于管子的对接焊缝，可以直接在管内通入氩气进行保护，如图 4-6a 所示；对于板状工件，可在焊件背面安放一充气罩，里面通入氩气进行保护，如图 4-6b 所示。充气罩在焊接过程中可和焊炬做同步移动。

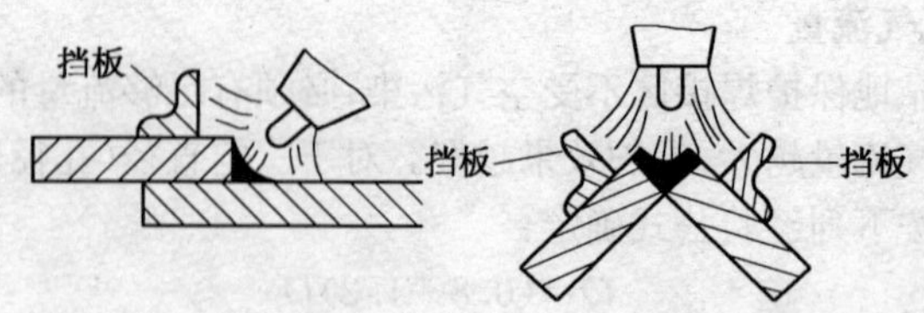

图 4-5　氩弧焊时的临时挡板

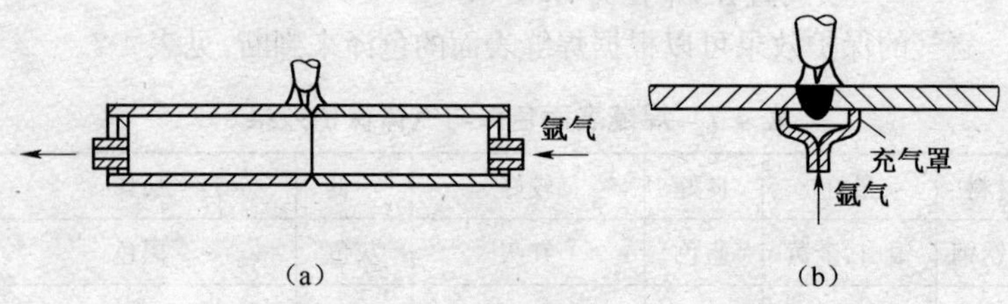

图 4-6　氩弧焊时的背面保护装置

(a)直接通入氩气进行保护　(b)利用充气罩通入氩气进行保护

3. 低碳钢、低合金钢手工钨极氩弧焊焊接规范

低碳钢、低合金钢手工钨极氩弧焊焊接规范见表 4-8。

表 4-8　低碳钢、低合金钢手工钨极氩弧焊焊接规范

板　厚 (mm)	电流(A) (直流正接)	钨极直径 (mm)	焊丝直径 (mm)	焊接速度 (mm/min)	气体流量 (L/min)
0.9	100	1.6	1.6	300～370	7～8
1.2	100～125	1.6	1.6	300～450	7～8
1.5	100～140	1.6	1.6	300～450	7～8
2.3	140～170	2.4	2.4	300～450	7～8
3.2	150～200	2.4	3.2	250～300	7～8

4. 不锈钢薄板手工钨极氩弧焊焊接规范

不锈钢薄板手工钨极氩弧焊焊接规范见表 4-9。

表 4-9　不锈钢薄板手工钨极氩弧焊焊接规范

板厚 (mm)	接头形式	钨极直径 (mm)	焊丝直径 (mm)	电流种类①	焊缝电流 (A)	氩气流量 (L/min)	焊接速度 (cm/min)
1.0	对接	2	1.6	交流	35～75	3～4	15～55
1.0	对接	2	1.6	直流正接	7～28	3～4	12～47
1.2	对接	2	1.6	直流正接	15	3～4	25
1.5	对接	2	1.6	交流	8～31	3～4	13～52
1.5	对接	2	1.6	直流正接	5～19	3～4	8～32
1.0	搭接	2	1.6	交流	6～8	3～4	10～13
3.0	角接	2	—	交流	14	3～4	18
1.5	丁字接	2	1.6	交流	4～5	3～4	7～8

注:①仅在无直流钨极氩弧焊机的情况下采用交流。

5. 铝及铝合金手工钨极氩弧焊焊接规范

铝及铝合金手工钨极氩弧焊焊接规范见表 4-10。

表 4-10 铝及铝合金手工钨极氩弧焊焊接规范(对接、交流电源)

板厚(mm)	坡口形式	焊接层数(正面/反面)	钨极直径(mm)	焊丝直径(mm)	预热温度(℃)	焊接电流(A)	氩气流量(L/min)	喷嘴孔径(mm)
1	卷边	正1	2	1.6	—	45～60	7～9	8
1.5	卷边或I形	正1	2	1.6～2.0	—	50～80	7～9	8
2	I形	正1	2～3	2～2.5	—	90～120	8～12	8～12
3	V形坡口	正1	3	2～3	—	150～180	8～12	8～12
4		1～2/1	4	3	—	180～200	10～15	8～12
5		1～2/1	4	3～4	—	180～240	10～15	10～12
6		1～2/1	5	4	—	240～280	16～20	14～16
8		2/1	5	4～5	100	260～320	16～20	14～16
10		3～4/1～2	5	4～5	100～150	280～340	16～20	14～16
12		3～4/1～2	5～6	4～5	150～200	300～360	18～22	16～20
14		3～4/1～2	5～6	5～6	180～200	340～380	20～24	16～20
16		4～5/1～2	6	5～6	200～220	340～380	20～24	16～20
18		4～5/1～2	6	5～6	200～240	360～400	25～30	16～20
20	Y形坡口	4～5/1～2	6	5～6	200～260	360～400	25～30	20～22
16～20	双Y形坡口	2～3/2～3	6	5～6	200～260	200～380	25～30	16～20
22～25		3～4/3～4	6～7	5～6	200～260	360～400	30～35	20～22

第三节 手工钨极氩弧焊操作技术

一、手工钨极氩弧焊基本操作技术

1. 焊前清理

对于手工钨极氩弧焊来说,焊前清理对焊接质量的影响显得更为重要。焊接时,必须把填充金属丝、坡口表面及周围一定宽度范围内的油垢、污物及氧化膜等完全去除。清除油垢时，常用汽油、乙醇、丙酮等擦洗或用溶剂除油；清除氧化皮时，可采用机械方法，如不锈钢等用砂纸打磨，铝及其合金可用钢丝刷或用刮刀清除坡口表面及其附近两侧的氧化皮。

2. 引弧

钨极氩弧焊引弧常用的有短路引弧、高频引弧、高压脉冲引弧等方法。

(1)短路引弧

即钨极与焊件瞬间短路，钨极立即稍稍提起，在焊件和钨极之间产生电弧的方法。在操作上有摩擦引弧和点接触引弧之分。短路引弧法的缺点是：由于产生很大的短路电流，产生粘结，破坏了钨极端头的形状，有时会产生夹钨现象。一般钨极氩弧焊尽量不采用短路引弧，只有在焊接电流很小时，通过引弧板采用这种引弧的方法。

(2)高频引弧

高频引弧是手工钨极氩弧焊广泛采用的引弧方法。高频引弧是利用高频引弧器把普通工频交流电转换为高频高压电，当钨极与焊件之间有 5mm 以下的间隙时，即把氩气击穿电离，从而引燃电弧的方法。由于高频电流具有集肤效应，虽然电压很高，但对焊工较为安全，即使接触电极，也只会在表皮局部轻微烧伤。高频引弧的缺点是高频高压电容易窜到焊接电源或控制系统中去，干扰或破坏元件的正常工作程序，乃至击穿元件。使用高频引弧器应注意：连接导线应尽可能短，以减少损失；在调整高频时，一定要切断电源，并使电容器放电；引弧后及时停止振荡器工作，以免影响焊工的健康。

(3)高压脉冲引弧

其引弧原理与高频引弧相同。但高压脉冲引弧器供给的电流是高压脉冲电流，对焊工的健康无影响。高压脉冲引弧的击穿间隙小于高频引弧。

3. 填丝焊接

手工钨极氩弧焊通常采用左向焊法。运弧技术与焊条电弧焊不同，与气焊的焊炬运动相似，但要严格得多。焊接方向：直缝一般由右向左，环缝由下向上。焊炬以一定速度前移，其倾角与焊件表面呈 70°

～85°，焊丝置于熔池前面或侧面与焊件表面呈 15°～20°，详见图 4-7。

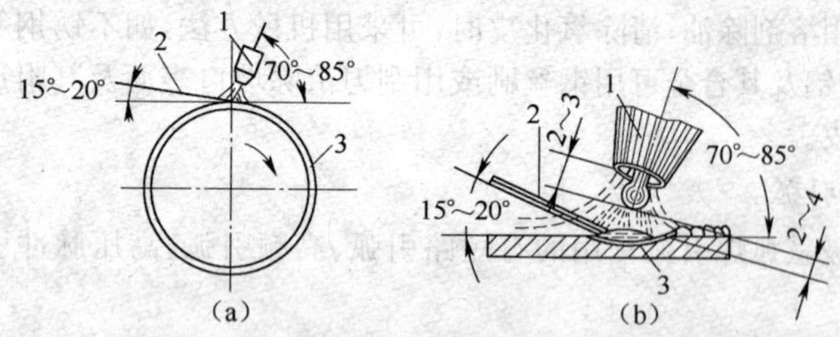

图 4-7 手工钨极氩弧焊时焊炬、焊丝的位置

(a)管子 (b)平板

1. 焊炬 2. 焊丝 3. 焊件

填丝时，必须等母材熔化充分后才可填加，以免未熔透。焊丝应从熔池前沿送进，随后收回。回退动作不可太大，因为填充丝端头已呈熔化状态，若马上脱离氩气保护区时，熔化端头会氧化及吸收气体。熔丝端部待熔化一段后再提起，但不应提得过高，否则形成的熔滴自由落下，使焊缝成型不良；若填充丝触到钨极上，会使钨极粘上填充金属，则电弧会马上分散开来，破坏焊接过程。

4. 接头

当更换焊丝或暂停焊接时，需要接头。这时，松开焊枪按钮开关，并停止送丝，借焊机电流衰减熄弧，但焊枪仍需对准熔池进行保护，待其完全冷却后方能移开焊枪。若焊机无电流衰减功能，应在松开按钮开关后稍抬高焊枪，待电弧熄灭、熔池完全冷却后移开焊枪。进行接头前，应先检查接头熄弧处弧坑质量。如果无氧化物等缺陷，则可直接进行接头焊接。如果有缺陷，则必须将缺陷修磨掉，并将其前端打磨成斜面，然后在弧坑右侧 15～20mm 处引弧，缓慢向左移动，待弧坑处开始熔化形成熔池和熔孔后继续填丝焊接。

5. 收弧

手工钨极氩弧焊的收弧方法常用的有增加焊速法、电流衰减法和采用收弧板。收弧不当会形成很大的弧坑，里面往往有缩孔，甚至会出现弧坑裂纹。

(1)增加焊速法

在焊接即将终止时，焊炬逐渐增加移动速度，减少填丝量，甚至不填充金属丝，使焊接熔池体积逐渐缩小，直到母材不再熔化时为止。此方法要求焊工技术熟练。

(2)电流衰减法

在焊接终止时，停止填丝，使焊接电流逐渐减小，从而使熔池体积不断缩小，最后断电。这种方法最为可靠，是手工或机械化钨极氩弧焊常常采用的收弧方法。目前生产的交流氩弧焊机都有电流自动衰减装置。

(3)采用收弧板

即把收弧熔池引到与焊件相连的另一块板上，焊后再将收弧板去掉。

6. 焊后清理检查

焊接结束后，关闭焊机，用钢丝刷清理焊缝表面；用肉眼或低倍放大镜检查焊缝表面是否有气孔、裂纹、咬边等缺陷；用焊缝量尺测量焊缝外观成型尺寸。

二、小直径管垂直固定对接手工钨极氩弧焊打底焊

1. 焊前准备

(1)管件尺寸及要求

管件材料：管件及坡口尺寸如图4-8所示；焊接位置：垂直固定；焊接要求：单面焊双面成型；焊接材料：焊丝为ER49-1(H08Mn2SiA)，电极为铈钨极，填充、盖面电焊条为E5015(J507)，氩气纯度为99.99%。

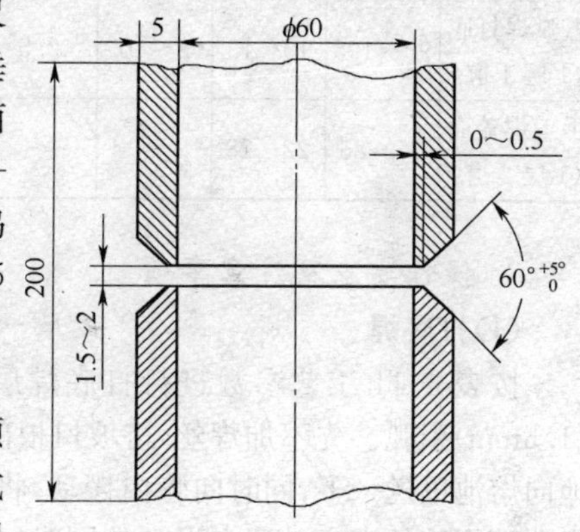

图4-8　工件及坡口尺寸

(2)准备工作

选用Ws7-400逆变式高频氩弧焊机或Zx7-400st逆变式直流焊条电弧焊/钨极氩弧焊两用焊机，采用直流正接。使用前，应检查焊机各处的接线是否正确、牢固、可靠，按要求调试好焊接参数。同时，应检查氩弧焊系统水、气冷却有无堵塞、泄漏。如发现故

障应及时解决。同时，应检查焊条质量，不合格者不能使用，焊接前焊条应严格按照规定的温度和时间进行烘干，而后放在保温筒内，随用随取。清理坡口及其正、反两面两侧 20mm 范围内和焊丝表面的油污、锈蚀，直至露出金属光泽，然后用丙酮进行清洗。准备好工作服、焊工手套、护脚、面罩、钢丝刷、锉刀、角向磨光机和焊缝量尺等。

(3)工件装配

装配间隙为 1.5～2.0mm。定位焊采用手工钨极氩弧焊一点定位，并保证该处间隙为 2mm，与它对称处间隙为 1.5mm。保持管道轴线垂直并加以固定，间隙小的一侧位于右边，定位焊长度为 10～15mm，将焊点接头端预先打磨成斜坡。采用与焊接工件相应型号焊接材料进行定位焊。错边量≤0.5mm。

2. 焊接工艺参数

焊接工艺参数见表 4-11。

表 4-11　小直径管垂直固定对接焊接工艺参数

焊接方法与层次	焊接电流(A)	电弧电压(V)	氩气流量(L/min)	钨极直径(mm)	焊丝/条直径(mm)	钨极伸出长度(mm)	喷嘴直径(mm)	喷嘴至工件距离(mm)
氩弧焊打底(1层1道)	90～105	10～12	8～10	2.5	2.5	4～6	8～10	≤8
手工焊盖面(1层2道)	75～85	22～28	—	—	2.5	—	—	—

3. 操作要点及注意事项

(1)打底焊

按表 4-11 工艺参数进行打底焊层的焊接。在右侧间隙最小处(1.5mm)引弧。先不加焊丝，待坡口根部熔化形成熔滴后，将焊丝轻轻地向熔池里送一下，同时向管内摆动，将液态金属送到坡口根部，以保证背面焊缝的高度。填充焊丝的同时，焊枪小幅度做横向摆动并向左均匀移动。在焊接过程中，填充焊丝以往复运动方式间断地送入电弧内的熔池前方，在熔池前呈滴状加入。焊丝送进速度要均匀，不能时快时慢，这样才能保证焊缝成型美观。当焊工要移动位置、暂停焊接时，应按收弧要点操作。焊工再进行焊接时，焊前应将收弧处修磨成斜坡并清理干净，在斜坡上引弧，移至离接头约 10mm 处焊枪不动，当获得清晰的熔池后，即可添加焊丝、继续从右向左进行焊接。小直径管道垂直固定打底焊时，熔池的热量要集中在坡口下部，以防止上部坡口过热，母材熔化过多，产生咬边或焊缝背面下坠。

(2)焊后清理检查

焊接结束后，关闭焊机，用钢丝刷清理焊缝表面；用肉眼或低倍放大镜检查焊缝表面是否有气孔、裂纹、咬边等缺陷；用焊口检测尺测量焊缝外观成型尺寸。

三、大直径、中厚壁管道水平固定对接钨极氩弧焊打底焊

1. 焊前准备

(1)管件尺寸及要求

管件及坡口尺寸如图 4-9 所示。焊接位置：水平固定；焊接要求：单面焊双面成型；焊接材料：焊丝为 ER49-1(H08Mn2SiA)；电极为铈钨极；填充、盖面电焊条为 E5015(J507)。

(2)准备工作

打底焊时，选用 Ws7-400 逆变式高频氩弧焊机，采用直流正接，选用空冷式焊枪；盖面焊时，选用 Zx7-400 逆变式直流焊条电弧焊/钨极氩弧焊两用焊机，采用直流反接（若使用该焊机打底，引弧应采用接触引弧）。使用前，应检查焊机各处的接线是否正确、牢固、可靠；按要求调试好焊接工艺参数。同时，应检查氩弧焊系统水、气冷却有无堵塞、泄漏。如发现故障应及时解决。同时，应检查焊条质量，不合格者不能使用，焊接前焊条应严格按照规定的温度和时间进行烘干，然后放在保温筒内随用随取。清理坡口及其正、反两面两侧 20mm 范围内和焊丝表面的油污、锈

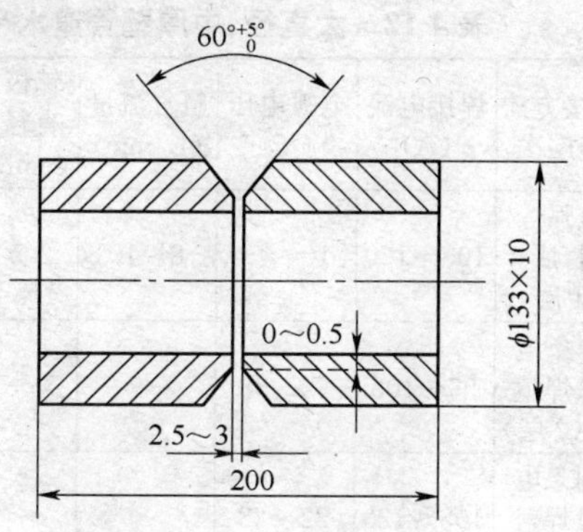

图 4-9 工件及坡口尺寸

蚀，直至露出金属光泽，然后用丙酮进行清洗。准备好工作服、焊工手套、护脚、面罩、钢丝刷、锉刀、角向磨光机和焊口检测尺等。

(3)工件装配

装配间隙为2.5～3mm。定位焊采用手工钨极氩弧焊两点定位，定位焊长度为10～15mm。定位焊位置分别位于管道横截面上相当于“时钟2点”和“时钟10点”位置，如图4-10所示。焊点接头端预先打磨成斜坡。工件装配最小间隙应位于截面上“时钟6点”位置，将工件固定于水平位置。错边量≤1.0mm。

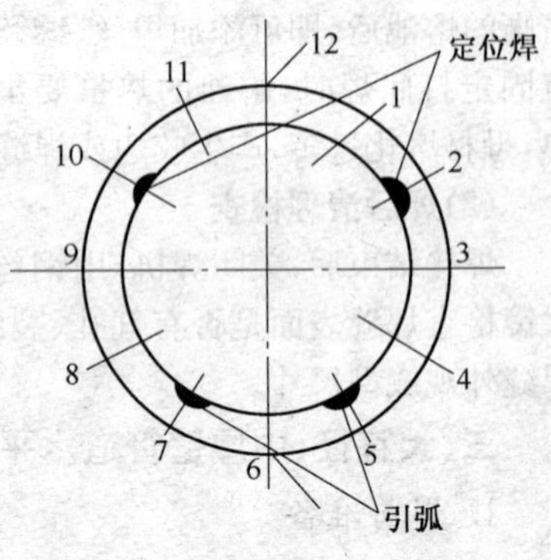

图4-10 定位焊、引弧处示意图

2. 焊接工艺参数

焊接工艺参数见表4-12。

表4-12 大直径、中厚壁管道水平固定对接焊接工艺参数

焊接方法与层次	焊接电流(A)	电弧电压(V)	氩气流量(L/mm)	钨极直径(mm)	焊丝/条直径(mm)	钨极伸出长度(mm)	喷嘴直径(mm)	喷嘴至工件距离(mm)
氩弧焊打底(1层)	105～120	10～13	8～10	2.5	2.5	4～6	8～10	≤10
焊条电弧焊填充(2层)	95～105	22～28	—	—	3.2	—	—	—
焊条电弧焊盖面(3层)	105～120	22～28	—	—	3.2	—	—	—

3. 操作要点及注意事项

焊缝分左右两个半圈进行。在仰焊位置起焊，平焊位置收弧。每个半圈都存在仰、立、平三个不同位置。

(1)引弧

在管道横截面上相当于“时钟5点”位置(焊右半圈)和“时钟7点”

位置(焊左半圈)引弧,如图 4-10 所示。引弧时,钨极端部应离开坡口面约 1～2mm,利用高频引弧装置引燃电弧;引弧后先不加焊丝,待根部钝边熔化形成熔池后,即可填丝焊接。为使背面成型良好,熔化金属应送至坡口根部。为防止始焊处产生裂纹,始焊速度应稍慢并多填焊丝,以使焊缝加厚。

(2)送丝

在管道根部横截面上相当于"时钟 4 点"至"时钟 8 点"位置采用内填丝法送丝,即焊丝处于坡口钝边内。在焊接横截面上相当于"时钟 4 点"至"时钟 12 点"或"时钟 8 点"至"时钟 12 点"位置时,则应采用外填丝法送丝(见图 4-11a、b)。若全部采用外填丝法送丝,则坡口间隙应适当减小,一般为 1.5～2.5mm。在整个施焊过程中,应保持等速送丝,焊丝端部始终处于氩气保护区内。

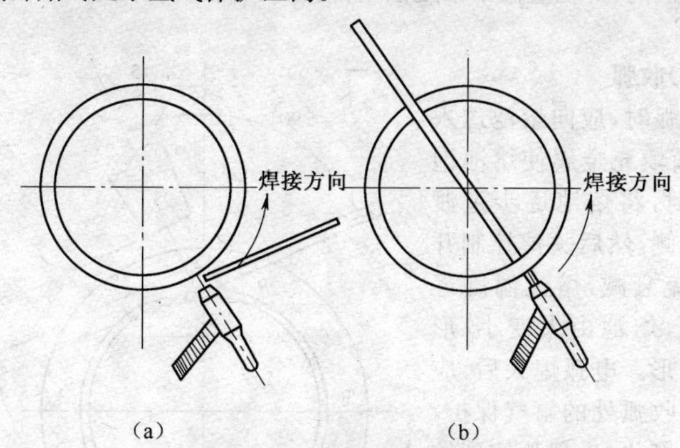

图 4-11 两种不同填丝方法

(a)外填丝法 (b)内填丝法

(3)焊枪、焊丝与管的相对位置

钨极与管子轴线成 90°,焊丝沿管子切线方向,与钨极成约 100°～110°,如图 4-11a 所示。当焊至横截面上相当于"时钟 10 点"至"时钟 2 点"的斜平焊位置时,焊枪略后倾。此时焊丝与钨极成 100°～120°。

(4)焊接

引燃电弧,控制电弧长度为 2～3mm。此时,焊枪暂留在引弧处,待两侧钝边开始熔化时立刻送丝,使填充金属与钝边完全熔化,形成明亮清晰的熔池后，焊枪匀速上移。伴随连续送丝，焊枪同时做小幅度锯齿形横向摆动。仰焊部位送丝时，应有意识地将焊丝往根部“推”，使管壁内部的熔池成型饱满，以避免根部凹坑。当焊至平焊位置时，焊枪略向后倾，焊接速度加快，以避免熔池温度过高而下坠。若熔池过大，可利用电流衰减功能，适当降低熔池温度，以避免仰焊位置出现凹坑或其他位置出现凸起。

(5)接头

若施焊过程中断或更换焊丝时，应先将收弧处焊缝打磨成斜坡状，在斜坡后约 10mm 处重新引弧，电弧移至斜坡内时稍加焊丝。当焊至斜坡端部出现熔孔后，立即送丝并转入正常焊接。焊至定位焊缝斜坡处接头时，电弧稍作停留，暂缓送丝，待熔池与斜坡端部完全熔化后再送丝。同时，焊枪应做小幅度摆动，使接头部位充分熔合，形成平整的接头。

(6)收弧

收弧时，应向熔池送入 2～3 滴填充金属使熔池饱满，同时，将熔池逐步过渡到坡口侧，然后关掉控制开关，电流衰减，熔池温度逐渐降低，熔池由大变小，形成椭圆形。电弧熄灭后，应延长对收弧处的氩气保护，以避免氧化，出现弧坑裂纹及缩孔。

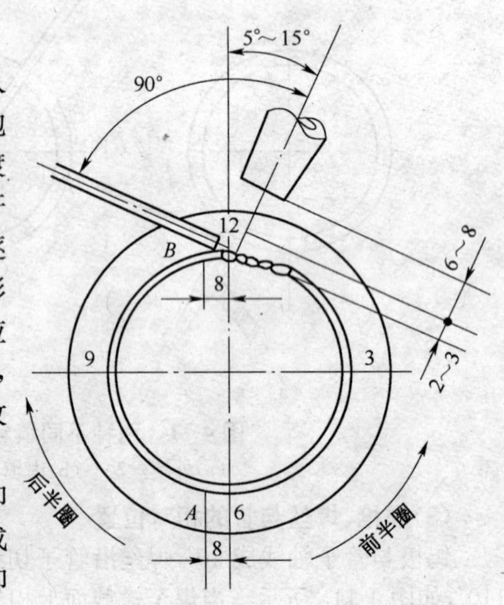

图 4-12　焊丝与焊枪角度

前半圈焊完后，应将仰焊起弧处焊缝端部修磨成斜坡状。后半圈施焊时，仰焊部位的接头方法与上述接头焊相同，其余部位焊接方法与前半圈相同。当焊至横截面上相当于“时钟 12 点”位置收弧时，应与前半圈焊缝重叠 5～10mm，如图 4-12 所示。

第五章　二氧化碳气体保护焊

二氧化碳气体保护焊是 CO_2 作为保护气体的气体保护电弧焊，简称 CO_2 焊。CO_2 焊主要用于低碳钢、低合金钢的焊接，不仅能焊薄板，也能焊中、厚板，同时可进行全位置的焊接。除了用于焊接结构外，还用于修理，如堆焊磨损的零件以及焊补铸铁等。按不同的焊丝直径可分为细丝 CO_2 焊（焊丝直径≤1.2mm）及粗丝 CO_2 焊（焊丝直径≥1.6mm）。由于细丝 CO_2 焊的工艺比较成熟，应用最为广泛。

CO_2 焊按操作方法可分为 CO_2 半自动焊和 CO_2 自动焊两种。它们的区别在于 CO_2 半自动焊是手工操作完成热源的移动，而送丝、送气等与 CO_2 自动焊一样，是由相应的机械装置来完成。本章内容主要介绍 CO_2 半自动焊。

第一节　二氧化碳气体保护焊的工艺特点和设备

一、二氧化碳焊的工艺特点

由于 CO_2 气体比空气重，因此，从喷嘴中喷出的 CO_2 气体可以在电弧区形成有效的保护层，防止空气进入熔池，特别是防止空气中氮的有害影响。如图 5-1 所示，熔化电极（焊丝）通过送丝滚轮不断地送进，与工件之间产生电弧，在电弧热的作用下，熔化焊丝和工件形成熔池，随着焊枪的移动，熔池凝固形成焊缝。

1. CO_2 焊的主要优点

①生产率高。由于焊接电流密度较大，电弧热量利用率较高，焊丝又是连续送进，以及焊后不需清渣，因此，提高了生产率。

②成本低。CO_2 气体价格便宜、电能消耗少，焊接成本低。焊接成本仅为埋弧自动焊的 40%，为焊条电弧焊的 37%～42%。

③焊接变形和应力小。由于电弧加热集中，工件受热面积小。同

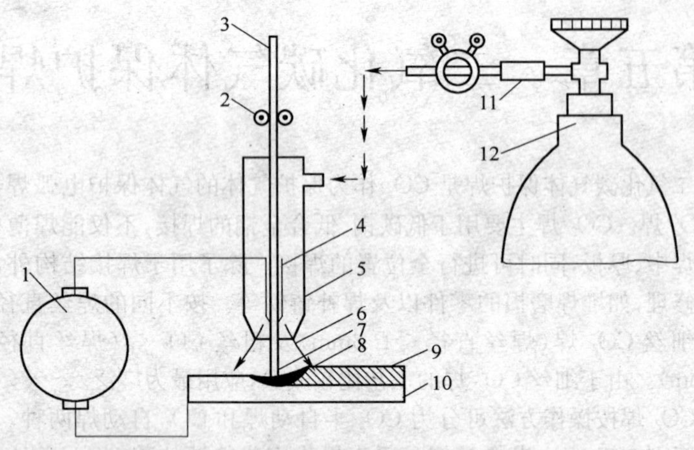

图 5-1　CO_2 焊过程示意图

1. 焊接电源　2. 送丝滚轮　3. 焊丝　4. 导电嘴　5. 喷嘴
6. CO_2 气体　7. 电弧　8. 熔池　9. 焊缝　10. 焊件
11. 预热干燥器　12. CO_2 气瓶

时，CO_2 气流有较强的冷却作用，所以，焊接变形和应力小，一般结构焊后即可使用，特别适用于薄板焊接。

④焊缝质量高。由于焊缝含氢量少，抗裂性能好，焊接接头的力学性能良好，故焊接质量高。

⑤操作简便。焊接时，可以观察到电弧和熔池的情况，故操作容易掌握，不易焊偏，有利于实现机械化和自动化焊接。

2. CO_2 焊的缺点

①飞溅较大，并且表面成型较差。这是主要缺点。

②弧光较强，特别是大电流焊接时，电弧的光热辐射均较强。

③很难用交流电源进行焊接，焊接设备比较复杂。

④不能在有风的地方施焊；不能焊接容易氧化的有色金属。

3. 焊接过程中的其他特性

(1)氧化性

CO_2 在常温下呈中性，但高温时可分解，使电弧具有强烈的氧化性，会使合金元素氧化烧损，降低焊缝金属的力学性能，同时，成为产生气孔及飞溅的主要原因。因此，CO_2 焊要获得高质量的焊缝，必须采取有效的脱氧措施。

在 CO_2 焊接中，通常的脱氧方法是采用含有足够脱氧元素的焊丝。CO_2 焊用于焊接低碳钢和低合金高强度钢时，主要采用硅锰联合脱氧的方法，即采用硅锰钢焊丝，如 ER49-1（H08Mn2SiA）。硅锰脱氧后生成 SiO_2 和 MnO，组成复合熔渣，很容易浮出熔池，形成一层微薄的渣壳覆盖在焊缝的表面。

(2)气孔

CO_2 焊容易产生氮气孔。氮的来源是空气。CO_2 焊时，当 CO_2 气体流量太小或太大、喷嘴与工件距离过大、喷嘴被飞溅物堵塞、焊接场地有侧向风等原因会造成 CO_2 焊时机械保护差，容易产生氮气孔。

(3)熔滴过渡

熔化极气体保护焊的熔滴过渡形式大致有三种，即短路过渡、粗滴过渡和喷射过渡，如图 5-2 所示。

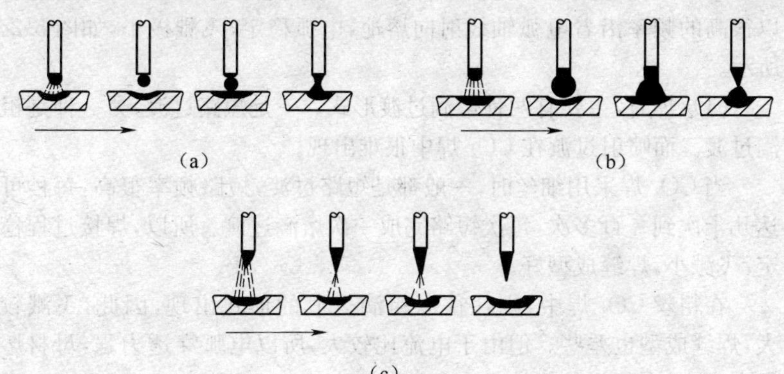

图 5-2　熔滴过渡形式示意图

(a)短路过渡　(b)粗滴过渡　(c)喷射过渡

①短路过渡。由于短路过渡时电弧很短，焊丝末端的熔滴还未形成大滴时，即与熔池接触而短路，使电弧熄灭。在短路电流产生的电磁收缩力及熔池表面张力的共同作用下，熔滴迅速脱离焊丝末端过渡到熔池中去。以后，电弧又重新引燃。这样周期性的短路—燃弧交替的

过程，称为短路过渡（见图 5-2a）。

短路过渡是在采用细焊丝、小电流、低电弧电压焊接时出现的。

②粗滴过渡（颗粒过渡）。粗滴过渡是采用中等工艺参数以上的电流和电压时发生的，电弧较长，熔滴呈颗粒状。粗滴过渡有两种形式。

一是有短路的粗滴过渡。当焊接电流和电弧电压稍高于短路过渡焊接时，由于电弧长度加大，焊丝熔化较快，而电磁收缩力不够大，以致熔滴体积不断增大，并在熔滴自身重力的作用下，向熔池过渡，同时伴随着一定的短路过渡。此时，过渡频率低，每秒只有几滴到二十几滴，如图 5-2b 所示。

二是无短路的粗滴过渡。当进一步增大焊接电流和电弧电压时，由于电磁收缩力的加强，阻止了熔滴自由胀大，并促使熔滴加快过渡，同时不再发生短路过渡现象。因熔滴体积减小，故过渡频率略有增加。这两种粗滴过渡的形式，常用于中、厚板的焊接。

③喷射过渡。在粗滴过渡的基础上，当增大的焊接电流达到一定数值时，即会变为喷射过渡。其特点是：熔滴形成尺寸很小的微粒流，以很高的频率沿着电弧轴线射向熔池，电弧稳定，飞溅极小，如图 5-2c 所示。

CO_2 焊时，主要有两种熔滴过渡形式。一是短路过渡，另一种是粗滴过渡。而喷射过渡在 CO_2 焊中很难出现。

当 CO_2 焊采用细丝时，一般都是短路过渡，短路频率很高，每秒可达几十次到一百多次，每次短路完成一次熔滴过渡。所以，焊接过程稳定，飞溅小，焊缝成型好。

在粗丝 CO_2 焊中，则往往以粗滴过渡的形式出现，因此，飞溅较大，焊缝成型也差些。但由于电流比较大，所以电弧穿透力强，母材熔深大，这对中厚板的焊接是有利的。

(4)飞溅

飞溅是 CO_2 焊的主要缺点。一般在粗滴过渡时，飞溅程度比短路过渡焊接时严重得多。为了提高焊接生产率和质量，必须把飞溅减少到最低程度。

①由冶金反应引起的飞溅。由于熔滴和熔池中的碳被氧化生成 CO_2 气体，在电弧高温作用下，体积急剧膨胀突破熔滴或熔池表面的约

束，形成爆破，从而形成飞溅。

采用含有硅、锰脱氧元素的焊丝能减少飞溅。如果进一步降低焊丝的含碳量，并适当增加铝、钛等脱氧能力强的元素，飞溅还可进一步减少。

②由极点压力引起的飞溅。这种飞溅主要取决于电弧的极性。采用直流正接焊接时，正离子飞向焊丝末端的熔滴，机械冲击力大，造成大颗粒飞溅。当采用反接时，主要是电子撞击熔滴，极点压力大大减小，故飞溅比较小。所以，CO_2 焊多采用直流反接进行焊接。

③熔滴短路时引起的飞溅。这是在短路过渡和有短路的粗滴过渡时产生的飞溅。当电源动特性不好时显得更严重。当短路电流增长速度过快，或短路最大电流值过大时，熔滴刚与熔池接触，由于短路电流强烈加热及电磁收缩力的作用，结果，缩颈处的液态金属发生爆破，产生较多细颗粒飞溅，如图 5-3a 所示。如果短路电流增长速度过慢，则短路时电流不能及时增大到要求的数值，缩颈处就不能迅速断裂，使伸出导电嘴的焊丝在长时间的电阻加热下，成段软化和断落，并伴随着较多的大颗粒飞溅，如图 5-3b 所示。

通过改变焊接回路中的电感数值，能够减少这种短路飞溅。若串入回路的电感值较合适时，则飞溅较小，噪声较小，焊接过程比较稳定。

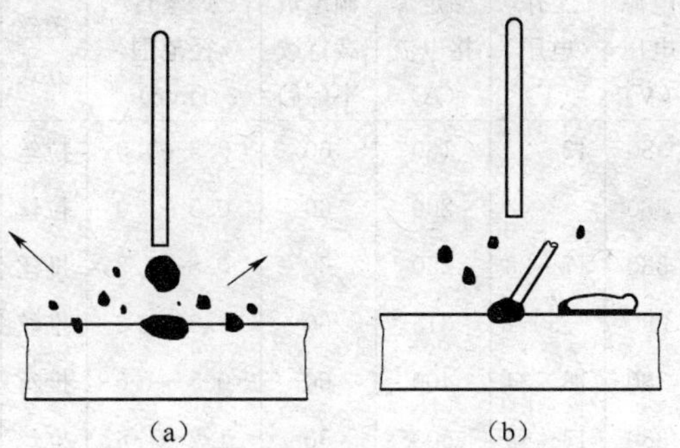

图 5-3 短路电流增长速度对飞溅的影响

(a)短路电流增长过快 (b)短路电流增长过慢

④非轴向熔滴过渡造成的飞溅。这种飞溅是在粗滴过渡焊接时，由于电弧的斥力所引起的。熔滴在极点压力和弧柱中气流压力的共同

作用下，被推向焊丝末端的一边，并抛到熔池外面，使熔滴形成大颗粒的飞溅。

⑤焊接工艺参数选择不当引起的飞溅。这种飞溅是在焊接过程中，由于焊接电流、电弧电压、电感值等工艺参数选择不当而造成的。因此，必须正确地选择 CO_2 焊的焊接工艺参数，以减小这种飞溅的产生。

二、二氧化碳气体保护焊焊接设备

二氧化碳气体保护焊的设备由焊接电源（即弧焊电源）、焊枪、送丝系统、供气系统、冷却水系统以及控制系统等部分组成。

1. 焊接电源

CO_2 焊使用直流平外特性电源，电弧电压和电流的关系与陡降外特性相比，则完全不同，一般需用专用电源。如用普通焊条电弧焊机进行 CO_2 焊，需对焊机改装后才能使用。

CO_2 焊机有机械化和半机械化两种。按使用焊丝直径的粗细，可分粗丝焊机和细丝焊机两类。按焊丝的输送方式，可分推丝式和拉丝式焊机。国产 CO_2 焊机的型号和参数见表 5-1。

表 5-1 国产 CO_2 焊机的型号和参数

焊机型号	电源电压（V）	工作电压（V）	额定焊接电流（A）	额定负载持续率（%）	焊丝直径范围（mm）	送丝方式	送丝速度（m/h）
NBC-160	380	12～22	160	60	0.5～1.0	拉丝	40～200
NBC-200	380	—	200	60	0.5～1.0	拉丝	90～540
NBC-250	380	17～26	250	60	0.8～1.2	推丝	60～250
NBC-315	380	30	315	60	0.8～1.2	推丝	120～270
NBC-400	380	18～34	400	60	0.8～1.6	推丝	80～500
NBC-500	380	13～45	500	80	1.2～1.6	推丝	120～720
NBC1-200	380	14～30	200	100	0.8～1.2	推丝	100～1000
NBC1-250	380	27	250	60	1.0～1.2	推丝	120～720
NBC1-300	380	17～29	300	70	1.0～1.4	推丝	160～480
NBC1-400	220	15～42	400	60	1.2～1.6	推丝	80～800

续表 5-1

焊机型号	电源电压(V)	工作电压(V)	额定焊接电流(A)	额定负载持续率(%)	焊丝直径范围(mm)	送丝方式	送丝速度(m/h)
NBC1-500-1	380	15～40	500	60	1.2～2.0	推丝	160～480
NBC2-500	380	20～40	500	60	1.0～1.6 1.6～2.4	—	120～1080
NBC3-250	380	14～30	250	100	0.8～1.6	推丝	100～1000
NZC-500-1	380	20～40	500	60	1～2	推丝	96～960
ZNC-1000	380	30～50	1000	100	3～5	推丝	60～228

注：焊机型号中，"N"表示熔化极气体保护焊机，"B"表示半自动焊，"Z"表示自动焊，"C"表示 CO_2 焊，短杠后的数字表示额定焊接电流，单位为 A。

2. 焊枪

熔化极气体保护焊焊枪的作用是导电、导丝和导气。

半自动焊枪按送丝方式分，有推丝式焊枪和拉丝式焊枪两种。

推丝式焊枪有两种形式：鹅颈式焊枪(见图 5-4)和手枪式焊枪。鹅颈式焊枪适合于小直径焊丝，使用灵活方便，适合于紧凑部位、难以达到的拐角处和某些受限区域的焊接。手枪式焊枪适合于较大直径焊丝，常采用水冷却。

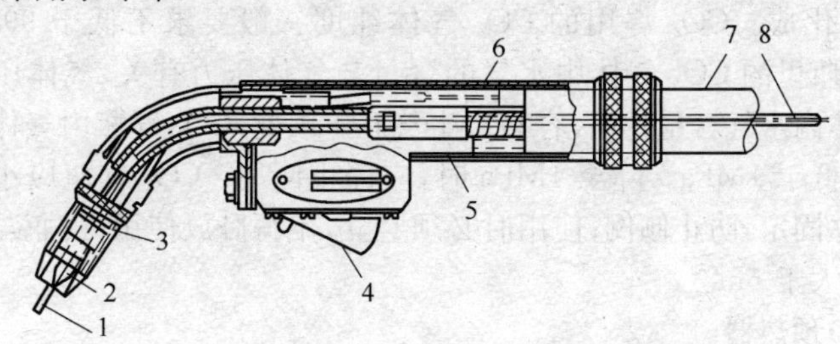

图 5-4　鹅颈式气冷熔化极气体保护焊焊枪

1. 焊丝　2. 导电嘴　3. 喷嘴　4. 焊枪开关　5. 焊枪手把　6. 气体导管　7. 复式电缆　8. 焊丝导管

拉丝式焊枪采用手枪式，送丝机构和焊丝盘都装在焊枪上，送丝速度稳定，但结构复杂、笨重，用于直径 0.5～0.8mm 的细丝 CO_2 焊。

自动焊焊枪装在焊接机头下部，有细丝气冷和粗丝水冷两种。焊接机头上部为送丝机构，焊丝通过送丝轮和导丝管进入焊枪。

3. 送丝系统

CO_2 焊通常采用等速送丝系统：粗丝大焊接工艺参数自动焊时，可采用变速的均匀调节送丝系统。

送丝系统通常由送丝机构（包括电动机、减速器、校直轮、送丝轮）、送丝软管、焊丝盘等组成。

推丝式是半自动熔化极气体保护焊最广泛使用的送丝方式。这种送丝方式的焊枪结构简单、轻便，操作维修都比较方便。但送丝阻力较大，随着送丝软管长度的增长，焊丝直径变细，焊丝材质变软，送丝稳定性变差。因此，一般用于直径 1mm 以上的焊丝，送丝软管长度为 3～5m。半自动 CO_2 焊拉丝式送丝机构常用于细直径（ϕ0.8mm）焊丝焊接薄板。推拉丝式送丝机构用于长距离送丝，送丝软管最长可达 15m 左右。

4. 供气系统

(1)CO_2 气瓶

CO_2 瓶体为铝白色，漆有“液化二氧化碳”黑色字样。CO_2 气瓶容积 40L，可装 25kg 液态 CO_2。满瓶 CO_2 气瓶中，液态 CO_2 和气态 CO_2 约分别占气瓶容积的 80％和 20％。焊接用的 CO_2 气由气瓶内的液态 CO_2 气化成。CO_2 焊用的 CO_2 气体纯度一般要求不低于 99.5％。CO_2 气瓶里的 CO_2 气体中水气的含量与气体压力有关，气体压力越低，气体内水气含量越高，容易产生气孔。因此，CO_2 气瓶内气体压力要求不低于 1MPa。降至 1MPa 时，应停止使用。CO_2 气瓶应小心轻放，竖立固定，防止倾倒；使用时必须竖立，不得卧放使用；气瓶与热源距离应大于 5m。

(2)预热器

预热器的作用是防止瓶阀和减压器冻坏或气路堵塞。这是因为 CO_2 气瓶内液态 CO_2 挥发时要吸收大量热量，使气体温度下降到 0℃以下，很容易把瓶阀和减压器冻坏并造成气路堵塞。预热器的功率为 100W 左右。预热器电压应低于 36V，外壳接地可靠。工作结束立即切断电源和气源。

(3)干燥器

干燥器的作用是吸收 CO_2 气体中的水分，防止气孔。接在减压器前面的称高压干燥器（往往和预热器做成一体），接在减压器后面的称低压干燥器。干燥器内装有硅胶或脱水硫酸铜、无水氧化钙等干燥剂。

(4)减压器

减压器的作用是将气瓶内的气体压力降低至使用压力，并保持使用压力稳定，使用压力还应该可以调节。CO_2 气体减压器通常可采用氧气减压器。

(5)流量计

流量计的作用是测量和调节 CO_2 气体的流量，常用转子流量计。也可把减压器和流量计做成一体。

(6)电磁气阀

电磁气阀是用电信号控制气流通断的装置。

5. 冷却水系统

水冷式焊枪的冷却水系统由水箱、水泵、冷却水管和水压开关等组成。水箱里的冷却水经水泵流经冷却水管，经水压开关流入焊枪，然后经冷却水管回流入水箱，形成冷却水循环。水压开关的作用是保证当冷却水未流经焊枪时，焊接系统不能起动焊接，以保护焊枪。

6. 控制系统

控制系统主要是程序控制系统。其作用是对 CO_2 焊的供气、送丝和供电系统实行控制，自动焊时，还要对行走机构的起动和停止进行控制，控制电磁气阀实现提前送气和滞后停气，控制送丝和供电系统，实现供电的通断，可控制引弧和熄弧等。

第二节　二氧化碳气体保护焊焊接材料和焊接规范

一、CO_2 焊焊丝型号、规格和用途

1. 常用实心焊丝的型号、规格和用途

CO_2 焊进行低碳钢和低合金钢焊接时，为保证焊缝具有较高的机

械性能和防止气孔产生，必须采用含锰、硅等脱氧元素的合金钢焊丝，同时，还应限制焊丝中的含碳量。其中，ER49-1(H08Mn2SiA)使用较多，主要用于低碳钢和低合金钢的焊接。常用焊丝的型号、规格和用途详见表 5-2。

表 5-2 常用 CO_2 焊焊丝的型号、规格和用途

型号	规格(mm)	焊接电流(A)	CO_2 气体流量(L/min)	用途
ER49-1	φ0.8	50～140	15	主要用于低碳钢、低合金钢如16Mn、15MnV 等钢制造的车辆、船舶、建筑机械结构件的气体保护焊
	φ1.0	50～220	15～20	
	φ1.2	80～350	15～25	
	φ1.6	170～550	20～25	
ER50-3	φ0.8	50～140	15	用于 450 及 500MPa 级强度的碳钢和低合金钢如桥梁、车辆、建筑、管线等的单道或多道、对接或角接的气体保护焊
	φ1.0	50～220	15～20	
	φ1.2	80～350	15～25	
	φ1.6	170～550	20～25	
ER50-4	φ0.8	50～140	15	适用于碳钢的焊接；也可用于薄板、管的高速焊接；在小电流规范下电流仍很稳定，并可进行立向下焊
	φ1.0	50～220	15～20	
	φ1.2	80～350	15～25	
	φ1.6	170～550	20～25	
ER50-6	φ0.8	50～140	15	用于碳钢及 500MPa 级强度的低合金钢如桥梁、车辆、建筑、机械结构等的单道或多道焊；也可用于薄板、管的高速焊接
	φ1.0	50～220	15～20	
	φ1.2	80～350	15～25	
	φ1.6	170～450	20～25	

2. 药芯焊丝型号、规格和用途

药芯焊丝是由薄钢带卷成圆形或异形钢管的同时，填进一定成分的药粉料，经拉制而成的一种焊丝。药芯焊丝的截面形状如图 5-5 所示。药芯焊丝分为气体保护药芯焊丝和自保护药芯焊丝两大类。药芯焊丝二氧化碳气体保护焊又称为熔化极管状焊丝二氧化碳保护焊，它具有以下优点：在一定焊接参数下，可进行全位置焊接；熔敷效率较高，调整合金成分方便；药芯能改变熔滴过渡的特点，从而可减少飞溅和改善焊缝成型；穿透力强，单面焊双面成型；由于是 CO_2 气体和熔渣联合保护，因而可有效地防止气孔；烟尘量低；对焊接电源无特殊要求，直流、交流焊接电源均可以使用。采用直流电源焊接时，要用直流反接(焊丝接电源正极)。药芯焊丝分为碳钢药芯焊丝和低合金钢药芯焊丝。

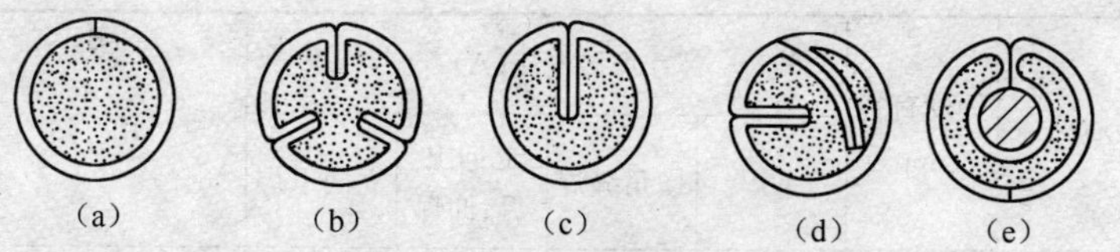

图 5-5　药芯焊丝截面形状

(a)O形　(b)梅花形　(c)T形　(d)E形　(e)中间填丝形

(1)碳钢药芯焊丝型号的编制方法

气体保护电弧焊用碳钢药芯焊丝型号为:E×××T-×-×ML。字母"E"表示焊丝,字母"T"表示药芯焊丝,字母"M"表示保护气体为(75%～80%)Ar+CO_2。当无字母"M"时,表示保护气体为 CO_2 或为自保护型。字母"L"表示焊缝金属的冲击性能在−40℃时,其V形缺口冲击功不小于27J。当无字母"L"时,表示焊缝熔敷金属的冲击性能符合一般要求。

字母"E"后面的前两个符号"××"表示熔敷金属的力学性能;字母"E"后面的第三个符号"×"表示推荐的焊接位置,其中"0"表示平焊和横焊位置,"1"表示全位置;短划后面的符号"×"表示焊丝的类别特点。

常用碳钢药芯焊丝见表 5-3。

表 5-3　常用 CO_2 焊碳钢药芯焊丝型号、规格和用途

型号	焊丝直径(mm)	焊接电流(A)				用　途
		平焊	横角缝焊	立向上焊、仰焊	立向下焊	
E500T-1	1.2	120～300	120～280	—	—	CO_2 焊用钛型药芯焊丝适用于低碳钢和 490MPa 级高强钢中、厚板的焊接,多用于船舶、机械设备、桥梁等钢结构件的平焊和横角焊
	1.6	180～450	180～350	—	—	
	2.0	300～550	300～500	—	—	

续表 5-3

型号	焊丝直径(mm)	焊接电流(A)				用　途
		平焊	横角缝焊	立向上焊、仰焊	立向下焊	
E501T-1	1.2	120～300	120～280	120～260	200～300	CO_2 焊用钛型药芯焊丝，全位置焊，亦可立向下焊。用于低碳钢和 490MPa 级高强钢结构的焊接。多用于船舶、压力容器、机械设备、桥梁等钢结构件的平焊和横角焊
	1.4	150～400	180～320	150～270	220～300	
	1.6	180～450	180～350	180～280	250～300	

(2)低合金钢药芯焊丝型号的编制方法

非金属粉型药芯焊丝型号为：E×××T×-××(-JH×)。字母“E”表示焊丝，字母“T”表示非金属粉型药芯焊丝。字母“E”后面的前两个符号“××”表示熔敷金属的最低抗拉强度；字母“E”后面的第三个符号“×”表示推荐的焊接位置；字母“T”后面的符号“×”表示药芯类型及电流种类；“T”后面第一个短划“-”后面的符号“×”表示熔敷金属化学成分代号；表示熔敷金属化学成分代号后面的符号“×”表示保护气体类型：“C”表示 CO_2 气体，“M”表示 Ar+(20%～25%) CO_2 混合气体。当该位置没有符号出现时，表示不采用保护气体，为自保护型；在型号中如果出现第二个短划“-”及字母“J”时，表示焊丝具有更低温度的冲击性能；在型号中如果出现第二个短划“-”及字母“H×”时，表示熔敷金属扩散氢含量，×为扩散氢含量的最大值(mL/100g)。

常用低合金钢药芯焊丝型号、规格和用途见表 5-4。

表 5-4　常用 CO_2 焊低合金钢药芯焊丝型号、规格和用途

型号	焊丝直径(mm)	焊接电流(A)	CO_2 气体流量(L/min)	焊丝伸出长度(mm)	用　途
E551T1-Ni1C	1.2	120～300	20～25	20	适用于 600MPa 级高强钢的焊接，桥梁、储罐等结构间的对接、和角接焊缝。可进行全位置焊接，低温冲击韧性高。焊接过程稳定
	1.4	150～400	20～25	20	
	1.6	180～450	20～25	20	
E551T1-B2C	1.2	120～300	20～25	20	适用于 1% Cr-0.5% Mn（如 15 CrMn）耐热钢的焊接，焊前焊件需预热 150～250℃。可进行全位置焊接，有良好的焊接工艺
	1.4	150～400	20～25	20	
	1.6	180～450	20～25	20	
E691T1-B3	1.2	120～300	20～25	20	适用于 2.25%Cr-1%Mn 耐热钢的焊接，焊前焊件需预热 200～300℃。可进行全位置焊接，有良好的焊接工艺
	1.4	150～400	20～25	20	
	1.6	180～450	20～25	20	

二、CO_2 焊的焊接规范

1. CO_2 焊工艺参数

CO_2 焊时必须使用直流电源，且多采用直流反接。

CO_2 焊的焊接工艺参数包括焊丝直径、焊接电流、电弧电压、焊接速度、焊丝伸出长度、气体流量等。

(1)焊丝直径

焊丝直径根据焊件厚度、焊缝空间位置及生产率的要求等条件来选择(见表 5-5)。焊接薄板或中、厚板的立焊、横焊、仰焊时，多采用直径 1.6mm 以下的焊丝；在平焊位置焊接中、厚板时，可以采用直径大于 1.6mm 的焊丝。

表 5-5　不同直径焊丝的适用范围

焊丝直径(mm)	焊件厚度(mm)	施焊位置	熔滴过渡形式
0.5～0.8	1～2.5 2.5～4	各种位置 平焊	短路过渡 粗滴过渡
1.0～1.4	2～8 2～12	各种位置 平焊	短路过渡 粗滴过渡
≥1.6	3～12 >6	立、横、仰焊 平焊	短路过渡 粗滴过渡

(2)焊接电流

焊接电流对熔深、焊丝熔化速度及工作效率影响最大。如图 5-6 所示，当焊接电流逐渐增大时，熔深、熔宽和余高都相应增加。在大电流单层焊的情况下，母材稀释率大，熔敷金属容易受到母材成分的影

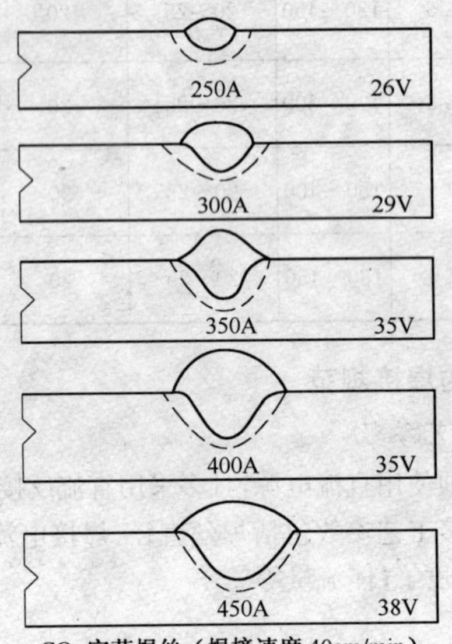

图 5-6　焊接电流与熔深的关系

响。在小电流多层焊的情况下，熔深小，母材稀释率小，对熔敷金属性质的影响也就小。

焊接电流与工件的厚度、焊丝直径、施焊位置以及熔滴过渡形式有关。焊丝直径与焊接电流的关系见表 5-6。通常用直径为 0.8～1.6mm 的焊丝，在短路过渡时，焊接电流在 50～230A 范围内选择。粗滴过渡时，焊接电流可在 250～500A 内选择。

表 5-6 焊丝直径与焊接电流的关系

焊丝直径(mm)	适用的电流范围(A)
0.8	50～120
0.9	60～150
1.0	70～180
1.2	80～350
1.6	300～500

(3)电弧电压

CO_2 焊时，电弧电压一般根据焊丝直径、焊接电流等来选择。随着焊接电流的增加，电弧电压也应相应加大。一般来说，短路过渡时，电压为 16～24V；粗滴过渡时，电压为 25～40V。

在 CO_2 焊焊接工艺参数中，电弧电压是一个关键的参数。电弧电压大小决定了电弧长短和熔滴过渡的形式，对焊道外观、熔深、焊缝成型、飞溅、焊接过程的稳定和焊接缺陷及焊缝的力学性能都有很大影响。短路过渡要求电弧电压低，电弧电压高了，变成颗粒过渡。但也不能过低，否则焊接过程不稳定。电弧电压必须与焊接电流匹配。表 5-7 所示为三种不同直径焊丝典型的短路过渡焊接工艺参数。采用这种典型参数焊接时飞溅最小。图 5-7 所示为四种直径焊丝短路过渡时适用的焊接电流和电弧电压的范围。参数在此范围内，焊接过程的稳定性和焊接质量均是满意的。

表 5-7 典型的短路过渡焊接工艺参数

焊丝直径(mm)	0.8	1.2	1.6
电弧电压(V)	18	19	20
焊接电流(A)	100～110	120～135	140～180

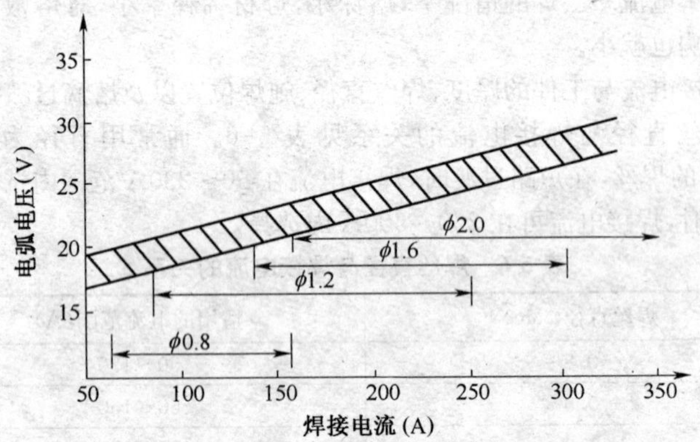

图 5-7 短路过渡焊接时适用的电流和电压范围

(4)焊接速度

焊接速度和焊接电流、电弧电压是焊接线能量的三大要素。它对熔深和焊道形状影响最大，对焊缝区的力学性能，以及是否产生裂纹、气孔等也有一定影响。焊接高强度钢时，为防止产生裂纹，确保焊缝区的塑性、韧性，要特别注意选择适当的线能量。一般半自动焊时，焊接速度在 15～40m/h 范围内，自动焊时不超过 90m/h。

(5)焊丝伸出长度

通常，焊丝伸出长度取决于焊丝直径，约以焊丝直径的 10 倍为宜。伸出长度过大，焊丝会成段熔断，飞溅严重，气体保护效果差。过小，不但易造成飞溅物堵塞喷嘴，影响保护效果，也影响焊工视线。

(6)CO_2 气体流量

CO_2 气体流量的大小应根据焊接电流、电弧电压、焊接速度等因素来选择。通常，细丝 CO_2 焊时，气体流量为 5～15L/min；粗丝 CO_2 焊时，为 15～25L/min。

在焊接回路中，为使焊接电弧稳定和减少飞溅，一般需串联合适的电感。回路电感应根据焊丝直径、焊接电流和电弧电压等来选择(见表 5-8)。

表 5-8 不同直径焊丝合适的电感值

焊丝直径(mm)	0.8	1.2	1.6
电感值(mH)	0.01～0.08	0.10～0.16	0.30～0.70

CO_2 焊中，除上述参数外，焊枪角度、焊枪与母材的距离等也对焊接质量有影响。图 5-8 显示了焊接过程中各种因素对焊接质量的影响。

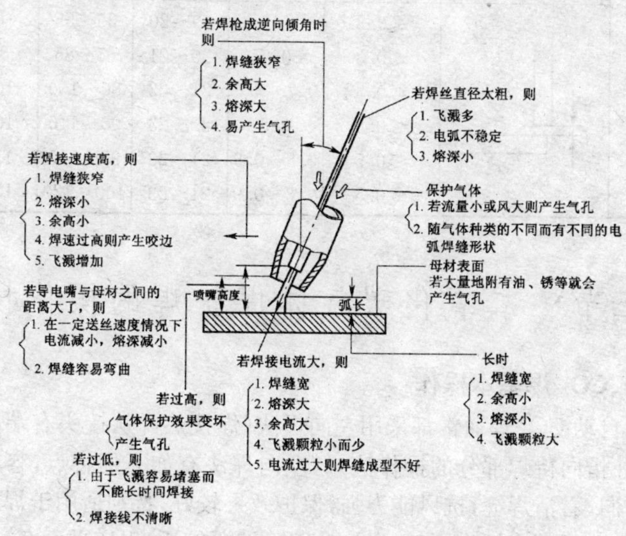

图 5-8　各种焊接条件对焊接质量的影响

2. 薄板细丝半自动 CO_2 焊焊接规范

薄板细丝半自动 CO_2 焊焊接规范见表 5-9。

表 5-9　薄板细丝半自动 CO_2 焊焊接规范

材料厚度(mm)	接头形式	装配间隙 C(mm)	焊丝直径(mm)	电弧电压(V)	焊接电流(A)	气体流量(L/min)
≤1.2		≤0.3	0.6	18～19	30～50	6～7
1.5			0.7	19～20	60～80	
2.0 2.5		≤0.5	0.8	20～21	80～100	7～8
3.0 4.0		≤0.5	0.8～0.9	21～23	90～115	8～10

续表 5-9

材料厚度(mm)	接头形式	装配间隙 C (mm)	焊丝直径(mm)	电弧电压(V)	焊接电流(A)	气体流量(L/min)
≤1.2	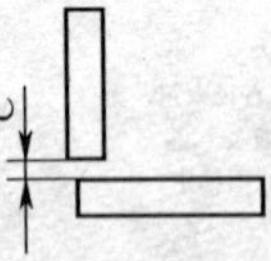	≤0.3	0.6	19～20	35～55	6～7
1.5		≤0.3	0.7	20～21	65～85	8～10
2.0		≤0.5	0.7～0.8	21～22	80～100	10～11
2.5		≤0.5	0.8	22～23	90～110	10～11
3.0		≤0.5	0.8～0.9	21～23	95～115	11～13
4.0		≤0.5	0.8～0.9	21～23	100～120	13～15

第三节　二氧化碳气体保护焊的操作技术

一、CO_2 焊基本操作

半自动 CO_2 焊通常都采用左向焊法（焊接热源从接头右端向左端移动，并指向待焊部分的操作法）。左向焊法有如下的特点：容易观察焊接方向，看清焊缝；抗风能力强，保护效果较好，特别适用于焊接速度较大时；电弧不直接作用于母材上，因而熔深较浅，焊道平而宽。

1. 焊枪的摆动方式及应用范围

为了减少输入线能量，减小热影响区，减少变形，通常不采用大的横向摆动来获得宽焊缝，推荐采用多层多道焊接方法来焊接厚板。当坡口小时，可采用锯齿形较小的横向摆动；而当坡口大时，可采用弯月形的横向摆动。焊枪的摆动方式及应用范围见表 5-10。

表 5-10　CO_2 焊焊枪的摆动方式及应用范围

摆动方式	应用范围
 ←	薄板及中厚板的第一层焊接
 ∧∧∧∧∧∧∧∧∧∧∧∧∧∧∧∧	小间隙及中厚板打底焊接，减少焊缝余高
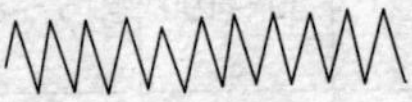 ∧∧∧∧∧∧∧∧∧∧	第二层为横向摆动送枪焊接的厚板等
 ←ℓℓℓℓ	堆焊、多层焊接时的第一层

续表 5-10

摆动方式	应　用　范　围
	大间隙
⑧　⑥⑦④⑤②③　①	薄板根部有间隙焊接、坡口有钢垫板或施工物时

2. 引弧及收弧操作

(1)引弧

半自动 CO_2 焊引弧常采用短路引弧法。引弧前，首先将焊丝端头剪去，因为焊丝端头常常有很大的球形直径，容易产生飞溅，造成缺陷。经剪断的焊丝端头应为锐角。

引弧时，注意保持焊接姿势与正式焊接时一样。同时，焊丝端头距工件表面的距离为 2～3mm。然后，按下焊枪开关，随后自动送气、送电、送丝，直至焊丝与工件表面相碰而短路起弧。此时，由于焊丝与工件接触而产生一个反弹力，焊工应紧握焊枪，勿使焊枪因冲击而回升，一定要保持喷嘴与工件表面的距离恒定。这是防止引弧时产生缺陷的关键。

重要产品进行焊接时，为消除在引弧时产生飞溅、烧穿、气孔及未焊透等缺陷，可采用引弧板，如图 5-9 所示。不采用引弧板而直接在焊件端部引弧时，可在焊缝始端前 20mm 左右处引弧后，立即快速返回起始点，然后开始焊接，如图 5-10 所示。

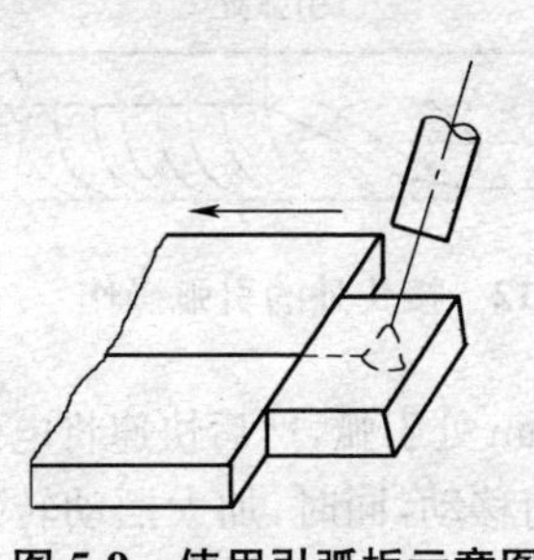

图 5-9　使用引弧板示意图

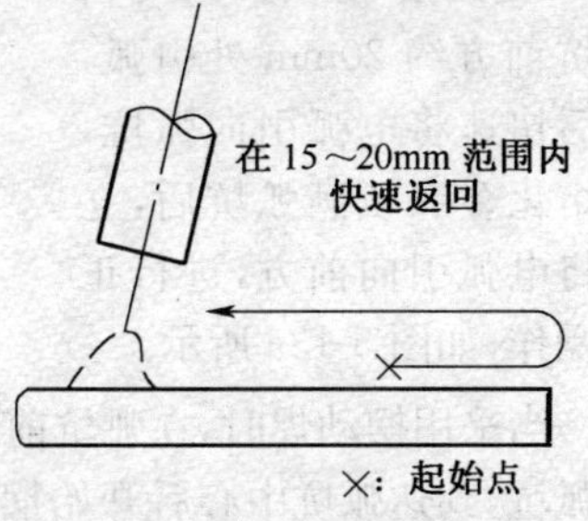

图 5-10　倒退引弧法示意图

(2)收弧

焊接结束前必须收弧。若收弧不当,则容易产生弧坑,并出现弧坑裂纹(火口裂纹)、气孔等缺欠。对于重要产品,可采用收弧板将火口引至工件之外,可以省去弧坑处理的操作。如果焊接电源有火口控制电路,则在焊接前将面板上的火口处理开关扳至“有火口处理”挡,在焊接结束收弧时,焊接电流和电弧电压会自动减少到适宜的数值,将火口填满。如果焊接电源没有火口控制装置,通常采用多次断续引弧填充弧坑的办法,直到填平为止,如图5-11所示。操作时,动作要快。若熔池已凝固再引弧,则容易产生气孔、未焊透等缺陷。

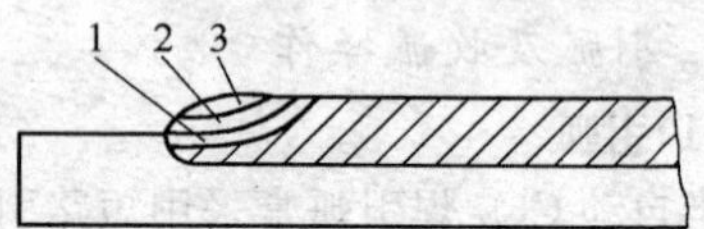

图5-11 断续引弧法填充弧坑示意图

收弧时,特别要注意克服焊条电弧焊的习惯性动作,就是将焊把向上抬起。CO_2焊收弧时如将焊枪抬起,则将破坏弧坑处的保护效果。同时,即使在弧坑已填满、电弧已熄灭的情况下,也要让焊枪在弧坑处停留几秒钟后再移开,保证熔池凝固时得到可靠的保护。

3. 接头操作

首先将接头处用磨光机打磨成斜面,然后在斜面顶部引弧。引燃电弧后,将电弧斜移至斜面底部,转一圈后返回引弧处再继续向左焊接,如图5-12所示。

当无摆动焊接时,可在弧坑前方约20mm处引弧,然后快速将电弧引向弧坑,待熔化金属填满弧坑后,立即将电弧引向前方,进行正常操作,如图5-13a所示。

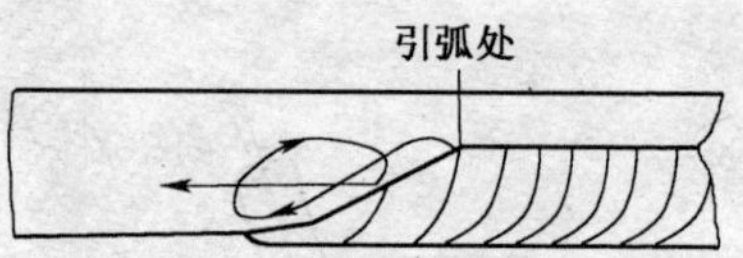

图5-12 接头处的引弧操作

当采用摆动焊时,在弧坑前方约20mm处引弧,然后快速将电弧引向弧坑,到达弧坑中心后开始摆动并向前移动,同时,加大摆动转入正常焊接,如图5-13b所示。

4. 定位焊

CO_2 焊时，热输入较焊条电弧焊时更大，这就要求定位焊缝有足够的强度。定位焊缝将保留在焊缝中，焊接过程中也很难重熔，因此，要求焊工要与焊接正式焊缝一样，不能有缺陷。对不同板厚定位焊缝的长度和间距要求如图 5-14 和图 5-15 所示。

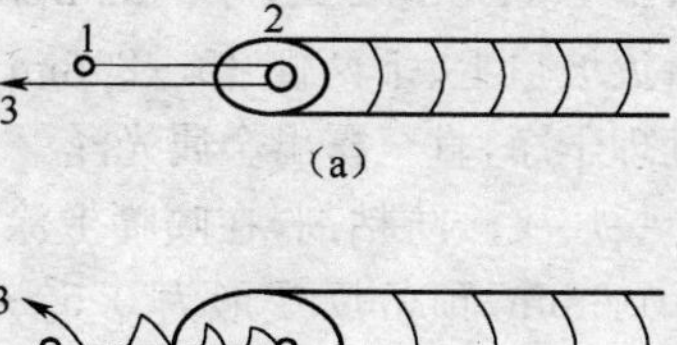

图 5-13 焊接接头处理方法

(a)无摆动焊时 (b)摆动焊时

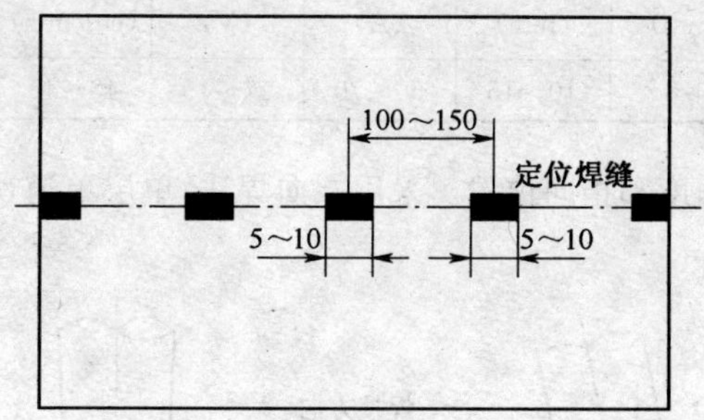

图 5-14 薄板的定位焊焊缝

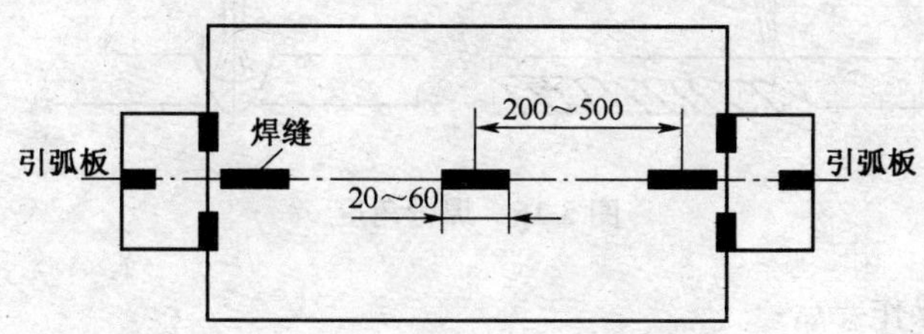

图 5-15 中厚板的定位焊焊缝

二、CO_2 焊单面焊双面成型操作技术

1. 薄板对接 CO_2 焊单面焊双面成型

(1)焊前准备

工件：Q235 或 20Cr，300mm×100mm×2mm，坡口形式 I 形；焊

丝：ER49-1（H08Mn2SiA）ϕ0.8mm；焊接设备：NBC315。焊前，将坡口面和靠近坡口上、下两侧15～20mm内的钢板上的油、锈、水分及其他污物处理干净，直至露出金属光泽。为防止飞溅堵塞喷嘴，可在焊件表面涂上一层飞溅防粘剂，在喷嘴上涂一层焊接喷嘴防堵剂。组对间隙为0～0.5mm，预留反变形为0.5°～1°，装配和定位焊要求如图5-14所示。

(2)平焊位操作技术

①焊接工艺参数见表5-11。

表5-11　平焊焊接工艺参数

焊接层道位置	焊丝直径(mm)	伸出长度(mm)	焊接电流(A)	焊接电压(V)	焊接速度(cm/min)	气体流量(L/min)
一层一道	0.8	10～15	60～70	17～19	40～45	8～10

②焊枪角度和指向位置。采用左向焊法，单层单道。焊枪角度如图5-16所示。

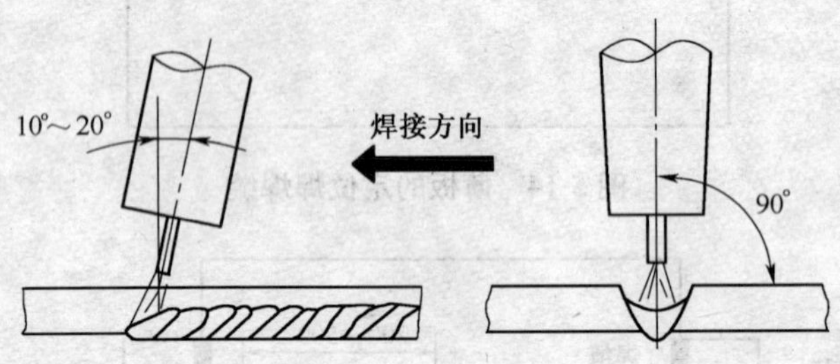

图5-16　焊枪角度

③操作要点：

a. 将工件平放在水平位置，注意将间隙小的一端放在右侧。调试好焊接工艺参数后，在工件的右端引弧，从右向左焊接。

b. 焊枪沿装配间隙前后摆动或小幅度横向摆动。摆动幅度不能太大，以免产生气孔。熔池停留时间不宜过长，否则容易烧穿。

c. 在焊接过程中，正常熔池呈椭圆形，如出现椭圆形熔池被拉长，即为烧穿前兆。这时，应根据具体情况，改变焊枪操作方式，以防止烧穿。例如,加大焊枪前后摆动或横向摆动幅度等。

d. 采用短路过渡的方式进行焊接时,要特别注意保证焊接电流与电弧电压配合好。如果电弧电压太高,则熔滴短路过渡频率降低,电弧功率增大,容易引起烧穿,甚至熄弧。如果电弧电压太低,则可能在熔滴很小时就引起短路,产生严重的飞溅,影响焊接过程。当焊接电流与电弧电压配合好时,则焊接过程电弧稳定,可以观察到周期性的短路,听到均匀的、周期性的“叭叭”声,熔池平稳,飞溅小,焊缝成型好。

(3)立焊位操作技术

①焊接工艺参数见表 5-12。

表 5-12　立焊焊接工艺参数

焊道位置	焊丝直径(mm)	伸出长度(mm)	焊接电流(A)	焊接电压(V)	气体流量(L/min)
1层1道	0.8	10～15	60～70	18～20	9～11

②焊枪角度和指向位置。采用单层单道、向下立焊的操作方法,即从上面开始向下焊接,焊枪角度如图 5-17 所示。向下立焊的焊缝熔深较浅,成型美观,适用于薄板对接、T 形接头及角接接头。

③操作要点:

a. 将工件垂直固定,注意将间隙小的一端放在上端。调试好焊接工艺参数后,在工件的顶端引弧,注意观察熔池,待工件底部完全熔合后,开始向下焊接。

b. 焊接过程采用直线法,焊枪不做横向摆动。

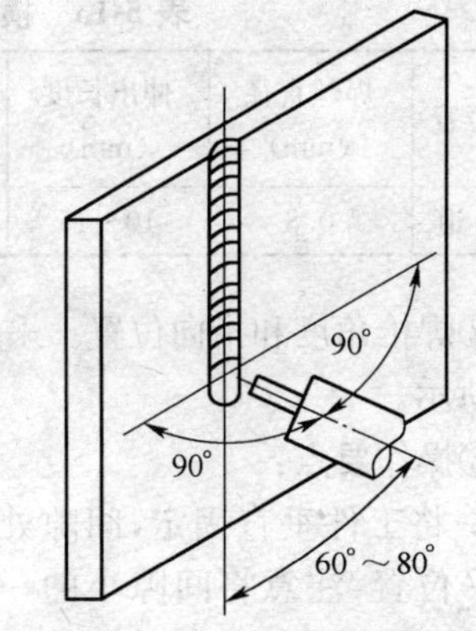

图 5-17　向下立焊焊枪角度

c. 为了不使熔池中的金属熔液流淌,焊接过程中电弧应始终对准熔池的下方,对熔池起到上托的作用,如图 5-18a 所示。如果掌握不好,金属熔液则会流到电弧的下方,发生金属熔液导前现象,如图 5-18b 所示。这时,要加速焊枪的移动,并使焊枪的角度减少,靠电弧吹力把金属熔液推上去，避免产生焊瘤及未焊透等缺陷。

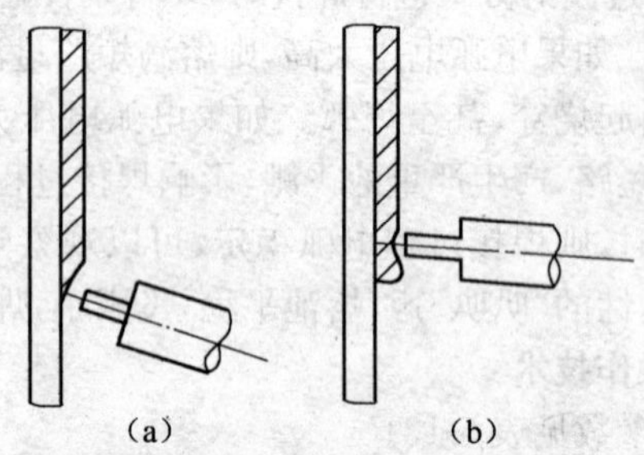

图 5-18 向下立焊焊枪与熔池关系示意

(a)正常状态 (b)金属熔液导前的情况

d. 向下立焊采用短路过渡的方式进行焊接，焊接电流较小，电弧电压较低，焊接速度较快。为了保证正反两面的焊缝成型，焊接时，要使焊接电流与电弧电压的良好配合，并注意观察熔池，随时调整焊接姿态。

(4)横焊位操作技术

①焊接工艺参数见表 5-13。

表 5-13 横焊焊接工艺参数

焊道位置	焊丝直径 (mm)	伸出长度 (mm)	焊接电流 (A)	焊接电压 (V)	气体流量 (L/min)
1层1道	0.8	10～15	60～70	18～20	9～10

②焊枪角度和指向位置。采用左向焊法，单层单道，焊枪角度如图 5-19 所示。

③操作要点：

a. 将工件垂直固定，间隙处于水平位置，注意将间隙小的一端放在右侧。调试好焊接工艺参数后，在工件的右端引弧，注意观察熔池，待工件底部完全熔合后，开始向左焊接。

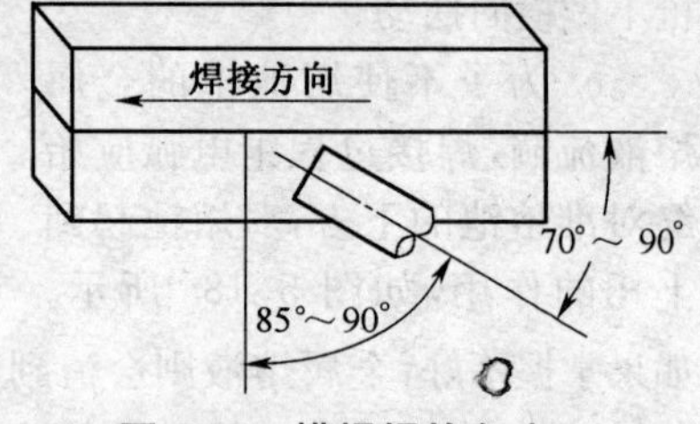

图 5-19 横焊焊枪角度

b. 焊接过程采用直线法或小幅摆动法。注意焊接时摆动幅度一定要小。过大的摆幅会造成金属熔液下淌。焊枪的摆动图形如图 5-20 所示。焊接速度要稍快，避免烧穿。

图 5-20　横焊焊枪摆动方式

c. 采用短路过渡的方式进行焊接，电流小，电压低，注意焊接电流与电弧电压的配合。焊接速度较快，注意观察熔池，随时调整焊接姿态。

(5)仰焊位操作技术

①焊接工艺参数见表 5-14。

表 5-14　仰焊焊接工艺参数

焊道位置	焊丝直径（mm）	伸出长度（mm）	焊接电流（A）	焊接电压（V）	气体流量（L/min）
一层一道	0.8	10～15	60～70	18～19	15

②焊枪角度和指向位置。采用右向焊法，单层单道，焊枪角度如图 5-21 所示。

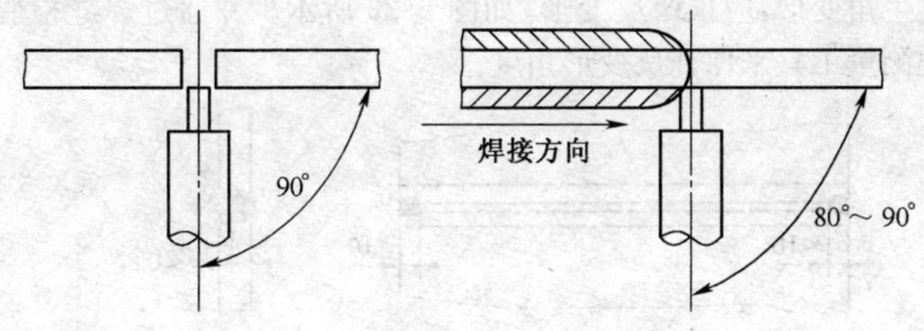

图 5-21　仰焊焊枪角度

③操作要点：

a. 将工件水平固定，坡口朝下，注意将间隙小的一端放在左侧。

工件高度要保证焊工处于蹲位或站位焊接时有充足的空间，操作不感到别扭。调试好焊接工艺参数后，在工件的左端引弧，注意观察熔池，待工件底部完全熔合后，开始向右焊接。

b. 焊接过程采用直线法或小幅摆动法。摆动焊时，焊枪在中间位置稍快，两端稍停。

c. 焊枪角度和焊接速度的调整是保证焊接质量的关键。焊接时，焊枪角度过大，会造成凸形焊道及咬边；焊接速度过慢，则会导致焊道表面凹凸不平。在焊接过程中，要根据熔池的具体情况，及时调整焊接速度和摆动方式，才能有效地避免咬边、熔合不良、焊道下垂等缺陷的产生。

2. 中厚板对接 CO_2 焊单面焊双面成型

(1)焊前准备

工件：Q235 或 20Cr，300mm×100mm×12mm，坡口形式 V 形，坡口角度 $\alpha=60°$。焊丝：ER49-1（H08Mn2SiA），ϕ1.2mm。焊接设备：NBC315。焊前，将坡口和靠近坡口上、下两侧 15～20mm 内的钢板上的油、锈、水分及其他污物处理干净，直至露出金属光泽。为防止飞溅堵塞喷嘴，可在焊件表面涂上一层飞溅防粘剂，在喷嘴上涂一层喷嘴防堵剂。装配和定位焊采用与正式焊接时相同的焊接材料及工艺参数。定位焊位置在工件背部的两端处，如图 5-22 所示。定位焊必须与正式焊接一样并焊牢。防止焊接过程中因为收缩而造成坡口变窄，影响焊接并发生角变形，应预留反变形，如图 5-23 所示。并通过焊缝检验尺或其他测量工具来保证反变形角度。

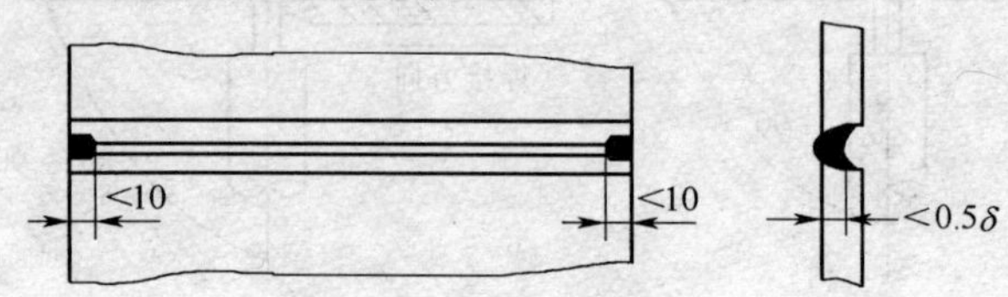

图 5-22　定位焊的位置

(2)平焊位操作技术

①工件装配尺寸见表 5-15。

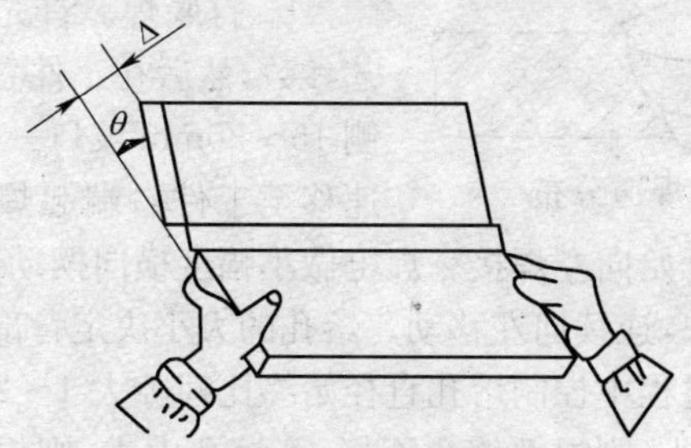

图 5-23　预留反变形示意图

表 5-15　工件装配尺寸

坡口角度(°)	钝边(mm)	装配间隙(mm)	错边量(mm)	反变形(°)
60	0	始焊端:3　终焊端:4	≤1	3～4

②焊接工艺参数见表 5-16。

表 5-16　平焊焊接工艺参数

焊道位置	焊丝直径(mm)	伸出长度(mm)	焊接电流(A)	焊接电压(V)	气体流量(L/min)
打底焊	1.2	20～25	90～100	18～19	10～15
填充焊	1.2	20～25	210～230	23～25	15～20
盖面焊	1.2	20～25	220～240	24～25	15～20

③操作要点：

a. 焊枪角度和指向位置。将工件平放在水平位置，注意将间隙小的一端放在右侧。采用左向焊法，三层三道。焊枪角度如图 5-24 所示，焊道分布如图 5-25 所示。

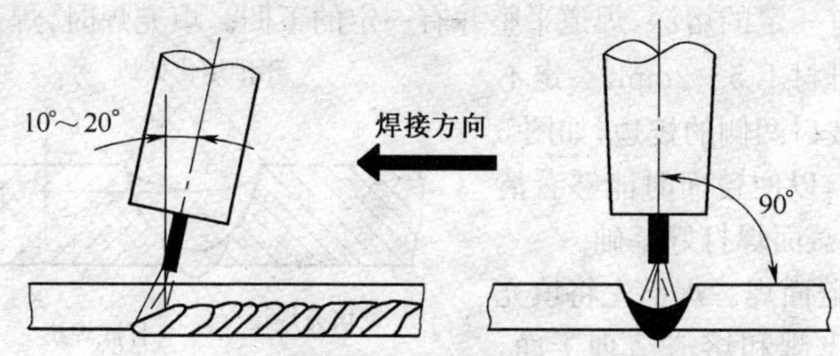

图 5-24　平焊位焊枪角度

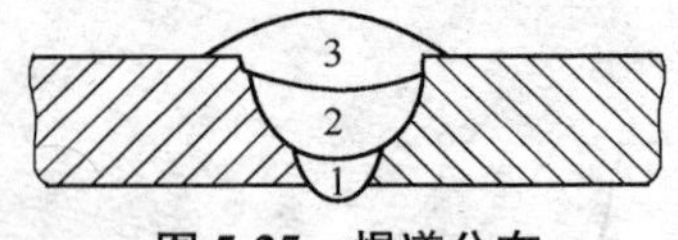

图 5-25　焊道分布

b. 打底焊。首先调试好焊接工艺参数，然后在工件右端距待焊处左侧 15～20mm 坡口一侧引燃电弧，快速移至工件右端起焊点。当坡口底部形成熔孔后，开始向左焊接。焊枪做小幅度横向摆动，在坡口两侧稍作停留，中间稍快，连续向左移动。熔孔的大小决定背部焊缝的宽度和余高，要求焊接过程中控制熔孔直径始终比间隙大 1～2mm，如图 5-26 所示。若熔孔太小，则根部熔合不好；若熔孔太大，则根部焊道变宽和变高，容易引起烧穿和产生焊瘤。

焊接过程中，要注意观察坡口面的熔合情况，依靠焊枪的摆动，电弧在坡口两侧停留，保证坡口面熔化并与熔池边缘熔合在一起。焊接过程中，始终保持电弧在离坡口根部 2～3mm 处燃烧，并控制打底层焊道厚度不超过 4mm，如图 5-27 所示。

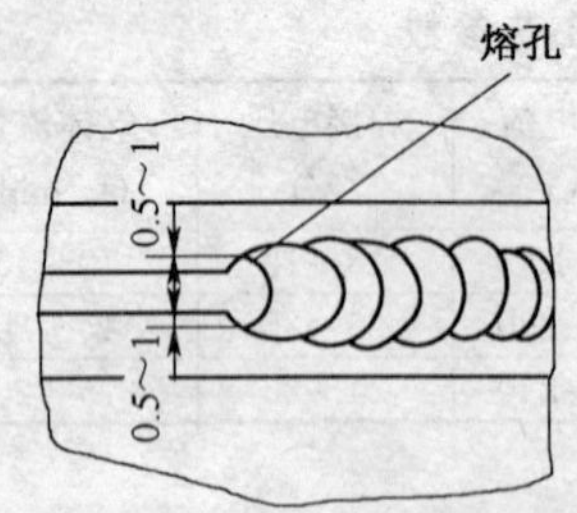

图 5-26　平焊时熔孔的控制

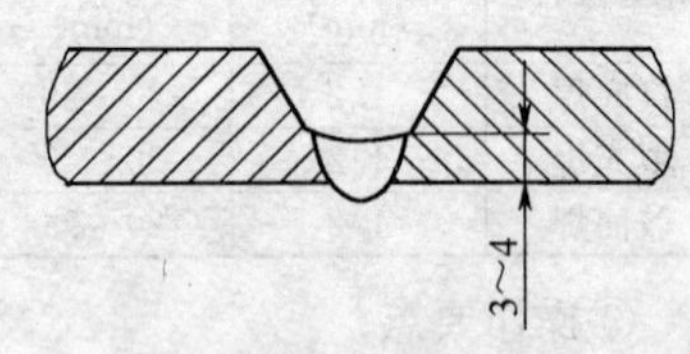

图 5-27　打底焊道图

c. 填充焊。焊前先将打底焊层的飞溅和熔渣清理干净，凸起不平的地方磨平。填充焊时，焊枪的横向摆动比打底层焊时稍大些，保证两侧坡口有一定的熔深，焊道平整并有一定的下凹。填充焊时，焊道的高度低于母材 1.5～2mm，一定不能熔化坡口两侧的棱边，如图 5-28 所示，以便盖面时能够看清坡口，为盖面焊打好基础。

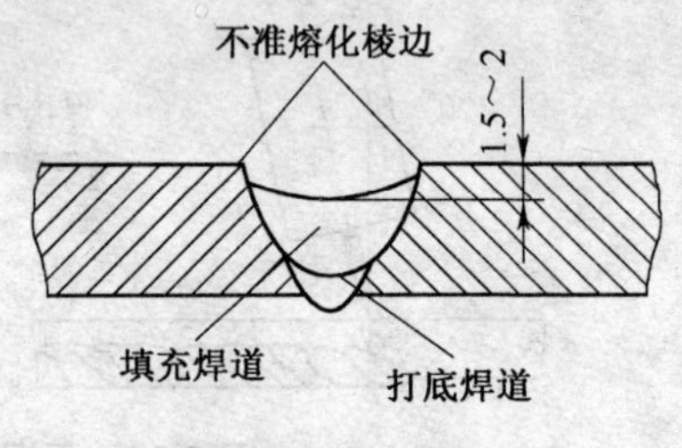

图 5-28　填充焊道

d. 盖面焊。焊前先将填充焊层的飞溅和熔渣清理干净，凸起不平的地方磨平。焊枪的摆动幅度比填充焊时更大一些，摆动时要幅度一致，速度均匀。注意观察坡口两侧的熔化情况，保证熔池的边缘超过坡口两侧的棱边，但不大于2mm，避免咬边。保持喷嘴的高度一致，才能得到均匀美观的焊缝表面。填满弧坑并待电弧熄灭，熔池凝固后方能移开焊枪，避免出现弧坑断纹和产生气孔。

(3)立焊位操作技术

①工件装配尺寸见表5-17。

表5-17　工件装配尺寸

坡口角度(°)	钝边(mm)	装配间隙(mm)	错边量(mm)	反变形(°)
60	0	始焊端:3　终焊端:3.5	≤1	2～3

②焊接工艺参数见表5-18。

表5-18　立焊焊接工艺参数

焊道位置	焊丝直径(mm)	伸出长度(mm)	焊接电流(A)	焊接电压(V)	气体流量(L/min)
打底焊	1.2	15～20	90～100	18～19	10～15
填充焊	1.2	15～20	130～140	20～21	10～15
盖面焊	1.2	15～20	130～140	20～21	10～15

③操作要点：

a. 焊枪角度和指向位置。将工件固定到垂直位置，注意将间隙小的一端放在下侧。采用立向上焊法，三层三道。焊枪角度如图5-29所示。

b. 打底焊。首先调试好焊接工艺参数，然后在工件下端定位焊缝上侧15～20mm处引燃电弧。将电弧快速移至定位焊缝上，停留1～2s后开始做锯齿形摆动。当电弧越过定位焊的上端并形成熔孔后，转入连续向上的正常焊接。为了防止熔池金属在重力的作用下下淌，除了采用较小的焊接电流外，正确的焊枪角度和摆动方式也很关

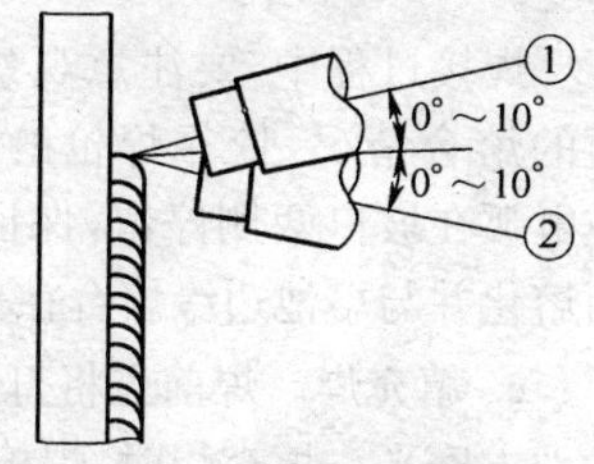

图5-29　立焊位焊枪角度

键，如图 5-30a、b 所示。焊接过程中，应始终保持焊枪角度在与工件表面垂直线上下 10°的范围内。焊工要克服习惯性地将焊枪指向上方的操作方法，否则会减小熔深，影响焊透。摆动时，要注意摆幅与摆动波纹间距的匹配。小摆幅和月牙形大摆幅可以保证焊道成型好，而下凹的月牙形摆动则会造成焊道下坠，如图 5-30c 所示。

采用小摆幅时由于热量集中，要防止焊道过分凸起。为防止金属熔液下淌，摆动时在焊道中间要稍快。为防止咬边，在坡口两侧稍作停留。

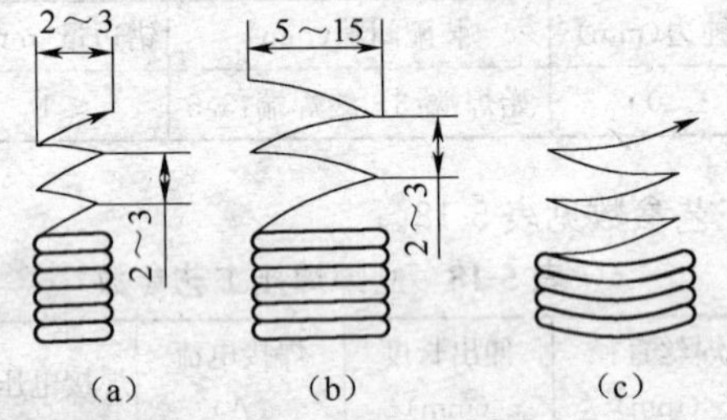

图 5-30　立焊摆动方式

(a)小摆幅　(b)月牙形大摆幅　(c)不正确

由于熔孔的大小决定背部焊缝的宽度和余高，要求焊接过程中控制熔孔直径一直保持比间隙大 1～2mm，如图 5-31 所示。焊接过程中，应尽可能地维持熔孔直径不变。

焊接过程中，要注意观察坡口面的熔合情况，依靠焊枪的摆动，使电弧在坡口两侧停留，保证坡口面熔化并与熔池边缘熔合在一起。

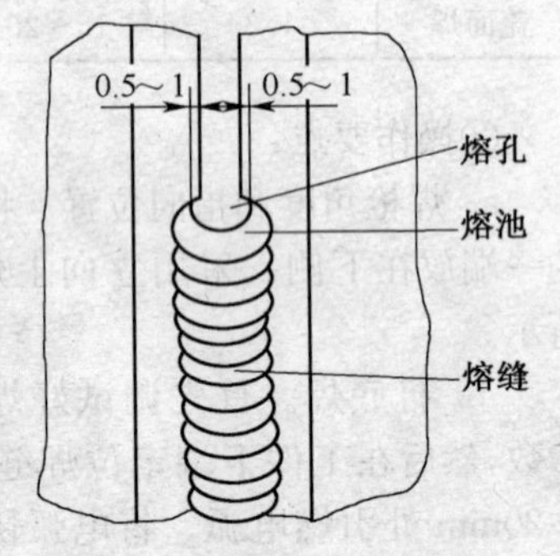

图 5-31　立焊时熔孔的控制

c. 填充焊。焊前先将打底焊层的飞溅和熔渣清理干净，凸起不平的地方磨平。填充焊时，焊枪的横向摆动较打底层焊时稍大些。同时，焊枪从坡口的一侧摆至另一侧时速度要稍快，防止焊道形成凸形。电弧在两侧坡口有一定的停留，保证有一定的熔深，焊道平整并有一定的下凹。填充焊时，焊道的高度低于母材1.5～2mm。不能熔化坡口两侧的棱边，以便盖面时能够看清坡口，为盖面焊打好基础。

d. 盖面焊。焊前先将填充焊层的飞溅和熔渣清理干净，凸起不平的地方磨平。焊枪的摆动幅度比填充焊层时更大一些。做锯齿形摆动时注意幅度一致，速度均匀上升。注意观察坡口两侧的熔化情况，保证熔池的边缘超过坡口两侧的棱边，但不大于2mm，避免咬边和焊瘤。同时控制喷嘴的高度和收弧，避免出现弧坑裂纹和产生气孔。

(4)横焊位操作技术

①工件装配尺寸见表5-19。

表5-19　工件装配尺寸

坡口角度(°)	钝边(mm)	装配间隙(mm)	错边量(mm)	反变形(°)
60	0	始焊端:3　终焊端:4	≤1	6～8

②焊接工艺参数见表5-20。

表5-20　横焊焊接工艺参数

焊道位置	焊丝直径(mm)	伸出长度(mm)	焊接电流(A)	焊接电压(V)	气体流量(L/min)
打底焊	1.2	20～25	90～100	18～20	10～15
填充焊	1.2	20～25	130～140	20～22	10～15
盖面焊	1.2	20～25	130～140	20～22	10～15

③操作要点：

a. 焊枪角度和焊接顺序。将工件垂直固定，焊缝位于水平位置，注意将间隙小的一端放在右侧。采用左向焊法，三层六道，焊道分布如图5-32所示。按照图中1至6的顺序进行焊接。

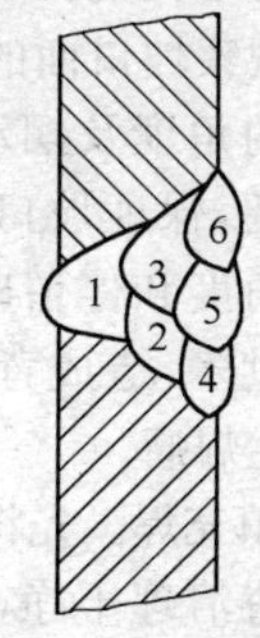

图5-32　焊道分布图

b. 打底焊。首先调试好焊接工艺参数，然后在工件右端定位焊缝左侧15～20mm处引燃电弧，快速移至工件右端起焊点，当坡口底部形成熔孔后，开始向左焊接。打底焊焊枪角度如图 5-33 所示，做小幅度锯齿形横向摆动，连续向左移动。

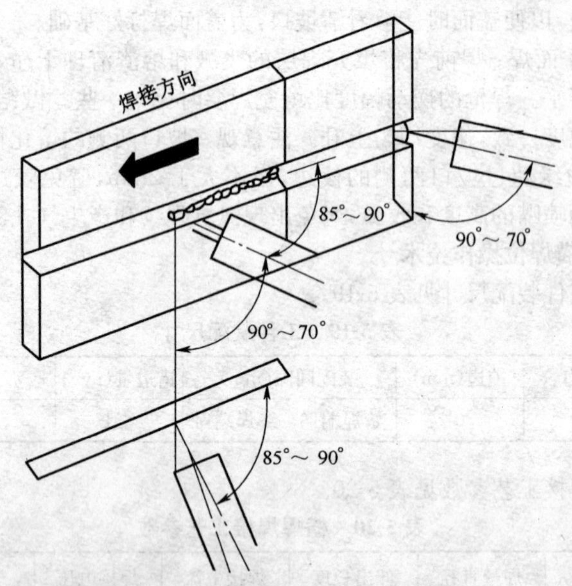

图 5-33　横焊位打底焊时焊枪角度

熔孔的大小决定背部焊缝的宽度和余高，要求焊接过程中控制熔孔直径一直保持比间隙大 1～2mm，如图 5-34 所示。焊接过程中尽可能地保持熔孔直径不变。焊接过程中注意观察坡口面的熔合情况。依靠焊枪的角度及摆动，电弧在坡口两侧停留，保证坡口面的熔化。注意焊枪角度和停留时间，避免下坡口熔化过多，造成背部焊道出现下坠或产生焊瘤。

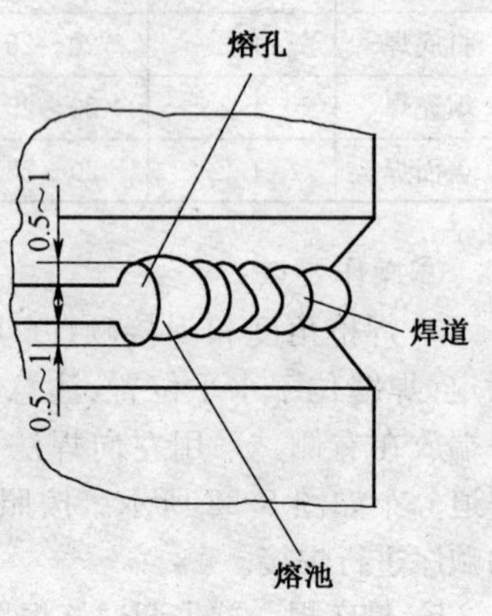

图 5-34　横焊时熔孔的控制

c. 填充焊。先将打底焊层的飞溅和熔渣清理干净，凸起不平的地方磨平。填充焊时，焊枪对准方向及角度如图 5-35 所示。焊接填充焊道 2 时，焊枪指向第一层焊道的下趾端部，形成 0°～10°的俯角，采用直线式焊法。焊接填充焊道 3 时，焊枪指向第一层焊道的上趾端部，形成 0°～10°的仰角，以第一层焊道的上趾处为中心做横向摆动。注意避免形成凸形焊道和咬边。

填充焊时焊道的高度应低于母材 0.5～2mm，距上坡口约 0.5mm，距下坡口约 2mm。注意一定不能熔化坡口两侧的棱边，以便盖面时能够看清坡口，为盖面焊打好基础。

d. 盖面焊。焊前先将填充焊层的飞溅和熔渣清理干净，磨平凸起不平的地方。盖面时焊枪对准方向及角度如图 5-36 所示。盖面焊共三道，依次从下往上焊接。摆动时注意幅度一致，速度均匀。每条焊道要压住前一焊道约 2/3。焊接盖面焊道 4 时，特别要注意坡口下侧的熔化情况，保证坡口下边缘均匀熔化，避免咬边和未熔合。焊接盖面焊道 5 时，控制熔池的下边缘在盖面焊道 4 的 1/2～2/3 处。焊接盖面焊道 6 时，特别要注意调整焊接速度和焊枪的角度，保证坡口上边缘均匀地熔化，避免金属熔液下淌而产生咬边。

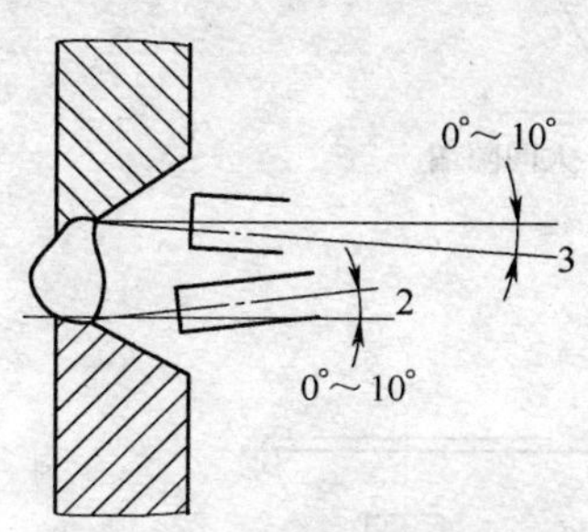

图 5-35　横焊位填充焊焊枪位置及角度

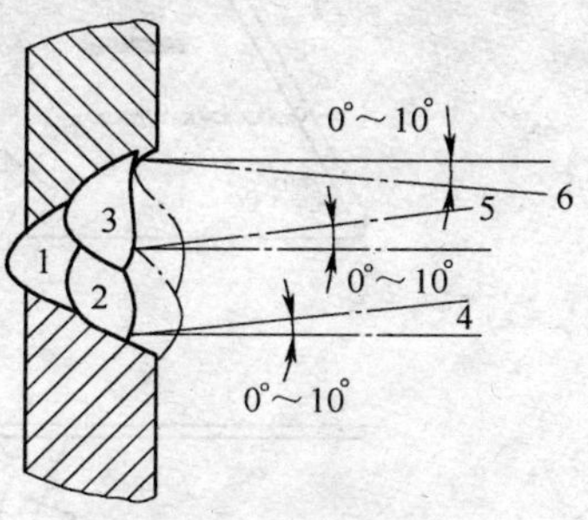

图 5-36　横焊位盖面焊焊枪位置及角度

(5)仰焊位操作技术

①工件装配尺寸见表 5-21。

表 5-21　工件装配尺寸

坡口角度(°)	钝边(mm)	装配间隙(mm)	错边量(mm)	反变形(°)
60	0	始焊端:3　终焊端:4	≤1	3～4

②焊接工艺参数见表 5-22。

表 5-22 仰焊焊接工艺参数

焊道位置	焊丝直径（mm）	伸出长度（mm）	焊接电流（A）	焊接电压（V）	气体流量（L/min）
打底焊	1.2	15～20	100～110	18～10	10～15
填充焊	1.2	15～20	140～150	20～22	10～15
盖面焊	1.2	15～20	130～140	20～22	10～15

③操作要点：

a. 焊枪角度和指向位置。将工件水平固定，坡口朝下，注意将间隙小的一端放在左侧。工件高度要保证焊工能够处于蹲位或站位进行焊接，有足够的操作空间。采用右向焊法，三层三道。焊枪角度如图 5-37 所示。

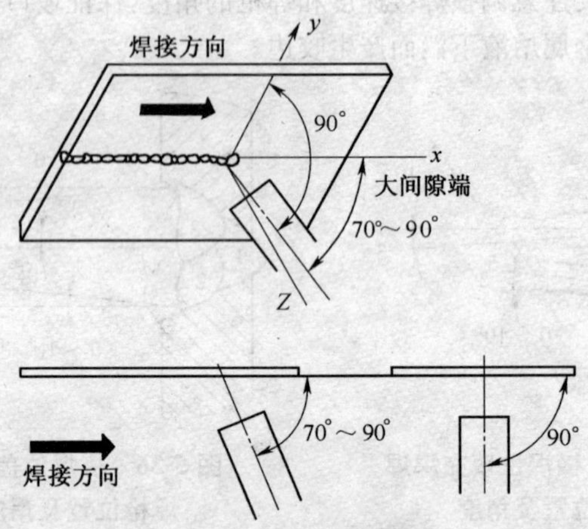

图 5-37 仰焊位焊枪角度

b. 打底焊。首先调试好焊接工艺参数，然后在工件左端距待焊处右侧 15～20mm 处引燃电弧。然后，将电弧快速移至工件左端起焊点。当坡口底部形成熔孔后，开始向右连续焊接，焊枪做小幅度锯齿形横向摆动。焊接过程中，电弧不能脱离熔池，利用电弧吹力托住熔化金属，防止金属熔液下淌。

打底焊的关键是保证背部焊透，下凹小，正面平。必须注意观察和控制熔孔的大小，如图 5-38 所示。既要保证根部焊透，又要防止焊道背部下凹而正面下坠。这就要求焊枪的摆动幅度要小，摆幅大小和前进速度要均匀，停留时间较其他位置要短，使熔池尽可能小而浅，防止金属下坠。

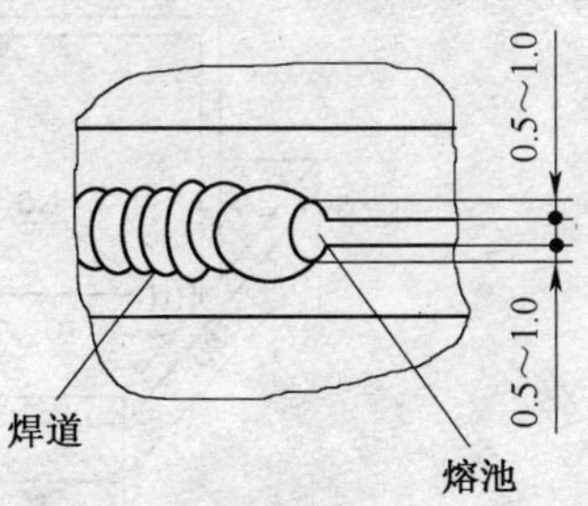

图 5-38 仰焊时熔孔的控制

c. 填充焊。焊前先将打底焊层的飞溅和熔渣清理干净，凸起不平的地方磨平。填充焊时，焊枪的横向摆动较打底层时稍大些。注意焊枪在两侧坡口的停留时间，保证焊道两侧既要熔合好，又要防止焊道下坠。

填充焊时，焊道的高度低于母材 1.5～2mm，不能熔化坡口两侧的棱边，以便盖面时能够看清坡口，为盖面焊打好基础。

d. 盖面焊。焊前先将填充焊层的飞溅和熔渣清理干净，凸起不平的地方磨平。焊枪的摆动幅度比填充焊时更大一些。摆动时，注意幅度一致，速度均匀。注意观察坡口两侧的熔化情况，避免咬边，保证熔池的边缘超过坡口两侧的棱边并不大于 2mm。焊枪在从坡口的一侧摆至另一侧时应稍快些，防止熔池金属下坠产生焊瘤。填满弧坑并待电弧熄灭，熔池凝固后方能移开焊枪，避免出现弧坑裂纹和产生气孔。

三、CO_2 焊 T 形接头操作技术

1. 焊前准备

工件：Q235 或 20Cr，200mm×100mm×6mm，坡口形式 T 形。焊丝：ER49-1(H08Mn2SiA)，ϕ1.2mm。焊接设备：NBC315。焊前将坡口和靠近坡口上、下两侧 15～20mm 内的钢板上的油、锈、水分及其他污物处理干净，直至露出金属光泽。为防止飞溅堵塞喷嘴，可在焊件表面涂上一层飞溅防粘剂，在喷嘴上涂一层喷嘴防堵剂。组对间隙为0～2mm，定位焊缝长 10～15mm，焊脚尺寸为 6mm，工件两端各一处，如图 5-39 所示。

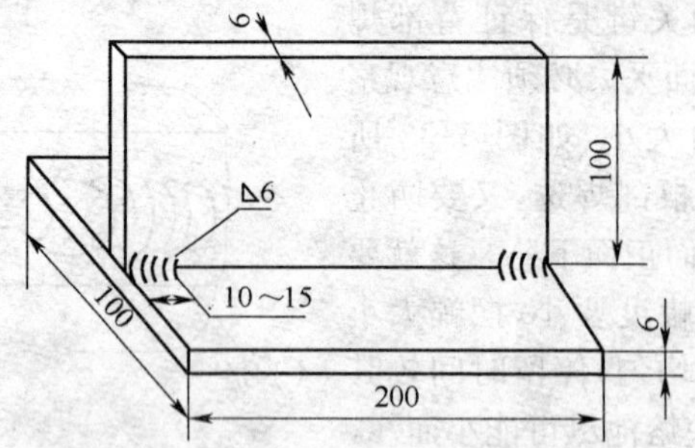

图 5-39 T 形接头工件及装配

2. 水平角焊操作技术

①焊接工艺参数见表 5-23。

表 5-23 水平焊接工艺参数

焊道位置	焊丝直径(mm)	伸出长度(mm)	焊接电流(A)	焊接电压(V)	气体流量(L/min)	焊接速度(cm/min)
一层一道	1.2	13～18	220～250	25～27	15～20	35～45

②操作要点：

a. 焊枪角度和指向位置。采用左向焊法，一层一道。焊枪角度如图 5-40 所示。

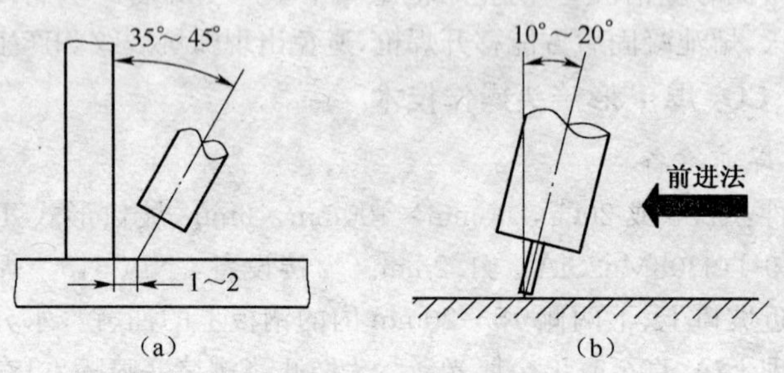

图 5-40 水平角焊位焊枪角度

(a)正面 (b)侧面

b. 调试好焊接工艺参数后，在工件的右端引弧，从右向左焊接。

c. 焊枪指向距根部1～2mm处。由于采用较大的焊接电流，焊接速度可稍快，同时要适当做横向摆动。

d. 焊接过程中，如果焊枪对准的位置不正确、引弧电压过低或焊速过慢，都会使金属熔液下淌，造成焊缝的下垂，如图5-41a所示。如果引弧电压过高、焊速过快或焊枪朝向垂直板、母材温度过高等，则会引起焊缝的咬边和焊瘤，如图5-41b所示。

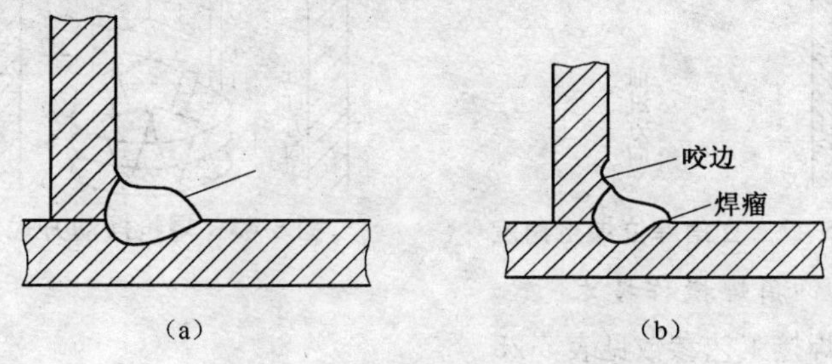

图5-41　水平角焊缝的成型缺陷

(a)焊缝下垂　(b)咬边、焊瘤

3. 垂直立角焊操作技术

①焊接工艺参数见表5-24。

表5-24　立角焊位焊接工艺参数

焊道位置	焊丝直径(mm)	伸出长度(mm)	焊接电流(A)	焊接电压(V)	气体流量(L/min)
1层1道	1.2	10～15	120～150	18～20	15～20

②操作要点：

a. 焊枪角度和指向位置。采用立向上焊法，一层一道。焊枪角度如图5-42所示。

b. 调试好焊接工艺参数后，在工件的底端引弧，从下向上焊接。

c. 保持焊枪的角度始终在工件表面垂直线上下约10°，才能保证熔深和焊透。

d. 采用如图5-43所示的三角形送枪法摆动焊接，有利于顶角处焊透。为了避免金属熔液下淌，中间位置要稍快。为了避免咬边，在两侧焊趾处要稍做停留。

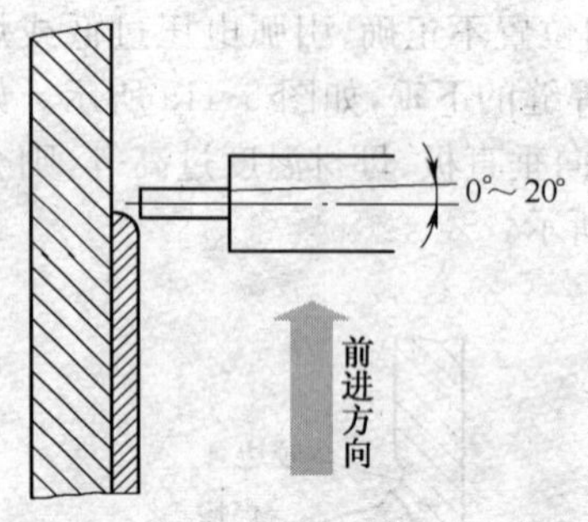

图 5-42 立角焊位焊枪角度

图 5-43 焊枪摆动方式

4. 仰角焊操作技术

①焊接工艺参数见表 5-25。

表 5-25 仰角焊焊接工艺参数

焊道位置	焊丝直径 (mm)	伸出长度 (mm)	焊接电流 (A)	焊接电压 (V)	气体流量 (L/min)
1层1道	1.2	10～15	120～150	19～23	15～20

②操作要点：

a. 焊枪角度和指向位置。采用右向焊法，一层一道。焊枪角度如图 5-44 所示。

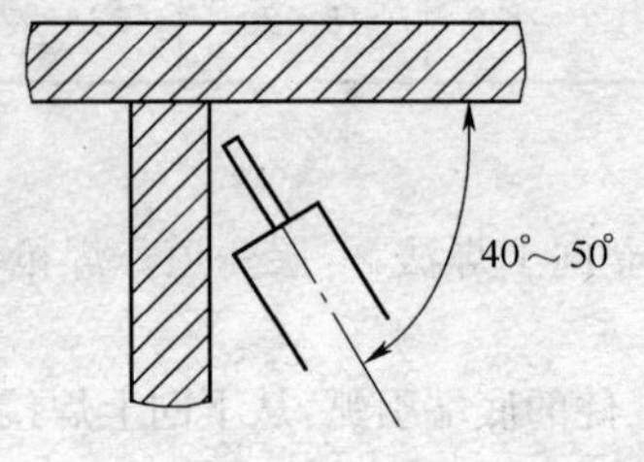

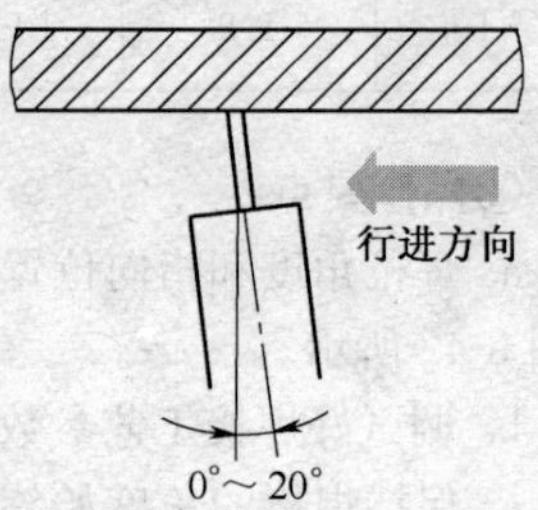

图 5-44 仰角焊位焊枪角度

b. 调试好焊接工艺参数后，在工件的左端引弧，待工件底部完全熔合后，开始向右焊接。

c. 焊接过程采用小幅摆动法。摆动焊时，焊枪在中间位置稍快，两端稍做停留。

d. 保持焊枪正确的角度。如果焊枪后倾角过大，则会造成凸形焊道及咬边。焊接过程中，要根据熔池的具体情况，及时调整焊接速度和摆动方式，才能有效地避免咬边、熔合不良、焊道下垂等缺陷的产生。

第六章 低合金结构钢和奥氏体不锈钢的焊接

第一节 低合金结构钢的焊接

一、低合金结构钢的应用及其焊接性

1. 低合金结构钢分类及应用

利用焊接来制造金属结构的低合金结构钢可以分为低合金高强度结构钢和低合金专业用结构钢两大类。

(1)低合金高强度结构钢的分类及应用

低合金高强度结构钢按屈服点等级分为 Q295、Q345、Q390、Q420、Q460 五种。按质量等级分为 A、B、C、D、E 五级。属于 Q295 的有 09MnV,09MnNb,09Mn2,12Mn 等。属于 Q345 的有 12MnV,14MnNb,16Mn,16MnRe,18Nb 等。属于 Q390 的有 15Mn,15MnTi,16MnNb 等。属于 Q420 的有 15MnVN,14MnVTiRe 等。强度更高的还有 18MnMoNb、14MnMoV、14MnMoVB 等。

低合金高强度结构钢按热处理状态分为热轧正火钢、低碳调质钢和中碳调质钢三种。

①热轧正火钢。热轧正火钢的屈服点为 295～490MPa 的低合金高强度钢,都在热轧或正火状态下使用,属于非热处理强化钢。在低合金强度用钢中,它的应用最为广泛。

②低碳调质钢。低碳调质钢的屈服点为 490～980MPa,在调质状态下使用,属于热处理强化钢。它既有高的强度,又有较好的塑性和韧性。它可以直接在调质状态焊接,焊后不要求调质处理。此类钢有 15MnMoVN、15MnMoVNRe、14MnMoNbB、12Cr3NiMoV 等。随着我国大型工程机械、压力容器及舰艇制造的发展,这种低碳调质钢的应用也日益广泛。

③中碳调质钢。中碳调质钢的屈服点一般在 880～1176MPa，钢中碳的质量分数较高（0.25%～0.5%）。属于此类钢的有 30CrMnSiA、30CrMnSiNi2A、35CrMoVA、34CrNi3MoA、40CrNiMoA 等。中碳调质钢一般都在退火状态下焊接，焊后进行调质处理。此类钢常用于强度要求很高的产品或部件，如火箭发动机壳体、飞机起落架等。中碳调质钢的焊接性差。

低合金高强度结构钢用于制造锅炉、压力容器、建筑结构、桥梁、船舶、车辆、飞机、起重机、工程机械等。

(2)低合金专用结构钢的分类及应用

低合金专用结构钢按用途可分为耐蚀钢、低温钢和珠光体耐热钢等。

①耐蚀钢。耐蚀钢又可分为化工、石油用耐蚀钢和海水、大气耐蚀用钢。化工、石油用耐蚀钢要求能抗氢、氮、氨、硫化氢等，强度不高，钢材牌号有 15MnCrAlTiRe、08AlMoV、09AlVTiCu，12AlMoV，15Al3MoWVTi 等。海水、大气耐蚀用钢，又称耐候钢及耐海水腐蚀用钢，强度不高，用于造船、海上采油、港口建筑等，钢材牌号有 14MnPNbRe、09MnCuPTi、08MnPRe、10MnPRe、10MnPNbRe、16CuCr、12MnCuCr、15MnCuCr、09Mn2Cu、16MnCu 等。

②低温钢。低温钢用于空气分离设备、石油分离设备等各种低温容器及寒冷地区的金属结构，强度要求不高，但低温（<－20℃）韧性要求较高，钢材牌号有 09Mn2VDR、09MnCuTiRe、06MnNb、06AlCuNbN、16MnDR、15MnNiDR、09MnNiDR 等。

③珠光体耐热钢。珠光体耐热钢用于各种电站设备和压力容器，一般工作温度在 500～600℃，钢号有 12CrMo、15CrMo、20CrMo、12Cr1MoV、12Cr2MoWVB、12MoWVBSiRe 等。

2. 低合金结构钢的焊接性

本节阐述的低合金结构钢的焊接性能是指普通低合金高强度结构钢的焊接性。低合金高强度结构钢焊接时的主要问题是裂纹和脆化。

(1)焊接裂纹

普通低合金高强度结构钢焊接时容易产生的裂纹是冷裂纹。冷裂纹主要发生在强度级别较高的厚板钢材结构。

普通低合金高强度结构钢是在低碳钢基础上加入少量合金元素而成的，碳当量大致在 0.40%～0.60%，淬硬冷裂倾向比低碳钢大。

屈服点在 295～390MPa 的普通低合金高强度结构钢基本上属于热轧钢，碳当量约在 0.40%，不超过 0.50%。一般情况下(除环境温度很低或钢板厚度很大时)，冷裂倾向都不大。

正火钢由于合金元素较多，与热轧钢 16Mn 相比，淬硬倾向有所增加。强度级别及碳当量较低的正火钢冷裂倾向不大。但随着强度级别、碳当量及板厚的增大，其淬硬及冷裂倾向也随之增大，需要采取预热、控制线能量、降低含氢量、及时后热和焊后热处理等措施，以防止冷裂纹的产生。

通常热轧正火钢焊接时，热裂倾向小。普通低合金高强度结构钢产生热裂纹的可能性比冷裂纹小得多，只有在原材料化学成分不符合规定(如硫、碳的质量分数偏高，严重偏析)时才有可能产生。

此外，含有 V、Ti、Cr、Mo、B 等合金元素的普通低合金高强度结构钢还有产生再热裂纹的倾向。大型厚板焊接结构(如海洋工程、核反应堆等)的角接接头、T 形接头和十字形接头还可能产生层状撕裂。

(2)粗晶区脆化

热轧正火钢焊接时，热影响区中被加热到 1100℃以上的粗晶区是焊接接头的薄弱区，冲击韧度也最低，即所谓脆化区。粗晶区脆化的原因有两个：一是线能量过大时，粗晶区将因晶粒长大或出现魏氏组织等而降低韧性；二是线能量过小时，由于粗晶区组织中淬硬组织马氏体比例的增大而降低韧性，特别是强度等级较高的普通低合金高强度结构钢淬硬倾向比较严重。因此，不同的钢种应该分别选择不同的焊接工艺参数。

二、低合金结构钢焊接工艺

1. 低合金结构钢焊接工艺特点

低碳钢碳的质量分数低，碳当量低于 0.35%，焊接性优良，故在整个焊接过程中不需要特殊的工艺措施。只有刚性大的结构件在低温条件下可能出现裂纹，才需要预热。例如，低碳钢梁、柱、桁架结构，板厚 50～70mm，环境温度高于 0℃时不预热，低于 0℃时预热 100～150℃；低碳钢管道、容器结构，板厚 40～50mm，高于 0℃时不预热，低于 0℃

时预热 100～150℃。

普通低合金钢焊接时，淬硬冷裂倾向比低碳钢大一些，焊接性比低碳钢差。因此，在焊接工艺上有较高的要求。

(1)预热

预热是低合金结构钢焊接时常用的工艺措施。屈服点在 390MPa 以下的低合金结构钢焊接时，一般仍可以不预热。只有在厚板、刚性大的结构且环境温度低的条件下，需预热 100～150℃。屈服点在 390MPa 以上的低合金结构钢焊接时，一般需要预热。采取局部预热时，预热范围为焊缝两侧各不小于焊件厚度的 3 倍，且不小于 100mm。表 6-1 为几种低合金结构钢焊接的预热温度。

表 6-1　几种低合金结构钢焊接的预热温度和焊后热处理工艺参数

强度等级 MPa	钢号	预热温度℃	焊后热处理工艺参数（焊条电弧焊）
Q295	09Mn2 09Mn2Si 09MnV	不预热 (一般供应的板厚 δ≤16mm)	不热处理
Q345	16Mn 14MnNb	100～150 (δ≥30mm)	600～650℃回火
Q390	15MnV 15MnTi 16MnNb	100～150 (δ≥28mm)	550℃或 650℃回火
Q420	15MnVN 14MnVTiRe	100～150 (δ≥28mm)	550℃或 650℃回火
Q490	14MnMoNb 18MnMoNb	>200	600～650℃回火

(2)控制线能量

各种低合金结构钢的脆化倾向和淬硬冷裂倾向各不相同，因此，对线能量的要求也不相同。碳的质量分数低的 Q295 钢（如 09MnV、09Mn2 等）和碳的质量分数偏下限的 16Mn 钢焊接时，由于脆化、冷裂倾向小，线能量没有严格限制。当焊接碳含量偏高的 16Mn 钢时，为降低淬硬倾向，防止冷裂纹的产生，线能量应偏大一些。对于强度级别较高的低合金结构钢，淬硬倾向增大，应选择较大的线能量，但线能量不能过大，以免增大粗晶区脆化倾向。如果为防止裂纹而采取预热时，可采用小线能量焊接。小线能量可防止粗晶区脆化，并能减小焊接应力。

(3)采取降低含氢量的工艺措施

对于有淬硬冷裂倾向的钢种，要严格采取降低焊缝含氢量的措施：采用低氢型碱性焊条，严格按规范烘干焊条，清除焊丝表面和坡口及两侧的锈、水、油污等。

(4)后热及焊后热处理

后热是焊接后立即将焊件的全部(或局部)加热到150～250℃或保温，使其缓冷的工艺措施。这是防止淬硬冷裂工艺措施。在低合金结构钢焊接时，后热主要是指消氢处理。消氢处理是焊后立即将焊接区加热到250～350℃，保温2～6h，使焊缝中的扩散氢逸出焊缝表面的一种工艺措施。其消氢效果比低温后热更好。

Q295～Q460这类热轧正火钢一般焊后不进行热处理。但由于电渣焊焊缝及粗晶区晶粒粗大，焊后必须正火处理以细化晶粒，提高冲击韧度。正火温度在Ac3点以上30～50℃，保温时间按厚度每毫米1～2min计算。厚壁受压部件(压力容器)经正火处理高温空冷后产生较大的内应力，此时正火后应作回火处理。

对于压力容器壁厚达到规定厚度(16MnR厚度大于30mm，15MnVR厚度大于28mm，任意厚度的15MnVNR和18MnMoNbR)时，图样注明有应力腐蚀的容器(如盛装液化石油气、液氨等的容器)以及要求尺寸稳定性的结构等产品，焊后要进行消除应力热处理并改善接头组织性能。焊后热处理工艺参数见表6-1。

2. 低合金结构钢焊接方法和焊接材料的选择

(1)低合金结构钢焊接方法的选择

低合金结构钢可采用焊条电弧焊、埋弧自动焊、钨极氩弧焊、熔化极氩弧焊、二氧化碳气体保护焊和电渣焊等焊接方法。这主要取决于产品结构、板厚、性能要求和生产条件等。其中，埋弧自动焊、焊条电弧焊和熔化极气体保护焊是常用的焊接方法。

埋弧自动焊用于板厚3mm以上、批量生产的、长直缝的和直径较大的环缝的平焊或平角焊。钨极氩弧焊用于要求全焊透的薄壁管和厚壁管等工件的打底焊。

焊接厚壁压力容器等大型厚板结构采用电渣焊，但由于电渣焊焊缝和热影响区过热严重，晶粒粗大性能较差，焊后需要进行正火热处理，从而增加生产周期和成本。

(2)低合金结构钢焊接材料的选择

低合金结构钢是强度用钢，因此，选择焊接材料时，应保证焊缝的强度、韧性和塑性等性能符合产品设计要求，按"等强"原则选择与母材强度相当的焊接材料，并综合考虑焊缝金属的韧性、塑性及抗裂性能。只要焊缝金属的强度不低于或略高于母材强度的下限值即可。

焊缝强度过高，将导致焊缝韧性、塑性及抗裂性能降低。强度级别较高的普通低合金钢焊接时，应选用韧性、塑性和抗裂性能好的碱性焊条，并应选用比母材低一级强度的焊条。普通低合金钢焊接所采用的焊接材料可按表 6-2 选用。

表 6-2　普通低合金钢焊接所采用的焊接材料

强度等级 σ_s(MPa)	钢号	焊条	CO_2 焊焊丝
295	09Mn2 09Mn2Si 09MnV	E4303 E4301 E4316 E4315	H08Mn2SiA
345	16Mn 14MnNb	E5003 E5001 E5016 E5015	H08Mn2SiA
390	15MnV 15MnTi 16MnNb	E5003 E5001 E5016 E5015 E5516-G E5515-G	H08Mn2SiA
420	15MnVN 14MnVTiRe	E5516-6 E5515-G E6016-D1 E6015-D1	

续表 6-2

强度等级 σ_s(MPa)	钢号	焊条	CO_2 焊焊丝
490	14MnMoV	E6016-D1 E6015-D1	
	18MnMoNb	E7015-D2 E7015-G	

(3)常用低合金结构钢的焊接

①16Mn 钢的焊接。16Mn 钢冶炼、加工性能和焊接性能都比较好，是我国目前产量最大、应用最广的低合金钢。16Mn 钢焊接前一般不必预热。厚度大的、刚性大的结构在低温下焊接时，需要预热。预热温度见表 6-1。常见的焊接方法都可用于 16Mn 钢的焊接。

a. 焊条电弧焊。应采用强度等级为 E50 的结构钢焊条。应用最多的是碱性焊条 E5015 (J507)和 E5016(J506)；要求不高的构件也可采用酸性焊条 E5003(J502)。

b. 埋弧自动焊。不开坡口时，可以采用 H08MnA 焊丝配合焊剂 431(HJ431)；开坡口时，应采用 H10Mn2 焊丝配合焊剂 431(HJ431)。

c. 二氧化碳气体保护焊。采用的焊丝牌号为 H08Mn2SiA。用二氧化碳气体保护焊焊接 16Mn 钢时，焊缝含氢量低，抗裂性能好。

d. 氩弧焊。焊丝采用 H10MnSi。

由于 16Mn 钢在冶炼过程中是采用铝、钛等元素脱氧的细晶粒钢，在不预热时，可选用较大的线能量焊接，避免出现淬硬组织。

②15MnV 和 15MnTi 钢的焊接。15MnV 和 15MnTi 属于 Q390-A 钢，是在 16Mn 钢的基础上加入 0.04%～0.12%的 V 和 0.12%～0.20%的 Ti。钒和钛的加入提高了钢的强度，同时又细化了晶粒，减小了钢的过热倾向。

15MnV 和 15MnTi 钢具有良好的焊接性。当板厚小于 32mm、在 0℃以上焊接时，原则上可不预热。当板厚大于 32mm 或在 0℃以下施焊时，应预热到 100～150℃，焊后进行 550～560℃的回火热处理。常用的焊接方法都可用于 15MnV 和 15MnTi 钢的焊接。

a. 焊条电弧焊。对于厚度不大、坡口不深的结构，可采用 E5015

(J507)焊条;厚度较大的结构应采用 E5515-G(J557)焊条。对于不重要的结构,也可采用 E5003(J502)焊条。

b. 二氧化碳气体保护焊时,焊丝采用 H08Mn2SiA。

c. 氩弧焊时,焊丝采用 H08Mn2SiA。

15MnTi 是正火状态下使用的钢种。Ti 起弥散强化作用,因而对热的敏感性较大,适宜采用较小的焊接线能量。

③18MnMoNb 钢的焊接。18MnMoNb 钢是中温厚壁压力容器和锅炉用钢,可工作于 450℃以下的各种温度。18MnMoNb 钢的使用状态为正火加回火,对于板厚特别大的,为保证综合力学性能,可在调质状态下使用。

18MnMoNb 钢的碳当量为 0.48%～0.63%,所以,18MnMoNb 的焊接性较差,焊接时具有一定的淬硬冷裂倾向。因此,焊前需要预热,预热温度为 180～250℃。焊后或中断焊接时,应立即进行 250～350℃后热处理。

18MnMoNb 钢组装定位焊前应局部预热到 180℃以上,否则,会在热影响区产生微裂纹。此外,根据 18MnMoNb 钢的再热裂纹敏感性试验,18MnMoNb 钢属于稍有再热裂纹倾向的钢种。

在压力容器、锅炉的焊接生产中,18MnMoNb 钢常用的焊接方法是焊条电弧焊、埋弧自动焊和电渣焊等。

a. 焊条电弧焊。焊条常用 E7015-D2(J707),也可用 E6015-D1(J607)。焊前严格按规定参数烘干,并严格清理坡口及两侧的锈、水、油污,以免由氢引起冷裂。

b. 埋弧自动焊时,焊丝采用 H08Mn2MoA,焊剂采用 HJ250。焊接时,层间温度控制在 250～300℃。

c. 电渣焊时,焊丝采用 H10Mn2MoA 或 H10Mn2MoVA,焊剂采用 HJ431。

为保证接头性能和质量,焊接线能量要选择得当。线能量过小,接头容易出现淬硬组织而降低韧性,引起裂纹;线能量也不能过大,否则容易引起粗晶脆化。焊条电弧焊时,焊接线能量一般在 20kJ/cm 以下;埋弧自动焊时,焊接线能量在 35kJ/cm 以下。

18MnMoNb 钢焊后一般要进行热处理。电渣焊焊后进行 950～

980℃正火，630～670℃回火。焊条电弧焊或埋弧自动焊后，进行回火或消除应力热处理，其加热温度为600～640℃。

第二节　奥氏体不锈钢的焊接

一、奥氏体不锈钢的焊接性

奥氏体不锈钢具有良好的焊接性。但当焊接材料选用不当或焊接工艺不合理时，无论是焊缝还是热影响区，都有发生晶间腐蚀的可能。所以，防止产生晶间腐蚀是奥氏体不锈钢焊接的主要问题。此外，还应注意防止发生热裂纹和焊接接头的脆化。

1. 奥氏体不锈钢的焊接接头的晶间腐蚀

铬是奥氏体不锈钢中具有耐腐蚀性的基本元素，当含铬量低于12%时，就不再具有耐腐蚀性能了。奥氏体不锈钢在焊接或使用的过程中，当温度升高到450～850℃时，由于奥氏体中过饱和的碳向晶界处迅速扩散并在晶粒边界析出，析出的碳与铬形成碳化铬。又因为铬在奥氏体中的扩散速度很慢，来不及向晶界扩散，这样就大量消耗了晶界处的铬，使晶界处的含铬量降低到小于12%。这时，晶界就失去了耐腐蚀能力。

晶界一旦失去了耐腐蚀能力，使用时，铬镍奥氏体不锈钢在腐蚀性介质的作用下，晶界很快溶解，腐蚀性介质沿着晶界继续深入腐蚀，而晶粒本身则完整无损。从外观上看工件未发生明显变化，但金属已失去塑性。若将其试样做拉伸弯曲试验，稍有变形便产生裂纹。其试样相互敲击时，已失去金属声。若腐蚀严重时，甚至会产生晶粒脱落现象。对于奥氏体不锈钢来说，晶间腐蚀是最严重的破坏形式，是非常危险的。

影响晶间腐蚀的主要因素有加热温度、加热时间和母材的化学成分。

(1)加热温度

如18-8钢在450～850℃范围内，停留一段时间后，就会发生晶间腐蚀。低于450℃，由于奥氏体中的碳扩散速度不快，不能在晶界处扩散析出而形成碳化铬，所以没有晶间腐蚀现象。如果温度高于850℃，这时，不仅碳在奥氏体中扩散速度极快，而且铬在奥氏体中的扩散速度也很快，故不能造成晶粒边界处贫铬，因而也不会发生晶间腐蚀。

(2)加热时间

加热到危险温度范围(450～850℃)要产生晶间腐蚀。但在不同温度下不发生晶间腐蚀允许停留的时间是不同的，如图 6-1 所示。其在700～750℃最不稳定，只需十几秒到几分钟就会丧失抗晶间腐蚀的能力。

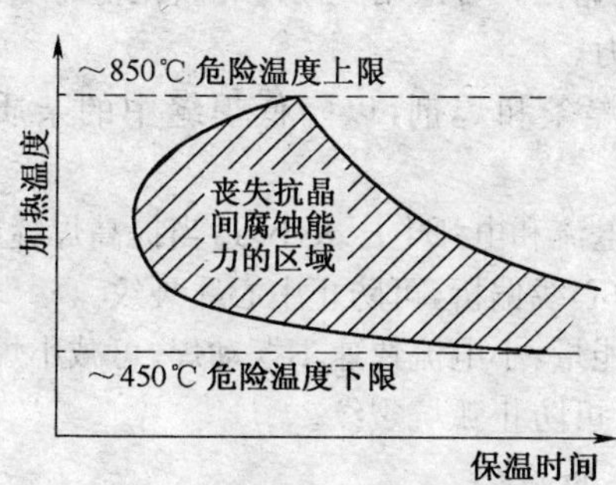

图 6-1　加热温度和保温时间对 18-8 钢抗晶间腐蚀能力的影响

(3)母材的化学成分

母材成分中对晶间腐蚀的最主要的影响因素是碳含量。当碳含量小于 0.04%，即超低碳的奥氏体不锈钢，则无晶间腐蚀。强碳化物形成元素如钛、铌、钼、锆等，由于能取代铬而与碳化合，因而能大大提高材料抗晶间腐蚀的能力。

2. 热裂纹

奥氏体不锈钢焊接时比较容易产生热裂纹。奥氏体不锈钢焊接时产生热裂纹的原因：一是单相奥氏体焊缝易形成方向性强的柱状晶组织，硫、磷、镍、碳等元素形成的低熔点共晶杂质偏析比较严重，形成晶间液态夹层；不锈钢的液相线与固相线距离较大，结晶时间较长，也使低熔点杂质偏析比较严重；二是不锈钢导热系数小，线膨胀系数大，导致焊接应力比较大(一般是焊缝和热影响区受拉应力)。

防止热裂纹的措施：

①严格限制焊缝中硫、磷等杂质元素的质量分数，以减少低熔点共

晶杂质。

②选用双相组织的焊条，使焊缝形成奥氏体和少量铁素体的双相组织，以细化晶粒，打乱柱状晶方向，减小偏析严重程度。铁素体的质量分数控制在3%～8%(5%左右)。过多的铁素体会使焊缝变脆。对于镍的质量分数大于15%的奥氏体不锈钢不能采用奥氏体和铁素体双相组织来防止热裂纹。因为铁素体在高温(>650℃)下长期使用，会析出σ相，使焊缝脆化。可采用奥氏体和碳化物的双相组织焊缝，亦有较高的抗热裂能力。

③选用碱性焊条和焊剂，以降低焊缝中的杂质含量，改善偏析程度。

④控制焊接电流和电弧电压大小，适当提高焊缝形状系数；采用多层多道焊，避免中心线偏析，可防止中心线裂纹。

⑤采用小线能量，小电流快速不摆动焊，可减小焊接应力。

⑥填满弧坑，可防止弧坑裂纹。

3. 焊接接头的脆化

奥氏体不锈钢的焊缝在加热一段时间后，常会出现冲击韧度下降的现象，称为脆化。

(1)475℃脆化

含有较多铁素体相(质量分数15%～20%)的双相焊缝组织，经过350～500℃加热后，塑性和韧性会显著下降。由于475℃时脆化速度最快，故称475℃脆化。铁素体相越多，这种脆化越严重。因此，在保证焊缝金属抗裂性能和抗腐蚀性能的前提下，应将铁素体相控制在较低的水平，约5%。已产生475℃脆化的焊缝，可经900℃淬火消除。

(2)σ相脆化

奥氏体不锈钢焊接接头在375～875℃温度范围内长期使用，会产生一种FeCr金属间化合物，称为σ相。σ相硬而脆(HRC>68)。由于σ相析出的结果，使焊缝冲击韧度急剧下降。这种现象称为σ相脆化。σ相一般仅在双相组织焊缝内出现；当使用温度达800～850℃时，在单相奥氏体焊缝中也会析出σ相。通常认为，σ相主要是由铁素体演变而来，当铁素体含量超过5%时，σ相就很快形成。因此，高温下使用的奥氏体不锈钢，为防止出现σ相，必须限制铁素体含量，控制在5%

以内，并严格控制Cr、Mo、Ti、Nb等元素的含量。为消除已经生成的σ相，恢复焊接接头的韧性，可把焊接接头加热到1000～1050℃，然后快速冷却。σ相在12Cr18Ni9Ti(1Cr18Ni9Ti)钢的焊缝中一般不产生。总之，防止475℃脆化和σ相脆化的主要措施是严格控制铁素体含量小于5%。

(3)熔合线脆断

奥氏体不锈钢在高温下长期使用，在沿熔合线外的地方，会发生脆断现象，称为熔合线脆断。在钢中加入钼能提高钢材抗高温脆断的能力。

二、奥氏体不锈钢的焊接工艺

1. 奥氏体不锈钢的焊接工艺特点

(1)焊接要求

①奥氏体不锈钢焊接时，采用小线能量，小电流快速焊。

②焊后可采取强制冷却措施，以减小在敏化温度区停留时间，防止晶间腐蚀。

③奥氏体不锈钢焊接时，不能采取预热和后热(后热是焊接后立即对焊件的全部或局部加热到150～250℃或保温，使其缓冷的工艺措施)工艺措施，防止降低焊后冷却速度。多层多道焊时，各道间温度应低于60℃(以手可以摸为判断标准)。

④奥氏体不锈钢制压力容器焊接时，一般不进行消除焊接残余应力的焊后热处理。在有应力腐蚀破裂倾向时，需要进行消除应力退火，可在低于350℃或高于850℃进行退火处理。也可用锤击法来松弛焊接应力。

(2)焊后表面处理

①表面抛光。不锈钢焊件表面如有刻痕、凹痕、粗糙点、污点，会加快腐蚀。表面越细越光滑，抗腐蚀性越好。因为细光的表面能产生一层致密而均匀的氧化膜，能保护内部金属不再受到氧化和腐蚀。

②表面钝化处理。钝化处理是在不锈钢表面人工形成一层氧化膜，起保护作用。钝化处理的流程为：表面清理和修补—酸洗—水洗和中和—钝化—水洗和吹干。

a. 表面清理和修补。把表面损伤的地方修补好，用手提砂轮磨光，把飞溅清除干净、磨光。

b. 酸洗。目的是去除经热加工和焊接热影响区产生的氧化皮。这层氧化皮不能抗氧化、耐腐蚀。酸洗常用酸液酸洗和酸膏酸洗两种方法。酸液酸洗又有浸洗和刷洗两种。

浸洗酸液配方：硝酸（密度 1.42）20%，氢氟酸 5%，其余为水。酸洗温度为室温。刷洗酸液配方：盐酸 50%，水 50%。酸膏配方：盐酸（密度 1.19）20 mL，水 100mL，硝酸（密度 1.42）30mL，膨润土 150g。

酸洗的方法：浸洗法用于较小的设备和部件。浸没在酸液中 25～45min 取出后用清水冲净。刷洗用于大设备。刷到呈白亮色为止，再用清水冲净。酸膏酸洗也适用于大设备，将酸膏涂敷于焊件的焊缝及热影响区表面上，停留几分钟，再用清水冲净。

c. 钝化。钝化液配方：硝酸 5mL，重铬酸钾 1g，水 95mL。处理温度为室温。处理方法是将钝化液在表面擦一遍，停留 1 h，然后用冷水冲，用布仔细擦洗，最后用热水冲洗干净，并将其吹干。经钝化处理后的不锈钢外表呈银白色，具有较高的耐腐蚀性。

2. 奥氏体不锈钢焊接方法的选用

奥氏体不锈钢具有优良的焊接性。一般常用的熔化焊方法都能焊奥氏体不锈钢。但从经济、实用和技术性能方面考虑，最好采用焊条电弧焊、钨极氩弧焊（TIG）、埋弧自动焊、熔化极氩弧焊和等离子弧焊等。由于气焊具有不易烧穿和在各种位置都能焊接的特点，对于有些薄板结构和薄壁小直径管子，在没有耐腐蚀要求的情况下，也可以采用气焊的方法。

二氧化碳气体保护焊具有氧化性，合金元素烧损严重，目前还没有用来焊接奥氏体不锈钢。

3. 奥氏体不锈钢的焊条电弧焊

奥氏体不锈钢的焊条电弧焊具有热影响区小、易于保证质量、适于各种焊接位置和不同板厚工艺要求的特点。焊条电弧焊是奥氏体不锈钢最常用的焊接方法。为提高抗热裂能力，多选用碱性焊条，尽量采用直流焊接电源。为了减少焊接变形，奥氏体不锈钢的焊条电弧焊的坡口倾角和底部半径可相应减小，同时为保证脱渣良好，可采用氧化钙性药皮焊条。

(1)奥氏体不锈钢焊条的选择

一般应根据熔敷金属的化学成分与母材相匹配的原则来选择焊条，使焊缝金属的主要合金元素不低于母材，并考虑抗裂性、抗腐蚀性和耐热性的要求。超低碳不锈钢焊条的抗裂性和耐腐蚀性均好；含有稳定剂元素铌(Nb)的焊条用于抗晶间腐蚀要求较高的焊接，但抗裂性较差；碳含量大于 0.04％、且不含稳定剂的焊条只能用于耐腐蚀性能不太高的焊件。常用奥氏体不锈钢焊条的选择见表 6-3。

表 6-3　常用奥氏体不锈钢焊条的选择

牌　　号	工作条件及要求	焊条型号及牌号
06Cr19Ni9 (0Cr19Ni9)	工作温度低于300℃，要求良好的耐腐蚀性	E308-16 (A102) E308-15 (A107)
12Cr18Ni9 (1Cr18Ni9)	抗裂、抗腐蚀性较高	(A122)
12Cr18Ni9Ti (1Cr18Ni9Ti)	工作温度低于300℃，要求有优良的耐腐蚀性能	E347-16 (A132) E347-15 (A137)
022Cr19Ni11 (00Cr19Ni11)	耐腐蚀要求极高	E308L-16 (A002)
06Cr17Ni12Mo2 (0Cr17Ni12Mo2)	抗无机酸、有机酸、碱及盐腐蚀	E316-16 (A202) E316-15 (A207)
	要求良好的抗晶间腐蚀性能	E318-16 (A212)
06Cr19Ni13Mo3 (0Cr19Ni13Mo3)	抗非氧化性酸及有机酸性能较好	E308L-16 (A002) E317-16 (A242)

续表 6-3

牌　　号	工作条件及要求	焊条型号及牌号
06Cr18Ni11Ti (0Cr18Ni11Ti) 12Cr18Ni9Ti (1Cr18Ni9Ti) 06Cr17Ni12Mo2Ti (0Cr17Ni12Mo2Ti)	要求一般耐热及耐腐蚀性能	E318V-16 (A232) E318V-15 (A237)
06Cr18Ni12Mo2Cu2 (0Cr18Ni12Mo2Cu2)	在硫酸介质中要求更好的耐腐蚀性能	E317MoCu-16 (A032) E317MoCu-16 (A222)
06Cr18Ni14M02Cu2 (0Cr18Ni14Mo2Cu2)	抗有机、无机酸，异种钢焊接	E317MoCu-16 (A032) E317MoCu-16 (A222)
06Cr23Ni13 (0Cr23Ni13)	耐热、耐氧化，异种钢焊接	E309-16 (A302) E309-15 (A307)
06Cr25Ni20 (0Cr25Ni20)	高温，异种钢焊接	E310-16 (A402) E310-15 (A407)

(2)奥氏体不锈钢焊条电弧焊工艺

由于不锈钢的导热性差，所以，焊接电流要比同样直径的碳钢焊条小 10％～20％。这样既保证所需熔深，又防止过热。一般也可按焊条直径的 25～35 倍来选择焊接电流。在立焊或仰焊时的焊接电流还要小 10％～30％。焊接前，应严格清理坡口，焊接中要保持焊条清洁，以防止焊缝中碳的增加。

焊接工艺方面采取措施的基本原则是焊缝金属冷却速度要快，冷却过程中通过丧失抗晶间腐蚀能力的区域的速度要快(详见图 6-1)。除上述焊接电流要小外，焊接速度要快，不做横向摆动，层间温度要尽量低，必要时用冷水冷却。焊接时应采用短弧，以减少合金元素的烧损。在接触腐蚀介质一侧要最后焊。不得随意打弧，地线要卡牢，防止飞溅金属贴在坡口两侧，使不锈钢表面层具有良好的抗腐蚀性能。多层焊时，要等前一道焊缝冷却后再焊下一道焊缝。焊缝尽可能一次焊完，少中断，少接头，收弧要衰减，以防火口裂纹。

(3)稳定化退火和固溶处理

奥氏体不锈钢原则上不进行焊前预热和焊后热处理，但有时进行稳定化退火和固溶处理。稳定化退火是把焊好的工件加热到850℃保温4h，使铬充分扩散，以消除晶界贫铬的方法。固溶处理是指把焊件加热到1050～1150℃，保温一定时间，使碳化铬分解，碳溶解到奥氏体晶格中去，消除晶界贫铬，然后水冷使碳来不及析出。由于稳定化处理和固熔处理都存在加热过程中，工件有氧化和变形等问题，所以，并不是总能采用的。

4. 奥氏体不锈钢的手工钨极氩弧焊(TIG)

钨极氩弧焊适用于厚度不超过8mm的板结构，特别适用于厚度3mm以下的薄板、直径60mm以下的管子和厚件单面焊双面成型的打底焊。不锈钢钨极氩弧焊坡口形式及其尺寸见表4-4。

奥氏体不锈钢氩弧焊用的焊丝化学成分与母材相同(见表6-4)。

表6-4　奥氏体不锈钢氩弧焊焊接材料的选用

焊接材料 / 钢号	焊条		氩弧焊
	牌号	型号	焊丝
022Cr19Ni10 (00Cr19Ni10)	A002	E308L-16	H00Cr21Ni10
06Cr18Ni9 (0Cr18Ni9) 12Cr18Ni9 (1Cr18Ni19)	A102 A107	E308-16 E308-15	H0Cr21Ni10
12Cr18Ni9Ti (1Cr18Ni9Ti) 06Cr18Ni10Ti (0Cr18Ni10Ti)	A132 A137	E347-16 E347-15	H0Cr20Ni10Ti
06Cr18Ni11Nb (0Cr18Ni11Nb)			H0Cr20Ni10Nb

续表 6-4

钢号＼焊接材料	焊条		氩弧焊
	牌号	型号	焊丝
12Cr18Ni12 (1Cr18Ni12)	A202 A207	E316-16 E316-15	H1Cr24Ni13
06Cr18Ni12Mo2 (0Cr18Ni12Mo2)			H0Cr19Ni12Mo2
06Cr23Ni13 (0Cr23Ni13)	A302 A307	E309-16 E309-15	H1Cr24Ni13
06Cr25Ni20 (0Cr25Ni20)	A402 A407	E310-16 E310-15	H0Cr26Ni21

手工钨极氩弧焊(TIG)焊接奥氏体不锈钢薄板工艺参数见表 4-9。

手工钨极氩弧焊(TIG)不锈钢打底焊的工艺参数见表 6-5。

表 6-5　手工钨极氩弧焊(TIG)不锈钢打底焊的工艺参数

管道规格	钨极直径(mm)	钨极伸出长度(mm)	焊接电流(A)	喷嘴直径(mm)	填充焊丝直径(mm)	氩气流量(L/min)
小直径薄壁管	2.5	5～6	90～110	8	2.4	8～12
大直径厚壁管	2.5	6～8	110～130	8	2.4	10～15

5. 奥氏体不锈钢的气焊

(1)不锈钢气焊的焊接工艺

为减少过热，焊嘴号码应比焊接同样厚度的低碳钢的小。为减少合金元素的烧损，应采用中型焰或轻微碳化焰。不锈钢气焊的焊接工艺参数见表 6-6。

表 6-6　不锈钢气焊的焊接工艺参数

焊件厚度(mm)	装配间隙(mm)	焊丝直径(mm)	焊嘴号码	氧气压力(MPa)	接头形式
0.8	1.0	2	2(H01-2 焊炬)	0.20	对接
1.0	1.0	2	2(H01-2 焊炬)	0.20	对接

续表 6-6

焊件厚度(mm)	装配间隙(mm)	焊丝直径(mm)	焊嘴号码	氧气压力(MPa)	接头形式
1.2	1.5	2	2(H01-2 焊炬)	0.20	对接
1.5	1.5	2	2(H01-6 焊炬)	0.20	对接
2.0	1.5	2	2(H01-6 焊炬)	0.20	60°坡口，钝边 1.0mm
2.5	1.5	3	2(H01-6 焊炬)	0.25	60°坡口，钝边 1.0mm
3.0	2.0	3	2(H01-6 焊炬)	0.25	60°坡口，钝边 1.0mm

(2)坡口

对接焊接焊件厚度小于 1.5mm 时，可不开坡口。焊件厚度大于 1.5mm 时，开 V 形坡口，坡口角度为 60°。焊前应严格清理焊接区的污物。

(3)气焊丝和熔剂的选择

尽量采用低碳的不锈钢焊丝。这样，不仅可以防止热裂纹，并可以提高抗晶间腐蚀性能。气焊丝和熔剂的选择见表 6-7。

表 6-7　不锈钢气焊常用的焊丝

母　材	焊丝牌号	焊丝直径(mm)
06Cr18Ni9 (0Cr18Ni9) 06Cr18Ni9Ti (0Cr18Ni9Ti) 12Cr18Ni9Ti (1Cr18Ni9Ti)	H00Cr21Ni10 H0Cr21Ni10	1.5～2.0
06Cr18Ni10Ti (0Cr18Ni10Ti)	H0Cr20Ni10Ti	1.5～2.0
12Cr17Ni13Mo2Ti (1Cr17Ni13Mo2Ti) 12Cr17Ni13Mo3Ti (1Cr17Ni13Mo3Ti)	H0Cr20Ni14Mo3	1.5～2.0

为保证焊缝质量，可用气焊熔剂气剂 101，或按下列配方自行配

制:硅铁 20%,长石 80%。

(4)涂敷熔剂

焊接时,将熔剂涂在焊丝和焊件坡口的正反面,使焊接时有良好的润湿作用,并防止熔化金属氧化。

(5)焊接

焊接操作时一般采用左向焊法,焊嘴与焊件的倾角成 40°～50°。火焰焰心到熔池表面的距离以 2～4mm 为宜。焊丝末端与熔池接触,并与火焰一起沿焊缝移动。焊嘴不做横向摆动,焊接速度应尽可能快,焊道宜窄,熔敷金属宜薄,并尽量避免中断。结束时要填满熔池。否则,焊缝在结尾处将产生裂纹和气孔。

如需双面焊接时,接触腐蚀介质的一面应最后焊。焊后应用 60～80℃的热水将焊缝表面残留的熔剂和熔渣洗刷干净,必要时还可进行酸洗和钝化处理,以增加接头的抗腐蚀性能。

(6)焊后热处理

一般不做焊后热处理。但有时根据使用要求进行固溶处理及稳定化处理。

(7)12Cr18Ni9Ti 不锈钢的气焊实例

焊制 1mm 厚、12Cr18Ni9Ti(1Cr18Ni9Ti)不锈钢板制成的直径 300mm、高为 500mm 的桶。桶身为对接接头,桶身与桶底采用卷边接头。焊接步骤如下:

①桶身的焊接。做好焊接处和焊丝的清理工作。装配间隙为 0.5～0.7mm,全长定位焊 8 处。每处定位焊缝长约 20mm。焊炬选用 H01-6 型,1 号焊嘴,焊丝牌号选用 H0Cr21Ni10,焊丝直径为 ϕ1.5mm,气焊熔剂选气剂 101。焊接时,自中间向两端焊接。焊接工艺参数见表6-6。

②桶底的焊接。做好焊接处和焊丝的清理工作。翻边 5mm 的底装入桶底位置。进行对称定位焊,共 8 处。每处约 20mm,焊炬选用 H01-6 型,2 号焊嘴,不用焊丝。

焊后用温水刷洗 3 次,将焊缝表面残留的熔剂和熔渣洗刷干净。

第七章 钢筋焊接

近年来，随着高层建筑的发展和大型桥梁工程的增多，焊接在钢筋连接中得到广泛应用。焊接钢筋所用的设备称为钢筋焊接机械。钢筋焊接主要包括对焊、点焊、焊条电弧焊、电渣压力焊、气压焊和水平钢筋窄间隙焊等。

第一节 钢筋的对焊

钢筋对焊是电阻焊的一种焊接方法。电阻焊是工件组合后通过电极施加压力，并通以电流，利用电流流经工件接触面及邻近区域产生的电阻热，将其加热到熔化或塑性状态，使之形成金属结合的一种焊接方法。电阻焊的方法主要有四种，即点焊、缝焊、凸焊、对焊。

一、钢筋对焊机

将两根钢筋端部对在一起并焊接牢固的方法称为对焊。完成这种焊接的设备称为对焊机。对焊机属于塑性压力焊接设备。它是利用电能转化为热能，将对接的钢筋端头部位加热到接近熔化的高温状态，并施加一定的压力实行顶锻而达到连接的一种工艺。对焊适用于水平钢筋的预制加工。图 7-1 是 UN_1 系列对焊机的外形和工作原理图。它主要由焊接变压器、固定电极、活动电极、加压机构、控制系统、冷却系统等组成。

对焊机按功率的大小、压力和顶锻机构的不同，可以分为多种形式。常用对焊机的主要技术性能见表 7-1。

二、钢筋对焊操作工艺

钢筋对焊根据其焊接过程和操作方法的不同，可分为电阻对焊和闪光对焊两大类。

1. 电阻对焊

电阻对焊是将端部研磨平整的钢筋放置于对焊机的两个电极夹具

中，对正并夹紧后，让两根钢筋端部接触，开通电源。由于接触电阻值较大，使电能转换成热能，两钢筋端头处加热至发白，然后将其挤压使钢筋焊接在一起。

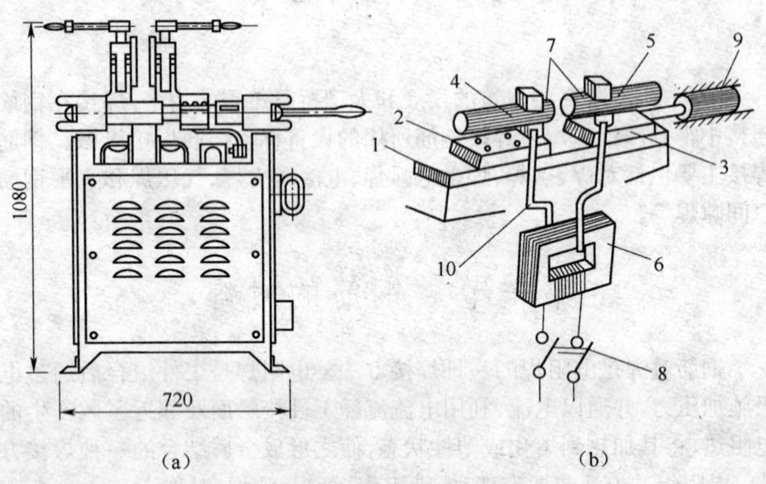

图 7-1　UN_1 系列对焊机

(a)外形　(b)工作原理

1. 机身　2. 固定平板　3. 滑动平板　4. 固定电极　5. 活动电极
6. 变压器　7. 待焊钢筋　8. 开关　9. 加压机构　10. 变压器次级线圈

表 7-1　常用对焊机的主要技术性能

项　目	单位	对焊机型号		
		UN_1-75 (LP-75)	UN_1-100 (LP-100)	UN_2-150 (LM-150)
额定功率	kV·A	75	100	150
初级电压	V	220/380	380	380
次级电压	V	3.52～7.04	4.5～7.6	4.05～8.1
次级电压调节级数	级	8	8	16
最大送料行程	mm	30	50	27
最大顶锻压力	N	29400	39200	58800
夹具钳口间最大距离	mm	80	80	100

续表 7-1

项 目	单位	对焊机型号		
		UN_1-75 (LP-75)	UN_1-100 (LP-100)	UN_2-150 (LM-150)
连续闪光焊时，钢筋最大直径	mm	22	25	25
预热闪光焊时，钢筋最大直径	mm	36	40	50
外形尺寸(长×宽×高)	mm	1520×550×1080	1800×550×1150	2140×1360×1380
质量	kg	445	456	2500

电阻对焊需要对钢筋端部进行磨平加工，并且要求焊机的功率大，这样，消耗电能较多，而且容易在接头部位产生氧化皮和夹渣。因此，此种对焊很少采用，仅用于冷拉、冷拔加工中的小圆钢筋的焊接。

2. 闪光对焊

闪光对焊对钢筋端面要求不严格，故可免去钢筋端部磨平工序，并且闪光时由于接触面积小，接触点电流密度大，加热迅速，热量集中，故热影响区小，接头质量好。另外，闪光对焊采用了预热的方法，可以在较小功率的对焊机上焊接较大截面的钢筋，因此，闪光对焊是目前建筑工程中普遍采用的钢筋焊接方法。

闪光对焊根据对焊机功率大小、钢筋品种和直径的不同分为连续闪光焊、预热闪光焊和闪光—预热—闪光焊三种方法。钢筋闪光对焊工艺过程如图 7-2 所示。

(1)连续闪光焊

把待焊钢筋卡在电极夹板上，注意要留有一定间距。通电后，通过压力机构，使两根钢筋的端部轻微接触。由于接触面积小，电阻很大，产生的热能将金属很快熔化，熔化的金属微粒炸开，从钢筋端面间隙中喷出，形成闪光。连续闪光将钢筋端面不齐的部分烧掉时，钢筋端部已接近熔化的程度，此时，迅速施加压力顶锻挤压，并在挤压过程中断电冷却，即形成焊接接头。其工艺程序为：连续闪光—顶锻。

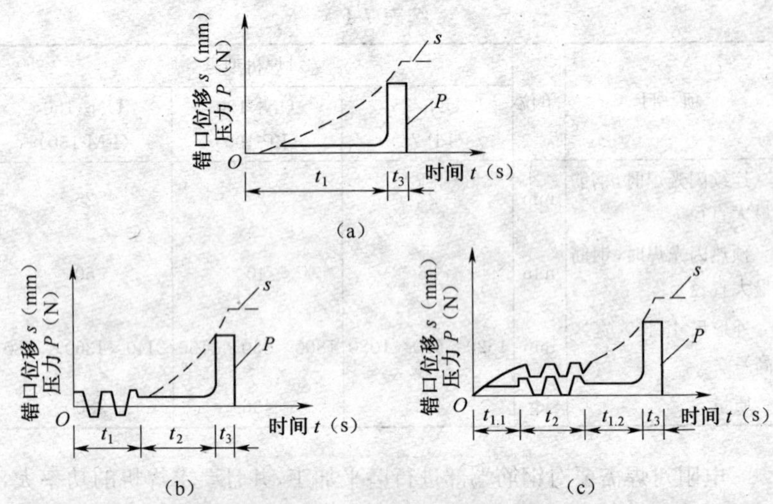

图 7-2　钢筋闪光对焊工艺过程图解

(a)连续闪光焊　(b)预热闪光焊　(c)闪光—预热—闪光焊

t_1. 烧化时间　$t_{1.1}$. 一次烧化时间　$t_{1.2}$. 二次烧化时间　t_2. 预热时间　t_3. 顶锻时间

连续闪光焊适宜焊接直径在 25mm 以下的 HPB235、HRB335、HRB400 级的钢筋。在对焊机容量及钢筋级别确定的情况下，连续闪光焊焊接钢筋的直径上限值如表 7-2 所示。

表 7-2　连续闪光焊钢筋直径上限

焊机容量(kV·A)	钢筋级别	钢筋直径(mm)
160	HPB235 级	25
	HRB335 级	22
	HRB400 级	20
100	HPB235 级	20
	HRB335 级	18
	HRB400 级	16
80	HPB235 级	16
	HRB335 级	14
	HRB400 级	12

(2)预热闪光焊

预热闪光焊是在连续闪光焊前再增加一个钢筋的预热过程，以扩大焊接热影响区，然后再进行闪光和顶锻。预热方法有断续闪光和电阻预热两种。前者是使钢筋两端面交替地轻微接触和分开，通过断续闪光实现预热，待预热到一定程度，再用连续闪光焊的方法焊接；后者是在钢筋两端面间一直用脉冲电流交替通电、断电，从而产生电阻热(不闪光)来实现预热。一般多采用前一种方法。其工艺程序为：预热—闪光—顶锻。

预热闪光焊适用于直径大于 25mm 且端面比较平整的钢筋焊接。

(3)闪光—预热—闪光焊

即在预热闪光焊前面再增加一次连续闪光的过程，目的是把不平整的钢筋端面先熔成比较整齐的端面，再按预热闪光焊的方法焊接。其工艺程序为：一次闪光—预热—二次闪光—顶锻。

闪光—预热—闪光焊适用于直径大于 25mm 且钢筋端面不平整的钢筋焊接。

3. 对焊操作有关参数及注意事项

(1)对焊操作有关参数

①调伸长度。调伸长度是指钢筋焊接前两根钢筋端部从左、右电极钳口伸出的长度，如图 7-3 和图 7-4 所示。钢筋对焊时的调伸长度应能保证对焊时的接头区既能均匀加热，又能在顶锻时不会发生侧向弯曲。

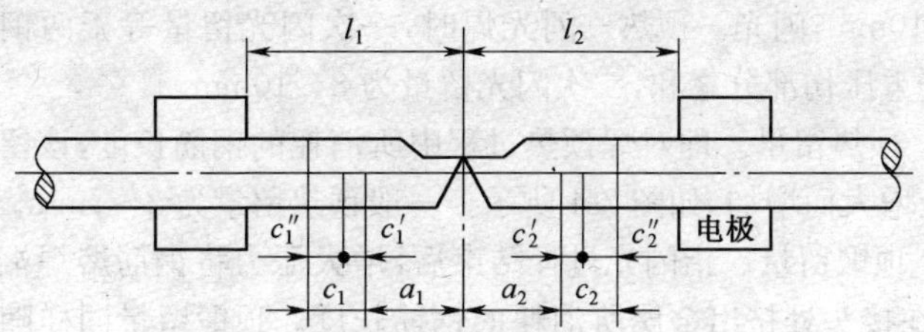

图 7-3　连续闪光焊钢筋留量示意图

l_1、l_2. 调伸长度　a_1+a_2. 闪光留量　c_1+c_2. 顶锻留量

$c_1'+c_2'$. 有电顶锻留量　$c_1''+c_2''$. 无电顶锻留量

钢筋对焊时的调伸长度一般随钢筋等级的增高或直径增大而增加。调伸长度不宜过长，避免对中不准，接头偏心；也不宜过短，避免热

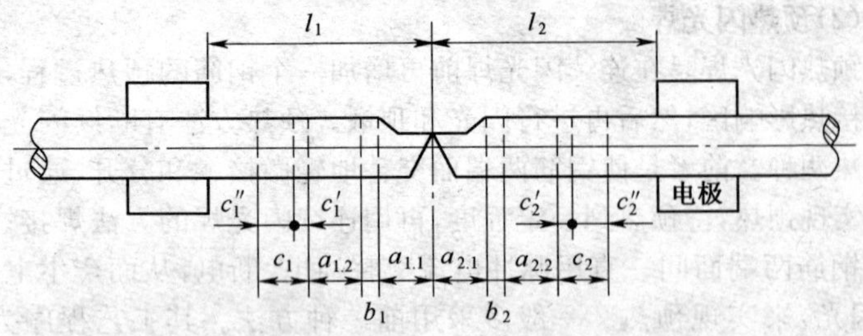

图 7-4 闪光—预热—闪光焊钢筋留量示意图

l_1、l_2. 调伸长度 $a_{1.1}+a_{2.1}$. 一次闪光留量口 $a_{1.2}+a_{2.2}$. 二次闪光留量 b_1+b_2. 预热留量 c_1+c_2. 顶锻留量 $c_1'+c_2'$. 有电顶锻留量 $c_1''+c_2''$. 无电顶锻留量

量集中，电极处钢筋熔化，或者焊件冷却速度过快，造成脆断。一般调伸长度为：钢筋直径小于 16mm 时取 32mm；钢筋直径大于 18mm 时取 36mm。

调伸长度包括闪光留量、预热留量和顶锻留量及便于对焊操作的余量。

a. 闪光留量。是指对焊闪光过程中闪出的熔化金属所消耗的钢筋长度，也称为烧化留量，如图 7-3 和图 7-4 所示。闪光的留量应能保证在闪光过程结束时，钢筋端部能够产生均匀的热量，并达到足够的温度。钢筋越粗，所需的闪光留量越大；连续闪光焊的闪光留量等于两钢筋端头切断时严重压伤部分之和另加 8mm；预热闪光焊时的闪光留量为 8～10mm；闪光—预热—闪光焊时，一次闪光留量等于两钢筋切断时被严重压伤部分之和，二次闪光留量为 8～10mm。

b. 预热留量。即对焊预热过程中所消耗的钢筋长度，该留量随钢筋直径增大而增加，如图 7-4 所示。一般预热留量为 2～7mm。

c. 顶锻留量。指闪光过程结束后，增大压力将钢筋熔焊端头顶锻压紧，在接头处挤出金属所消耗的钢筋长度。顶锻留量同样随钢筋直径的增大和钢筋级别的提高而有所增加，一般可在 4.5～7mm 范围内选择。有电顶锻量约 1/3d（钢筋直径）；无电顶锻量约 2/3d（钢筋直径）。有电顶锻能消除氧化作用，使熔化金属表面紧密结合，挤出氧化物及污垢杂质，使焊口处加热均匀。

②闪光速度。闪光速度是指闪光过程的速度，即钢筋烧化的速度。

它随钢筋直径增大而降低。在整个闪光过程中，速度由慢到快，一般是从 0.1～1.5mm/s 或 2.0mm/s，在闪光过程结束时，达到闪光强烈，以此保持焊缝金属不受氧化。

③顶锻压力。顶锻压力指钢筋接头压紧所需的挤压力，随钢筋直径的增大而增加。

④顶锻速度。顶锻速度指结束闪光过程、挤压接头时的速度，要求快而稳，特别是顶锻开始的 0.1s 应将钢筋压缩 2～3mm，此刻用力突然，使焊口迅速闭合，以保护焊缝免受氧化。此后，以适当的速度完成顶锻过程。

⑤变压器级次。焊接变压器级次用以调节焊接电流的大小。钢筋直径越大，级次越高。在焊接操作中，若火花过大并有强烈响声，应降低变压器级次。变压器调节级次有 8 级，一般在Ⅲ级至Ⅶ级内调节。手动连续闪光焊的焊接参数如表 7-3 所示。

表 7-3　手动连续闪光焊的焊接参数

钢筋直径(mm)	闪光留量(mm)	顶锻留量(mm)			变压器级次					
		有电顶锻留量	无电顶锻留量	合计	UN_1-50 型		UN_1-75 型		UN_1-100 型	
					钢筋级别	级次	钢筋级别	级次	钢筋级别	级次
10	10+*e*	1.5	3.0	4.5	Ⅰ～Ⅲ	3	Ⅰ～Ⅲ	2	Ⅰ～Ⅲ	1
12	10+*e*	1.5	3.0	4.5	Ⅰ～Ⅲ	4	Ⅰ～Ⅲ	3	Ⅰ～Ⅲ	2
14	10+*e*	1.5	3.0	4.5	Ⅰ	5	Ⅰ～Ⅲ	3	Ⅰ～Ⅲ	2
16	10+*e*	2.0	3.0	5.0	Ⅰ	5	Ⅰ～Ⅱ	4	Ⅰ～Ⅲ	3
18	10+*e*	2.0	3.0	5.0	—	—	1	4	Ⅰ～Ⅲ	3
20	10+*e*	2.0	3.0	5.0	—	—	—	—	Ⅰ～Ⅱ	4
22	10+*e*	2.0	3.0	5.0	—	—	—	—	Ⅰ	4

注：1. 表中的留量值系两钢筋之和；

2. *e* 为钢筋端面的平面度与刀口压伤之和。

手动闪光—预热—闪光焊的焊接参数如表 7-4 所示。当采用自动对焊机焊接操作时，采用的自动对焊焊接参数如表 7-5 所示。

表 7-4　手动闪光—预热—闪光焊的焊接参数

钢筋直径(mm)	闪光及预热留量(mm)			顶锻留量(mm)			变压器级次					
							UN_1-50 型		UN_1-75 型		UN_1-100 型	
	一次闪光留量	预热留量	二次闪光留量	有电顶锻留量	无电顶锻留量	合计	钢筋级别	级次	钢筋级别	级次	钢筋级别	级次
12	*e*	1	10	2.0	3.0	5.0	Ⅳ	3	Ⅳ	3	Ⅳ	2
14	*e*	1	10	2.0	3.0	5.0	Ⅱ～Ⅳ	4	Ⅳ	3	Ⅳ	3
16	*e*	1	10	2.0	3～3.5	5～5.5	Ⅱ～Ⅳ	4	Ⅱ～Ⅳ	4	Ⅳ	3
18	*e*	2	10	2.0	3～4	5～6	Ⅰ～Ⅳ	4	Ⅱ～Ⅳ	4	Ⅳ	3
20	*e*	2	10	2.0	3～4	5～6	Ⅰ～Ⅳ	5	Ⅰ～Ⅳ	4	Ⅱ～Ⅳ	4
22	*e*	2	10	2.0	3～4	5～6	Ⅰ～Ⅳ	5	Ⅰ～Ⅳ	5	Ⅱ～Ⅳ	4
25	*e*	3	10	2.0	4～5	6～7	Ⅰ～Ⅳ	6	Ⅰ～Ⅳ	5	Ⅰ～Ⅳ	5
28	*e*	3	10	2.0	4.0	6.0	Ⅰ～Ⅲ	6	Ⅰ～Ⅲ	6	Ⅰ～Ⅱ	5
30	*e*	3	10	2.5	4.0	6.5	—	—	Ⅰ～Ⅲ	6	Ⅰ～Ⅱ	6
32	*e*	4	10	2.5	4.0	6.5	—	—	Ⅰ～Ⅲ	7	Ⅰ～Ⅲ	6
36	*e*	4	10	2.5	4.5	7.0	—	—	—	—	Ⅰ～Ⅲ	7
40	*e*	4	10	2.5	4.5	7.0	—	—	—	—	Ⅰ～Ⅲ	7

注：1. 表中的留量值系两钢筋之和；

2. *e* 为钢筋端面的平面度与刀口压伤之和；

3. 顶锻留量的上限值用于Ⅳ级钢筋的焊接；

4. 若采取预热闪光焊时，去掉一次闪光留量，并适当增加预热程度即可。

表 7-5　采用 UN_2-150 型焊机时的焊接参数

钢筋直径(mm)	闪光及预热留量(mm)			顶锻留量(mm)			变压器级次
	一次闪光留量	预热留量	二次闪光留量	有电顶锻留量	无电顶锻留量	合计	
25	8+6	3	15	2	4	6	12
28	8+6	3	15	2	4	6	13
32	8+6	4	15	2.5	4.5	7	13
36	8+6	4	15	2.5	4.5	7	14
40	8+6	4	15	2.5	4.5	7	14

(2)对焊操作注意事项

①对焊操作前,必须正确选择和掌握好焊接参数。

②焊接的钢筋端头必须除锈。被焊钢筋的接头部位有弯曲时,应把钢筋弯曲的接头部分调直或切除,然后再进行对焊操作。

③焊接操作过程中,应随时保持焊机的各个部分清洁,特别是夹具清洁,并随时将各部分的铁屑、污垢清除掉。

④对焊过程中,必须保证有稳定的电源电压,防止电源电压的波动直接影响焊接接头的质量。

⑤钢筋焊接操作完毕,应等到焊接处由白色变为黑红色时,才能将夹具松开并平稳地取出钢筋,以免引起接头弯曲而影响对焊质量。

4. 质量检验

闪光对焊接头的质量检验应分批进行外观检查和力学性能检验。钢筋对焊完毕,应对全部焊接进行外观检查,且符合《钢筋焊接及验收规程》(JGJ18—2003)中的焊接接头验收规定。

①闪光对焊接头外观检查结果应符合下列要求:接头处不得有横向裂纹;与电极接触处的钢筋表面不得有明显烧伤;接头处的弯折角不得大于3°;接头处的轴线偏移不得大于钢筋直径的0.1倍,且不得大于2mm。

②在同一台班内,由同一焊工完成的300个同牌号、同直径钢筋焊接接头应作为一批。当同一台班内焊接的接头数量较少,可在一周之内累计计算;累计仍不足300个接头时,应按一批计算;力学性能检验时,应从每批接头中随机切取6个接头,其中3个做拉伸试验,3个做弯曲试验。

第二节 钢筋电阻点焊

电阻点焊主要用于钢筋的交叉连接,如用来焊接钢筋网片、钢筋骨架等,与手工绑扎比较,具有质量高、节约材料、降低劳动强度的优点,并可提高劳动生产率近3倍,应用广泛。

一、钢筋电阻点焊机

电阻点焊的工作原理是:当钢筋交叉点焊时,接触处为一点,接触电阻较大，在接触的瞬间，电流产生的全部热量都集中在一点上，因而使金属受热而熔化，同时在电极加压下使焊点金属得到焊合。

按照点焊机的时间调节器的形式和加压机构的不同，点焊机分为杠杆弹簧式(脚踏板)、电动凸轮式、气动式和液压式等类型。另外的一些如手提式小型点焊机(用于施工现场)、长臂点焊机(可焊钢筋骨架和钢筋网)和多头点焊机(一次可焊数点，用于焊接宽大的钢筋网)都是上述几种点焊机的变形。图 7-5 所示为杠杆弹簧式点焊机的外形和工作原理。常用点焊机的型号及工作性能见表 7-6。

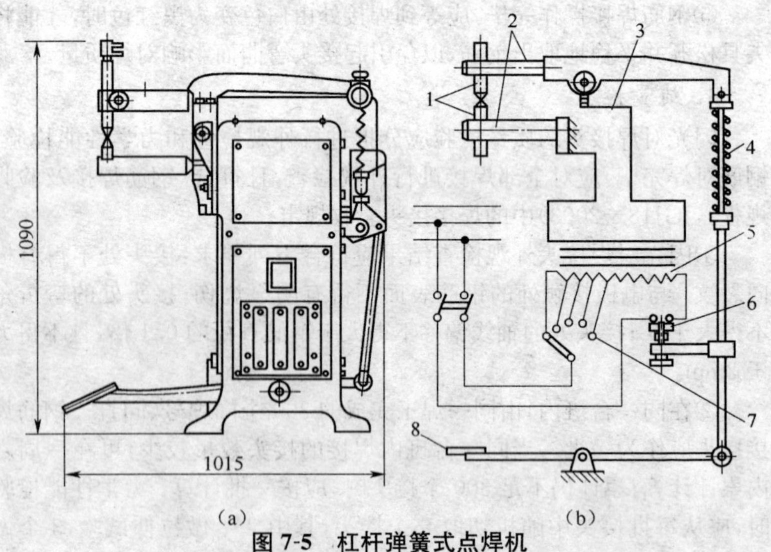

图 7-5　杠杆弹簧式点焊机

(a)外形　(b)工作原理

1. 电极　2. 电极卡头　3. 变压器次级线圈　4. 加压机构
5. 变压器初级线圈　6. 时间调节器　7. 变压器调节级次开关　8. 脚踏板

表 7-6　常用点焊机的型号及工作性能

工作性能		短臂点焊机		长臂点焊机	
		DN-25	DN_1-75	DN_a-75	DN_a-100
传动方式		脚踏弹簧式	电动凸轮式	气压传动式	气压传动式
额定容量	kV·A	25	75	75	100

续表 7-6

工作性能		短臂点焊机		长臂点焊机	
		DN-25	DN_1-75	DN_a-75	DN_a-100
额定电压	V	220/380	220/380	380	380
初级额定电流	A	114/66	341/197	198	263
焊件厚度	mm	(3＋3)～(4＋4)	2.5＋2.5	2.0＋2.0	2.5＋2.5
每小时焊点数	点/h	600	3000	3600	3600
次级电压	V	1.76～3.52	3.52～7.04	3.33～6.66	3.65～7.3
次级电压调节级数	级	8	8(9)	8	8
电极臂有效长度	mm	250	350	800	800
上电极工作行程＋辅助行程	mm	20＋0	20＋0	20＋80	20＋80
电极间最大压力	N	1550	3500	4000	5400

二、钢筋电阻点焊的操作工艺

1. 点焊操作的主要参数

点焊操作的主要参数包括焊接电流、焊接时间和电极压力等有关参数。

(1)焊接电流

焊接电流即点焊时电极通过钢筋的电流。焊接电流的大小主要依据焊接钢筋的直径大小及通电时间的长短来确定。它与焊接钢筋的直径成正比，与通电时间成反比。

焊接电流的大小通过变压器级次高低调整。变压器级次高则焊接电流大；变压器级次低则焊接电流小。在实际操作中，可通过级次开关(分级转换开关)进行变压器级次调换，如图 7-6 所示为变压器级次调换方法。级次调节开关闸刀的位置如表 7-7 所示，操作时可参照图表调换。

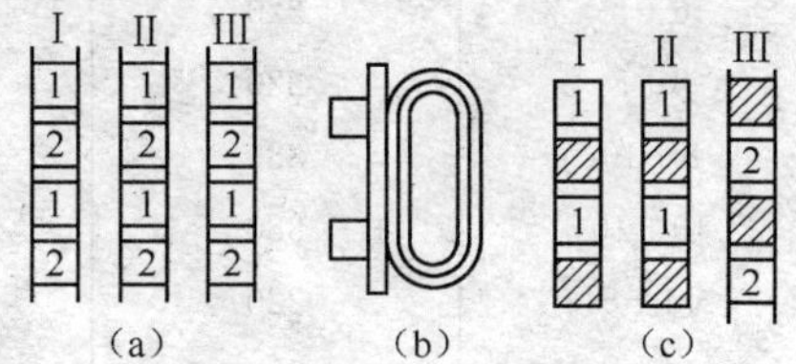

图 7-6　变压器级次调整

(a)闸刀插座　(b)开关闸刀

(c)级次调整举例：第五级次(221)

表 7-7 变压器级次调节开关闸刀位置

变压器级次	开关闸刀位置		
	Ⅰ	Ⅱ	Ⅲ
一	2	2	2
二	1	2	2
三	2	1	2
四	1	1	2
五	2	2	1
六	1	2	1
七	2	1	1
八	1	1	1

表 7-8 为 DN-75 型点焊机变压器级次调整有关参数，可根据实际操作情况参考选用。

表 7-8 DN-75 型点焊机变压器级次调整参数

钢筋直径(mm)	电源电压(V)	变压器级次	电压值(V)
3+4	220	一	3.52
4+4	220	二	3.76
3+5	220	二	3.76
4+5	220	三	4.09
5+5	220	四	4.42
6+5	220	五	5.00
6+6	220	六	5.50
6+8	220	六	5.50
8+8	220	七	6.23
8+10	380	一	3.52
10+10	380	二～三	3.76～4.09
14+5	220	七	6.23
14+6	380	一	3.52
12+10	380	五～六	5.00～5.50
14+10	380	六	5.50
12+12	380	七	6.23
14+14	380	八	7.04

(2)焊接时间

点焊操作的焊接时间包括预压时间、通电时间、锻压时间和休息时间四个部分。

预压时间是钢筋放入电极之后、已加上电极压力但尚未通焊接电流的时间。通电时间是指焊接电流接通的时间。锻压时间是指焊接电流切断后、电极压力持续至消失的时间。休息时间则是指电极工作停歇间隔的时间。整个点焊焊接时间过程如图 7-7 所示。

从图 7-7 中可以看出，通电时间与焊接质量是密切相关的，焊接时间参数主要是指通电时间，而休息时间反映的是点焊操作节奏仅与工作效率有关。

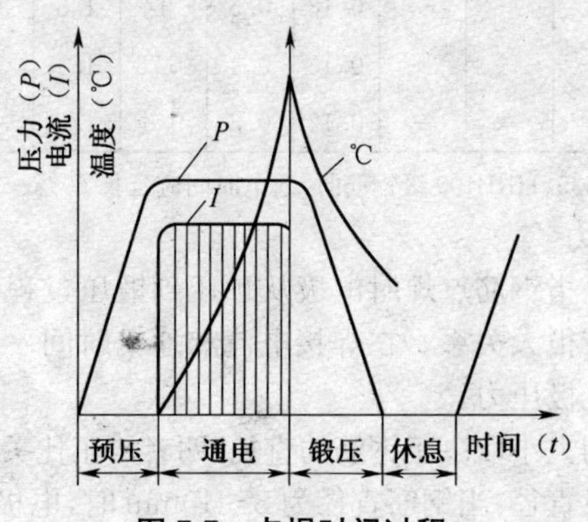

图 7-7　点焊时间过程

通电时间的长短主要根据钢筋的直径和焊接电流的大小而定。一般情况下，在点焊热轧钢筋时，除因钢筋直径较大或点焊机功率不足、而采用小的焊接电流和较长通电时间的焊接参数（通常称为弱焊接参数）外，应采用大的焊接电流和较短通电时间的焊接参数（即称为强焊接参数），以提高生产效率并保证点焊质量。点焊冷拉或冷拔钢筋时，必须采用强焊接参数。碳含量较高或含某些合金元素的热轧钢筋也宜采用强焊接参数。

焊接时间的调节，可根据点焊机的型号采用不同的方法，其中以气压传动式点焊机的调节最精确，其分段时间可调节至 0.01s。采用各种型号点焊机进行钢筋点焊时的焊接通电时间如表 7-9 所示。

表 7-9 点焊机焊接电流通电时间参数

变压器级数	较小钢筋直径(mm)									
	3	4	5	6	8	10	12	14	16	18
	焊接电流闭合时间(s)									
Ⅰ	0.08	0.1	0.12	0.45	1.6	3	6	—	—	—
Ⅱ	0.05	0.06	0.10	0.30	1	2	4	7.5	12	—
Ⅲ	—	—	—	0.22	0.7	1.5	2.7	5	8.5	13
Ⅳ	—	0.05	0.07	0.20	0.6	1	2	—	—	—
Ⅴ	—	—	—	—	—	—	—	—	—	—
Ⅵ	—	—	—	0.18	0.5	1	1.5	3.5	6.5	10
Ⅶ	—	—	—	0.16	0.4	0.75	1.4	3	5	7.5
Ⅷ	—	—	—	0.12	0.3	0.5	1.2	2	4	6

注:点焊 HRB335、HRB400 级钢筋时,通电时间应延长 20%~25%。

(3)电极压力

电极压力是指钢筋点焊时电极从预压到锻压过程中最高的压力。这与焊点强度有很大关系。在焊接电流和通电时间一定的条件下,必须确保适当的电极压力。

电极压力的大小取决于钢筋的直径,两者成正比关系,同时还要有与之匹配的电极直径:当钢筋直径为 3~10mm 时,电极直径为 30mm;当钢筋直径为 12~14mm 时,电极直径为 40mm。电极压力过小,则接触电阻很大,钢筋会熔化,金属飞溅,有时甚至烧坏电极;电极压力过大,则接触电阻很小,则需延长通电时间。

电极压力的调整方法随点焊机类型而异。杠杆弹簧式点焊机用调节压力机构上的弹簧压缩程度和脚踏板上的止头螺钉来调整压力大小;电动凸轮式点焊机则用调节压力机构上的弹簧压缩程度来调整压力大小;气压传动式点焊机通过调节压缩空气的减压器和下电极的垂直位置来控制压力,并可在压力表上读出电极压力的数值。各种型号点焊机焊接钢筋时的电极压力值如表 7-10 所示。

点焊不同直径的钢筋时,大小钢筋应符合以下的比例关系:当较小钢筋直径为 3~12mm 时,大小钢筋直径之比不得大于 3;当较小钢筋直径为 14～16mm 时，大小钢筋直径之比不得大于 2。若不符合上述要求时，必须经过试焊，并适当改变焊接参数。

表 7-10　点焊机电极压力参数

钢筋种类	较小钢筋直径(mm)											
	3	4	5	6	8	10	12	14	16	18	20	22
	电极压力(1×10^2N)											
HPB235 级钢筋	10～15	10～15	15～20	20～25	25～30	30～40	35～40	40～50	45～55	50～60	55～70	65～80
HRB335 级钢筋				25～30	30～35	35～40	45～50	50～60	60～70	70～80	80～90	90～100

2. 点焊操作要点

(1)设备检查

工作前，要首先检查点焊机的电器设备、操作机构、冷却系统、气路系统是否正常，并接通水源(因焊机多采用循环水冷却装置)、气源。

(2)点焊试焊

①点焊准备工作就绪后，应根据前述内容确定点焊有关参数进行试焊。通过 5～10 组试件的试焊，检验焊接的电压级数、通电时间和电极压力对于焊件是否合适。

②经试验点焊的试件检验合格后，才可进行成批生产。

③为保证点焊钢筋网、架的几何尺寸准确及操作方便，应按构件的几何尺寸和钢筋布置制作模架。

(3)对钢筋点焊的规定

①经冷加工处理的直径大于 10mm 的钢筋点焊时，点焊机的功率要大于 75kW。

②焊接钢筋网和骨架时，焊点应按设计要求进行点焊。当钢筋网的受力钢筋为螺纹钢筋时，网内焊点的数目和位置可根据运输和安装条件具体安排，不必每点都焊；钢筋网的受力钢筋为光面圆钢筋时，与受力钢筋相交的网片边缘上两根锚固横向钢筋的全部交点必须焊接；双向均为受力钢筋的网片、其四周边缘的两根钢筋的全部相交点均应焊接。

③用冷拔低碳钢丝作为受力钢筋、而另一方向的钢筋间距小于100mm时，除边缘的两根横向锚固钢筋的全部交点必须焊接外，中间部分的点焊间隔距离可增大至250mm。

④承受重复荷载、需要进行疲劳验算的钢筋混凝土及预应力钢筋混凝土结构中的非预应力钢筋，不得采用点焊。

⑤工作完毕后，应及时切断电源、水源，并将气路中的冷凝水及冷却系统的水排尽，尤其在气温较低的环境中，应防止冻坏管路。

⑥几种常见点焊机的一般故障及排除方法如表7-11所示。

表7-11　点焊机的一般故障及排除方法

故障现象	可能产生的原因	排除方法
焊接时无焊接电流	1. 焊接程序循环停止	1. 检查时间调节器电路
	2. 继电器接触不良或电阻短路	2. 清理接触点或更换电阻
焊件大，电流烧穿	1. 电极下降速度太慢	1. 检查导轨的润滑情况，气阀是否正常，气缸活塞是否胀紧
	2. 焊接压力未加上	2. 检查上、下电极间距是否太大，气路压力是否正常
	3. 上、下电极不对中心	3. 校正电极
	4. 焊件表面有污尘或内部有夹杂物	4. 清理焊件
	5. 继电器触点间隙太小或继电器接触不良	5. 调整间隙，清理触点
焊接时电极不下降	1. 脚踏开关损坏	1. 修理脚踏开关
	2. 压缩空气压力调节过低	2. 调高气压
	3. 气缸活塞卡死	3. 拆修气缸活塞

第三节　钢筋焊条电弧焊

一、钢筋焊条电弧焊的接头形式

钢筋焊条电弧焊的接头形式如图7-8所示，有搭接接头、帮条焊接头、立焊的坡口焊接头和平焊的坡口焊接头、钢筋窄间隙电弧焊和熔槽帮条焊。

钢筋窄间隙电弧焊是将两钢筋安放成水平对接形式，并置于U形铜模内，中间留有少量间隙，用焊条从接头根部引弧，连续向上焊接完成的一种电弧焊方法。与其他电弧焊接头相比，可减少帮条钢筋和垫板材料，减少焊条用量，降低焊接成本。

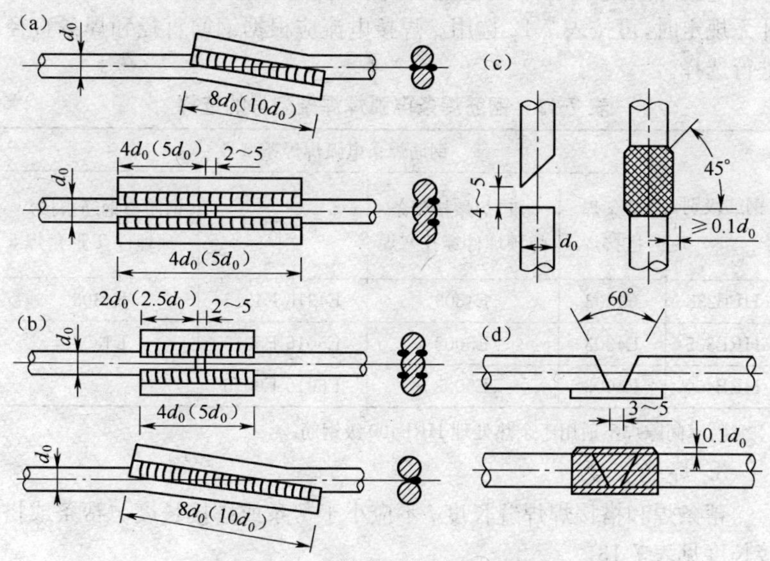

图 7-8 钢筋电弧焊的接头形式

(a)搭接接头 (b)帮条焊接头 (c)立焊的坡口焊接头 (d)平焊的坡口焊接头

搭接接头的长度、帮条的长度、焊缝的长度应符合图7-8的规定。在施工现场，应按现行国家标准《钢筋焊接及验收规范》(JGJ 18—2003)的规定进行操作，并按此规范抽取焊接接头试件做力学性能检验，其质量应符合有关规范的规定。

二、钢筋焊条电弧焊的操作工艺

1. 电弧焊焊接接头形式的选择

帮条焊、搭接焊适用于焊接直径为10～40mm的热轧HPB235、HRB335、HRB400级钢筋和直径为10～25mm的余热处理HRB400级钢筋；熔槽帮条焊适用于焊接直径为20～40mm的热轧HPB235、

HRB335、HRB400级钢筋和直径25mm的余热处理HRB400级钢筋；坡口焊适用于焊接直径为18～40mm的热轧HPB235、HRB335、HRB400级钢筋和直径18～25mm的余热处理HRB400级钢筋；窄间隙焊适用于直径为16～40mm的热轧钢筋。

2. 焊条型号的选择

电弧焊所用的焊条，性能应符合规定，型号应根据设计确定；若设计无规定时，可按表7-12选用。焊接电流应根据钢筋直径和焊条直径进行选择。

表7-12 钢筋焊条电弧焊焊条型号的选择

钢筋级别	钢筋焊条电弧焊焊条型号			
	帮条焊 搭接焊	坡口焊熔槽帮条 焊预埋件穿孔塞焊	窄间隙焊	钢筋与钢筋搭接焊 预埋件T形角焊
HPB235	E4303	E4303	E4316 E4315	E4303
HRB335	E4303	E5003	E5016 E5015	E4303
HRB400	E5003	E5003	E6016 E6015	—

注：窄间隙焊不适用于余热处理HRB400级钢筋。

3. 焊缝长度

帮条焊和搭接焊焊缝长度l不应小于帮条或搭接长度。帮条或搭接长度见表7-13。

表7-13 帮条或搭接长度(焊缝长度)

钢筋级别	焊缝形式	帮条或搭接长度
HPB235	单面焊 双面焊	$\geqslant 8d$ $\geqslant 4d$
HRB335 HRB400	单面焊 双面焊	$\geqslant 10d$ $\geqslant 5d$

注：d为钢筋直径。

4. 工艺要求

钢筋焊条电弧焊焊接完毕后，应对全部焊接进行外观检查，且符合《钢筋焊接及验收规程》(JGJ 18—2003)中的焊接接头验收规定。

(1)焊条电弧焊接头外观要求

焊缝表面平整，不得有凹陷或焊瘤；焊接接头区域不得有裂缝；咬边深度、气孔、夹渣等缺陷允许值及接头尺寸的允许偏差应符合规范规定；坡口焊、熔槽帮条焊和窄间隙接头的焊缝余高不得大于3mm。

(2)焊条电弧焊接头力学性能试验规定

电弧焊接头力学性能试验时，应按下列规定抽取试件：在一般构筑物中，应从成品中每批随机切取3个接头进行拉伸试验。在工厂焊接条件下，以300个同接头形式、同钢筋级别的接头作为一批；在现场安装条件下，每一至二层中以300个同接头形式、同钢筋级别的接头作为一批，不足300个时，仍作为一批。对拉伸试验结果的要求同闪光对焊。

(3)搭接焊和帮条焊工艺要求

搭接焊和帮条焊的焊缝厚度不应小于主钢筋直径的0.3倍；焊缝宽度不应小于主钢筋直径的0.7倍。焊接时，引弧应在垫板、帮条或形成焊缝的部位进行，不得烧伤主钢筋；焊接地线与钢筋应接触紧密；焊接过程中应及时清渣，焊缝表面应光滑，焊缝余高平缓过渡，弧坑应填满。

(4)熔槽帮条焊工艺要求

熔槽帮条焊时，角钢边长宜为40～60mm，长度宜为80～100mm；钢筋端部应加工平整；两钢筋间隙应为10～16mm；从接缝处垫板引弧后连续施焊，并应使钢筋端部熔合，防止未焊透、气孔或夹渣；焊接过程中应停焊清渣一次；焊平后，再进行焊缝余高的焊接，其高度不得大于3mm；钢筋与角钢垫板之间应加焊侧面焊缝1～3层，焊缝应填满，表面应平整。

(5)水平钢筋窄间隙焊工艺要求

水平钢筋窄间隙焊要求钢筋端面应平整，选用低氢型碱性焊条。焊条应按说明书要求烘焙，并放入保温筒内保温，焊至端面间隙的4/5高度后，焊缝应逐渐扩宽，当熔池过大时，应改连续焊为断续焊，避免过热，焊缝余高不得大于3mm，且应平缓过渡至钢筋表面。

(6)坡口焊工艺要求

坡口焊焊接根部、坡口端面以及钢筋与钢板之间均应熔合；焊接过程中应经常清渣；钢筋与钢垫板之间应加焊2～3层侧面焊缝；焊缝宽度应大于V形坡口的边缘2～3mm，焊缝余高不得大于3mm，并宜平缓过渡至钢筋表面。当发现接头中有弧坑、气孔及咬边等缺陷时，应立即补焊。HRB400级钢筋接头冷却后补焊时，应采用氧乙炔焰预热。坡口焊构造要求如图7-8所示。

第四节 钢筋的电渣压力焊

一、电渣压力焊工作原理

钢筋电渣压力焊是近年来发展的一种钢筋连接的新技术，由于其施工简便、节能、节材、质量好、成本低、生产率高而获得广泛应用。钢筋电渣压力焊主要适用于现浇钢筋混凝土结构中竖向或斜向钢筋的连接，但不得在竖焊后再横置于梁、板等构件中作水平钢筋之用，一般可焊接直径为14～40mm的HPB235、HRB335、HRB400级竖向钢筋，但钢筋的直径在28mm以上时，焊接的技术难度较大。

钢筋电渣压力焊工作原理如图7-9所示。首先利用电流通过上下两钢筋端面之间引燃的电弧，使电能转化为热能，并将周围的焊剂不断熔化，形成渣池。然后将上钢筋端部潜入渣池中，利用电阻热能使钢筋全断面熔化并形成有利于保证焊接质量的端面形状。最后在断电的同时，迅速进行挤压，排除全部熔渣和熔化金属，形成焊接接头。

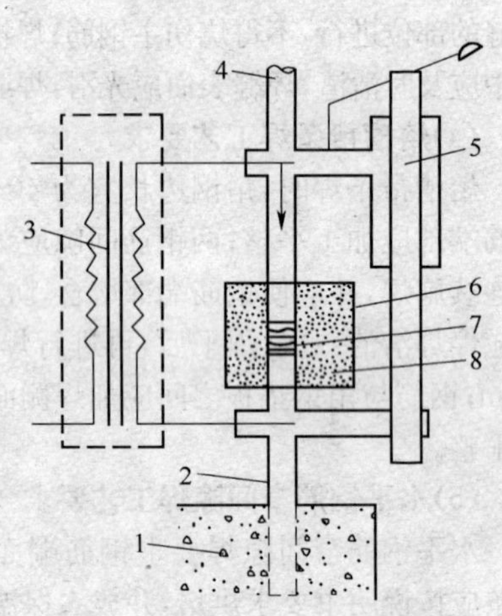

图7-9 电渣压力焊工作原理图

1. 混凝土 2. 下钢筋 3. 电源 4. 上钢筋 5. 夹具 6. 焊剂盒 7. 铁丝圈 8. 焊剂

钢筋电渣压力焊具有电弧焊、电渣焊和压力焊的特点。焊接过程包括四个阶段。

1. 引弧过程

上、下两钢筋端部埋于焊剂之中，两端面之间留有一定间隙。引燃电弧采用接触引弧，具体的又有两种：一种是直接引弧法，就是当弧焊电流(电弧焊机)一次回路接通后，将上钢筋下压与下钢筋接触，并立即上提，产生电弧；另一种是在两钢筋之间隙中预先安放一个引弧铁丝圈，高约 10mm，或者一根焊条芯，ϕ3.2mm，高约 10mm，当焊接电流通过时，由于铁丝(焊条芯)细，电流密度大，立即熔化、蒸发，原子电离而引弧。上、下两钢筋分别与弧焊电源两个输出端连接，而形成焊接回路。

2. 电弧过程

焊接电弧在两钢筋之间燃烧，电弧热将两钢筋端部熔化。由于热量容易往上对流，上钢筋端部的熔化量为整个接头钢筋熔化量的 3/5～2/3。随着电弧的燃烧，熔化的金属形成熔池，熔融的焊剂形成熔渣(渣池)，覆盖于熔池之上，熔池受到熔渣和焊剂蒸气的保护，不与空气接触。随着电弧的燃烧，上下两钢筋端部逐渐熔化，将上钢筋不断下送，以保持电弧的稳定。下送速度应与钢筋熔化速度相适应。

3. 电渣过程

随着电弧过程的延续，两钢筋端部熔化量增加，熔池和渣池加深，待达到一定深度时，加快上钢筋的下送速度，使其端部直接与渣池接触。这时，电弧熄灭，变电弧过程为电渣过程。电渣过程是利用焊接电流通过液体渣池产生的电阻热，继续对两钢筋端部加热。渣池温度可达 1600～2000℃。

4. 顶压过程

待电渣过程产生的电阻热使上下钢筋的端部达到全端面均匀加热时，迅速将上钢筋向下顶压，液态金属和熔渣全部挤出。随即切断焊接电源，焊接即告结束，冷却后打掉渣壳，露出金属光泽的焊包。

二、钢筋电渣压力焊的机具及材料

1. 焊接机具

(1)焊接电源

焊接电源可采用交流，也可采用直流弧焊机(焊条电弧焊机)。采用交流焊接电流时，如焊接的钢筋直径 $d \leqslant 22$mm，可选用 20kV・A 的焊接变压器(交流弧焊机)；如焊接的钢筋直径 $d > 22$mm，则可选用 40kV・A 的焊接变压器，也可将两台 20kV・A 的交流弧焊机并联使用。

(2)控制箱

控制箱内装有电压表、电流表及电铃等，可便于操作者准确掌握焊接电流和通电时间。

(3)焊接夹具

如图 7-10 所示，焊接夹具要求具有一定的刚度，使用灵巧，牢固可靠，并且上、下钳口同轴。

2. 焊接材料

电渣压力焊的焊剂为 HJ431 焊剂。该焊剂属于高锰、高硅、低氟型。

焊剂的主要作用是焊剂熔化后形成渣池，而未熔化的焊剂保护渣池，并包托住被挤出的液态渣和液态金属，使钢筋接头具有良好的成型；同时，焊剂和焊渣还保护熔化金属和高温金属免受空气的侵袭而发生氧化、氮化作用。焊剂在使用前需经 250℃烘干1～2h。

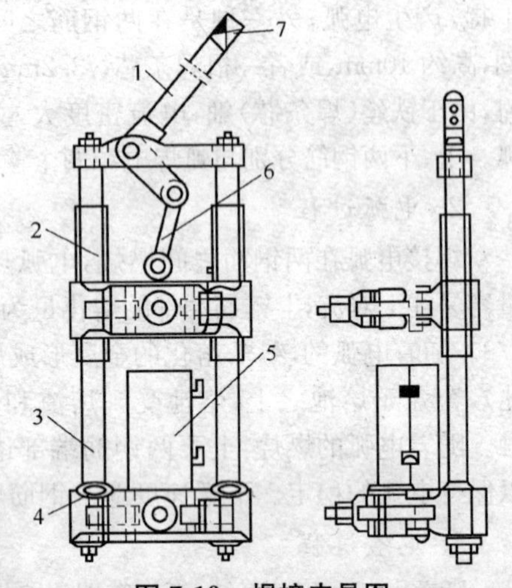

图 7-10　焊接夹具图

1. 压把　2. 滑动导管　3. 滑杆
4. 固定架　5. 焊剂盒　6. 连杆　7. 开关

三、钢筋电渣压力焊的操作工艺

1. 焊前准备工作

①首先将被焊钢筋端部 120mm 范围内的杂质、铁锈清除干净。

②根据焊接钢筋长度搭设一定高度的操作架，用于安装上钢筋，以免施焊时上、下钢筋错位。

③检查电路，观察网路电压波动情况，若低于规定数值 5%以上时，不宜焊接。当采用自动电渣压力焊时，还应检查操作箱、控制箱电气线路各接头接触是否良好。

2. 试焊并确定电渣压力焊的主要参数

试焊的主要目的是确定合适的参数。电渣压力焊的主要参数包括焊接电流、渣池电压、焊接通电时间、钢筋熔化量和顶锻压力。

①焊接电流。焊接电流的大小是根据钢筋直径来选择的，它影响

渣池温度、黏度、电渣过程的稳定性和钢筋熔化速度，从而直接影响焊接接头质量和焊接效率。

②渣池电压。渣池电压主要影响电渣过程的稳定。当渣池电压过低时，表明两钢筋之间距离过小，从而容易产生短路；过高时，表明两钢筋之间距离过大，则容易发生断路。

③焊接通电时间和钢筋熔化量。焊接通电时间和钢筋熔化量也是根据钢筋直径大小来确定的。在焊接电流不变和焊接过程稳定的情况下，钢筋熔化量与焊接通电时间成正比：通电时间太短，钢筋端面熔化不均匀，顶压后不能保证整个钢筋端面紧密接触；通电时间过长，渣池温度过高，液态渣和液态金属过多，顶压后焊包过大，影响接头成型。

钢筋熔化量一般应为 25～35mm，其中，上钢筋的熔化量略高于下钢筋的熔化量。

④预锻压力。预锻压力的大小必须保证全部液态渣和液态金属挤出，使两钢筋端部获得紧密的结合。

采用自动电渣压力焊时，只需选择焊接电流和焊接通电时间两项参数，其他参数，机内已自动平衡。

焊接参数如表 7-14 所示。

表 7-14 电渣压力焊主要技术参数

钢筋直径(mm)	焊接电流(A)	焊接电压(V)		焊接通电时间(s)	
		电弧过程	电渣过程	电弧过程	电渣过程
14	200～220	35～45	22～27	12	3
16	200～250			14	4
18	250～300			15	5
20	300～350			17	5
22	350～400			18	6
25	400～450			21	6
28	500～550			24	6
32	600～650			27	7
36	700～750			30	8
40	850～900			33	9

3. 手工电渣压力焊操作步骤

①把焊接夹具下钳口夹牢于下钢筋端起 70～80mm 的部位。

②把上钢筋扶直，夹牢于上钳口内 150mm 左右处，并保持上、下钢筋同轴。

③为使钢筋端面局部接触，以利引弧形成渣池，可采用“电弧引燃法”或“铁丝圈引燃法”，如图 7-11 所示。当焊机功率较大、钢筋端面不够平整时，可采用电弧引燃法，即将上钢筋与下钢筋接触，接通焊接电源后，即将上钢筋提升 2～4mm 引燃电弧；当钢筋端面平整、焊机功率较小时，可采用铁丝圈引燃法，即用 16 号铁丝绕成 5～10mm 高的铁丝圈，作为接触剂放入上、下钢筋之间。

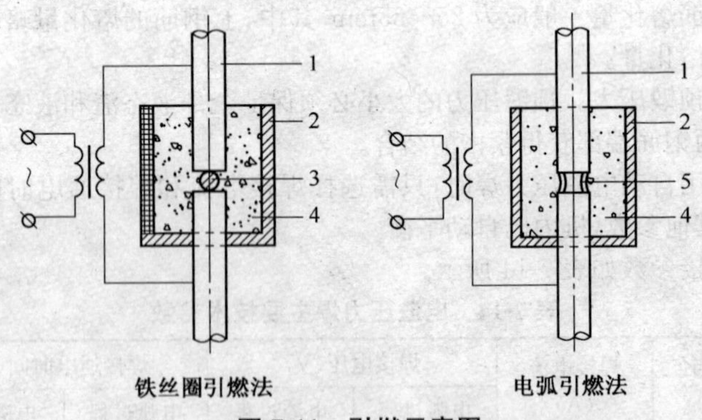

图 7-11 引燃示意图

1. 钢筋 2. 焊剂盒 3. 铁丝圈 4. 焊剂 5. 电弧

④焊剂盒内垫塞石棉布垫，装满焊剂，关闭焊剂盒。

⑤接通焊接电路，电流在钢筋接触端产生电阻热，将铁丝圈熔化后立即提起操纵杆，使上、下钢筋之间形成 2～3mm 的空隙，从而产生电弧。之后，继续缓慢上升 5～7mm。在引弧过程中，动作不要过于急促，否则空隙掌握不准，如操纵杆抬得过高，钢筋间隙过大，会造成断路灭弧；如操纵杆提得太慢，则会造成短路，使钢筋粘连。找到适当弧长后，继续保持电弧过程，之后，借助操纵杆使钢筋缓慢下送，逐步转为电渣过程。电弧持续时间长短视钢筋直径的大小而定。待到规定通电时间，切断焊接电路，同时加压顶锻，完成施焊过程。

⑥顶锻后，继续把住操纵杆压 3～5s，不要立刻放松，防止因夹具

位移等因素使焊接接头造成缺陷。待过 1～2min 才可打开焊剂盒，清理焊剂，松开上、下钳口，取下焊接夹具，敲去熔渣，焊接完毕。

4. 自动电渣压力焊操作步骤

自动电渣压力焊机的型号有 SK-1、SK-2 型等。其焊接操作步骤如下：

①提动焊接机头，将下钢筋夹牢在下钳口中。

②合上电闸，分别给控制箱、操作箱送电，并将操作面板上的开关置于手动操作位置。

③旋转通电时间刻度盘电位器，将电动机转速选定在所需的焊接速度上。

④接通操作箱上的联锁开关，使凸轮转到预定位置。

⑤安装铁丝圈及上钢筋。

⑥在焊剂盒底部垫上石棉布垫，装满焊剂，关闭焊剂盒。

⑦将操作箱面板上的开关置于自动操作位置，合上联锁开关，焊接开始。这时，凸轮按照预定速度自动旋转，上钢筋稍稍上提，产生电弧，铁丝圈熔化，随后，周围焊剂和钢筋端部迅速熔化，从而逐渐形成渣池；随着焊剂和钢筋熔化的同时，凸轮继续旋转，上钢筋缓慢下送，在预定的焊接电流和通电时间下，上、下两钢筋端部已熔化到一定程度，附近钢筋也已达到热塑状态，这时，凸轮继续转动，至凹面部位，上钢筋突然下落，由于夹具和钢筋的自重，具有一定的挤压力，挤出渣池内全部熔渣和液态金属，形成包状接头，施焊过程结束。

⑧待 1～2min 后可打开焊剂盒，清理焊剂，松开上、下钳口，取下焊接机头，敲去渣壳，即焊接完毕。

5. 电渣压力焊操作注意事项

①在下料中，钢筋的端头一定要调直，保证钢筋连接的同轴度。

②焊剂装填要均匀，保证焊包圆而正。

③石棉垫要垫好，防止焊剂在施焊过程中漏掉、跑浆。

④焊剂切忌潮湿，使用前应进行干燥处理，防止产生气泡，影响焊接质量。

⑤操作者在施焊过程中，应随焊接电压高低调整钢筋下送速度，保证施焊电压在 25～45V。当焊剂熔化往上翻时，表明焊接完成，应及时

有力地施压成型。

⑥焊接时间应从引弧正常时算起。有经验的焊工通过听声、看浆，都可恰到好处地掌握焊接时间。

⑦焊接好的接头严禁过早触动，以免出现质量通病和质量不合格。

⑧焊接完毕不要过早松开夹具，严禁往高温接头上浇水，敲掉壳渣前要待接头焊包充分冷却。

⑨及时清理、敲掉焊包的焊渣。

⑩注意焊剂的回收，降低成本。

6. 主要安全技术要求

①焊接机具应放置在防雨和防潮的地方，焊接现场不允许带湿作业。

②焊接机械必须专业工种专用，按规定戴防护用具。

③现场施工必须有可靠的安全作业场地及设施；必须搭设竖焊专用脚手架，架体上要求满铺架板，并设安全扶手。

④焊机线随时检查，防止缆线的绝缘层破损，而导致漏电伤人，做到勤检查、勤维修；焊机机身应保证接地良好。

7. 焊接缺陷及防治措施

竖向钢筋采用电渣压力焊，操作不当时，焊接接头会产生各种不同的缺陷，形成质量问题。电渣压力焊缺陷及防治措施见表 7-15。

表 7-15　电渣压力焊缺陷及防治措施

序号	缺陷	外形	原　因	防止措施
1	偏轴	>0.1d >2	1. 钢筋端部不直 2. 钢筋安放不正 3. 钢筋端面不平	1. 钢筋端部要直 2. 上钢筋安装正直 3. 钢筋端口要平
2	倾斜	>4°	1. 钢筋端歪斜 2. 钢筋安放不正 3. 夹具放松过早	1. 钢筋端部要直 2. 钢筋安放正直 3. 焊毕稍冷后(约 2min)再卸机头

续表 7-15

序号	缺陷	外形	原因	防止措施
3	咬肉	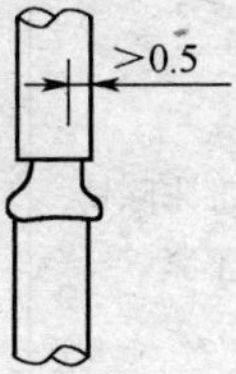 >0.5	1. 焊接电流太大 2. 通电时间过长 3. 停机太晚	1. 适当减小焊接电流 2. 适当缩短焊接通电时间 3. 及时停机
4	氧化膜		1. 焊接电流太小 2. 焊接电流断电过早	1. 适当加大焊接电流 2. 检查微动开关调整小凸轮位置
5	未焊透		1. 焊接过程中断弧 2. 焊接电流断电过早	1. 提高凸轮转速 2. 检查微动开关，调整小凸轮位置
6	焊包偏斜	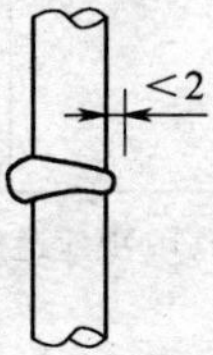 <2	1. 钢筋端部不平 2. 铁丝圈安放不当	1. 钢筋端部要平 2. 铁丝圈安放在中心
7	气孔		焊剂受潮未烘干	按照规定及时焙烘焊剂

续表 7-15

序号	缺陷	外形	原因	防止措施
8	烧伤		1. 钢筋端部未除锈 2. 夹钢筋不紧	1. 钢筋端除锈 2. 把钢筋夹紧
9	成型不好（焊包上翻）		凸轮转动不灵活	拆洗凸轮
10	成型不好（焊包下溜）		焊接过程中焊剂泄漏	把石棉布垫塞好

注：1、2、3、4、5 项是不允许出现的缺陷，6、7、8、9、10 项应避免，并及时纠正。

8. 质量标准

钢筋竖焊完毕后，应对全部焊接进行外观检查，且符合《钢筋焊接及验收规程》(JGJ 18—2003)中的焊接接头验收规定。

①电渣压力焊接头外观检查结果应符合下列要求：四周焊包凸出钢筋表面的高度不得小于 4mm；钢筋与电极接触处应无烧伤缺陷；接头处的弯折角不得大于 3°；接头处的轴线偏移不得大于钢筋直径的 0.1 倍，且不得大于 2mm。

②机械性能试验检查方法。按同类型（钢种、直径相同）分批，每一

楼层以 300 个为一批，每批取 3 个试件，作张拉试验。其抗拉强度值不得低于该级别钢筋的抗拉强度。不足 300 个仍为一批。试件不合格时，对该批加倍取样送检。

第五节　钢筋气压焊

钢筋气压焊具有设备轻巧、节约钢材、保证焊接质量等优点，在钢筋混凝土结构工程的施工现场得到广泛采用。目前，已开发出自动气压焊设备和工艺，以减少人和环境等因素对焊接质量的影响。

一、钢筋气压焊设备及其工作原理

1. 钢筋气压焊设备

如图 7-12a 所示，钢筋气压焊设备由气压焊机、环形加热器、液压油泵（手动或脚踏式）、气源等设备组成。气压焊机由液压油缸、夹具（定夹头和动夹头）组成，可根据建筑工程中常用钢筋的粗细和所需的顶锻力来设计。图 7-12b 为使用环形加热器对钢筋加热的示意图。焊接钢筋时，不需要大面积加热，但要求加热快、热量集中，故气源应采用瓶装乙炔可燃气体。乙炔具有纯度高和使用携带方便、安全等优点。气压焊焊接钢筋也有采用液化石油气作为可燃气体的。国产钢筋气压焊机的型号及环形加热器的适用范围见表 7-16。

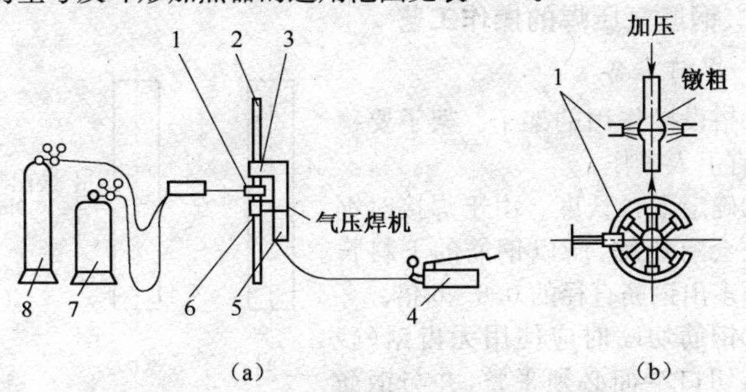

图 7-12　钢筋气压焊设备示意图

1. 环形加热器　2. 钢筋　3. 定夹头　4. 液压油泵　5. 液压油缸　6. 动夹头　7. 乙炔　8. 氧气

表 7-16　钢筋气压焊机型号及环形加热器的适用范围

焊机型号	加热器喷嘴数(个)	焊接钢筋直径(mm)
GH-32 型	3	8～16
	4	16～20
	6	20～25
	8	25～32
VY20-40 型	6～8	20～28
	10～12	32～36

2. 钢筋气压焊工作原理

气压焊焊接钢筋是利用氧乙炔混合气体燃烧的高温火焰对已有初始压力的两根钢筋端部接合处加热，使钢筋端部产生塑性变形，并促使钢筋端部的金属原子互相扩散，当钢筋加热到 1250～1350℃（相当于钢材熔点的 0.8～0.9 倍）时进行加压顶锻，使钢筋内的原子得以再结晶而焊接在一起。钢筋气压焊过程中，钢筋未呈熔化状态，且加热时间较短，不会出现钢筋材质劣化倾向。

气压焊可用于焊接直径为 16～40mm 的 HPB235、HRB335、HRB400 级钢筋。不同直径的钢筋连接也可用此工艺，但两钢筋的直径之差不得大于 7mm。

二、钢筋气压焊的操作工艺

1. 焊前准备

①搭设操作用的架子。架子要稳定，适宜上人操作。

②确定下料长度。由于焊接时钢筋接头会有压缩，所以钢筋的下料长度必须多出钢筋直径的 0.6～6 倍。

③钢筋切断时应使用无齿锯（砂轮锯），切口端面必须平整，并与钢筋轴线垂直，以使钢筋装夹后端面不留间隙，如图 7-13a 所示；两端面接触后，形成的装配间隙严格控制在 3mm 以内，如图 7-13b 所示。若端面间隙

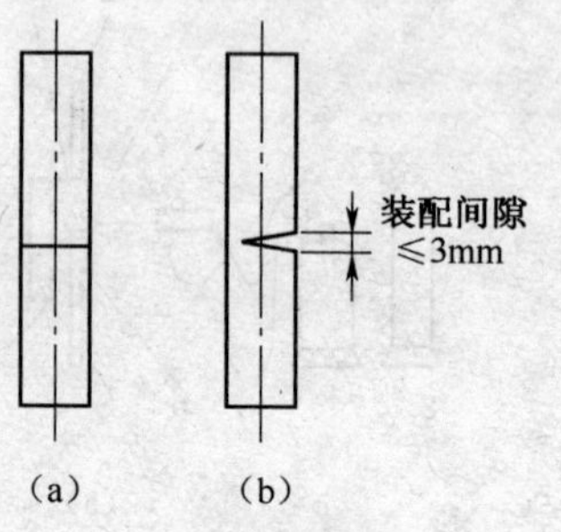

图 7-13　钢筋装配后的端面情况示意图

过大，就会在顶锻时造成钢筋的结合面滑移。

④气压焊接必须设法将钢筋切口处100mm范围内的锈蚀、油污和水泥等污物除净，并用磨光机打磨断面，露出崭新的金属光泽，并喷涂一层焊接活化剂，保护端面不再氧化；不得有弯折、扭曲现象，以免影响焊接质量。

⑤安装钢筋，即将两根对接的钢筋用专用夹具夹紧，应做到上下钢筋保持同轴；同时，要根据加压的情况加压锁紧，以免在顶锻加压时发生打滑。

2. 钢筋气压焊工艺参数

影响钢筋气压焊质量的主要因素有焊接火焰类型、焊接温度和顶锻方法。

(1)焊接火焰类型

钢筋气压焊应采用还原焰（即碳化焰，O_2 ：C_2H_2 ＝0.85～0.95。因其具有较强的还原作用，故称为还原焰）和中性焰两种。当开始加压和焊接时，要先使用还原焰，对准两钢筋接缝处集中加热。当钢筋端面达到一定温度呈橘黄色（有油性亮光出现，温度在1000～1100℃），发生塑性变形，即顶锻消除了装配间隙，从而使两钢筋端面全部接触完全闭合后，再将火焰调整为中性焰（O_2 ：C_2H_2 ＝1～1.2），以防止焊缝早期氧化和夹氧。由于中性焰温度较还原焰温度高，因而可以加速“镦粗”的形成。但也有在全部气压焊接过程中用还原焰一次焊成的。还原焰的温度虽较中性焰低，但容易使钢筋内外受热温度均匀，而且对焊缝有保护作用，可防止气压焊时端面氧化现象。

(2)焊接温度

形成良好的钢筋气压焊焊接接头除调整好合适的火焰外，还要将钢筋端部加热到足够高的温度。其目的是使金属在固态下不但发生塑性变形，而且能发生原子相互扩散而结合在一起。若温度太低，就达不到金属端面的牢固结合，太高将造成过烧。焊接温度一般为1200～1250℃。定压顶锻法的顶锻力、焊接温度与时间的关系见图7-14。

(3)顶锻方法

施加顶锻压力后，将火焰改为中性焰，对焊缝实行宽幅加热，即在焊缝两侧各1～1.2倍钢筋直径范围内上快下慢往复加热，开始顶锻加

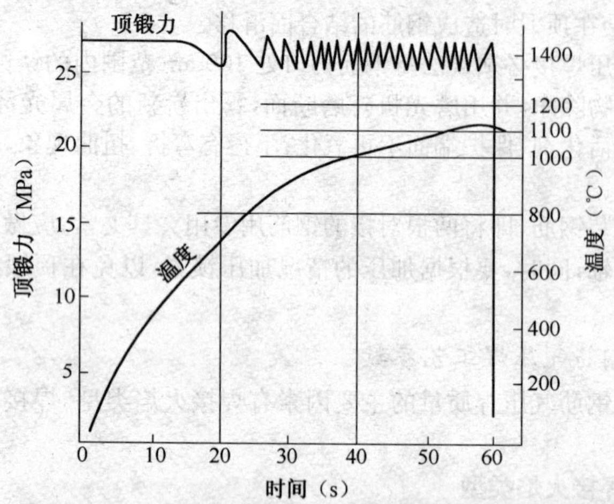

图 7-14　定压顶锻法顶锻力、温度、时间关系示意图

压。使油泵压力始终保持在 20～30MPa，使焊点镦粗到 1.4 倍钢筋直径以上。顶锻方法具体可分为以下三种：

①定压顶锻法。焊接钢筋端面附近的钢筋中心温度、压力和时间如图 7-14 所示。从断口来看，采用定压顶锻法的接头灰斑较多。

②二段顶锻法。可使钢筋端面附近的温度逐渐上升，可达约 1300℃，从而能有效消除灰斑缺陷。二段顶锻法钢筋中心温度、压力随时间的变化曲线如图 7-15 所示。

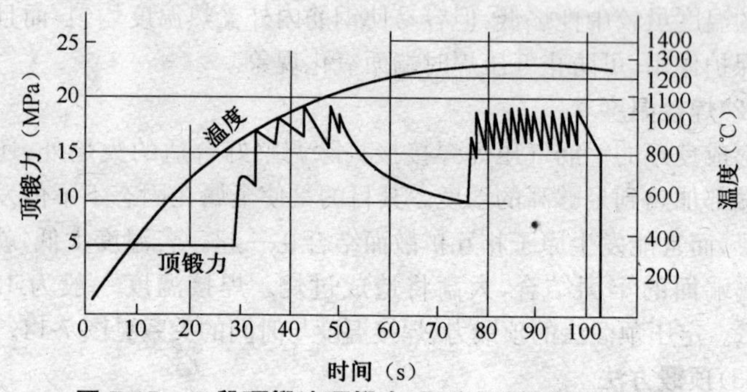

图 7-15　二段顶锻法顶锻力、温度、时间关系示意图

③三段顶锻法。HRB335、HRB400 钢筋中所含合金元素硅（Si）等

元素的含量超过一定数量后，气压焊的焊接性就会变差，使焊接接头脆弱，所以宜采用三段顶锻法。图 7-16 为三段顶锻法的顶段力、温度、时间关系图。一般进行第二次顶锻后，钢筋接头会形成陡直的隆起外观，第三次顶锻后，所形成的隆起外观就较好。

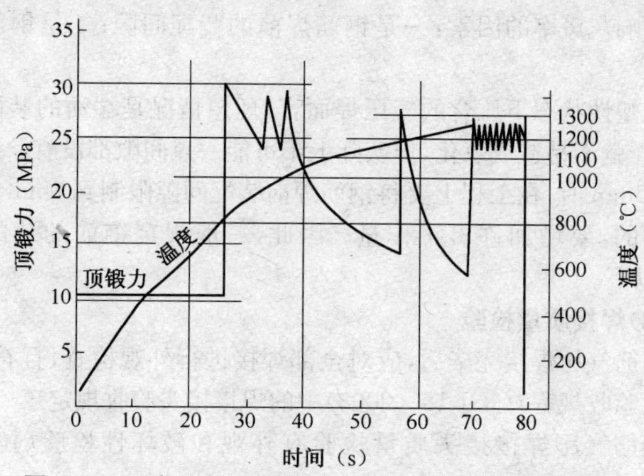

图 7-16　三段顶锻法顶锻力、温度、时间关系示意图

一般来说，对于直径 25～28mm 以下的钢筋，可采用二段顶锻法，既可减少对夹头的损耗，也能减轻焊工的劳动强度。而对较粗的钢筋，当直径为 32～40mm 时，宜采用三段顶锻法。

目前，我国国家标准中Ⅱ级和Ⅱ级以上的钢筋，由于含硅（Si）量高，钢筋气压焊焊接性及接头的安全度有所变差。为确保国产Ⅱ级钢筋气压焊焊接接头的安全度，采取的措施包括：减小焊前钢筋的装配间隙；适当增加接头的镦粗。

顶锻成型后，应经过大气冷却 2min 后拆卸卡具，防止拆卸过早使气压焊接头弯曲变形。

3. 钢筋气压焊焊接质量

(1)影响焊接质量的因素

除焊接工艺参数如火焰类型、温度和顶锻方法影响焊接质量外，灰斑缺陷也是影响焊接质量的因素。灰斑实际上是硅（Si）和锰（Mn）的氧化物，因为受到挤压而被展开。灰斑的面积与整个断口的面积之比称为灰斑率。若接头断面的灰斑率大，可使焊接接头强度数值离散度加剧，使接头的可靠性大大下降。在灰斑率高的许多焊接接头中，其中只有少数接头能与母材的强度相等，而其中绝大多数的接头强度小于(有的甚至远远小于)母材强度。而在灰斑率较低的接头中，几乎所有的接头均可以与母材等强度。

影响灰斑率的因素：一是钢筋焊前的装配间隙；二是钢筋的化学成分。

就塑性状态下压合的气压焊而言，理想情况是端面的装配间隙为零，这样就不易造成氧化，但实际上不可能一点间隙都没有。当钢筋直径为 32mm 时，在工程上要将钢筋焊前装配间隙限制到 2mm 以下困难是很大的，要增加许多工作量。因此，一般规定钢筋的装配间隙在 3mm 以下。

(2)焊接质量检验

钢筋气压焊接完毕后，应对全部焊接进行外观检查，且符合《钢筋焊接及验收规程》(JGJ 18—2003)中的焊接接头验收规定。

钢筋气压焊接接头质量检验有外观和破坏性检验(拉伸试验)两种。

①外观检验。外观检验应在施工过程中随时对已焊接的接头外观进行检验，若有不符合要求者，必须立即割掉重焊。外观检验的具体要求如下：

a. 焊接部位钢筋轴线的偏心应不大于钢筋直径的 1/10。

b. 焊接处隆起部位的直径不小于钢筋直径的 1.4 倍，隆起的变形长度不小于钢筋直径的 1.3～1.5 倍。

c. 焊接接头的隆起形状不应有显著的凸出和塌陷，不应有裂纹和过烧现象。

②破坏性检验。目前，施工工程以 200 个接头为一批，从每批中抽取 3 个试样(1.5%)进行取样检验，如果一次取样不合格，则可另取双倍试样复试。如果在复试结果中仍有一个试件强度达不到要求，则该批接头即为不合格产品。

第八章 焊接应力和焊接变形

第一节 焊接应力

一、焊接应力及其分布

1. 焊接应力

应力定义为材料单位面积上所承受的附加内力。焊接构件由焊接而产生的内应力称为焊接应力。焊接应力实质上包括热应力、相变应力、装配应力和焊接残余应力等方面。

(1)热应力

热应力又称为温度应力，是在对焊件不均匀加热和冷却过程中所产生的应力。热应力与焊件的加热温度、加热不均匀程度、焊件的刚度以及焊件材料的热物理性能等因素有关。

(2)相变应力

相变应力也称为组织应力，是在金属发生相变时，由于体积发生变化而引起的应力。例如熔化焊时，焊缝金属由奥氏体转变为珠光体或转变为马氏体时，都会发生体积膨胀。这种膨胀受到周围金属的约束，结果在焊件内部产生应力。

(3)装配应力

焊接结构或构件在装配和安装过程中产生的应力。例如，紧固螺栓的紧固、夹具的夹持、模具和胎具等均可引起装配应力。

(4)焊接残余应力

指焊后残留在焊件内的焊接应力。

按照焊接应力在空间的方向可分为单向、双向和三向应力。一般来说，焊接残余应力属于单向应力的情况是很少的。薄板对接时，可以认为是双向应力；大厚度焊件的焊缝，三个方向焊缝的交叉处以及存在裂纹、夹渣等缺陷处通常出现三向应力。三向应力使材料的塑性降低，容易导致脆性断裂，是一种最危险的应力状态。

2. 残余应力的分布

(1)薄板焊接件焊接残余应力的分布

薄板焊接残余应力可分为平行于焊缝的纵向应力和垂直于焊缝的横向应力。

①纵向残余应力的分布。图 8-1 为长板对接焊后横截面上的纵向残余应力即沿焊缝方向的应力 σ_x 的分布图。低碳钢、普通低合金钢和奥氏体钢焊接结构中，焊缝及其附近的压缩塑性变形区内的应力 σ_x 为拉应力。

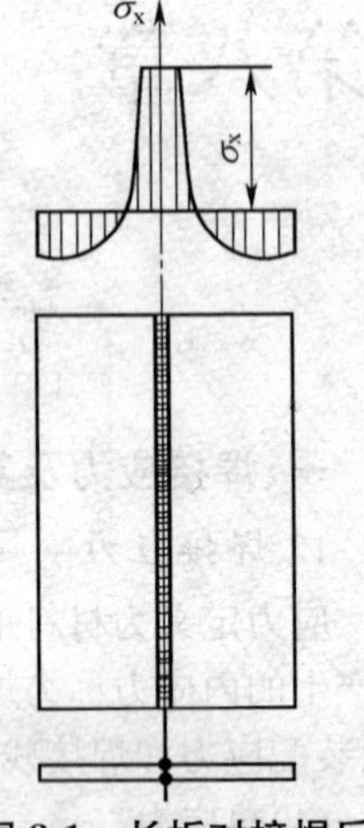

图 8-1 长板对接焊后横截面上的纵向残余应力 σ_x 的分布

如图 8-2 所示，圆筒环形焊缝所引起的纵向(沿圆筒切向）残余应力的分布规律与平板对接焊缝有所不同，其数值取决于圆筒直径、厚度以及焊接压缩塑性变形区的宽度，一般环缝上的纵向应力 σ_x 随圆筒直径的增大而增大，同时，随塑性变形区的扩大而降低。当圆筒直径不断增大，σ_x 的分布也逐渐与平板对焊焊缝相似。

②横向残余应力的分布。横向残余应力即垂直焊缝方向的应力 σ_y 的分布，为焊缝及其附近塑性变形区的纵向收缩引起的 σ_y' 和因焊接方向和焊接顺序不同所引起的 σ_y'' 两方面的合成。如图 8-3 所示，平板对接时，焊缝截面中心上的 σ_y' 在焊缝两端为压应力，在焊缝中间为拉应力，并且与对接焊缝的长度有关。

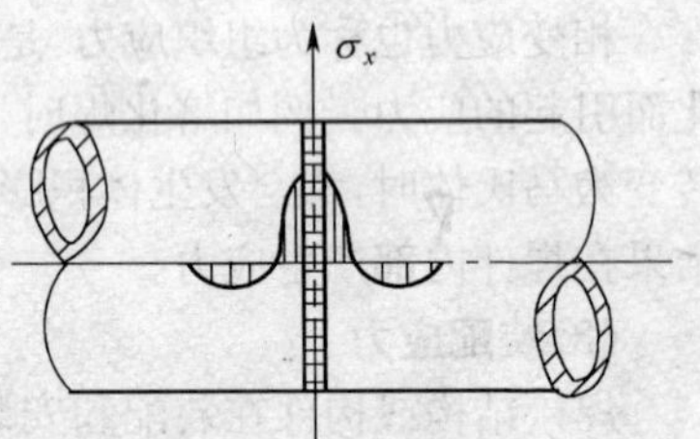

图 8-2 圆筒环形焊缝的纵向残余应力 σ_x 的分布

如图 8-4 所示，按图 a 箭头方向焊接时，σ_y'' 在焊缝两端为拉应力，在焊缝中间为压应力。若按图 b 箭头方向焊接时，σ_y'' 的分布正好与图 a 情况相反。σ_y 为 σ_y' 和 σ_y'' 两者的叠加。一般来说，分段焊法的 σ_y 有多次

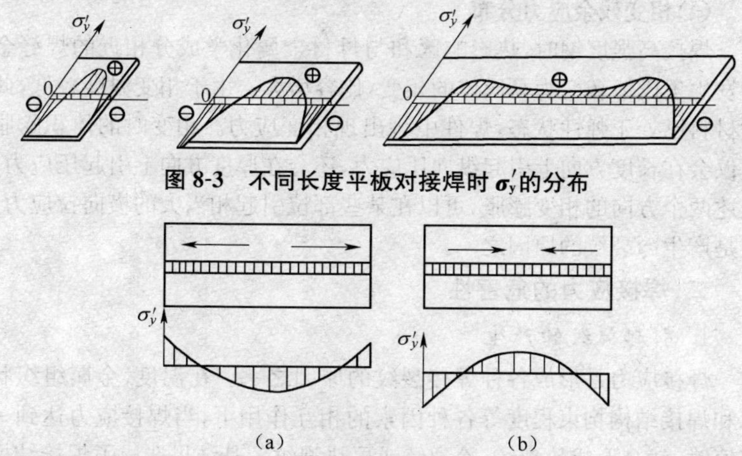

图 8-3　不同长度平板对接焊时 σ_y' 的分布

(a)　(b)

图 8-4　不同焊接方向时 σ_y'' 的分布

(a)由中心向两端　(b)由两端向中心

正负反复，拉应力峰值高于直通焊。

(2)厚板焊接件残余应力的分布

厚板焊接接头中除纵向和横向残余应力外，还存在厚度方向的残余应力 σ_z。σ_z 在厚度方向上的分布状况与焊接工艺方法密切相关。在多层焊时，焊缝表面的 σ_x 和 σ_y 比中心部位大，σ_z 数值与 σ_x 和 σ_y 相比较小，可能为压应力，也可能为拉应力。

(3)在拘束状态下焊接残余应力的分布

与自由状态不同，如图 8-5 中板的对接焊缝中段的横向收缩因受到框架的阻碍，将出现附加的横向应力 σ_f。这部分应力在整个框架上平衡，故称为反作用内应力。反作用内应力 σ_f 与 σ_y（自由状态时的横向应力）叠加形成以拉应力为主的应力分布。

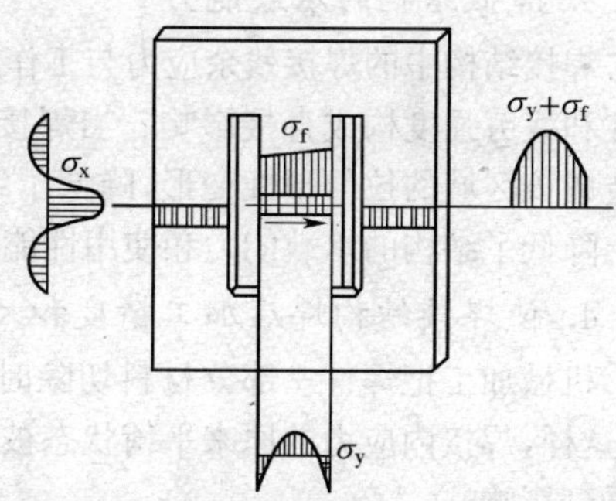

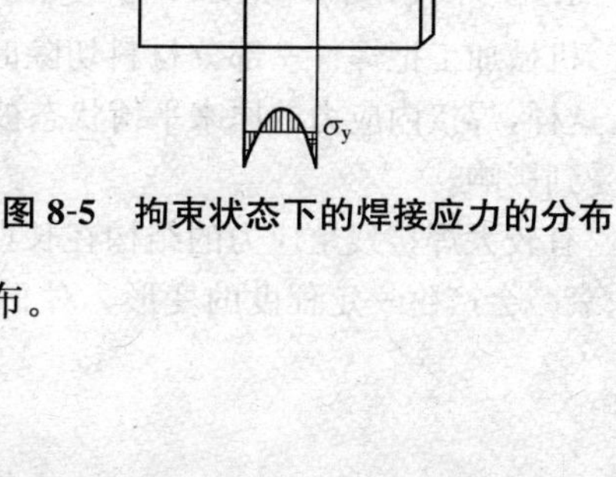

图 8-5　拘束状态下的焊接应力的分布

(4)相变残余应力分布

焊接高强度钢时,热影响区和与母材金属化学成分相近的焊缝金属发生奥氏体转变为马氏体的相变,比容增大。由于相变温度较低,此时材料已处于弹性状态,焊件中将出现相变应力。相变时的体积膨胀不仅会在长度方向上引起纵向压应力,还会在厚度方向上引起压应力。上述两个方向的相变膨胀,可以在某些部位引起相当大的横向拉应力。这是产生冷裂纹的原因之一。

二、焊接应力的危害性

1. 引起裂纹的产生

焊接应力是形成各种焊接裂纹的原因之一。在温度、金属组织状态和焊接结构拘束程度等各种因素的相互作用下,当焊接应力达到一定值时,就会形成热裂纹、冷裂纹或再热裂纹。其结果造成了焊接结构的潜在危险。

2. 造成应力腐蚀开裂

应力腐蚀开裂是拉应力和化学腐蚀共同作用下产生裂缝的现象,在一定材料和介质的组合下发生。应力腐蚀开裂所需的时间与残余应力大小有关。一般拉应力越大,应力腐蚀开裂的时间就越短。在腐蚀介质中工作的焊接结构,如果具有拉伸残余应力,就会造成应力腐蚀开裂。

3. 降低结构的承载能力

焊接结构中的焊接残余应力与工作应力叠加后,对结构的刚度、稳定性和疲劳强度构成直接影响。当焊接应力超过材料的屈服点时,将会造成该区域的拉伸塑性变形,降低了结构的强度、稳定性和刚度,实际上降低了结构的承载能力和使用性能。

4. 使焊接结构焊后加工精度和尺寸稳定性受到影响

机械加工把焊件一部分材料切除时,此处的焊接残余应力也被释放,这样,焊接内应力的原来平衡状态被破坏,焊件产生变形,使加工精度受到影响。

有较大焊接残余应力的结构在长期使用中,由于残余应力逐渐松弛、衰减会产生一定程度的变形。对于组织稳定的低碳钢和奥氏体钢焊接结构在室温下应力松弛较微弱，焊接残余内应力随时间变化较小，焊件尺寸比较稳定。对于如 20CrMnSi、30Cr13(3Cr13)、12CrMo 和铝合金等焊后产生不稳定组织的材料，由于不稳定组织随时间而转变，因而内应力变化较大，焊件尺寸的稳定性就差。

5. 降低焊接结构的使用寿命

在结构应力集中部位、结构刚性拘束大的部位，存在拉伸焊接残余应力会降低焊接结构的使用寿命，并导致低应力脆断事故的发生。

三、焊接应力的降低和调整

焊接应力对焊接性差的金属，往往是引起焊接裂纹的原因之一，即使焊接性良好的一般低碳钢，如果结构刚性太大，而且焊接顺序和方法不当，在焊接过程中也会发生焊接应力造成的裂纹。因而，在焊接时，应设法减少和调整焊接应力，焊后要消除焊接残余应力。

1. 设计措施

①在焊缝设计方面，应尽量减少焊缝的数量和尺寸，采用填充金属少的坡口形式。

②焊缝布置应避免过分集中，如图 8-6 所示，焊缝与焊缝之间应保持足够的距离。不应把焊缝布置在工作应力最严重的区域。如图 8-7 所示，尽量避免三轴交叉的焊缝。

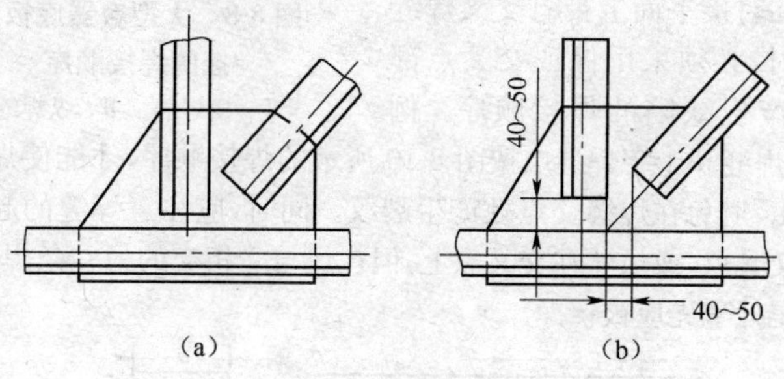

图 8-6　焊接节点

(a)不合理　(b)比较合理

③采用刚度较小的接头形式，降低焊缝的拘束程度，使焊缝能自由地收缩。在残余应力的区域内，应当避免几何不连续性，避免应力集中。

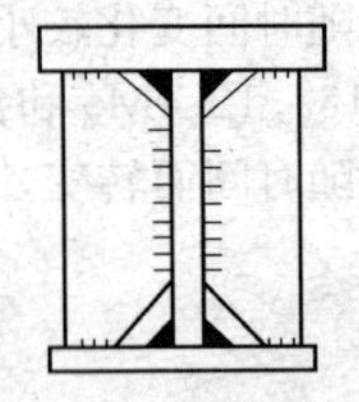

图 8-7　工字梁肋板接头

2. 工艺措施

(1)采用合理的焊接顺序和方向

①平面上的焊缝在焊接时，要保证焊缝的纵向和横向收缩都比较自由，而不是受先焊完焊缝的较大约束。例如焊对接焊缝时，从中间依次向两自由端进行焊接，使焊缝能较好地自由收缩。再如大型容器底部钢板的拼接，如图 8-8 所示，可先焊所有的横向焊缝Ⅰ，再焊所有的纵向焊缝Ⅱ，并从中间依次向外进行焊接。

②收缩量最大的焊缝应先焊，因为先焊的焊缝收缩时受阻较小，故应力较小。一个结构上既有对接焊缝，又有角接焊缝，应先焊对接焊缝，因为对接焊缝的收缩量较大。例如工字梁的焊接顺序，首先焊腹板的对接焊缝，然后焊翼板的对接焊缝，最后焊腹板和翼板的角焊缝，如图 8-9 所示。

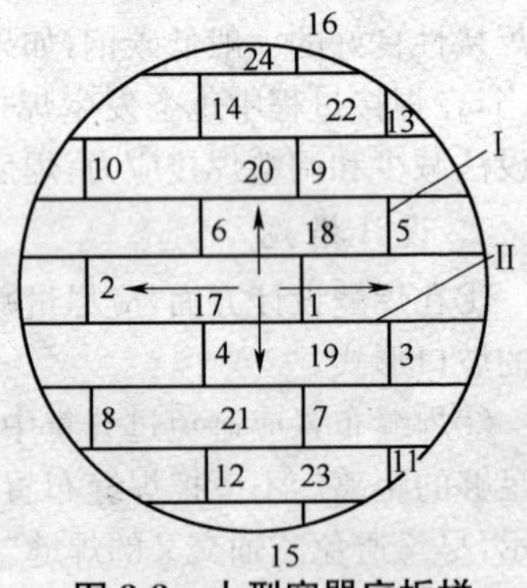

图 8-8　大型容器底板拼接的焊接顺序

Ⅰ. 横焊缝　Ⅱ. 纵焊缝

③在对接平面上带有交叉焊缝的接头时，必须采用保证交叉点部位不易产生缺陷的焊接顺序。例如，T 字焊缝和十字焊缝应按图 8-10 所示的焊接顺序，才能使焊缝收缩比较自由，避免在焊缝交点处产生裂纹。同时，应注意焊缝的起弧和收尾避开交叉点，或虽然在交叉点上，但在焊与之相交的另一条焊缝时，引弧和收尾处事先应被铲净。

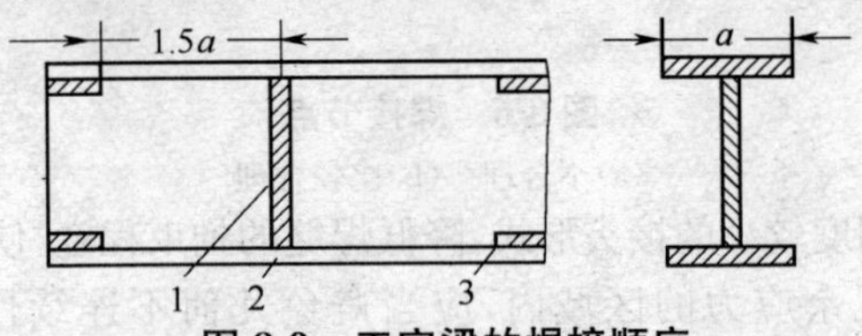

图 8-9　工字梁的焊接顺序

1. 腹板焊缝　2. 翼板焊缝　3. 腹板和翼板的角接焊缝

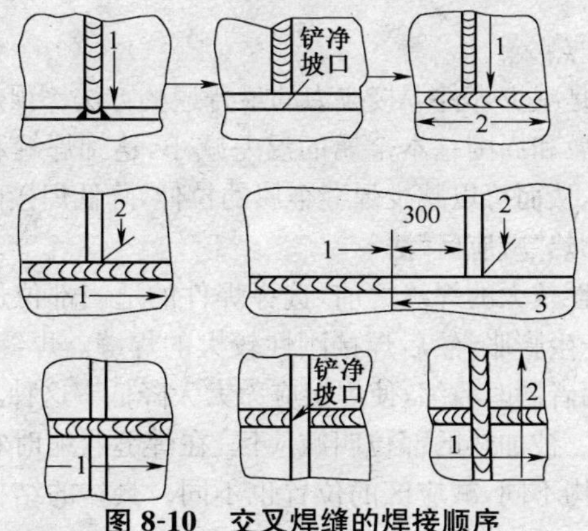

图 8-10　交叉焊缝的焊接顺序

(2)开缓和槽减小应力法

厚度大的工件刚性大，焊接时容易产生裂纹。在不影响结构强度的前提下，采用在焊缝附近开缓和槽的方法，其实质是减少结构的局部刚性，尽量使焊缝具有自由收缩的可能。例如圆钢焊在厚钢板上，封闭焊缝刚性大，焊后易裂，如图 8-11a 所示，采取 8-11b 的措施即可避免。

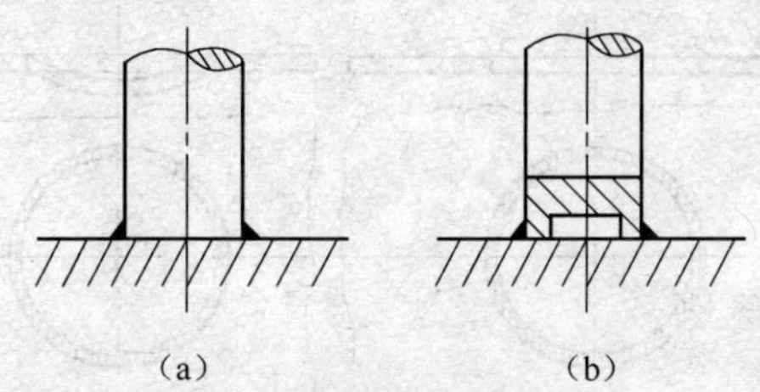

图 8-11　开缓和槽减小应力法

(a)未开缓和槽　(b)开缓和槽

(3)采用冷焊法

冷焊法的原理是使整个结构上的温度分布尽可能均匀，即焊缝和高温受热区的宽度尽可能窄些，温度尽可能低些。这样，收缩所造成的应力就可以小些。采用较小的焊接线能量、合理的焊接顺序和操作方法可以实现上述要求。采用冷焊法的具体做法是：采用小直径焊条、小电流多层多道无摆动焊接法；每次焊接的焊缝长度要短些；尽可能提高焊接环境温度。

(4)焊前预热

焊前预热是减少焊件焊接应力的最普遍的方法。预热的目的是使焊接部分的金属和周围基本金属的温差减小,达到焊缝和母材同时冷却收缩的目的,从而可以减少焊缝金属的拉伸,降低焊接内应力。

(5)采用加热"减应区"法

在焊接刚性较大的焊缝之前,选择焊件的适当部位进行低温或高温加热,使之产生膨胀,然后焊接刚性较大的焊缝。焊缝冷却时,被加热区也冷却,两者同时收缩,使焊接应力大大降低。这种方法就称为加热"减应区"法。被加热的部位叫减应区,在焊缝收缩时它起到了补偿作用。焊接结构不同,减应区的位置也不同。具体的结构要通过具体分析确定。

(6)降低接头的刚度

焊接封闭焊缝或刚度较大的焊接接头时,可采用反变形法来降低接头的刚度,以减少焊后的残余应力。如图 8-12 所示,在焊接镶块的封闭焊缝时,可采用翻边和压凹的措施,从而减少焊缝的拘束度。

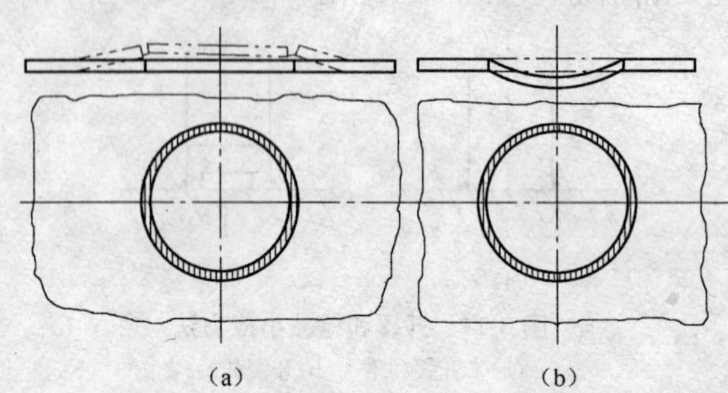

图 8-12 降低局部刚度减少焊接残余应力

(a)平板少量翻边 (b)镶块压凹

四、消除焊接残余应力的方法

焊后热处理是消除焊接残余应力最有效的方法。此外,还可以采用机械方法消除焊接残余应力,通常采用锤击法、施加外力法(机械拉伸法、温差拉伸法)和振动法。

在低碳钢、16Mn 等一般性结构中存在的焊接残余应力对结构的使用安全性影响并不大，焊后可以不必采取消除焊接残余应力的措施。

1. 焊后热处理法

焊后热处理是把焊件整体或局部（焊接接头）均匀地加热到一定温度、保温一段时间、然后冷却的过程。焊后热处理可以达到以下目的：一是改善焊接接头的组织和性能，使淬硬区软化，降低硬度，提高冲击韧性和蠕变极限，防止焊接结构的脆性破坏；二是使焊接残余应力松弛，防止产生延迟裂纹，提高焊件的可靠性和寿命；三是提高焊接接头的抗腐蚀性能。

焊后热处理常用的方法有高温回火、正火及提高铬镍不锈钢耐腐蚀性能的固溶处理。局部热处理时，加热区的宽度从焊缝中心至每侧不小于焊缝宽度的 3 倍，而且随着加热方法的不同，有效加热宽度也不相同。加热和冷却速度不宜过快，应力求焊件内外壁温度均匀，其温差不大于 50℃。对于厚壁容器，其加热和冷却速度一般为 50～150℃/h。

焊后回火可以消除焊接残余应力，稳定组织，同时可使焊缝和热影响区中的氢及时逸出。对于强度较高、淬硬倾向较大的焊接接头，焊后回火还能起到提高塑性和韧性的作用。300℃以下的回火称为低温回火。低温回火适用于预先经过淬火和回火的具有较高硬度构件的焊后热处理，其目的是防止产生裂纹。低温回火不能降低原有的硬度，不能改善加工性能，不会引起结构的变形，也不能防止结构在使用中发生变形。将碳钢和低合金钢在 400℃左右回火，称为中温回火。回火温度为 500～650℃，称为高温回火。高温回火和中温回火主要用来提高焊接接头的冲击韧性和消除焊接残余应力，也可以降低焊缝硬度，改善机械加工性能。高温回火和中温回火时，其结构可能会发生变形，对于精加工后的结构不宜采用。单一的中温回火只适用于工地拼装的大型普通低碳钢容器的组装焊缝，可以达到部分消除残余应力和去氢的目的。对于重要结构要求提高焊接接头的塑性和韧性时，必须采用先正火随后立即高温回火的热处理方法，既能消除内应力和改善接头组织，又能提高接头的韧性和疲劳强度。

正火用来改善钢的组织、细化晶粒和均匀化学成分，从而提高焊接接头的各种机械性能。

固溶处理是将铬镍不锈钢加热至 920～1150℃,并以较快的速度冷却,从而消除晶间腐蚀,使焊接接头的耐腐蚀性能提高。固溶处理一般是整体均匀加热,而不采用局部加热方法。

焊后热处理方法和热处理规范应根据结构材料、焊缝化学成分和焊件的用途来选择。常用低合金钢的焊后热处理规范见表 8-1。

表 8-1 常用低合金钢的焊后热处理规范

钢材牌号	需要热处理焊件的厚度(mm)	热处理温度(℃)	保温时间(min/mm)	说 明
Q345(16Mn、16MnCu)	≥30	550～650	3～4	1. 厚度指焊件的最大厚度 2. 消除内应力的保温时间按接头最大厚度计算 3. 碳钢焊后消除内应力温度可略低于 550℃,但保温时间应延长
Q390(15MnV、15MnTi)	≥30	600～650	3～4	
Q420(15MnVN、15MnTiCu)	≥30	600～650	3～4	
Q490(14MnMoV、18MnMoNb)	≥30	620～680	4～5	

2. 加载法

加载法是利用力的作用使焊接接头拉伸残余应力区产生塑性变形,从而松弛焊接残余应力的方法。

(1)机械拉伸法

对焊接结构进行加载,使焊接接头塑性变形区得到拉伸,可减小由焊接引起的局部压缩塑性变形量,从而消除部分焊接残余应力。机械拉伸消除残余应力对一些焊接压力容器特别有意义。因为这些容器焊后通常都要进行水压试验。水压试验的压力均大于容器的工作压力,所以,在进行水压试验的同时,对材料进行了一次机械拉伸,消除了部分焊接残余应力。

(2)温差拉伸法

温差拉伸法又称低温消除应力法。在焊缝两侧各用一个适当宽度的氧乙炔炬加热。在焰炬后面一定距离用一根带有排孔的水管进行喷水冷却。焰炬和喷水管以相同速度向前移动,如图 8-13 所示。这样就形成了一个两侧温度高(其峰值约为200℃)、焊缝区温度低(约为100℃)的温度差。两侧金属受热膨胀(沿焊缝纵向)对温度较低的焊缝区进行拉伸,使其产生拉伸塑性变形,从而松弛焊缝区的焊接残余应力,消除的效果可达50%~70%。温差拉伸法适用于焊缝比较规则、厚度不大(小于40mm)的板、壳结构,如容器、船舶等,有一定的应用价值。温差拉伸法主要参数有:焰炬宽度约100mm,两焰炬中心距离为180mm,焰炬与喷水管距离为130mm,焰炬移动速度与板厚有关,在150~600 mm/min。

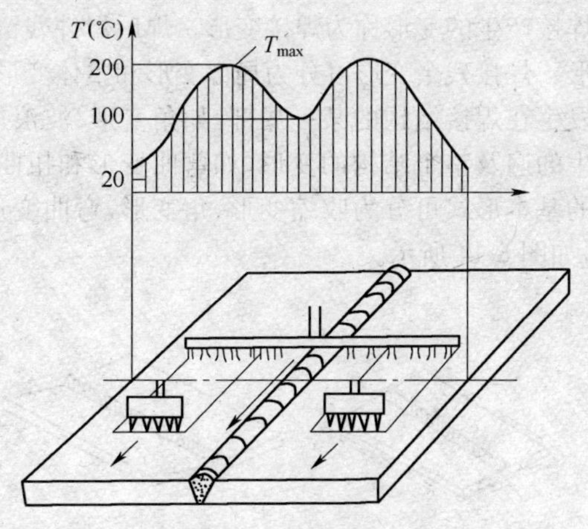

图8-13　温差拉伸法

3. 振动法

在结构中拉伸残余应力区施加振动载荷,使振源与结构发生稳定的共振。利用稳定共振所产生的变载应力,使焊接接头拉伸残余应力区产生塑性变形,从而松弛焊接残余应力。试验证明,当变载荷达到一定数值、经过多次循环加载后,结构中的残余应力会逐渐降低。

4. 锤击法

焊件焊完后,沿焊缝和近缝区进行锤击。由于锤击引起了焊缝和近缝区的延伸变形,补偿了高温时产生和积累的压缩塑性变形,故焊接残余应力得以部分消除。但由于锤击同时对金属具有加工硬化作用,会引起金属的硬化。第一层焊缝因处在比较严重的应力状态下，锤击时易破裂。为避免硬化的影响，一般规定最后一层焊缝边不进行锤击。这样就大大降低了用锤击法来消除应力的效果。

第二节 焊接变形

一、焊接变形的分类及其危害

1. 焊接变形的分类

焊件由焊接产生的变形称为焊接变形。焊后焊件残留的变形称为焊接残余变形。焊接残余变形可分为局部变形和整体变形两大类。局部变形指仅发生在焊接结构的某一局部，如角变形、波浪形；整体变形指焊接时产生的遍及整个结构的变形，如弯曲变形和扭曲变形。焊接变形按变形的基本形式可分为收缩变形、角变形、弯曲变形、波浪变形和扭曲变形，如图 8-14 所示。

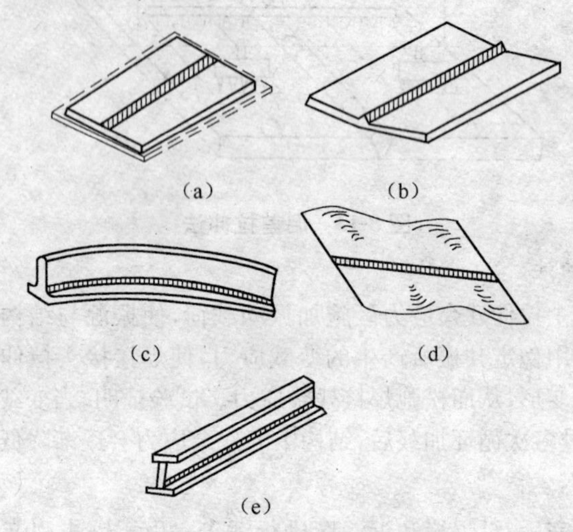

图 8-14 焊接变形的种类

(a)收缩变形 (b)角变形 (c)弯曲变形 (d)波浪变形 (e)扭曲变形

(1)收缩变形

在收缩变形中,变形又可分为纵向缩短和横向缩短。图 8-14a 所示的两板对接焊以后发生了长度缩短和宽度变窄的变形。这种变形是由于焊缝的纵向收缩和横向收缩引起的。

(2)角变形

如图 8-14b 所示,V 形坡口对接焊后发生了角变形。这种变形是由于焊缝截面上宽下窄,使焊缝的横向收缩量上大下小而引起的。

(3)弯曲变形

焊接梁及柱产生的弯曲变形的主要原因是焊缝的位置在构件上不对称时引起的。如图 8-14c 所示的 T 形梁,焊缝位于梁的中心线下方,焊后由于焊缝纵向收缩造成了弯曲变形。

(4)波浪变形

波浪变形又称失稳变形,主要出现在薄板焊接结构中,产生的原因是由于焊缝的纵向收缩对薄板边缘造成了压应力;另一种是由于焊缝的横向收缩造成了角变形,如图 8-14d 所示。

(5)扭曲变形

扭曲变形如图 8-14e 所示,由于装配质量不好,工件搁置不当,焊接顺序和焊接方向不合理,都可能引起扭曲变形。但根本原因还是由于焊缝的纵向收缩和横向收缩所致。

通过上述分析,说明焊后焊缝的纵向收缩和横向收缩是引起各种变形和焊接应力的根本原因。同时还说明,焊缝的收缩能否转变成各种形式的变形还和焊缝在结构上的位置、焊接顺序和焊接方向以及结构的刚性大小等因素有直接的关系。

2. 焊接变形的危害

焊接变形对焊接结构的制造和使用的危害主要有:

①降低结构形状尺寸精度和美观。

②组件、部件焊接后产生的变形,降低整体结构的组对装配质量,甚至发生强力组装,从而影响工程质量。

③矫正变形会降低生产率,增加制造成本,并降低接头性能。

④降低结构的承载能力。焊接变形中的角变形、弯曲变形和波浪变形等,在外载作用下会引起应力集中和附加应力,使结构承载能力下降。

二、影响焊接变形大小的因素

影响焊接变形大小的因素有焊缝在结构中的位置、焊缝的长度和坡口形式、焊接结构的刚性、焊接结构的装配及焊接顺序、焊接工艺方法、焊接工艺参数、焊接操作方法以及结构材料的膨胀系数等。因此，要控制焊接变形，就要针对各种因素采取必要的措施。

1. 焊缝在结构中的位置和焊接顺序

在焊接结构刚性不大、焊缝在结构中布置对称或焊缝在结构的中性轴上、焊缝截面重心与接头截面重心在同一位置(即焊缝截面上下左右均对称)、施焊顺序与方向合理时，主要产生纵向缩短和横向缩短。焊缝在结构中布置不对称时，则焊后要产生弯曲变形，弯曲方向朝向焊缝较多的一侧。焊缝偏离结构中性轴时，则焊后要产生弯曲变形，弯曲方向朝向焊缝一侧；焊缝偏离结构中性轴越远，则越容易产生弯曲变形。

对称的焊缝对称施焊时，可以减小焊接变形或不产生某种变形。1m 以上长焊缝，直通焊(见图 8-15a)变形最大；从中央向两端逐段倒退焊法(见图 8-15c)变形最小；从中央向两端焊(见图8-15b)也能减小变形。

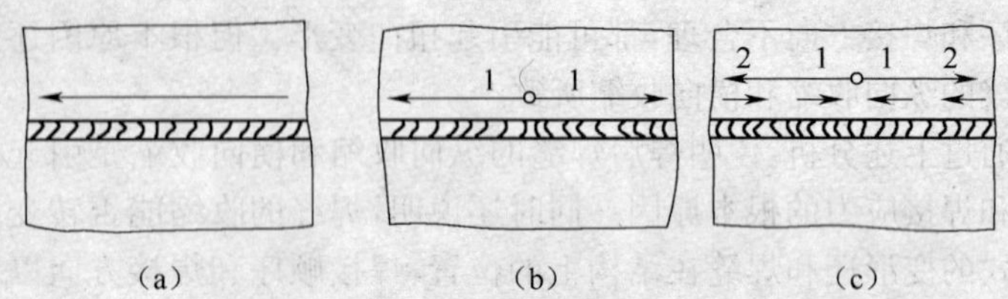

图 8-15 长焊缝的焊接方向和顺序

(图上数字为焊接顺序)

(a)变形最大 (b)变形较小 (c)变形最小

2. 焊缝的长度和坡口形式

焊缝截面越大，焊缝长度越长，则引起的焊接变形越大。Y 形坡口的焊缝和角焊缝横向收缩要产生角变形。坡口角度越大，角变形也越大。Y 形(V 形)坡口比 U 形坡口角变形大。X 形(双 Y 形)坡口比 Y 形坡口角变形小。X 形坡口比双 U 形坡口角变形大。I 形坡口角变形最小。坡口的根部间隙越大，则变形越大。

3. 焊接结构刚性

结构刚性是指结构抵抗变形的能力。结构截面积越大，板材厚度越大，长度越短，则结构刚性越大。结构刚性越大，则焊接变形越小。焊接变形总是沿着结构刚性最小的方向进行。

一般来说，结构整体刚性总是比部件的刚性大。因此，采用整体装配后再进行焊接可以减小焊缝变形。

4. 焊接线能量

焊接线能量越大，焊接变形也越大。焊接变形随焊接电流的增大而增大，随焊接速度的加快而减小。这是因为焊接过程中的压缩塑性变形与线能量成正比。线能量越大，则压缩塑性变形越大，焊接变形也就越大。

5. 焊接工艺方法

由于埋弧自动焊的线能量比焊条电弧焊大，所以，在焊件形式尺寸及刚性拘束相同的条件下，埋弧自动焊产生的变形比焊条电弧焊大。CO_2 焊、氩弧焊产生的变形比焊条电弧焊小。一般来说，气焊、电渣焊的焊接变形大，电弧焊引起的变形较小。电子束焊和激光焊的变形极小。

6. 焊接操作方法

单道焊、大电流慢速摆动焊的线能量大，引起的焊接变形比多层多道焊、小电流快速不摆动焊大。

此外，结构材料的线膨胀系数大（如不锈钢），热胀冷缩量大，引起的焊接变形也大。

三、减少焊接变形的措施

为了减少焊接变形，一是设计合理的焊接结构；二是采取适当的工艺措施。

设计合理的焊接结构包括合理安排焊缝位置，减少不必要的焊缝；合理选择焊缝的形状和尺寸等。如对于梁、柱一类结构，为减少其弯曲变形，应尽量使焊缝对称布置。焊缝的形状和尺寸不仅关系到焊接变形，而且还决定焊接工作量的大小，如常用于肋板与腹板连接的角焊缝，焊脚的尺寸不宜过大。表 8-2 为低碳钢焊接时最小焊脚尺寸的推荐值。焊接低合金钢时，因对冷却速度比较敏感，焊脚尺寸可稍大于表中的推荐值。

焊接时采取适当的工艺措施包括反变形法、利用装配顺序和焊接顺序控制焊接变形及热调整法、对称施焊法、刚性固定法、锤击焊缝法等。

表 8-2 低碳钢焊接时最小焊脚尺寸推荐值 (mm)

板厚	≤6	7～13	19～30	31～35	51～100
最小焊脚	3	4	6	8	10

注：表中板厚指两被焊钢板中的较薄者。

1. 反变形法

在焊前进行装配时，为抵消或补偿焊接变形，先将工件向与焊接变形的相反方向进行人为的变形，这种方法叫做反变形法。如图 8-16 为 8～12mm 厚的钢板 V 形坡口单面对焊时，如将工件预先反向斜置，焊接后，由于焊缝本身的收缩，使焊件恢复到预定的形状和位置。

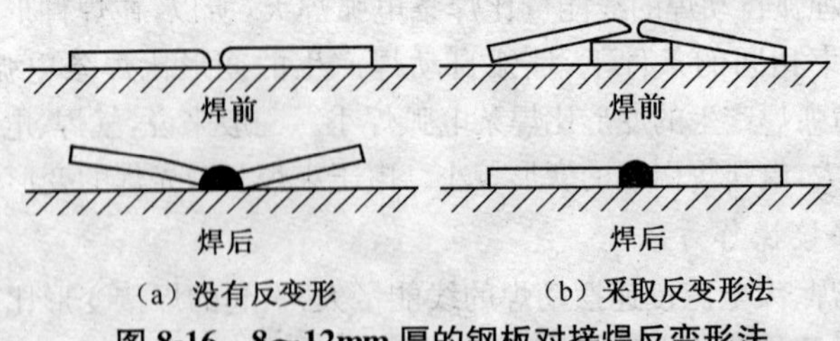

(a) 没有反变形　(b) 采取反变形法

图 8-16 8～12mm 厚的钢板对接焊反变形法

一般在对较大刚性的工件下料时，也可将构件制成预定大小和方向的反变形。如桥式起重机的主梁焊后要引起下挠的弯曲变形，而对桥式起重机的主梁，要求在焊后应具有 $L_k/1000$ 的上挠（L_k ——桥式起重机的跨度）。通常采用腹板预制上拱的方法来解决，在下料时，应预先把两块腹板拼接成具有大于 $L_k/1000$ 的上拱顶（f_m），如图 8-17 所示。

2. 利用装配顺序和焊接顺序控制焊接变形

同样的焊接结构如果采用不同的装配、焊接顺序，焊后产生的变形则不相同。为正确地选择装配顺序和焊接顺序，一般应依照下述原则：

①收缩量大的焊缝应当先焊。结构中既有对接焊缝，又有角焊缝，则应先焊对接焊缝，后焊角焊缝。一般来说，对接焊缝比角焊缝的收缩量大。

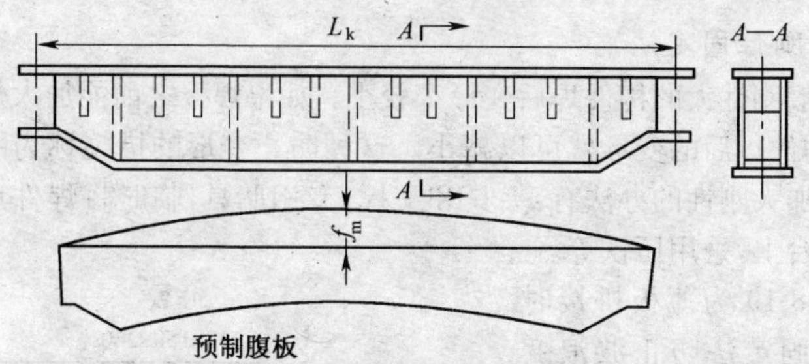

图 8-17 采用下料反变形法控制桥式起重机主梁的下挠度

②采取对称的焊接顺序，能有效地减少焊接变形，如图 8-18 所示。

③长焊缝焊接时，应采取对称焊、逐步退焊、分中逐步退焊、跳焊等焊接顺序。

3. 热调整法

焊接变形主要是由于不均匀加热造成的。若能减少焊接热影响区的宽度、降低不均匀加热的程度，就会有利于减少焊接变形。减少受热区宽度的工艺措施有：小电流快速不摆动焊代替大电流慢速摆动焊；小直径焊条代替大直径焊条；多层焊代替单层焊；采用线能量高的焊接方法，如用 CO_2 焊代替焊条电弧焊等。

采取强制冷却来减少受热区的宽度及焊前预热减少焊接区的温度和结构的温度差，均能达到减少焊接变形的目的。强制冷却可将焊缝四周的焊件浸在水中，也可用铜块增加焊件的热量损失。但强制冷却的方法对淬火倾向大的钢材不适用，容易引起裂纹。对于焊接性较差的材料，如中碳钢、铸铁等，通常采用预热来减少焊接变形和焊接应力。

4. 对称施焊法

对于对称焊缝，可以同时对称施焊，少则 2 人，大的结构可以多人同时施焊，使所焊的焊缝相互制约，使结构不产生整体的变形。如在安装现场组合钢架大梁时，采用效果较好的方法是双人对称焊，能有效地防止大梁的角变形。图 8-18 为圆筒体的环缝焊接，由两名焊工采取对称施焊的焊接顺序。

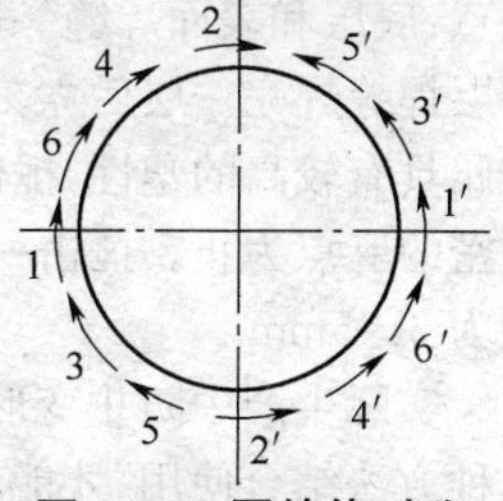

图 8-18 圆筒体对称焊焊接顺序

5. 刚性固定法

一般刚性大的构件焊后变形都较小。如果焊接之前能加大焊件的刚性,构件焊后的变形就可以减小。这种防止变形的措施称为刚性固定法。加大刚性的办法有:夹具和支撑,专用胎具,临时将焊件点固在刚性平台上,采用压铁等。

图 8-19 为薄板拼接时用刚性固定法防止波浪变形。其方法是先将 2~3mm 厚的钢板在平台上对好,然后用焊条电弧焊点固;再在焊缝两侧放上压铁,压铁离焊缝越近越好,每块压铁重约 30kg;焊接时,采取分段退焊法,焊后完全冷却,撤去压铁,铲去临时点固焊缝,这样就可避免变形。

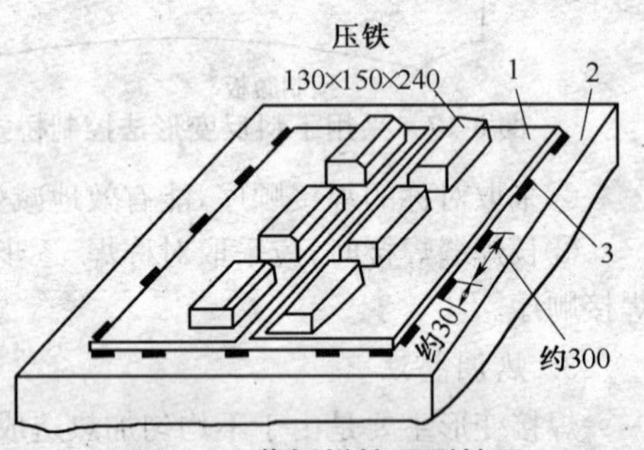

图 8-19 薄板拼接用刚性固定法防止波浪变形

1. 工件 2. 平台 3. 临时焊缝

刚性固定法对减少变形很有效,并且在焊接时可以不考虑焊接顺序。但焊后撤除固定仍有较小的变形。由于在焊接时焊件不能自由变形,所以,焊接残余应力较大,故不能用于高碳钢和淬硬性大的合金钢的焊接。

6. 锤击焊缝法

用圆头小锤敲击焊缝金属,能促使焊缝金属塑性变形,使焊缝适当延展,以补偿焊缝的缩短,避免和减少焊接应力及焊接变形。敲击时应注意:底层和表面焊缝一般不捶击,以免焊缝金属表面冷作硬化;其余各层焊缝焊完一层后立刻捶击,保证捶击在热状态下进行。因为这时金属具有较高的塑性,捶击时必须均匀,直至将焊缝表面捶到出现均匀致密的麻点为止。捶击一般采用 1~1.5 磅重的手锤,其端部的圆弧半径为 3~5mm。

实际生产中防止变形的方法很多,应用时往往不是单独使用,而是几种方法结合使用,才能获得控制焊接变形的最好效果。

四、焊接变形的矫正

尽管焊接结构在焊接的过程中采取了一些防止变形的措施,但在焊后仍会出现焊接变形。如果焊件产生了超出技术要求所允许的变形时，就必须给予矫正。常用的矫正方法有机械矫正法和火焰矫正法。各种矫正方法就其本质来说，都是设法造成新的变形去抵消已经产生的焊接变形。

1. 机械矫正法

机械矫正法是利用机械力的作用来矫正变形。可采用辊床、液压压力机、矫直机和锤击方法等。机械矫正的基本原理是将焊件变形后尺寸缩短的部分加以延伸，并使之与尺寸较长的部分相适应，恢复到所要求的形状，因此，只有对塑性材料才能适用。

图 8-20 所示为利用机械矫正法矫正工字梁弯曲变形的实例。薄板波浪形变形主要是由于焊缝区的纵向收缩所致，因而，沿焊缝进行锻打，使焊缝得到延伸，即可达到消除薄板焊后波浪变形的目的。

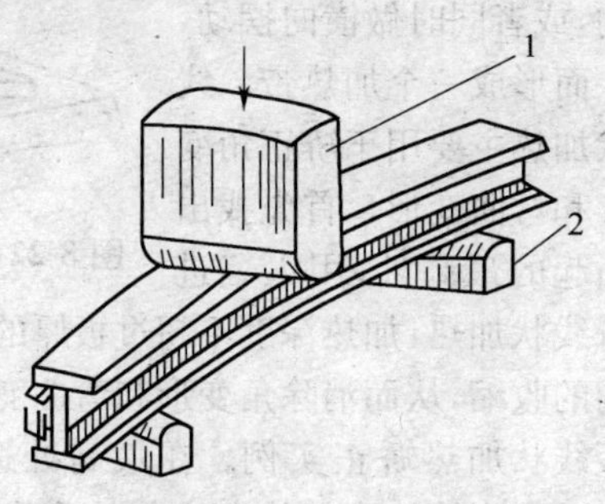

图 8-20　机械矫正法

1. 压头　2. 支承

2. 火焰矫正法

火焰矫正法是利用气焊火焰在焊件适当的部位加热，利用金属局部的收缩所引起的新变形，去矫正各种已产生的焊接变形，从而达到使焊件恢复正确形状、尺寸的目的。火焰矫正法主要用于低碳钢和低合金钢，一般加热温度在 600～800℃，不应超过 850℃。但温度太低时矫正的效果不显著。气焊火焰一般采用中性焰。火焰矫正的效果与工件加热后的冷却速度关系不大。但增大冷却速度，会使金属变脆，并可能引起裂缝。

火焰矫正法常用于薄板结构的变形矫正，关键在于选择加热位置和加热范围。常用的加热方式有点状、线状和三角形加热三种。

(1)点状加热

如图 8-21 所示，为消除板结构的波浪变形，可在凹部或凸出部位的四周加热几个点。加热处的金属受热膨胀，但周围冷金属阻止其膨胀，加热点的金属便产生塑性变形；然后在冷却过程中，加热处的金属

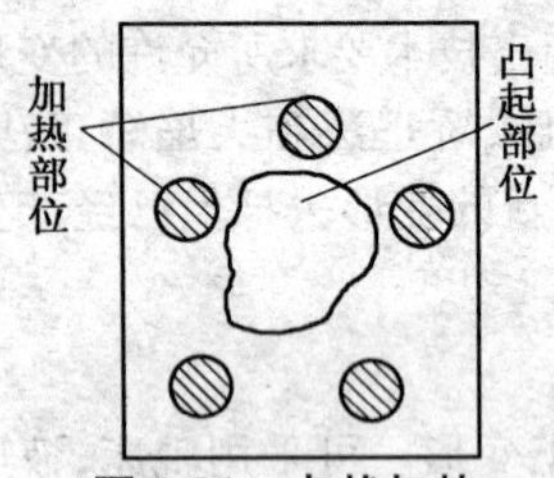

图 8-21　点状加热

体积收缩，将相邻的冷金属拉紧，这样，凹凸部位周围各加热点的收缩就能将波浪形拉平。加热点的大小和数量取决于板厚和变形的大小。板厚时，加热点的直径要大些；板薄时，要小些，但不应小于15mm。变形量大时，点距要小些，在50～100mm范围内。

(2)线状加热

加热火焰做直线运动，或者同时做横向摆动，从而形成一个加热带。线状加热主要用于矫正角变形和弯曲变形。首先找出凸起的最高处，用火焰进行线状加热，加热深度不超过板厚的三分之二，使钢板在横向产生不均匀的收缩，从而消除角变形和弯曲变形。图 8-22 所示为均匀弯曲厚钢板线状加热矫正实例。在最高处进行线状加热，加热温度为 500～600℃，当第一次加热未能完全矫平时，可再加热，直到矫平为止。

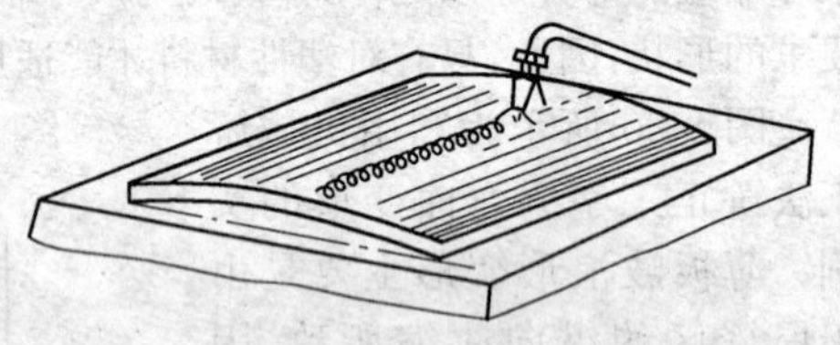
图 8-22　均匀弯曲厚钢板线状加热矫正法

对于直径和圆度都有严格要求的厚壁圆筒，矫正方法是在平台上用木块将圆筒垫平竖放。先矫正圆筒的周长。当周长过大时，用两个气焊火焰同时在筒体内、外沿纵缝进行线状加热：每加热一次，周长可缩短 1～2mm。矫正椭圆度时，先用样板检查，如圆筒外凸，则沿该处外壁进行线状加热。若一次不行，可再次加热，直至矫圆为止。如圆筒弧度不够，则沿该处内壁加热。图 8-23 所示为厚壁圆筒火焰矫正时的加热位置。

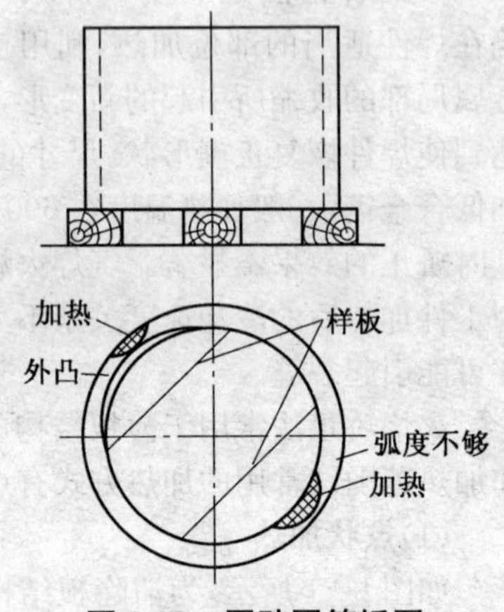

图 8-23　厚壁圆筒矫圆

(3)三角形加热

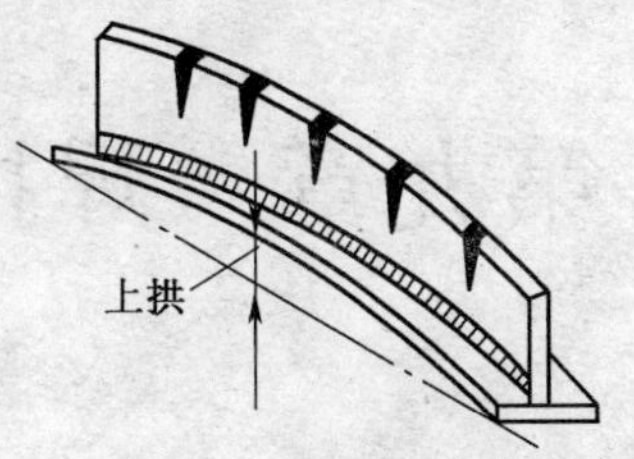

图 8-24　三角形加热法矫正 T 形梁的弯曲

加热区呈三角形，利用其横向宽度不同产生收缩不同的特点矫正变形。三角形加热常用于矫正厚度较大、刚性较大的构件的弯曲变形，可用多个气焊火焰同时进行加热。如 T 形梁由于焊缝不对称产生弯曲时，可在腹板外缘处进行三角形加热，如图 8-24 所示。若第一次加热还有上拱，则进行第二次加热。第二次加热应选在第一次加热区之间。

火焰矫正是一项技术性很强的操作，要根据结构特点和矫正的变形情况，确定加热方式和加热位置，并能目测控制加热区的温度，才能获得较好的矫正效果。

3. 强电磁脉冲矫正法

强电磁脉冲矫正法又称为电磁锤法。其过程如下：把一个绝缘的圆盘形线圈（电磁锤）放置于待矫正处，如图 8-25 所示，从已充电的高压电容向线圈放电，于是，在线圈与工件的间隙中出现一个很强的脉冲电磁场，由此产生一个比较均匀的压力脉冲，使该处产生反向变形。

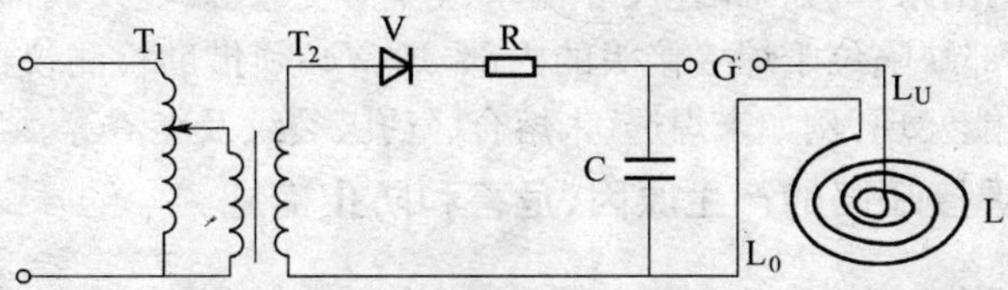

图 8-25　电磁锤工作原理图

T_1. 调压器　T_2. 高压变压器　V. 整流元件　R. 限流元件
C. 储能电容器　G. 隔离间隙　L. 矫形线圈　L_0. 传输电缆

强电磁脉冲矫正法适用于导电系数高的材料如铝、铜等板壳结构的矫形，对导电系数低的材料则需在工件与电磁锤之间放置铝或铜质薄板。强电磁脉冲矫正法的优点是：工件表面没有锤击的锤痕；矫正所需的能量可精确控制，从而达到精确控制矫正形状的目的；无需挥动锤头，可以在比较窄小的空间内工作。

第九章　焊接缺陷和焊接检验

第一节　焊 接 缺 陷

一、焊接缺陷及其分类

焊接缺欠指焊接过程中在焊接接头中产生金属的不连续、不致密和连接不良的现象。超过规定限值的焊接缺欠称为焊接缺陷。

我国的国家标准《金属熔化焊接头缺欠分类及说明》(GB/T 6417.1—2005)、《金属压力焊接头缺欠分类及说明》(GB/T 6417.2—2005)将焊接缺欠分为六大类:第一类为裂纹;第二类为孔穴;第三类为固体夹杂;第四类为未熔合和未焊透;第五类为形状和尺寸不良;第六类为其他缺欠。

根据焊接缺陷在焊接接头中的位置,焊接缺陷可分为内部缺陷和外部缺陷。外部缺陷位于焊接接头的表面,用肉眼或低倍放大镜可以观察、检测出来,例如,焊缝尺寸偏差、焊瘤、咬边、弧坑及表面气孔、裂纹等。内部缺陷位于焊接接头的内部,通常必须借助检测仪器或破坏性试验才能发现,例如未焊透、未熔合、气孔、裂纹及夹渣等。

二、焊接缺陷的产生原因、危害和防止措施

1. 裂纹

裂纹是指在焊接应力及其他致脆因素共同作用下,焊接接头中局部区域的金属原子结合力遭到破坏而形成的新界面所产生的缝隙。裂纹是最危险的焊接缺陷,裂纹末端的尖锐缺口大小和长宽比的特征,将引起严重的应力集中,严重影响着焊接结构的使用性能和安全可靠性。

根据裂纹产生的原因及温度不同,裂纹可分为热裂纹、冷裂纹、再热裂纹、层状撕裂等。

(1)热裂纹

①热裂纹的特点及分类。热裂纹是指在焊接过程中,焊缝和热影

响区金属冷却到固相线附近的高温区产生的焊接裂纹。热裂纹较多地贯穿在焊缝表面，在弧坑中产生的裂纹多为热裂纹。宏观见到的热裂纹，断面有明显的氧化色彩。微观观察时，焊接热裂纹主要沿晶粒边界分布，属于沿晶界断裂性质。综合考虑热裂纹产生的原因、裂纹的形态、裂纹产生的温度区间，可将热裂纹分为结晶裂纹和高温液化裂纹两大类。

a. 结晶裂纹。焊缝金属在结晶过程中，处于固相线附近的范围内，由于凝固金属的收缩，残余液相补充不足，在承受拉力时，致使沿晶界开裂。这种在焊缝金属结晶过程中产生的裂纹称结晶裂纹。结晶裂纹主要出现在含杂质硫、磷、硅较多的碳钢、单相奥氏体钢、铝及其合金焊缝中。

b. 高温液化裂纹。液化裂纹主要是晶间层出现液相、并由应力作用而产生的。这种类型的裂纹多产生于含铬镍的高强度钢、奥氏体钢的热影响区。

②产生热裂纹的原因和防止措施。

a. 产生热裂纹的原因：焊缝金属中含硫量较高，形成硫化铁。硫化铁与铁作用形成低熔点共晶。在焊缝金属凝固过程中，低熔点共晶物被排挤到晶间面形成液态间膜。当受到拉伸应力作用时，液态间膜被拉断而形成热裂纹。

b. 防止热裂纹的措施：控制焊缝中有害杂质含量，特别是硫、磷、碳的含量，也就是控制焊件及焊丝中的硫、磷含量，降低碳含量；选择合适的焊接规范，适当提高焊缝成型系数；采用碱性焊条或焊剂，可有效控制有害杂质含量；采用多层多道焊可避免产生中心线偏析；收弧时注意填满弧坑等。

(2)冷裂纹

①冷裂纹与热裂纹的主要区别。焊接接头冷却到较低温度下（对于钢来说在 Ms 温度以下）时产生的焊接裂纹称冷裂纹。冷裂纹是一种在焊接低合金高强度钢、中碳钢、合金钢时经常产生的一种裂纹。冷裂纹与热裂纹的主要区别：

a. 冷裂纹在较低的温度下形成。冷裂纹一般在 200～300℃以下形成；冷裂纹不是在焊接过程中产生的，而是在焊后延续到一定时间后才产生。如果钢的焊接接头冷却到室温后并在一定时间(几小时、几天、甚至十几天以后)后才出现的冷裂纹就称为延迟裂纹。

b. 冷裂纹多在焊接热影响区内产生。沿应力集中的焊缝根部所形成的冷裂纹称为焊根裂纹。沿应力集中的焊趾处所形成的冷裂纹称为焊趾裂纹。在靠近堆焊焊道的热影响区内所形成的裂纹称为焊道下裂纹。冷裂纹有时也在焊缝金属内发生。一般焊缝金属的横向裂纹多为冷裂纹。冷裂纹与热裂纹相比,冷裂纹的断口无氧化色。

②产生冷裂纹的原因和防止措施。产生冷裂纹的主要条件有三个,即焊接应力、淬硬组织及氢的影响因素(扩散氢的存在和聚集)。

防止冷裂纹的措施主要应从降低扩散氢含量、改善接头组织和降低焊接应力等方面考虑。具体措施:焊前预热和焊后缓冷。预热可降低焊后冷却速度,避免淬硬组织,减小焊接应力;采取减少氢来源的工艺措施,焊条、焊剂严格按规范烘干,随用随取;认真清理坡口及其两侧的油污、铁锈、水分及污物等;采用低氢型药皮焊条,提高焊缝金属的抗裂能力;采用合理的焊接工艺 ,正确选用焊接工艺参数以及焊后热处理,以改善焊缝及热影响区的组织和性能,去氢和减少焊接应力,焊后热处理可改善接头组织,消除焊接残余应力;采用合理的装焊顺序,以改变焊件的应力状态等。

(3)再热裂纹

①再热裂纹的特点。再热裂纹是指焊后焊件在一定温度范围内再次加热(消除应力热处理或其他加热过程)而产生的裂纹。高温下工作的焊件,在使用过程中也会产生这种裂纹。尤其是含有一定数量铬、钼、钒、钛、铌等合金元素的低合金高强度钢,在焊接热影响区有产生再热裂纹的倾向。再热裂纹一般位于母材的热影响区中,往往沿晶界开裂,在粗大的晶粒区,并且是平行于熔合线分布。

②产生再热裂纹的原因和防止措施。

a. 产生再热裂纹的原因:焊接时,在热影响区靠近熔合线处被加热到1200℃以上时,热影响区晶界的钒、钼、钛等的碳化物熔于奥氏体中;当焊后热处理重新加热,加热温度在500～700℃的范围内时,这些合金元素的碳化物呈弥散状重新析出,晶粒内部强化,而晶界相对被削弱。这时,若焊接接头中存在较大的焊接残余应力,而且应力超过了热影响区熔合线附近金属的塑性，便产生了裂纹。

b. 防止再热裂纹的措施：焊前工件应预热至300～400℃，且应采用大规范进行施焊；改进焊接接头形式，合理布置焊缝，减小接头刚度，减小焊接应力和应力集中，如将V形坡口改为U形坡口等；选择合适的焊接材料。在满足使用要求的前提下，选用高温强度低于母材的焊接材料，这样在消除应力热处理的过程中，焊缝金属首先产生变形，对防止再热裂纹的产生就十分有利；合理选择消除应力热处理的温度和工艺，比如：避开再热裂纹敏感的温度，加热和冷却尽量慢，以减少温差应力，也可以采用中间回火消除应力措施，以使接头在最终热处理时有较低的残余应力。

(4)层状撕裂

①层状撕裂的特点。层状撕裂指在焊接时，在焊接结构中沿钢板轧层形成的呈阶梯状的一种裂纹。层状撕裂是一种低温裂纹，主要在厚板的T形接头或角形接头里产生，如图9-1所示。

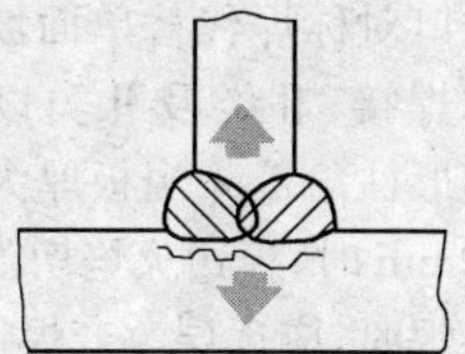

图9-1 层状撕裂

层状撕裂往往在整个结构焊接完毕以后才产生，一旦产生层状撕裂，就要大面积更换钢板，有时甚至整个结构报废。

②产生层状撕裂的原因和防止措施。

a. 产生层状撕裂的原因：在轧钢过程中，钢中的非金属夹杂物（硫化物、硅酸盐）被轧成薄片状，呈层状分布。由于这些片状的夹杂物与金属的结合强度很低，在焊后冷却时，焊缝收缩，在板厚的方向上造成一定的拉应力，或者在板厚的方向上有拉伸荷载作用，使片状夹杂物与金属剥离，随着拉应力的增加形成了沿轧层的裂纹；随后沿轧层的裂纹之间的金属又在剪切作用下发生剪切破坏，形成与上述沿轧层的裂纹相垂直的裂纹，并把裂纹之间连接起来，呈阶梯状的裂纹即层状撕裂。

b. 防止层状撕裂的措施：一是焊接结构应设计合理，减少钢板在板厚方向上的拉应力，避免把许多构件集中焊在一起；在焊接接头设计和坡口类型的选择上，不应使焊缝熔合线与钢材的轧制平面相平行。这一点是防止产生层状撕裂的重要设计原则。

二是选用抗层状撕裂性能好的母材。钢材的含硫量越低，抗层状撕裂性能越好。常用钢板板厚方向的拉伸试样的断面收缩率评定其抗层状撕裂性能，如大于 25%，就比较安全。

三是采取合理的工艺措施：减少装配间隙；采用低氢型超低氢型焊条或气体保护焊施焊和其他扩散氢含量低的焊接材料；采用低强度焊条在 T 形接头、十字接头、角接接头坡口内母材板面上先堆焊一层或两层塑性好的过渡层；采用双面坡口对称焊代替单面坡口非对称焊接；Ⅱ类及Ⅱ类以上钢材箱形柱角接头当板厚大于等于 80mm 时，板边火焰切割面宜用机械方法去除淬硬层，如图 9-2 所示；多层焊时，应逐层改变焊接方向；提高预热温度施焊，进行中间消除应力热处理；锤击焊道表面等。

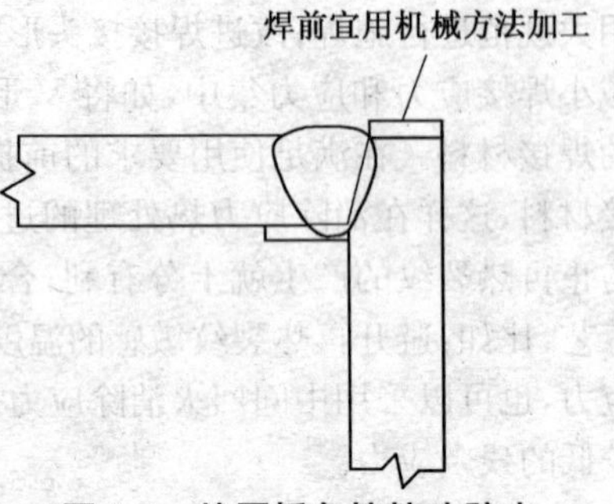

图 9-2 特厚板角接接头防止层状撕裂的工艺措施

2. 气孔

(1)气孔的种类

气孔是焊接时熔池中的气泡在凝固时未能逸出而残留下来所形成的空穴。气孔可分为密集气孔、条虫状气孔和针状气孔。对焊缝金属有害的气体是氧、氢和氮。气孔有氢气孔、一氧化碳气孔和氮气孔。

①氢气孔及其特点。氢气孔是由于金属在不同状态下对氢的溶解度不同而产生的。当熔池金属由液态凝固成固态金属时，氢的溶解度急剧下降。当熔池中溶入较多的氢时，结晶时就会在结晶前沿析出很多气泡，如果冷却速度过快，气泡来不及浮出而存留在焊缝中就会形成气孔。氢气孔的形态有两种：表面气孔的形状类似螺旋状的喇叭，内壁光滑；内部气孔是呈球形的有光滑内表面的孔洞。

②一氧化碳气孔及其特点。一氧化碳气孔是因为液态金属中的氧化铁与碳反应生成一氧化碳气体而产生的。由于上述反应是放热反应，因此，气孔总是在结晶前沿产生并附着于树枝状结晶上而不能排出熔池。因此，一氧化碳气孔总是产生于焊缝根部并呈条虫状，一氧化碳

气孔内壁较为光滑。一氧化碳气孔产生的原因一是母材、焊接材料碳含量越高越易产生一氧化碳气孔；二是熔池中氧浓度较高，如使用酸性焊条脱氧效果较差，电弧过长，周围空气侵入熔池，坡口内壁的油、锈等含氧污物侵入熔池。

③氮气孔及其特点。氮气孔是由于熔池中溶入较多的氮时，在快速的冷却过程中，氮来不及逸出而产生的。氮气孔大多成堆出现，形状与蜂窝相似。

(2)气孔的危害

气孔会减少焊缝受力的有效截面积，降低焊缝的承载能力，破坏焊缝金属的致密性和连续性，容易造成泄漏。条虫状气孔和针状气孔比圆形气孔危害性更大。这种气孔的边缘有可能发生应力集中，致使焊缝的塑性降低。因此，在重要的焊件中，对气孔应严格控制。

(3)气孔产生的主要原因和防止措施

①气孔产生的主要原因。

a. 焊条或焊剂受潮，使用前未按规范烘干，焊条药皮脱落、变质，焊芯或焊丝生锈或有污物。

b. 焊接工艺参数不合理，焊接电流小，焊接速度快，使熔池存在时间短。焊接电流过大，焊条尾部发红，削弱机械保护作用。电弧电压过高，电弧过长，使熔池失去保护而产生气孔。

c. 坡口及其两侧表面存在油污、铁锈和水分等。

d. 焊工操作方法不正确，焊条角度不当等使熔池保护不良。

e. 气体保护焊时，气体不纯等。

②气孔的防止措施。

a. 工艺措施。主要是消除产生气孔的气体来源。应严格按规范烘干焊条、焊剂，认真清理焊丝表面油污、铁锈和水分，认真清理坡口及其两侧 10～20mm 范围内的铁锈、水分及污物；选用合适的焊接工艺参数，使用短电弧焊，采用正确操作方法；使用合格的保护气体等。

b. 冶金措施。根据焊条药皮的酸、碱性，适当控制药皮的氧化性和还原性，以限制氢的溶解和防止产生一氧化碳气孔；适当降低熔渣黏度，有利于气体的逸出；限制母材和焊丝的碳含量，减少一氧化碳气孔。

3. 夹渣

(1)夹渣及其特点

夹渣是指焊后残留在焊缝中的焊渣，如图 9-3 所示。夹渣与夹杂物不同，夹杂物是由于焊接冶金反应产生的，焊后残留在焊缝金属中的非金属杂质，如氧化物、硫化物、硅酸盐等。夹杂物尺寸很小，呈分散分布。夹渣一般尺寸较大，常为一毫米至几毫米长。夹渣在金相试样磨片上可直接观察到，用射线探伤也可检查出来。标准对夹渣的尺寸和数量有详细规定，不允许有表面夹渣。

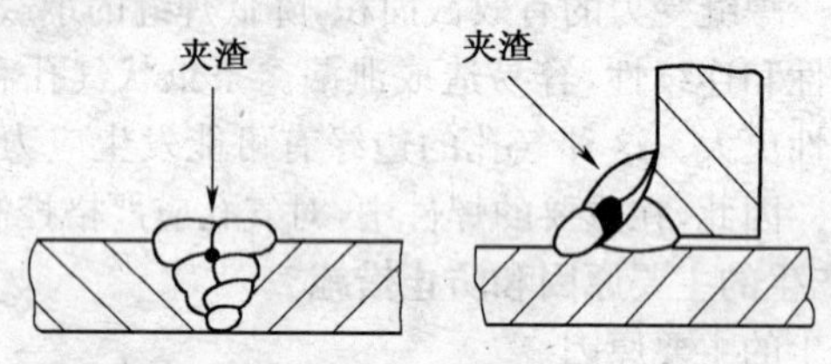

图 9-3　夹渣

夹渣外形很不规则，大小相差也极悬殊，对接头性能影响比较严重。夹渣会降低焊接接头的塑性和韧性；夹渣的尖角处造成应力集中，特别是对于淬火倾向较大的焊缝金属，容易在夹渣尖角处产生很大的内应力而形成焊接裂纹。

(2)产生夹渣的原因和防止措施

①产生夹渣的原因。熔渣未能上浮到熔池表面就会形成夹渣。夹渣产生的原因有：

a. 在坡口边缘有污物存在。定位焊和多层焊时，每层焊后未将熔渣除净，尤其是碱性焊条脱渣性较差，如果下层熔渣未清理干净，就会出现夹渣。

b. 坡口太小，焊条直径太粗，焊接电流过小，因而熔化金属和熔渣由于热量不足使其流动性差，会使熔渣浮不上来造成夹渣。

c. 焊接时，焊条的角度和运条方法不恰当，对熔渣和金属熔液辨认不清，把熔化金属和熔渣混杂在一起。

d. 冷却速度过快，熔渣来不及上浮。

e. 母材金属和焊接材料的化学成分不当，如当熔渣内含氧、氮、锰、硅等成分较多时，容易出现夹渣。

f. 焊接电流过小，熔池存在时间太短。

g. 焊条药皮成块脱落而未熔化，焊条偏心，电弧无吹力、磁偏吹等。

②防止夹渣的措施。

a. 认真将坡口及焊层间的熔渣清理干净，并将凹凸处铲平，然后施焊。

b. 适当增加焊接电流，避免熔化金属冷却过快，必要时把电弧缩短，并增加电弧停留时间，使熔化金属和熔渣分离良好。

c. 根据熔化情况，随时调整焊条角度和运条方法。焊条横向摆动幅度不宜过大，在焊接过程中，应始终保持轮廓清晰的焊接熔池，使熔渣上浮到金属熔液表面，防止熔渣混杂在熔化金属中或流到熔池前面而引起夹渣。

d. 正确选择母材和焊接材料；调整焊条药皮或焊剂的化学成分；降低熔渣的熔点和黏度，能有效地防止夹渣。

在手工钨极氩弧焊时，由于引弧不当或焊接电流过大，使钨极局部熔化而留在金属熔池中形成夹钨缺陷。防止夹钨主要应从选择正确的焊接工艺规范和提高焊工操作技能两方面考虑。

4. 未熔合与未焊透

(1)未熔合产生的原因和防止措施

未熔合指熔焊时焊道与母材之间或焊道与焊道之间未完全熔化结合的部分；电阻点焊时指母材与母材之间未完全熔化结合的部分，如图9-4所示。

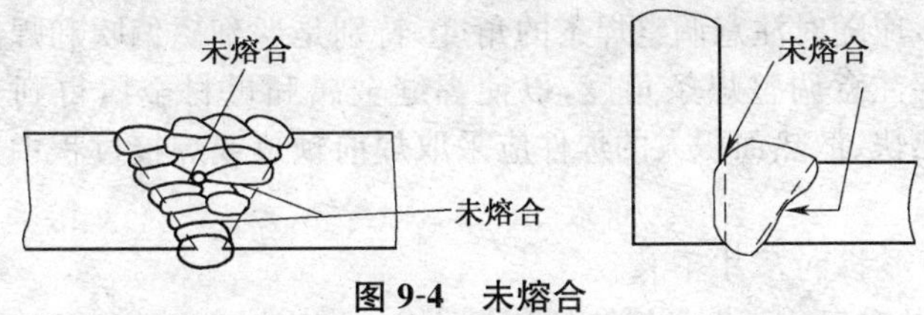

图9-4　未熔合

未熔合不仅使焊接接头的机械性能降低，而且在未熔合处的缺口和端部形成应力集中点，承载后会引起裂纹。

①产生未熔合的原因:焊接线能量太低;电弧发生偏吹;坡口侧壁有锈垢和污物;焊层间清渣不彻底等。

②防止未熔合的措施:主要是熟练掌握操作手法。焊接时,注意运条角度和边缘停留时间,使坡口边缘充分熔化以保证熔合。多层焊时,底层焊道的焊接应使焊缝呈凹形或略凸,为焊下一层焊道创造避免未熔合的条件。焊前预热对防止未熔合有一定的作用,适当加大焊接电流可防止层间未熔合,适当拉长电弧可以减少生成表面未熔合的机会。

(2)未焊透产生的原因和防止措施

焊接时接头根部未完全熔透的现象称为未焊透,对焊焊缝也指焊缝深度未达到设计要求的现象,如图 9-5 所示。

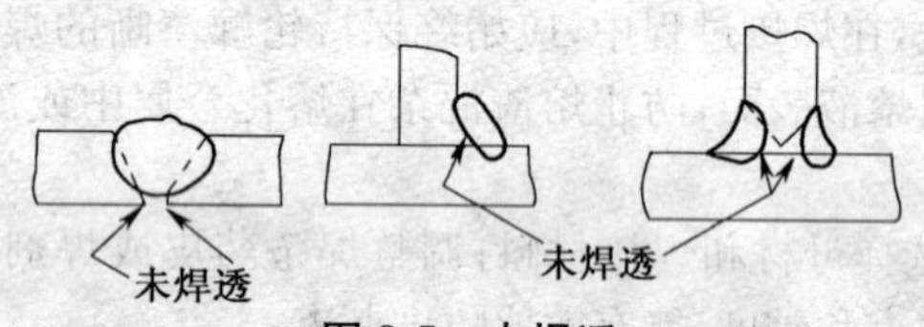

图 9-5　未焊透

未焊透常出现在单面焊的根部和双面焊的中部。未焊透产生的危害大致与未熔合相同。

①产生未焊透的原因:焊接电流太小;运条速度太快;焊条角度不当或电弧发生偏吹;坡口角度或对口间隙太小;焊件散热太快;氧化物和熔渣等阻碍了金属间充分的熔合等。凡是造成焊条金属和基本金属不能充分熔合的因素都会引起未焊透的产生。

②防止未焊透的措施:正确选择坡口形式和装配间隙,并清除掉坡口两侧和焊层间的污物及熔渣;选用适当的焊接电流和焊接速度;运条时,应随时注意调整焊条的角度,特别是遇到磁偏吹和焊条偏心时,更要注意调整焊条角度,以使焊缝金属和母材金属得到充分熔合;导热快、散热面积大的焊件应采取焊前预热或焊接过程中加热的措施。

5. 形状和尺寸不良

形状和尺寸不良是焊缝的外观缺陷,主要表现为焊缝的尺寸不符合要求。如果焊缝尺寸不符合标准规定,其内部质量再好也认为该焊缝不合格。对焊缝尺寸的要求主要有以下几个指标:余高、宽度、背面余高、焊缝不直度、焊脚高。

(1)余高过高和不足

如图 9-6 所示,余高指超出表面焊趾连线上面的焊缝金属高度。对接焊缝的余高标准为 0～4mm。余高过高会造成接头截面的突变,在焊趾处产生应力集中,降低焊接接头的承载能力。余高不足会使焊缝的有效截面积减小,同样也会使承载能力降低。

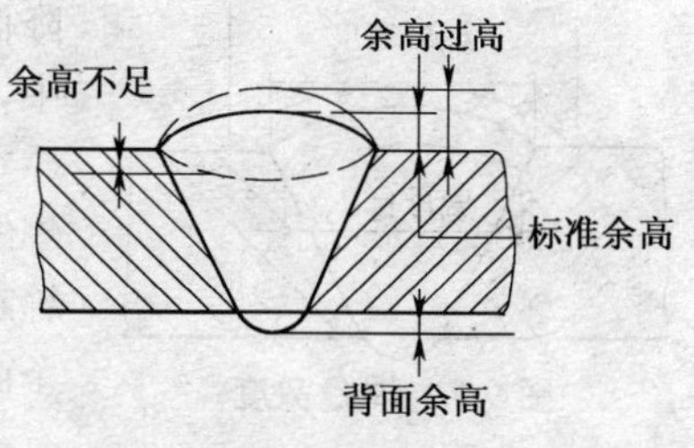

图 9-6 焊缝余高

焊缝余高过高和过低是由于焊接工艺参数不合理,尤其是焊接速度快慢及运条方法不当所致。在同等条件下,焊接电流过小和电弧电压过低时,焊缝越窄越高,电弧电压越高,焊缝越宽越平。焊接速度越低,焊缝越高,焊接速度越快,焊缝越低。焊条摆动幅度越大,焊缝越宽越平,摆动幅度越小,焊缝越窄越高。焊条后倾焊缝变高,焊条前倾焊缝变低。多层焊时填充不饱满,焊接表面层也会造成焊缝余高不足。立焊时,如熔池过大或运条方法不当也会使余高过高。横焊时,如焊道位置不正确也会使余高不符合要求。仰焊时,如弧长过长会使熔池变大,金属熔液下坠而使余高过高。防止焊缝余高过高和过低的方法是采用适当的焊接工艺参数和正确的运条方法。

单面焊双面成型时,焊缝背面高出母材的部分为背面余高,标准要求不超过 3mm。背面余高过大使焊缝根部截面变化过大,造成应力集中,降低接头承载能力。管道内部焊缝余高过大时,还会使管道截面变小。在相同条件下,焊接电流越大,焊接速度越低,背面余高越大;电弧电压过高,在平焊时,可能使背面余高变大;断弧焊时,燃弧时间及击穿部位对背面余高有很大影响。防止背面余高过大的方法是选用适当的焊接工艺参数和采用正确的运条方法。

(2)焊缝宽度过大和过小

焊缝宽度是焊缝表面两焊趾之间的距离,如图 9-7 所示。标准焊缝的宽度比母材坡口宽 1～5mm。焊缝宽度过大时,母材热影响区变宽,降低接头性能,浪费焊接材料并增加产生焊接缺陷的机会。焊缝宽

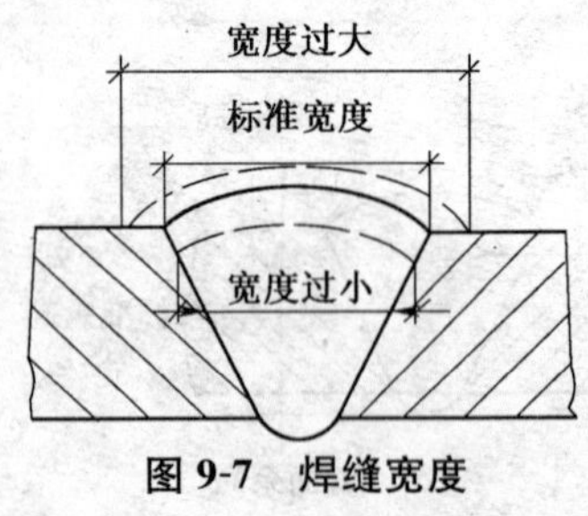

图 9-7 焊缝宽度

度过小，焊缝与坡口边缘熔合不足，降低焊缝有效截面，易产生应力集中，从而降低接头性能。

在同等条件下，电弧电压越高，焊缝宽度就越大；运条幅度越大，焊缝越宽，运条幅度越小，焊缝越窄；焊条前倾和焊接速度过高对焊缝过窄有一定的影响。防止焊缝过宽或过窄的方法是采用适当的焊接工艺参数和正确的运条方法。

(3)焊缝不直度

焊缝不直度指焊缝中心线偏离直线的距离。对不开坡口的对接焊缝，标准要求不大于 2mm。焊缝不直容易造成未焊透等缺陷，降低焊接接头的承载能力且不美观。焊缝不直主要原因是焊工操作不熟练所致。机械化焊时，因设备故障或轨道偏离也可使焊缝不直。

(4)焊脚过大或过小

焊脚指角焊缝上某一面上的焊趾与另一面的垂直距离，如图 9-8 所示。焊脚一般要求等于两构件中薄件的厚度，锅炉和压力容器管板焊缝要求为管壁厚 δ(3～6)mm。焊脚过大，会增大变形和加大焊接应力且浪费材料；焊脚过小，则使焊缝强度不够，影响结构的承载能力。

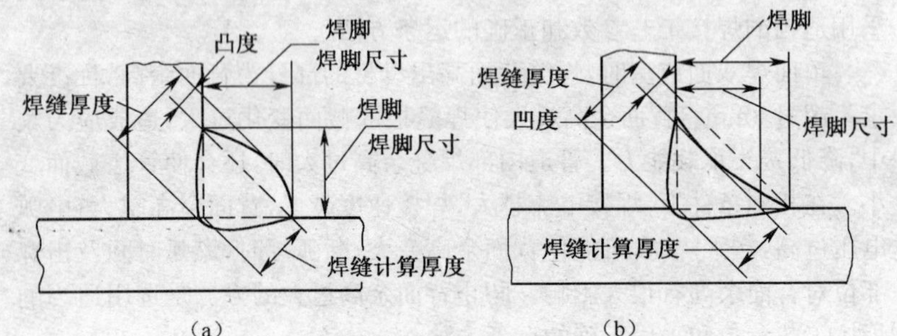

图 9-8 焊脚尺寸和焊缝厚度示意图

焊脚的大小与运条方法和焊接工艺参数有直接关系。焊条角度、运条轨迹和焊接电流对焊脚尺寸的影响最大。采用合适的焊接工艺参数和掌握正确的运条方法，即可得到理想的焊脚尺寸。

6. 其他缺欠

(1)咬边

由于焊接参数选择不当，或操作工艺不正确，沿焊趾的母材部位产生的沟槽或凹陷即为咬边，见图 9-9 所示。标准规定咬边深度不得超过 0.5mm，累计长度不大于焊缝长度的 10%。

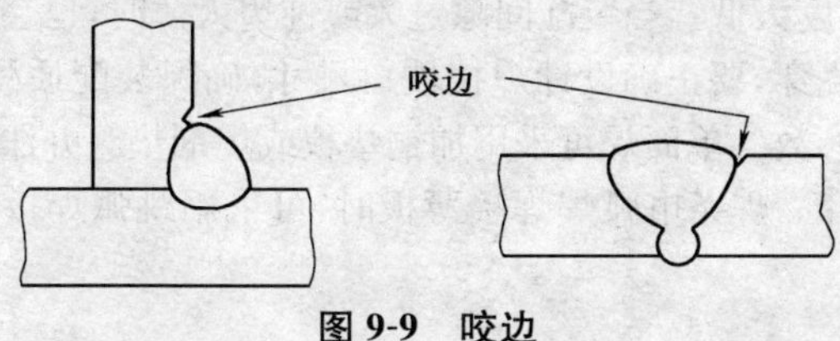

图 9-9　咬边

咬边使母材金属的有效截面减少，减弱了焊接接头的强度，同时在咬边处容易引起应力集中，承载后，有可能在咬边处产生裂纹，甚至引起结构的破坏。

产生咬边的原因是操作工艺不当、焊接工艺参数选择不正确，如焊接电流过大、电弧过长、焊条角度不当等。

(2)焊瘤

焊接过程中，熔化金属流淌到焊缝之外未熔化的母材上所形成的金属瘤即为焊瘤，见图 9-10 所示。焊瘤不仅影响焊缝外表的美观，而且焊瘤下面常有未焊透缺陷，易造成应力集中。对于管道接头来说，管道内部的焊瘤还会使管内的有效面积减少，严重时使管内产生堵塞。焊缝间隙过大、焊条位置和运条方法不正确、焊接电流过大或焊接速度太慢等均可引起焊瘤的产生。焊瘤常在立焊和仰焊时发生。

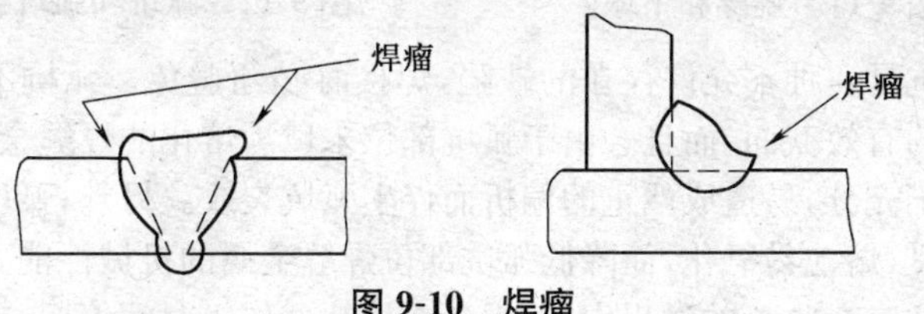

图 9-10　焊瘤

(3)下塌和烧穿

单面熔化焊时，由于焊接工艺不当，造成焊缝金属过量透过背面，而使焊缝正面塌陷，背面凸起的现象称为下塌。焊接过程中，熔化金属自坡口背面流出，形成穿孔的缺陷称为烧穿。下塌和烧穿见图 9-11 所示。

烧穿在焊条电弧焊中，尤其是在焊接薄板时，是一种常见的缺陷。烧穿是一种不允许存在的焊接缺陷。产生烧穿的主要原因是焊接电流过大，焊接速度太低。当装配间隙过大或钝边太薄时，也会发生烧穿现象。为防止烧穿，要正确设计焊接坡口尺寸，确保装配质量，选用适当的焊接工艺参数。单面焊可采用加铜垫板或焊剂垫等办法防止熔化金属下塌及烧穿。焊条电弧焊焊接薄板时，可采用跳弧焊接法或断续灭弧的焊接法。

(4)凹坑

焊后在焊缝表面或焊缝背面形成低于母材表面的局部低洼部分称为凹坑。弧坑是凹坑的一种，是指焊缝结尾处产生的凹陷现象。它是由于电弧焊断弧或收弧不当，在焊接末端形成的低凹部分，如图 9-12 所示。凹坑产生的原因是焊工操作技能差、焊接电流过大、焊条摆动不当及焊接层次安排不合理等。弧坑主要是由于熄弧过快或薄板焊接时电流过大所致。

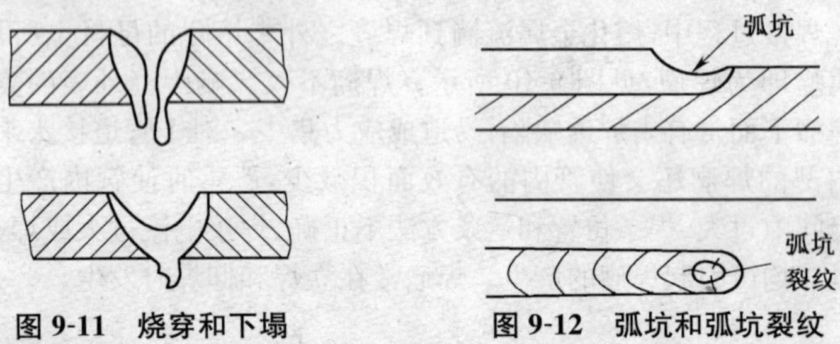

图 9-11 烧穿和下塌 **图 9-12 弧坑和弧坑裂纹**

弧坑是一种不允许存在的缺陷，焊接时必须避免。弧坑不仅会降低焊缝的有效截面，而且会由于弧坑部位未填满熔化的焊缝金属，使熔池反应不充分，易造成严重的偏析而伴生弧坑裂纹。另外，弧坑处往往保护不良，熔池易氧化，而降低弧坑部位焊缝金属的机械性能。焊条电弧焊应注意在收弧的过程中，使焊条在熔池处作短时间停留，或作环形运条，以避免在收弧处出现弧坑。重要的焊接结构应采用引出板，在收弧时将电弧过渡到引出板上，以避免在焊件上出现弧坑。

(5)飞溅

焊接过程中向周围飞散的金属颗粒称为飞溅。较严重的飞溅成为焊接缺陷。对于不锈钢等要求耐腐蚀的焊接结构,飞溅缺陷会降低抗晶间腐蚀的性能。

焊条药皮变质、开裂会造成严重飞溅;不按规定烘干和使用焊条也会使飞溅程度增加;焊接电源动特性差或极性用错、使用碱性焊条时电弧较长、CO_2 焊等均会出现严重飞溅。对于不允许有飞溅的结构应在焊缝两侧覆盖一层厚涂料。这一点对不锈钢来说尤其重要。选用适当的焊接电流也可以防止飞溅。

第二节 焊接检验

一、焊接检验的内容

焊接检验包括焊前检验和焊接过程中的质量控制,其主要内容有:

1. 原材料的检验

原材料指被焊金属和各种焊接材料,在焊接前必须查明牌号及性能,要求符合技术要求,牌号正确,性能合格。如果被焊金属材质不明时,应进行适当的成分分析和性能试验。必须对焊接材料(电焊条、焊丝)的质量、工艺性能等进行鉴定,做到合理选用、正确保管和使用。

2. 焊接设备的检查

在焊接前,应对焊接电源和其他焊接设备进行全面、仔细的检查。检查的内容包括其工作性能是否符合要求,运行是否安全可靠等。

3. 装配质量的检查

一般焊件焊接工艺过程主要包括备料、装配、定位焊、预热、焊接、焊后热处理和检验等工作。确保装配质量,焊接区应清理干净,特别是坡口的加工及其表面状况会严重地影响焊接质量。坡口尺寸在加工后应符合设计要求,而且在整条焊缝长度上应均匀一致;坡口边缘在加工后应平整光洁,采用氧气切割时,坡口两侧的棱角不应熔化;对于坡口上及其附近的污物,如油漆、铁锈、油脂、水分、气割的熔渣等,应在焊前清除干净。定位焊时,应注意检查焊接的对口间隙、错口和中心线偏斜程度。坡口上母材的裂纹、分层都是产生焊接缺陷的因素。只有在确保装配质量、符合设计规定的要求后才能进行焊接。

4. 焊接工艺和焊接规范的检查

焊工在焊接的过程中，焊接工艺参数和焊接顺序及焊前预热和焊后热处理都必须严格按照工艺文件规定的焊接规范执行。焊工的操作技能和责任心对焊接质量有直接的影响，应按规定经过培训、考试合格并持有焊工合格证书的焊工才能焊接正式产品。在焊接过程中，应随时检查焊接规范是否变化，如焊条电弧焊时，要随时注意焊接电流的大小。气体保护焊时，应特别注意气体保护的效果。

对于重要工件的焊接，特别是新材料的焊接，焊前应进行工艺性能试验，并制定出相应的焊接工艺措施。焊工需先进行练习，在掌握了规定的工艺措施和要求并在操作熟练后，才能正式参加焊接。

5. 焊接过程中的质量控制

为了鉴定在一定工艺条件下焊成的焊接接头是否符合设计要求，应在焊前和焊接过程中焊制样品，有时也可以从实际焊件中抽出代表性试样，通过外观检查和探伤试验，然后再加工成试样，进行各项性能试验。在焊接过程中，若发现有焊接缺陷，应查明缺陷的性质、大小、位置，找出原因及时处理。全焊接结构还要做全面强度试验。容器要进行致密性试验和水压试验等。

整个焊接过程都应有相应的技术记录，要求每条重要焊缝在焊后都要打上焊工钢印，作为技术的原始资料，便于今后检查。

二、焊接检验方法

焊接质量的检验方法可分为非破坏性检验和破坏性检验两大类。非破坏性检验包括焊接接头的外观检查、密封性试验和无损探伤。破坏性检验包括断面检查、力学性能试验、金相组织检验和化学成分分析及抗腐蚀试验等。

1. 非破坏性检验

(1)焊接接头的外观检查

外观检查是通过肉眼对焊接接头直接观察或用低倍放大镜检查焊缝外形尺寸和表面缺陷的检验方法。必要时，使用焊口检测尺、样板或通用量具。在检查前，应先清除表面熔渣和氧化皮，必要时可做酸洗。外观检查的主要目的是把焊接缺陷消灭在焊接的过程中。所以，从定位焊开始，每焊一层都要进行外观检查。

焊口检测尺是一种常用的焊缝外观尺寸检测工具。通常用焊口检测尺来测量焊件焊前的坡口角度、对口间隙、错边以及焊后对焊缝的余高、宽度和角焊缝的高度、厚度等。具体的检测方法如图 9-13 所示。

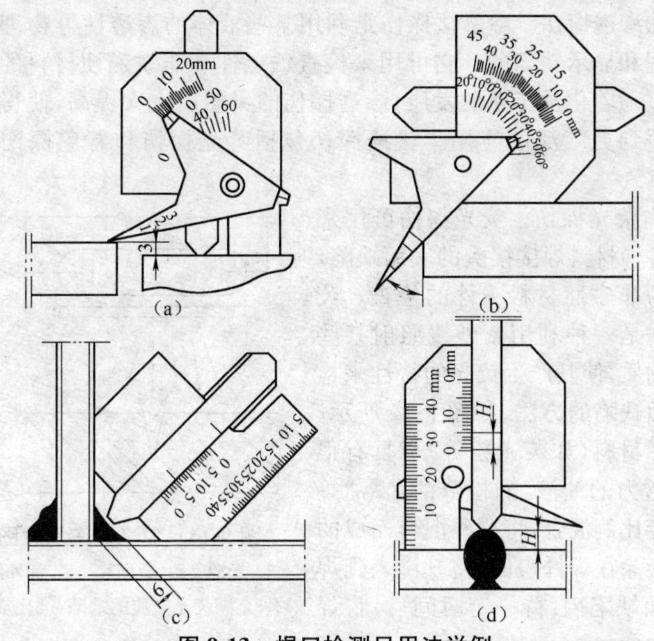

图 9-13　焊口检测尺用法举例

(a)测量焊件错边　(b)测量坡口角度　(c)测量焊缝厚度及 90°焊接角　(d)测量焊缝高度

外观检查的内容包括焊缝外形尺寸是否符合设计要求，焊缝外形是否平整，焊缝与母材过渡是否平滑等；检查的表面缺陷有裂纹、焊瘤、烧穿、未焊透、咬边、气孔等，并应特别注意弧坑是否填满，有无弧坑裂纹等。对于有可能发生延迟裂纹的钢材，除焊后检查外，隔一定时间还要进行复查。有再热裂纹倾向的钢材，在最终热处理后也必须再次检查。

通过外观检查，可以判断焊接规范和工艺是否合理，并能估计焊缝内部可能产生的缺陷。例如电流过小或运条过快，则焊道的外表面会隆起和高低不平，这时，在焊缝中往往有未焊透的可能；又如弧坑过大和咬边严重，则说明焊接电流过大，对于淬透性强的钢材，则容易产生裂纹。

(2)无损检测

无损检测除渗透探伤外还包括磁粉探伤、射线探伤和超声波探伤等检验手段。

①渗透探伤。渗透法探伤是利用某些液体的渗透性等物理特性来发现和显示缺陷的。它可用来检查铁磁性和非铁磁性材料的表面缺陷。随着化学工业的发展，渗透探伤的灵敏度大大提高，使得渗透探伤得到更广泛的应用。渗透探伤包括荧光探伤和着色探伤两种方法。

a. 荧光探伤。荧光探伤可用来发现各种材料焊接接头的表面缺陷，常作为非磁性材料工件的检查。荧光探伤是一种利用紫外线照射某些荧光物质，使其产生荧光的特性来检查表面缺陷的方法，如图 9-14 所示。将发光材料(如荧光粉等)与具有很强渗透力的油液，如松节油、煤油等按一定比例混合，将这些混合而成的荧光液涂在焊件表面，使其渗入到焊件表面缺陷内，待一定时间后，将焊件表面擦干净，再涂以显像粉，此时，使焊件受到紫外线的辐射作用，便能使渗入缺陷内的荧光液发光，缺陷就被发现。

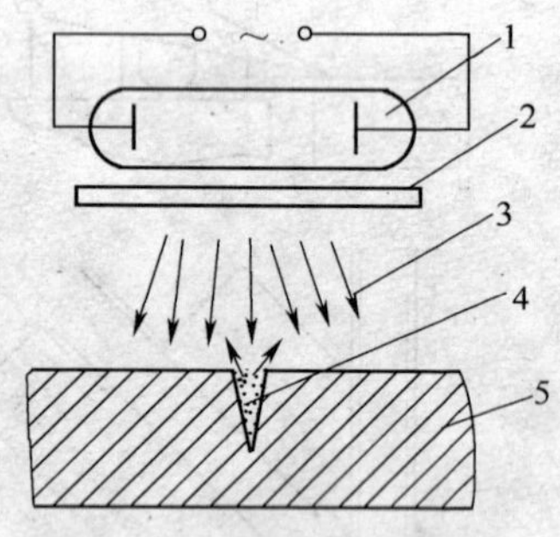

图 9-14　荧光探伤示意图

1. 光源　2. 滤光片　3. 紫外线　4. 充满荧光物质的缺陷　5. 焊件

b. 着色探伤。着色探伤也是用来发现各种材料特别是非磁性材料(如奥氏体不锈钢和有色金属及其合金)的焊接接头的各种表面缺陷。着色探伤操作方便，设备简单，成本低，同时不受工件形状、大小的限制。

着色探伤是利用某些渗透性很强的有色(一般是红色)油液，利用毛细管现象渗入到工件的表面缺陷中。除去表面油液后，涂上吸附油液的显像剂，就在显像剂层上显示出有色彩的缺陷形状和图像。从其显现出来的图像情况，可以判别出缺陷的位置和大小。

②射线探伤。焊缝射线探伤是检验焊缝内部缺陷的一种准确而可靠的方法，可以显示出缺陷的种类、形状和大小，并可做永久的记录。射线探伤包括X射线、γ射线和高能射线三种，而以X射线应用较多。X射线与可见光和无线电波一样，都是电磁波，只是它的波长短。其主要性质是一种不可见光，只能做直线传播；能透过不透明物体，包括金属；波长越短穿透能力越强；穿过物体时被部分吸收，使能量衰减；能使照相胶片感光等。

X射线探伤目前应用最广的是照相法。其原理示意如图9-15所示。当X射线透过焊缝时，由于其内部不同的组织结构(包括缺陷)对射线的吸收能力不同，使通过焊缝后射线强度也不一样，由于射线透过有缺陷处的强度比无缺陷处的强度大，因而，射线作用在胶片上使胶片感光的程度也较强。经过显影后，有缺陷处就较黑，从而根据胶片上深浅不同的影像，就能将缺陷清楚地显示出来，以此来判断和鉴定焊缝内部的质量。

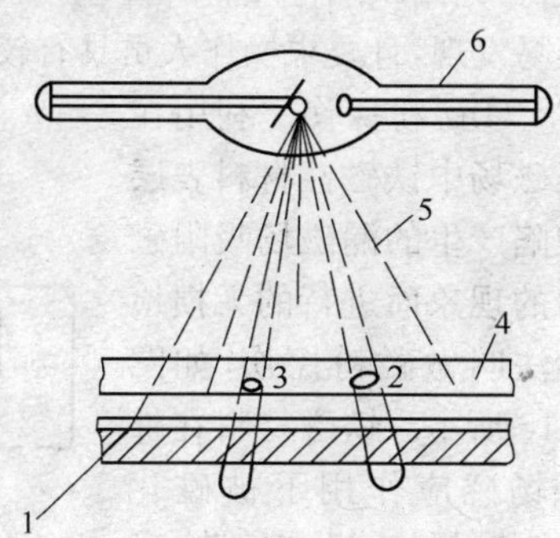

图9-15　X射线照相法探伤

1. 底片　2、3. 内部缺陷　4. 焊件　5. X射线　6. 射线管

对于母材厚度在200mm以下的工件，用X射线检查裂纹、未焊透、气孔和夹渣等焊接缺陷；对于厚度小于300mm的工件，可用γ射线透视来识别焊接缺陷。对于厚度小于1000mm的工件，可用高能X射线透视来识别焊接缺陷。

③超声波探伤。超声波探伤是利用超声波探测材料内部缺陷的无损检验法，也是应用很广的无损探伤方法。它不仅可检验焊缝缺陷，且可检验钢板、锻件、钢管等金属材料内部存在的缺陷。

超声波是一种机械波，同人耳听到的声音一样，都是机械振动在弹性介质中的传播过程。所不同的是它们的频率不一样，通常把引起听觉的机械波称为声波，频率在20～20000Hz。频率超过20000Hz的机械波则称为超声波。

超声波探伤检验时，利用一个探头（直探头或斜探头）将高频脉冲电信号转换成脉冲超声波并传入工件。当超声波遇到缺陷和零件底面时，就分别发生反射。反射波口被探头所接收，并被转换成电脉冲信号，经放大后由荧光屏显示出脉冲波形。根据这些脉冲波形的位置和高低来判断缺陷的位置和大小。

超声波探伤较射线探伤具有较高的灵敏度，尤其对裂纹更为灵敏，并具有探伤周期短、成本低、安全等优点，缺点是要求零件表面粗糙度较低，判断缺陷性质直观性差，对缺陷尺寸判断不够准确，近表面缺陷不易发现，且要求操作人员具有较高的技术水平和工作经验。

④磁粉探伤。利用在强磁场中铁磁性材料表层缺陷产生的漏磁场吸附磁粉的现象而进行的无损检验法叫做磁粉探伤，如图9-16所示。铁磁材料在外磁场感应作用下被磁化后，若材料中没有缺陷，磁导率是均匀的，磁力线的分布也是均匀的。若材料中存在缺陷，则有缺陷部位的磁导率发生变化，磁力线发生弯曲。如果缺陷位于材料表面或近表面，弯曲的磁力线一部分泄漏到空气中，在工件的表面形成漏磁通，漏磁通在缺陷的两端形成新的S极和N极，即漏磁场。漏磁场就会吸引磁粉，在有缺陷的位置形成磁粉堆积。探伤时，可根据磁粉堆积的图形来判断缺陷的形状和位置。

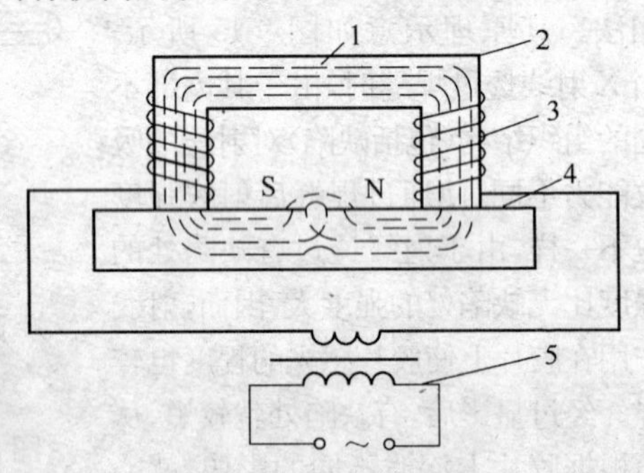

图 9-16 磁粉探伤原理图

1. 磁力线 2. 铁心 3. 线圈 4. 试件 5. 变压器

磁粉探伤方法可检测铁磁性材料的表面和近表面的缺陷（裂纹、夹渣、白口等），而且仅适用于导磁性材料。对于有色金属、奥氏体钢、非金属与非导磁性材料则无能为力。

(3)密封性检验

密封性检验指检查有无漏水、漏气和渗油、漏油等现象的试验。对于压力容器和管道焊接接头的缺陷，一般采用密封性试验的方法：渗透性试验(渗透探伤)、水压试验、气密性试验及质谱检漏法等。水压试验是用来对锅炉压力容器和管道进行整体严密性和强度检验。一般来说,锅炉压力容器和压力管道焊后都必须做水压试验。水压试验时,首先将容器充满清洁的工业用水,试验用的水温:低碳钢和 16MnR 钢不低于5℃,其他低合金钢不低于 15℃。试验水温要高于周围空气温度,以防外表面凝结露水。用水泵向容器内加压前要彻底排除空气,否则试验中压力不稳定。试验压力一般为工作压力的 1.25～1.5 倍。在升压过程中,要分级升压,中间应作暂短停压,并对容器进行检查。当压力达到试验压力后,要恒压一定时间。根据不同技术要求,一般为 5～30min(如给水管道为 10min,球罐为 30min),观察是否有落压现象,没有落压则容器为合格。气密性试验是将压缩空气(或氨、氟利昂、氦、卤素气体)压入焊接容器,利用容器内外气体的压力差检查有无泄漏的试验法。

2. 破坏性检验

(1)折断面检验

焊缝的折断面检查简单、迅速,不需要特殊设备,在生产中和安装工地现场被广泛采用。为保证焊缝在纵剖面处断开,可先在焊缝表面沿焊缝方向刻一条沟槽,铣、刨、锯均可,槽深约为焊缝厚度的 1/3,然后用拉力机械或锤子将试样折断,即可观察到焊接缺陷,如气孔、夹渣、未焊透和裂纹等。根据折断面有无塑性变形的情况,还可判断断口是韧性破坏还是脆性破坏。

(2)钻孔检验

在无条件进行非破坏性检验的情况下,可以对焊缝进行局部钻孔检验。一般钻孔深度约为焊件厚度的 2/3,为了便于发现缺陷,钻孔部位可用 10%的硝酸水溶液浸蚀,检查后,钻孔处予以补焊。钻头直径比焊缝宽度大 2～3mm,端部磨成 90°角。

(3)力学性能试验

①拉伸试验。拉伸试验是为了测定焊接接头或焊缝金属的抗拉强度、屈服极限、断面收缩率和延伸率等力学性能指标。拉伸试样可以从焊接试验板或实际焊件中截取,试样的形式和截取位置见图 9-17 和图 9-18。焊接接头的拉伸试验方法按国家标准《焊缝及熔敷金属拉伸试验方法》(GB/T 2652—2008)的规定进行。

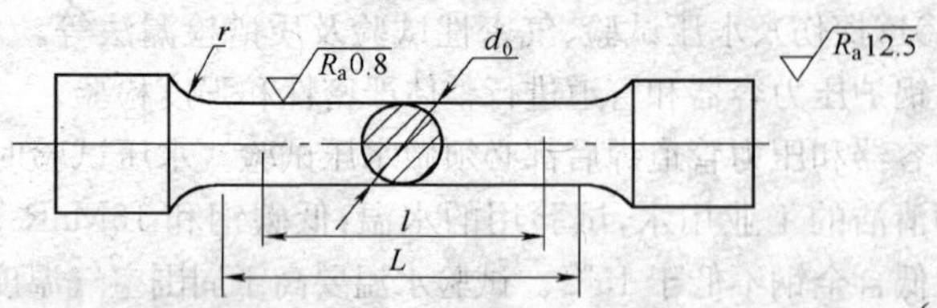

(mm)

焊条直径	d_0	r 最小	l	L
≤3.2	6±0.1	3	30	36
≥4.0	10±0.2	4	50	60

图 9-17　熔敷金属拉伸试样

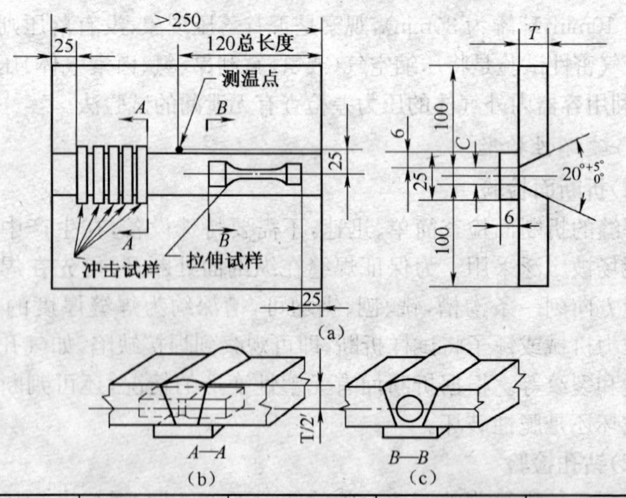

<table>
<tr><th>焊条直径
mm</th><th>最小板厚 T</th><th>根部间隙 C
mm</th><th>每层焊道数
(道)</th><th>焊层数
(层)</th></tr>
<tr><td>2.5</td><td rowspan="2">12</td><td>10</td><td rowspan="8">2</td><td>—</td></tr>
<tr><td>3.2</td><td>13</td><td>5～7</td></tr>
<tr><td>4.0</td><td rowspan="4">20</td><td>16</td><td>7～9</td></tr>
<tr><td>5.0</td><td>20</td><td rowspan="3">6～8</td></tr>
<tr><td>5.6</td><td rowspan="2">23</td></tr>
<tr><td>6.0</td></tr>
<tr><td>6.4</td><td>25</td><td>25</td><td>9～11</td></tr>
<tr><td>8.0</td><td>32</td><td>28</td><td>10～12</td></tr>
</table>

图 9-18　射线探伤和力学性能试验的工件制备

(a)试样位置及工件尺寸　(b)冲击试样位置　(c)拉伸试样位置

②冲击试验。冲击试验是为测定焊接接头或焊缝金属在受冲击荷载时的抗折断能力。根据产品使用要求，应在不同的试验温度（如0℃、−20℃、−40℃等）下进行试验，以获得焊接接头不同温度下的冲击吸收功。把有缺口的冲击试样放在试验机上，测定试样的冲击功值。冲击试样可以从焊接试验板或实际焊件中截取，试样的截取位置及形式见图 9-18 和图 9-19。冲击试验方法按国家标准《焊接接头冲击试验方法》(GB/T 2650—2008)的规定进行。

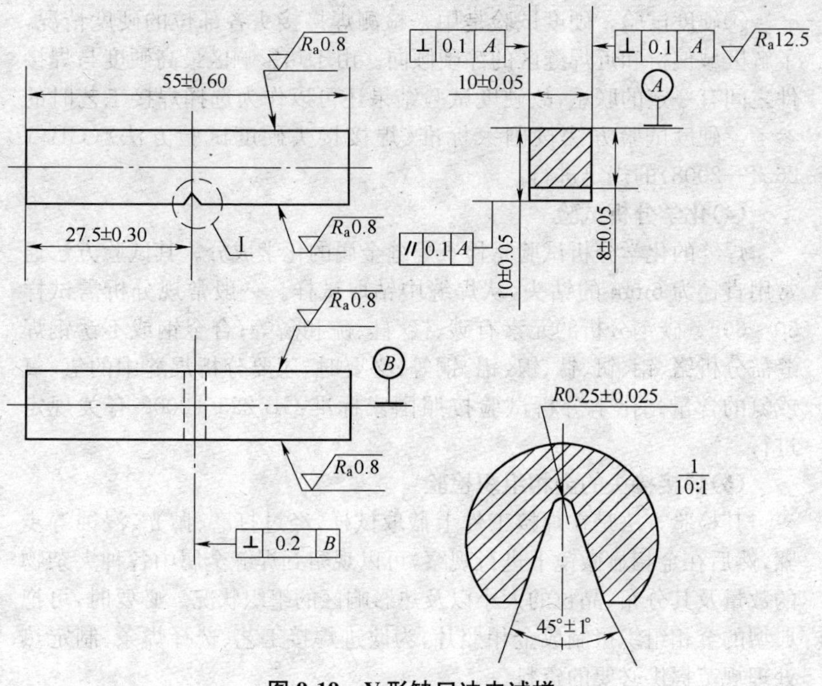

图 9-19　V 形缺口冲击试样

③弯曲试验。弯曲试验的目的是测定焊接接头的塑性，以试样任何部位出现第一条裂缝时的弯曲角度作为评定标准。也可以将试样弯到技术条件规定的角度后，再检查有无裂纹。弯曲试样的取样位置和弯曲试验的示意图见图 9-20 和图 9-21。弯曲试验方法按国家标准《焊接接头弯曲及压扁试验方法》(GB 2653—2008)的规定进行。

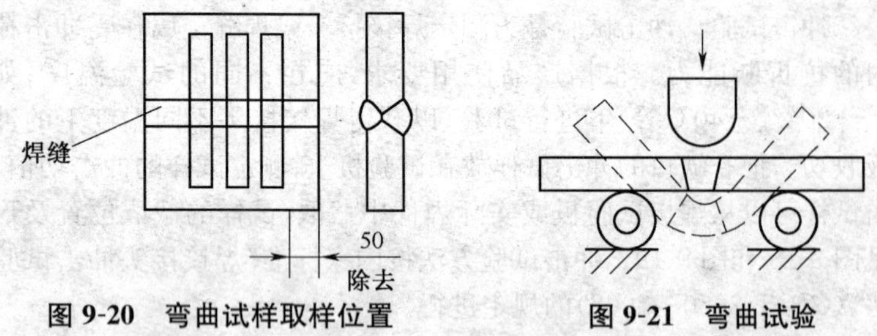

图 9-20　弯曲试样取样位置　　图 9-21　弯曲试验

④硬度试验。硬度试验是用来检测焊接接头各部位的硬度情况，了解区域偏析和近焊缝区的淬硬倾向。由于热影响区最高硬度与焊接件之间有一定的联系，故硬度试验结果还可以作为选择焊接工艺时的参考。硬度试验方法按国家标准《焊接接头硬度试验方法》(GB/T 2654—2008)的规定进行。

(4)化学分析试验

焊缝的化学分析试验是检查焊缝金属的化学成分。其试验方法通常用直径为 6mm 的钻头，从焊缝中钻取试样。一般常规分析需试样 50～60g。碳钢分析的元素有碳、锰、硅、硫和磷等；合金钢或不锈钢焊缝需分析铬、钼、钒、钛、镍、铝、铜等；必要时，还要分析焊缝中的氢、氧或氮的含量。化学分析试验按照国家标准 GB 223—2008 有关规定进行。

(5)焊接接头的金相组织检验

其检验方法是在焊接工件上截取试样，经过打磨、抛光、浸蚀等步骤，然后在金相显微镜下进行观察，可以观察到焊缝金属中各种夹杂物的数量及其分布、晶粒的大小以及热影响区的组织状况。必要时，可把典型的金相组织摄制成金相照片，为改进焊接工艺、选择焊条、制定热处理规范提供必要的资料。

(6)腐蚀试验

腐蚀试验的目的是确定在给定条件(介质、浓度、湿度、腐蚀方法、应力状态等)下，金属抗腐蚀的能力，估计其使用寿命，分析腐蚀原因，找出防止或延缓腐蚀的方法。腐蚀试验常用的方法有不锈钢晶间腐蚀试验、应力腐蚀试验、腐蚀疲劳试验、大气腐蚀试验和高温腐蚀试验等。

三、焊接质量检验

1. 焊缝外观质量的检查

根据《建筑钢结构焊接技术规程》(JGJ 81—2002)的规定，焊缝外观质量应符合下列要求：

①一级焊缝不得存在未焊满、根部收缩、咬边和接头不良等缺陷，一级焊缝和二级焊缝不得存在表面气孔、夹渣、裂纹和电弧擦伤等缺陷。

②二级焊缝的外观质量除应符合上述的要求外，应满足表 9-1 的有关规定。

③三级焊缝的外观质量见表 9-1 的有关规定。

表 9-1　二、三级焊缝外观质量要求

检验项目 \ 焊缝质量等级	二　级	三　级
未焊满	≤0.2＋0.02t 且≤1mm，每 100mm 长度焊缝内未焊满累积长度≤25mm	≤0.2＋0.04t 且≤2mm，每 100mm 长度焊缝内未焊满累积长度≤25mm
根部收缩	≤0.2＋0.02t 且≤1mm，长度不限	≤0.2＋0.04t 且≤2mm，长度不限
咬边	≤0.05t 且≤0.5mm，连续长度≤100mm，且焊缝两侧咬边总长≤10%焊缝全长	≤0.1t 且≤1mm，长度不限
裂纹	不允许	允许存在长度≤5mm 的弧坑裂纹
电弧擦伤	不允许	允许存在个别电弧擦伤
接头不良	缺口深度≤0.05t 且≤0.5mm，每 1000mm 长度焊缝内不得超过 1 处	缺口深度≤0.1t 且 1mm，每 1000mm 长度焊缝内不得超过 1 处
表面气孔	不允许	每 50mm 长度焊缝内允许存在直径＜0.4t 且≤3mm 的气孔 2 个；孔距应≥6 倍孔径
表面夹渣	不允许	深≤0.2t，长≤0.5t 且≤20mm

④焊缝的焊脚尺寸允许偏差和余高及错边允许偏差见表 9-2 和表 9-3。

表 9-2　焊缝的焊脚尺寸允许偏差

序号	项目	示意图	允许偏差(mm)	
1	一般全焊透的角接与对接组合焊缝	t　h_f　h_f　t　h_f	$h_f \geqslant (\frac{t}{4})^{+4}_{0}$ 且≤10	
2	需经疲劳验算的全焊透角接与对接组合焊缝	t　h_f　h_f　t　h_f	$h_f \geqslant (\frac{t}{2})^{+4}_{0}$ 且≤10	
3	角焊缝及部分焊透的角接与对接组合焊缝	h_f　h_f　C　h_f　h_f　C　h_f　h_f　C	h_f≤6 时 0～1.5	h_f>6 时 0～3.0

注：1. h_f>8.0mm 的角焊缝其局部焊脚尺寸允许低于设计要求值 1.0mm，但总长度不得超过焊缝长度的 10%；

2. 焊接 H 形梁腹板与翼缘板的焊缝两端在其两倍翼缘板宽度范围内，焊缝的焊脚尺寸不得低于设计要求值。

表 9-3　焊缝的余高及错边允许偏差

序号	项目	示意图	允许偏差(mm)	
			一、二级	三级
1	对接焊缝余高(C)	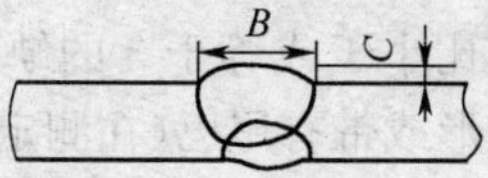	$B<20$ 时，C 为 0～3；$B\geqslant20$ 时，C 为 0～4	$B<20$ 时，C 为 0～3.5；$B\geqslant20$ 时，C 为 0～5
2	对接焊缝错边(d)	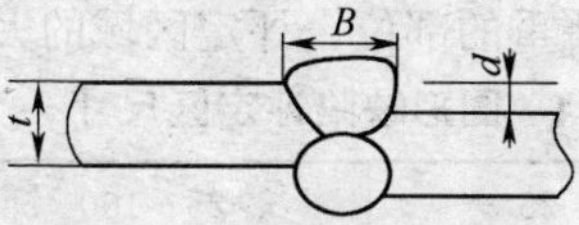	$d<0.1t$ 且 $\leqslant2.0$	$d<0.15t$ 且 $\leqslant3.0$
3	角焊缝余高(C)	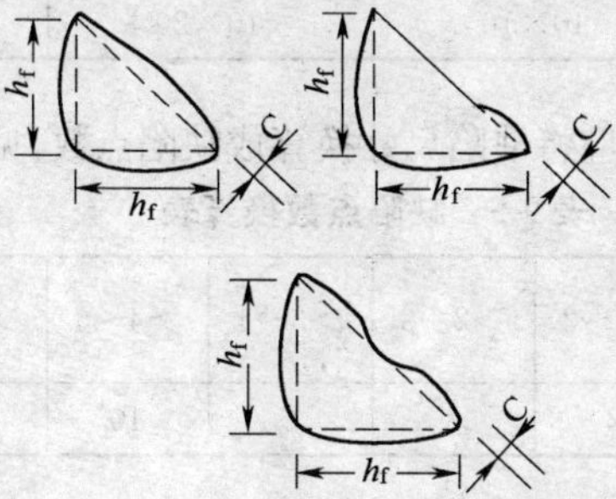	$h_f\leqslant6$ 时　C 为 0～1.5 $h_f>6$ 时　C 为 0～3.0	

⑤检查焊缝外观质量一般用目测，裂纹的检查应使用 5 倍放大镜并在合适的光照条件下进行，必要时，可采用磁粉探伤或渗透探伤，尺寸的测量应使用专用量具和卡规。所有焊缝应冷却到环境温度后才能进行外观检查。一般钢材的焊缝应以焊接完成 24h 后的检查结果作为验收依据。由于低合金结构钢焊缝的延迟裂纹延迟时间较长，对于某些低合金结构钢(Ⅳ类钢)应以焊接完成后 48h 的检查结果作为验收依据。

2. 焊缝的无损检测

(1)射线探伤评定标准

根据《金属熔化焊焊接接头射线照相》(GB 3323—2005)的规定，焊缝质量的分级根据缺陷的性质和数量、焊缝质量分为四级：

Ⅰ级焊缝内应无裂纹、未熔合、未焊透和条状缺陷。

Ⅱ级焊缝内应无裂纹、未熔合和未焊透。

Ⅲ级焊缝内应无裂纹、未熔合以及双面焊和加垫板的单面焊中的未焊透。

焊缝缺陷超过Ⅲ级者为Ⅳ级。

①圆形缺陷分级。长宽比小于或等于 3 的缺陷定义为圆形缺陷。它们可以是圆形、椭圆形、锥形或带有尾巴(在测定尺寸时应包括尾部)等不规则的形状,包括气孔、夹渣和夹钨。圆形缺陷用评定区进行评定,评定区应选在缺陷最严重的部位。评定区域的大小见表 9-4。

表 9-4　圆形缺陷评定区尺寸

母材厚度 δ(mm)	≤25	>25～100	>100
评定区尺寸(mm)	10×10	10×20	10×30

评定圆形缺陷时,应将缺陷尺寸换算成缺陷点数,见表 9-5。

表 9-5　缺陷点数换算表

缺陷长径(mm)	≤1	>1～2	>2～3	>3～4	>4～6	>6～8	>8
点数	1	2	3	6	10	15	25

当圆形缺陷的长径在母材厚度 $T \leqslant 25$mm 时,小于 0.5mm;25mm $< T \leqslant 50$mm 时,小于 0.7mm;$T > 50$mm,缺陷的长径小于 1.4%T 时,可以不计点数。圆形缺陷的分级见表 9-6。

表 9-6　圆形缺陷的分级

<table>
<tr><td rowspan="3">母材厚度(mm)
缺陷点数
质量等级</td><td colspan="6">评定区(mm)</td></tr>
<tr><td colspan="3">10×10</td><td colspan="2">10×20</td><td>10×30</td></tr>
<tr><td>≤10</td><td>>10～15</td><td>>15～25</td><td>>25～50</td><td>>50～100</td><td>>100</td></tr>
<tr><td>Ⅰ</td><td>1</td><td>2</td><td>3</td><td>4</td><td>5</td><td>6</td></tr>
<tr><td>Ⅱ</td><td>3</td><td>6</td><td>9</td><td>12</td><td>15</td><td>18</td></tr>
<tr><td>Ⅲ</td><td>6</td><td>12</td><td>18</td><td>24</td><td>30</td><td>36</td></tr>
<tr><td>Ⅳ</td><td colspan="6">缺陷点数大于Ⅲ级者</td></tr>
</table>

注:表中数字是允许缺陷点数的上限。

Ⅰ级焊缝和母材厚度等于或小于 5mm 的Ⅱ级焊缝内不计点数的圆形缺陷，在评定区域内不得多于 10 个，圆形缺陷长径大于 1/2 板厚(δ)时，评为Ⅳ级。

②条状夹渣的分级。长宽比大于 3 的夹渣定义为条状夹渣。条状夹渣分级见表 9-7。

表 9-7　条状夹渣分级　(mm)

质量等级	评定厚度	单个条形缺陷长度	条形缺陷总长
Ⅱ	$T \leqslant 12$ $12 < T < 60$ $T \geqslant 60$	4 $\frac{1}{3}T$ 20	在平行于焊缝轴线的任意直线上，相邻两缺陷间距均不超过 $6L$ 的任何一组缺陷，其累计长度在 $12T$ 长度范围内不超过 T
Ⅲ	$T \leqslant 9$ $9 < T < 45$ $T \geqslant 45$	6 $\frac{2}{3}T$ 30	在平行于焊缝轴线的任意直线上，相邻两缺陷间距均不超过 $3L$ 的任何一组缺陷，其累计长度在 $6T$ 长度范围内不超过 T
Ⅳ	大于Ⅲ级者		

注：表中 L 为该组缺陷中长度最大者的长度。

如果在圆形缺陷评定区域内，同时存在圆形缺陷和条状夹渣或未焊透时，应各自评级，将级别之和减 1 作为最终级别。

③焊缝内部缺陷的辨认。X 射线适于焊件厚度在 50mm 以下使用，γ 射线适于厚度较大的工件。

如图 9-22 所示，检验后在照相底片上淡色影像的焊缝中所显示的深色斑点和条纹即是缺陷。

a. 裂纹的辨认。裂纹在底片上一般呈现为略带曲折、波浪状的黑色细条纹，有时呈直线细纹，轮廓较为分明，两端较为尖细，中部稍宽，一般无分支，两端黑线较浅，最后消失。裂纹在底片上的影像如图 9-22b 所示。

b. 未焊透的辨认。未焊透在底片上常是一条断续或连续的黑直线。在不开坡口的对接焊缝中，宽度常是较均匀的。V 形坡口焊缝中未焊透在底片上的位置，多偏离焊缝中心，呈断续的线状，宽度不一致，黑度不均匀。V 形、X 形坡口双面焊缝中的中部或根部未焊透，在底片上呈现为黑色较规则的线状，详见图 9-22a 所示。

c. 气孔的辨认。气孔在底片上的特征是分布不一致，有稠密的，也有稀疏的，见图 9-22c 所示。焊条电弧焊产生的气孔多呈圆形或椭圆形黑点，其黑度一般是在中心处较大，随之均匀地向边缘减小。

d. 夹渣的辨认。夹渣在底片上多呈现为不同形状的条或条纹。点状夹渣呈单独的黑点，外部不太规则，带有棱角，黑色较均匀。条状夹渣呈宽而短的粗线条状。长条形夹渣线条较宽，宽度不太一致。各种夹渣在底片上的影像如图 9-22c 所示。

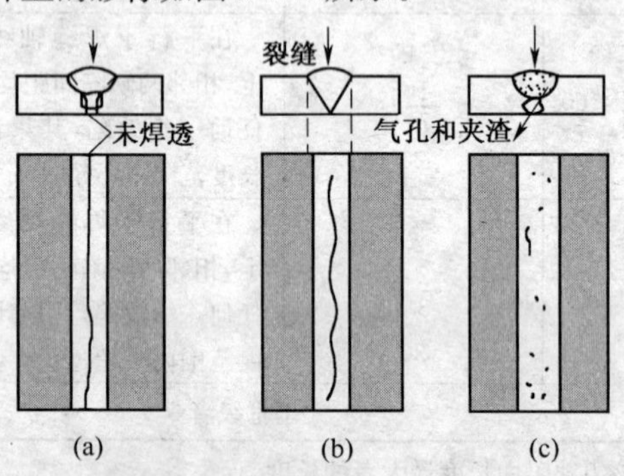

图 9-22　照相底片上缺陷的辨认

(a)未焊透　(b)裂纹　(c)气孔和夹渣

(2)钢焊缝手工超声波探伤质量分级

国家标准规定，焊缝缺陷的等级分为 4 级。最大反射波幅位于Ⅱ区的缺陷，根据缺陷指示长度按表 9-8 评定。

表 9-8　超声波探伤质量分级

检验等级 / 板厚(mm) / 评定等级	A	B	C
	8～50	8～300	8～300
Ⅰ	$\frac{2}{3}\delta$，最小 12	$\frac{1}{3}\delta$，最小 10 最大 30	$\frac{1}{3}\delta$，最小 10 最大 20
Ⅱ	$\frac{3}{4}\delta$，最小 12	$\frac{2}{3}\delta$，最小 12 最大 50	$\frac{1}{2}\delta$，最小 10 最大 30
Ⅲ	$<\delta$ 最小 20	$\frac{3}{4}\delta$，最小 16 最大 75	$\frac{2}{3}\delta$，最小 12 最大 50
Ⅳ	超过Ⅲ级		

注：1. δ 为母材加工侧母材厚度，母材厚度不同时，以较薄侧板厚为准。

2. 圆管座角焊缝 δ 为焊缝截面中心线高度。

如果最大反射波幅位于Ⅱ区的缺陷，其指示长度小于 10mm 时，按 5mm 计。当相邻两缺陷各向间距小于 8mm 时，两缺陷指示长度之和作为单个缺陷的指示长度。最大反射波幅不超过评定线的缺陷，均评为Ⅰ级，最大反射波幅超过评定线的缺陷，检验者判定为裂纹等危害性缺陷时，无论其波幅和尺寸如何，均评为Ⅳ级。反射波幅位于Ⅰ区的非裂纹性缺陷，均评为Ⅰ级。反射波幅位于Ⅲ区的缺陷，无论其指示长度如何，均评为Ⅳ级。

上述标准及其内容适用于母材厚度不小于 8mm 的铁素体类型钢、全焊透熔化焊对焊缝脉冲反射法手工超声波检验，不适用于铸钢及奥氏体型不锈钢焊缝、外径小于 159mm 的钢管对接焊缝、内径≤200mm 的管座角焊缝、外径小于 250mm 和内外径之比小于 80％的纵向焊缝。

3. 焊缝质量检验

钢结构的焊缝质量检验分为三个级别。各级检验项目、检查数量和检验方法应符合表 9-9 的规定。

表 9-9 焊缝质量检验

级别	检验项目	检查数量	检查方法
1	外观检查	全部	检查外观缺陷及几何尺寸，有疑点时用磁粉复验
	超声波检验	全部	
	X 射线检验	抽查焊缝长度的 2％，至少应有一张底片	缺陷超出规定时，应加倍透照，如不合格应 100％透照
2	外观检查	全部	用焊缝卡尺检查外观缺陷及几何尺寸
	超声波检验	抽查焊缝长度的 50％	有疑点时，用 X 射线透照复验；如发现有超标缺陷，应用超声波全部检验
3	外观检查	全部	用焊缝卡尺检查外观缺陷及几何尺寸

4. 焊缝的抽样检查

根据《建筑钢结构焊接技术规程》(JGJ 81—2002)的规定，焊缝抽样检查时应符合下列要求：

(1)焊缝处数的计算方法

工厂制作的焊缝长度小于等于1000mm时，每条焊缝为一处；长度大于1000mm时，将其划分为每300mm为1处；现场安装时，每条焊缝为1处。

(2)确定检查批

应按焊接部位或接头形式分别组成批。批的大小宜为300～600处。工厂制作的焊缝可以同一工区（车间）按一定的焊缝数量组成批；多层框架结构可以每节柱的所有构件组成批；现场安装焊缝可以区段组成批；多层框架结构可以每层（节）的焊缝组成批。抽样检查除设计指定的焊缝外，应采取随机取样方式取样。

(3)验收合格的标准

抽样检查的焊缝数如果不合格率小于2%时，该批验收应定为合格；不合格率大于5%时，该批验收定为不合格；不合格率为2%～5%时，应加倍抽验，且必须在原不合格部位两侧的焊缝延长线上各增加一处；如在所有抽检焊缝中不合格率不大于3%时，该批验收定为合格；大于3%时，该批验收定为不合格。当批量验收不合格时，应对该批余下焊缝的全数进行检查。当检查出一处裂纹缺陷时，应加倍抽查。如在加倍抽检焊缝中未检查出其他裂纹缺陷时，该批验收定为合格；当检查出多处裂纹缺陷或加倍抽查又发现裂纹缺陷时，应对该批余下焊缝的全数进行检查。

对于所有查出的不合格焊接部位应按《建筑钢结构焊接技术规程》（JGJ 81—2002）熔化焊缝缺陷返修的规定予以补修，直至检查合格。

第十章 焊工安全技术

焊接与切割属于特种作业，不仅对操作者本人、也对他人和周围设施的安全构成重大影响。国家制定的《特种作业人员安全技术考核管理规则》(GB 5306—1985)和 1999 年颁布的“中华人民共和国国家经济贸易委员会 13 号令”对特种作业的人员应具备的条件、培训、考核、发证、复审和工作变迁等都作了具体规定，明确指出从事焊接与切割的人员必须经安全教育、安全技术培训，取得操作证才能上岗。

第一节 电弧焊安全技术

一、电弧焊安全用电技术

1. 触电和触电的原因

触电事故的类型主要有电击和电伤两种。

频率为 50Hz 的工频电流对人体是最危险的，通过人体的电流超过 50mA，对人就有致命的危险。如当 0.1 A 的电流通过人体时，仅要 1s 就会发生触电死亡事故。在人体出汗、潮湿的情况下，其电阻值可由 50000Ω 骤降至 800Ω，40V 的电压形成的电流足以对人体造成伤害。我国一般焊接设备所用的电源电压为 220V 或 380V，弧焊电源的空载电压一般也在 60V 以上。因此，焊工操作时，首先应该注意防止触电。电伤是由于电流的热效应、化学效应、机械效应等造成对人体外部的伤害过程，如烧伤和烫伤等。

触电的方式主要有单相触电、两相触电和跨步电压触电三种。单相触电是人体与大地之间相互不绝缘时，人体某部触及三相电源线中任意一根相线，电流经带电导线通过人体流入大地而造成的触电伤害。两相触电是当人体同时接触到两根不同的相线，或者人体同时触及电器设备两个不同相的带电部位时，电流由一根相线经过人体到另一根相线，形成闭合回路而造成的触电伤害。跨步电压触电是当高压电接地时，电流流入地下造成人体两脚之间有一定电压而产生触电事故。

焊机的空载电压大多超过安全电压。电焊操作时，一旦发生设备绝缘损坏等故障，极易发生触电事故。焊条电弧焊焊工更换焊条时，手一旦接触钳口，身体其他部位直接接触金属结构而连通电焊机的另一极，更易发生触电事故。

2. 安装焊接电源的安全措施

①安装焊接电源时，要注意配电系统开关、熔断器、漏电保护开关等是否合格、齐全；导线绝缘是否完好；电源功率是否够用。当电焊机空载电压较高，或在高空、水下、容器、管道和船舱等处焊接作业时，则必须采用空载自动断电装置，使焊接引弧时电源开关自动闭合，停止焊接、更换焊条时，电源开关自动断开。

②焊接变压器的一次线圈与二次线圈之间、引线与引线之间、绕组和引线与外壳之间，其绝缘电阻不得小于 1MΩ。绕组或线圈引出线穿过设备外壳时应设绝缘板；穿过设备外壳的铜螺栓接线柱应加设绝缘套和垫圈，并用防护盖盖好。有插销孔分接头的焊机，插销孔的导体应隐蔽在绝缘板之内。

③安装多台焊接变压器时，应分接在三相电网上，尽量使电网中三相负载平衡。

④空载电压不同的电焊机不能并联使用。因为并联时，在空载情况下各焊接变压器间出现不均衡环流。焊接变压器并联时，应将它们的初级绕组接在电网的同一相，次级绕组也必须同相相连，详见图 10-1。

⑤硅整流焊机通常都有风扇，以便对硅整流元件和内部线圈进行通风冷却。接线时，要保证风扇转向正确，通风窗离墙壁和其他挡物之间不应小于 300mm，以使电焊机内部热量顺利排出。

⑥为防止焊机外壳带电，在电源为三线三相制对地绝缘系统或单相制系统中，应安设保护接地线。在电网为三相四线制中性点接地系统中，应安设保护接零线。电焊机保护接地和保护接零的安全要求如下：

a. 接地电阻应不得大于 4Ω。

b. 正确选用接地体，常用铜棒或无缝钢管作为接地体，并埋入地下深度不少于 1m。严禁用氧气、乙炔管道以及其他可燃易爆物品的容器和管道作为自然接地体。接地体与建筑物的距离一般不应小于 1.5m。

c. 不应同时存在的接地或接零，如二次绕组的一端接地或接零，则焊件不应再接地或接零。

d. 用于接地或接零的导线应有足够的截面积。

e. 所有电焊设备的接地线或接零线不得串联接入接地体或接零线干线。

f. 注意接线顺序：安装时，应首先将导线接到接地线上或零线干线上，然后将另一端接到电焊机外壳上。拆除时反之。

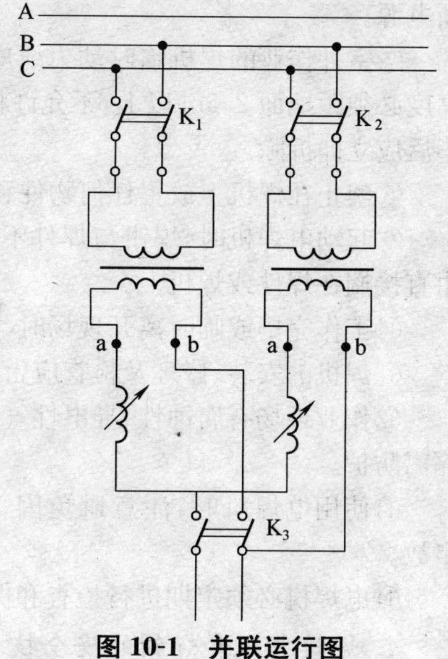

图 10-1　并联运行图

3. 焊机的安全使用

①焊机一次线（动力线）要有足够截面积，最大允许电流等于或稍大于电焊机初级额定电流，其长度不宜超过 3m。

②焊机必须绝缘良好，使用前除去灰尘并检查其绝缘电阻。

③焊机外露的带电部分应设有完好的防护（隔离）装置。焊机裸露接线柱必须设有防护罩，以防人员或金属物体（如货车、起重机吊钩等）与之相接触。

④焊机平稳地安放在通风良好、干燥的地方，焊机的工作环境应与技术说明的规定相符（相对湿度不超过 90%，周围空气温度不超过 40℃）。

⑤防止焊机受到碰撞或剧烈振动。室外使用的电焊机必须有防雨雪的防护措施。

⑥焊机必须有独立的专用的电源开关，其容量应符合要求。禁止多台电焊机共用一个电源开关。电源控制装置应装在电焊机附近便于操作的地方，周围应留有安全通道。当焊机超负荷运行时，应能自动切

断电源。

⑦室外作业的焊机临时动力线应沿墙或立柱用瓷瓶隔离布设，其高度必须距地面 2.5m 以上，不允许将电源线拖在地面上，焊接工作完毕后应立即拆除。

⑧禁止在焊机上放置任何物件和工具。

⑨起动电焊机时，焊钳与焊件不能短路；暂停工作时，也不得将焊钳直接搁在焊件或焊机上。

⑩工作完毕或临时离开现场时，必须切断焊接电源。

⑪焊机的安装、修理及检查应由电工负责进行。

⑫作业现场有腐蚀性、导电性气体或飞扬粉尘，必须对电焊机进行隔离防护。

⑬使用电焊机时，注意避免因飞溅或漏电引起的火花造成火灾事故。

⑭电焊机必须定期进行检查和保养。

4. 焊接电缆和焊钳的安全技术

(1)焊接电缆安全技术

①连接电焊机与焊钳的电缆线的长度应根据工作需要，不宜超过 20～30m。

②焊接电缆采用 YHH 形或 YHHR 形，其截面选择根据电焊机额定输出电流，见表 2-6。焊接电缆上的电压降不超过 4V。

③电缆外皮必须完整、绝缘良好，绝缘电阻不得小于 1MΩ。电缆外皮破损时，应及时修补完好。

④电缆应使用整根导线，尽量不带有连接接头。因工作需要接长导线时，应使用接头连接器牢固连接，接头不宜超过 2 个，连接处应保持绝缘良好。

⑤安装电缆之前必须将电缆铜接头、焊钳或地线夹头可靠地装在焊接电缆两端。铜接头要灌锡卡在电缆端部的铜线上，保证电缆铜接头与电焊机输出端或焊钳接触良好。

⑥焊接电缆不要放在钢板或工件上。焊接电缆横过马路或通道时，必须采取外套保护措施。严禁搭在气瓶或易燃物品的容器和材料上。

⑦不应利用厂房的金属结构、轨道、管道、暖气等设施或其他金属物体搭接起来作为焊接电缆。

⑧严禁焊接电缆与油脂等易燃物料接触。

(2)焊钳安全技术

①电焊钳必须具有良好的绝缘性能与隔热能力，手柄要有良好的绝缘层。

②焊钳的导电部分应采用纯铜材料制成。焊钳与焊接电缆的连接应简便牢靠、接触良好。

③焊条位于水平、45°、90°等方向时，焊钳应都能夹紧焊条，并保证更换焊条安全方便。

④电焊钳应保证操作灵便，焊钳质量不得超过600g，结构轻便，操作灵活。

⑤禁止将过热的焊钳浸在水中冷却后使用。

5. 焊条电弧焊防止触电的安全措施

①焊接前，应先检查电焊机和工具是否安全，不允许未进行安全检查就开始操作。特别应检查焊机外壳接地、接零是否安全可靠。

②电焊设备接通电源后，人体不应接触带电部分。检修工作应在切断电源后进行。

③应经常检查焊接电缆，保证电缆有良好的绝缘，如果发现电缆线损坏，应立即进行修理或更换。

④经常检查电焊钳，使其具有良好的绝缘和隔热能力。

⑤做好个人防护。焊接操作时，应按劳动保护要求穿好工作服(焊条电弧焊穿帆布工作服)、焊工防护鞋(不得穿带有铁钉的鞋或布鞋，在金属容器内操作时必须穿绝缘套鞋)、戴电焊手套(不得短于300mm，应用较柔软的皮革或帆布制作)，并保持干燥和清洁。

⑥在特殊情况下(如夏天身体大量出汗、衣服潮湿等)工作时，切勿将身体依靠在带电的工作台、焊件上或接触焊钳的带电部分。在潮湿的地方焊接时，应在脚下垫干燥的木板或橡胶板，以保证绝缘。

⑦在夜间或较暗处工作、使用照明行灯时，其电压不应超过36V。在潮湿、金属容器等危险环境，照明行灯电压不得超过12V。

⑧下班以后，电焊机必须拉闸断电，以防止触电或出现意外，发生

火灾。

⑨焊机的安装、修理和检查应由电工负责，焊工不得擅自拆修。

⑩下列操作应在切断电源开关后进行：改变焊机接头；更换焊件需要改接二次线路；移动工作地点；检修焊机故障和更换熔断丝。

二、焊条电弧焊作业的防火、防爆、排毒措施

①焊割作业现场应备有消防器材。焊接施工现场发生火灾时，应立即切断电源，然后采取灭火措施。必须注意：在焊接车间或电器着火时，严禁使用水和泡沫灭火器进行扑救，预防触电伤害。灭火器性能及使用方法见表 10-1。

表 10-1 灭火器性能及使用方法

种类	泡沫灭火器	二氧化碳灭火器	1211灭火器	干粉灭火器	红卫九一二灭火器
药剂	装碳酸氢钠发泡剂和硫酸铝溶液	装液态二氧化碳	装二氟氯一溴甲烷	装小苏打或钾盐干粉	装二氟二溴液体
用途	扑灭油类火灾	扑救贵重仪器设备，不能用于扑救钾、钠、镁、铝等物质火灾	扑救各种油类、精密仪器、高压电器设备	扑救石油产品、有机溶剂、电气设备、液化石油气、乙炔气瓶等火灾	扑救天然气石油产品和其他易燃、易爆化工产品等火灾
注意事项	冬季防冻结，定期更换	防喷嘴堵塞	防受潮日晒，半年检查一次充装药剂	干燥通风防潮，半年称重一次	在高温下，分解产生毒气，注意现场通风和呼吸道的防护

②禁止在储有易燃、易爆物品的场地或仓库附近进行焊割作业。在距焊接操作中心 10m 之内不允许有易燃、易爆物品，焊接场所的空气中不允许有可燃气体、液体燃料的蒸汽及爆炸性粉尘。

③一般情况下，禁止焊接有液体压力、气体压力及带电的设备。

④对于存有残余油脂或可燃液体、可燃气体的容器，焊接前应先用蒸汽和热碱水冲洗，并打开盖口，确定容器确实清洗干净后方可进行焊

接。密封的容器不准焊接。

⑤在车间，特别是在锅炉或容器内工作时，应有监护人员，必须注意通风，及时将烟尘和有害气体排出。在焊接黄铜、铅等有色金属时，必须要有通风除尘装置，以免中毒。

⑥在露天焊接时必须设置挡风装置，以免火星飞溅引起火灾。风力六级以上的天气，不宜在露天焊接。

⑦登高焊割作业时，作业点下方必须放遮板，以防火星落下，10m内不能有易燃、易爆物品，同时下方不能有停留人员。作业现场应有专人监护。

⑧焊工工作时，应穿棉白帆布或其他不易燃的工作服，戴焊工手套。工作服要扣好纽扣，不要束在裤子里，口袋应盖好。在仰焊、切割时，焊工应在颈部围毛巾，穿着用防燃材料制成的护肩、长套袖、围裙和鞋盖。

⑨焊工焊接时，应注意不要超负荷使用焊机（即焊接电流过大，焊接时间过长），以免焊机过热，发生火灾。

⑩焊接工作完毕，应仔细清理和检查现场，消除火种，防止留下事故隐患。

三、钨极氩弧焊安全技术

钨极氩弧焊安全技术除遵守焊条电弧焊安全技术的相关规定外，还包括以下内容：

①在移动电焊机时，应取出机内易损电子器件单独搬运。

②电焊机应有可靠接地。电焊机内的接触器、继电器等元件，焊枪夹头的夹紧力以及喷嘴的绝缘性能等，应定期检查。

③高频引弧焊机或装有高频引弧装置时，焊接电缆都应有铜网编织屏蔽套并可靠接地。

④电焊机使用前应检查供气、供水系统，不得在漏水漏气的情况下运行。

⑤应防止焊枪被磕碰，严禁把焊枪放在工件或地上。焊接作业结束后，禁止立即用手触摸焊枪导电嘴，避免烫伤。

⑥盛装保护气体的高压气瓶应小心轻放、竖立固定，防止倾倒。氩气瓶与热源距离一般应大于5m。

⑦排除施焊中产生的臭氧、氮氧化物等有害物质，应采取局部通风措施或供给焊工新鲜空气。

⑧钍钨极应放在铅盒里保存，或放在厚壁钢管中密封。焊工打磨钍钨极，应在专用的有良好通风装置的砂轮上或在抽气式砂轮上进行，并穿戴好个人防护用品。打磨完毕，立即洗净手和脸。

四、二氧化碳气体保护焊安全技术

二氧化碳气体保护焊安全技术除遵守焊条电弧焊安全技术的相关规定外，还包括以下内容：

①保证工作环境有良好的通风。由于二氧化碳气体保护焊是以 CO_2 作为保护气体，在高温下有大量的 CO_2 气体将发生分解，生成 CO 以及产生大量的烟尘，极易和人体血液中的血红蛋白结合，造成人体缺氧。空气中只有很少量的 CO 时，会使人感到身体不适、头痛，而当 CO 的含量超过一定范围，会造成人呼吸困难、昏迷等，严重时甚至引起死亡。如果空气中 CO_2 气体浓度超过一定的范围，也会引起上述反应。这就要求焊接工作环境应有良好的通风条件，在不能进行通风的局部空间施焊时，应佩戴能供给新鲜氧气的面具及氧气瓶。

②注意选用容量恰当的电源、电源开关、熔断器及辅助设备，以满足高负载率持续工作的要求。

③采取必要的防止触电措施、采用良好的隔离防护装置和自动断电装置；焊接设备必须保护接地或接零，并经常进行检查和维修。

④采取必要的防火措施。由于二氧化碳气体保护焊金属飞溅引起火灾的危险性比其他焊接方法大，要求在焊接作业的周围采取可靠的隔离、遮蔽或防止火花飞溅的措施。同时，焊工应有完善的劳动防护用具，防止人被灼伤。焊接工作结束后，必须切断电源和气源，并仔细检查作业场所周围及防护设施，确认无起火危险后方能离开。

⑤由于二氧化碳气体保护焊比焊条电弧焊的弧光更强，紫外线辐射更强烈，应选用颜色更深的滤光片。

⑥采用 CO_2 气体电热预热器时，电压应低于 36V，外壳要可靠接地。

⑦由于 CO_2 是以高压液态盛装在气瓶中，要防止 CO_2 气瓶直接受热，气瓶不能靠近热源，也要防止剧烈振动。

⑧加强个人防护。戴好面罩、手套，穿好工作服、工作鞋。

⑨当焊丝送入导电嘴后，不允许将手指放在焊枪的末端来检查焊丝送出情况；也不允许将焊枪放在耳边来试探保护气体的流动情况。

⑩使用水冷系统的焊枪，应防止绝缘破坏而发生触电。

第二节　气焊、气割安全技术

一、气焊、气割中的爆炸事故及其防止措施

1. 气瓶爆炸

(1)氧气瓶爆炸

①氧气瓶受热，温度过高(如图 10-2 所示，在烈日下曝晒)，瓶内气体压力增大超过气瓶耐压极限，发生爆炸。

②气瓶没有带防振圈，从高处坠落、倒下或撞到刚性物体上，受到剧烈撞击，承受冲击载荷发生脆裂爆炸。

③氧气瓶未经定期检验，严重锈蚀，耐压强度降低。

④氧气瓶瓶阀、瓶嘴沾染油脂，引起着火和爆炸。

⑤氧气瓶混入可燃气体，形成爆炸性混合气。

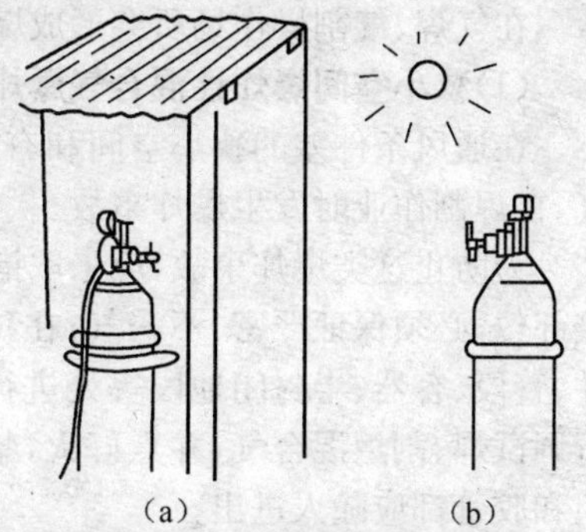

图 10-2　夏季必须把氧气瓶放在凉棚内

(a)正确　(b)错误

(2)乙炔瓶爆炸

乙炔瓶发生爆炸的原因除撞击和未定期检验等与氧气瓶爆炸原因相同外，还有以下一些原因：

①乙炔瓶受到剧烈振动、下蹾，瓶内形成压力很高的乙炔气很容易发生爆炸。

②乙炔瓶受热升温，瓶温过高(超过 40℃)，不能溶解的部分乙炔逸出来，使瓶内乙炔压力大为增加。

③乙炔瓶卧放使用，丙酮流出，在空气中形成乙炔与空气的混合气、丙酮与空气的混合气，引起燃烧与爆炸。

④乙炔瓶漏气而引起着火爆炸;乙炔瓶混入空气或氧气,形成爆炸性混合气。

(3)液化石油气瓶爆炸

液化石油气瓶爆炸原因除剧烈撞击和未定期检验等与氧气瓶爆炸原因相同外,还有以下一些原因:

①液化石油气瓶受热升温,当瓶内液化石油气压力超过气瓶耐压强度时,将发生爆炸。

②气瓶内油气充装过满,受热升温时瓶内压力剧增;气瓶漏气,发生火灾与爆炸。

③气瓶混入空气或氧气,形成爆炸性混合气。

防止各种气瓶爆炸的措施是严格执行各种气瓶安全使用规程。

2. 爆炸性混合气爆炸

在气焊、气割操作场所会形成爆炸性混合气,应注意防止爆炸。

(1)狭小空间爆炸性混合气爆炸

在通风条件差的狭小空间和有限空间内,很容易形成爆炸性混合气,在焊割作业时发生爆炸事故。

为防止这类爆炸事故,应采取措施:通风;检查焊炬、割炬阀门和连接部位,必须保证严密、不漏气;在狭窄和通风不良的地沟、坑道、检查井、管段、容器、半封闭地段等处进行气焊、气割工作时,应在地面上进行调试焊、割炬混合气,并点好火,禁止在工作地点调试和点火,焊、割炬和胶管都应随人进出。

(2)其他场所的爆炸性混合气爆炸

液化石油气比空气重,气焊、气割作业泄漏出来的液化石油气会积聚在工作场地下部,尤其是钢板下的空隙、地沟等处,形成爆炸性混合气,发生爆炸事故。

二、气焊、气割中的火灾事故及其防止措施

焊割作业中的火灾事故多为熔化金属和熔渣飞溅火花引燃。为防止焊割作业发生火灾事故,必须采取以下防止措施:

①焊工在焊接、切割中应严格遵守防火安全管理制度。在企业规定的禁火区内,不准焊接。必须在禁火区内焊割作业时,必须报有关部门批准,办理动火证,采取可靠的防护措施后,方可动火作业。

②焊接作业的可燃、易燃物料与焊接作业点火源距离不应小于10m(见图10-3)。当气焊或气割工作点与易燃物之间的距离无法保持10m以上时,应用不燃烧材料隔开(见图10-4)。

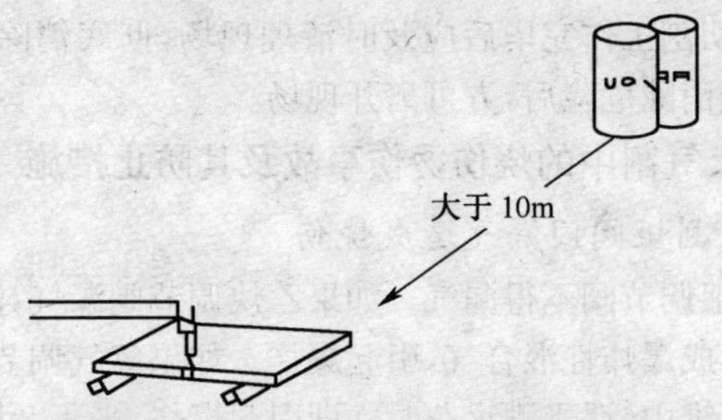

图10-3　可燃、易燃物料,离火源距离

图10-4　用不燃烧材料隔开

③焊接、切割作业时,如附近墙体和地面上留有孔洞、缝隙以及运输皮带连通孔口等部位留有孔洞,都应采取封闭或屏蔽措施。

④焊接、切割工作地点有以下情况时禁止焊接与切割作业:

a. 堆存大量易燃物料(如漆料、棉花、硫酸、干草等),而又不可能采取防护措施时;

b. 可能形成易燃易爆蒸气或积聚爆炸性粉尘时。

⑤五、六级以上大风、又无防护措施时,禁止露天焊割作业。

⑥在易燃易爆环境中焊接、切割时,应按化工企业焊接、切割安全专业标准有关的规定执行。

⑦焊接、切割车间或工作地区必须配有足够的水源、干砂、灭火工

具和灭火器材。应根据扑救物料的燃烧性能选用灭火器材。存放的灭火器材应经过检验合格、有效。若焊割现场发生火灾时,应用二氧化碳或干粉灭火器等消防器材扑灭。灭火器性能及使用方法见表 10-1。

⑧焊接、切割工作完毕后应及时清理现场,彻底消除火种,经专人检查确认完全消除危险后,方可离开现场。

三、气焊、气割中的烧伤烫伤事故及其防止措施

1. 焊炬、割炬阀门漏气造成烧伤

焊炬、割炬调节阀不得漏气。如果乙炔调节阀漏气,泄漏的乙炔会发生着火或形成爆炸性混合气,引起爆炸。如果氧气调节阀漏气,氧气将进入手套纤维中,遇飞溅火花时立即引起燃烧,来不及脱掉手套而造成烧伤。因此,要检查焊炬、割炬阀门和连接部位是否漏气。如发现漏气,应及时修理。

2. 焊炬、割炬发生回火造成烧伤

无射吸能力的焊炬、割炬发生回火时,火焰通过射吸管进入乙炔管道,由于氧气随回火火焰进入乙炔管道,回火极快,不易排除。如将乙炔管烧坏,极易造成烧伤事故。所以,使用前要检查焊炬、割炬的射吸能力。无射吸能力的焊炬、割炬严禁使用。焊炬、割炬的乙炔胶管也应该扎牢。

3. 气割中的烫伤

直接在水泥地面上切割金属材料,可能发生水泥爆炸伤人。因此,要有防护措施,比如在水泥地面上垫钢板等。被气割的工件也必须垫高 100mm 以上,以防止熔渣喷射造成烫伤。气割的切割氧气流不是向下时,在切割氧气流喷射方向应该有防护挡隔措施,以防止熔渣大量飞溅伤人和引起火灾。

四、气焊、气割中的中毒事故及其防止措施

①气焊有色金属时会产生有毒蒸气和烟尘。气焊铅时,会产生铅蒸气,引起铅中毒。气焊黄铜时,会产生锌蒸气,引起锌中毒。气焊铝及铝合金时,要用铝气焊熔剂,会产生氟化物烟尘,引起急性中毒。

②在狭小的作业空间焊接有涂层(如涂漆、塑料或镀铅、锌等)的焊件时,由于涂层物质在高温作用下蒸发或裂解形成有毒气体和有毒蒸

气等。

③在有毒介质的容器或环境中焊接时，没有采取通风和个人防毒措施时，造成急性中毒。

④液化石油气和乙炔中有硫化氢、磷化氢，会引起中毒。空气中乙炔和液化石油气浓度较高时，也会引起中毒。

为防止中毒，应加强焊割工作场地（尤其是狭小的密闭空间）的通风措施。在封闭容器、罐、桶、舱室中焊接、切割时，应使空气流通，以防焊工中毒，必要时应有专人监护。

第三节　焊工特殊环境作业安全技术

一、焊工高处作业安全技术

离地 2m（含 2m）以上的作业称为高处作业。在高处进行焊接作业，比在平地上作业具有更大的危险性，必须遵守下列安全操作规则：

①在高处作业时，电焊工首先要系上带弹簧钩的安全带，并把自身系在构架上。为了保护下面的人不致被落下的熔融金属滴和熔渣烧伤，或被偶然掉下来的金属物等砸伤，要在工作处的下方搭设平台，平台上应铺盖铁皮或石棉板。高出地面 1.5m 以上的脚手架和吊空平台的铺板须用不低于 1m 高的栅栏围住。

②高处焊接作业时，焊工使用的攀登物、脚手架、梯子必须牢固可靠。梯子要有专人扶持，焊工工作时应站稳把牢，谨防失足摔伤。

③高处作业时，焊接电缆要紧绑在固定处，严禁绕在身上或搭在背上工作。应使用头盔式面罩，不得用手持式面罩代替头盔式面罩。辅助工具如钢丝刷、手锤、錾子及焊条等应放在工具袋里。更换焊条时，焊条头不要随便往下扔。

④焊工在上层施工时，下面必须装上护栅以防火花、工具和零件及焊条等落下伤人。在施焊现场 5m 范围内的刨花、麻絮等所有的易燃、易爆物品必须清除干净。

⑤在高处焊接作业时，不得使用高频引弧器，预防万一触电、失足坠落。高处作业时应有监护人，密切注意焊工安全动态。电源开关应设在监护人近旁，遇到紧急情况立即断电。

⑥焊接用的工作平台应保证焊工能灵活方便地焊接各种空间位置的焊缝。安装焊接设备时，其安装地点应使焊接设备发挥作用的半径越大越好。使用活动的电焊机在高处进行焊条电弧焊时，必须采用外套胶皮软管的电源线；活动式电焊机要放置平稳，并有完好的接地装置。

⑦遇到雨、雾、雪、阴冷天气时，应遵照特种规范进行焊接工作。电焊工工作地点应加以防护，免受不良天气影响。

⑧焊工除掌握一般操作安全技术外，高处作业的焊工一定要经过专门的身体检查，通过有关高处作业安全技术规则考试才能上岗。患有高血压、心脏病等疾病的人员不宜从事高处焊接作业。

二、内有易燃、易爆介质的容器与管道的检修焊补安全技术

1. 内有易燃、易爆介质的容器、管道的检修焊补方法

(1)置换焊补

置换焊补就是在焊接动火前实行严格的惰性介质置换，将原有的可燃物排出，使设备及管道内的可燃物含量达到安全要求，经确认不会形成爆炸性混合物后，才能动火焊补。

(2)带压不置换焊补

带压不置换焊补主要用于可燃液体和可燃气体容器管道的焊补。此方法要求严格控制氧的含量，使工作场所不能形成达到爆炸极限范围的混合气，在燃料容器或管道处于正压条件下进行焊补。通过对含氧量的控制，使可燃气体含量大大超过爆炸极限，然后使它以稳定不变的速度，从设备或管道的裂缝处逸出，与周围空气形成一个燃烧系统。点燃可燃性气体，并以稳定的条件保持这个燃烧系统，在焊补时，控制气体在燃烧过程中不致发生爆炸危险。

2. 置换焊补安全措施

(1)可靠隔离

①设置盲板。内有易燃、易爆介质的容器与管道停止工作后，通常采用盲板将与之联结的管路截断，使焊补的容器管道与生产的部分完全隔离。盲板除必须保证严密不漏气外，还应保证能耐管路的工作压力，避免盲板受压破裂。

此外，还可在盲板与阀门之间加设放空管或压力表，并派专人看

守，否则应将管路拆卸一节。短时间的动火检修可用水封切断气源，但须设专人看守水封溢流管的溢流情况，防止水封失效。

②划定固定动火区。将可拆卸并有条件移动到固定动火区焊补的物体，必须移到固定动火区内进行焊补。固定动火区必须符合以下要求：

a. 无可燃物、管道和设备，并且距易燃易爆物和设备、管道 10m 以上。

b. 室内的固定动火区与防爆的生产现场要隔开，不能与门窗、地沟等串通。

c. 在正常放空或一旦发生事故时，可燃气体或蒸气不能扩散到固定动火区。

d. 常备足够数量的灭火工具及设备。

e. 固定动火区内禁止放置和使用各种易燃物质，如易挥发的清洗油、汽油等。

f. 周围要划定界线，并设置“动火区”字样的安全标志。在未采取可靠的安全隔离措施之前，不得动火焊补检修。

(2)严格控制可燃物含量

焊补前，通常采用蒸汽蒸煮并用置换介质吹净等方法，将容器内部的可燃物质和有毒物质置换排除。在置换过程中，要不断取样分析，严格控制容器内的可燃物含量，以保证符合安全要求。这是置换焊补防爆的关键。容器内部的可燃物含量不得超过爆炸下限的 1/4～1/2；如果需进入容器内工作，除保证可燃物不超过上述含量外，由于置换后的容器内部是缺氧环境，所以还应保证含氧量（氧的体积分数）达到 18%～21%，毒物含量应符合“工业企业设计卫生标准”的规定。

常用的置换介质有氮气、二氧化碳、水蒸气或水等。以水作为置换介质时，将容器灌满即可。当置换介质比被置换介质的密度大时，应由容器的最低点送进置换介质，由最高点向室外放散。以气体作为置换介质时，其需用量不能按经验以超过被置换介质容积的几倍来计算，因为某些被置换的可燃气体或蒸气具有滞留性质。在同置换气体密度相差不大时，还应注意置换不彻底的可能性及两相间的互相混合现象。某些情况下必须采用加热气体介质来置换，才能将潜存在容器内部的易燃易爆混合气置换出来。

置换作业必须做到气体成分化验分析达到合格，以着手焊补前0.5h取得的样品分析为准。焊补过程中还要不断取样分析。容器内部的取样部位应是具有代表性的部位。未经置换处理，或虽已置换但尚未分析化验气体成分是否合格的内有易燃、易爆介质的容器与管道，均不得随意动火焊补。

(3)严格清洗工作

有些易燃易爆介质被吸附在容器或管道内表面的积垢或外表面的保温材料中，由于温差和压力变化的影响，置换后还能陆续散发出来，导致操作中气体成分发生变化，造成爆炸火灾事故发生。油类容器、管道的清洗，可以用10%(重量百分数)的氢氧化钠(即火碱)水溶液洗数遍，也可以通入水蒸气进行蒸煮，然后再用清水洗涤。

配制碱液时，应先加冷水，然后才分批加入计算好的火碱碎块，以免碱液发热涌出而伤害焊工，切忌先加碱块后加水。

有些油类容器如汽油桶，因汽油较易挥发，故可直接用蒸汽流吹洗。

酸性容器壁上的污垢、黏稠物和残酸等，要用木质、铝质或含铜70%以下的黄铜工具手工清除。

为提高工作效率和减轻劳动强度，可以采用水力机械、风动或电动机械以及喷丸等清洗除垢法。喷丸清理积垢具有效率高、成本低等优点。但禁止用喷沙除垢。

在无法清洗的特殊情况下，在容器外焊补动火时应尽量多灌装清水，以缩小容器内可能形成爆炸性混合物的空间。容器顶部须留出与大气相通的孔口，以防止容器内压力的上升。在动火时，应保证不间断地进行机械通风换气，以稀释可燃气体和空气的混合物。

(4)空气分析和监视

通过置换和清洗后，应从容器内外的不同部位取样进行化验，分析气体成分，合格后，才可以开始焊补工作。在焊补过程中，也应该用仪表监测并随时取样分析，以防焊补操作时，从保温材料中或桶底死角处，还有可能陆续散发出可燃气体而引起爆炸。开始焊补前，应把容器的入孔、手孔及放空管等打开，切忌在密闭、不通风的状态下进行焊补工作，以免出现危险。使用气焊焊补时，点燃及熄灭焊枪，均应在容器外部进行。

(5)安全组织措施

①在检修焊补前必须制定计划，应包括进行检修焊补作业的程序、安全措施和施工草图。施工前，应与生产人员和救护人员联系并通知厂内消防人员作好准备。

②在工作地点 10m 内停止其他用火工作，电焊机二次回路线及气焊设备要远离易燃物，防止操作时因线路发生火花或乙炔漏气造成起火。

③检修动火前，除应准备必要的材料、工具外，在黑暗处或夜间工作时，应有足够的照明，使用具有防护罩的安全行灯和其他安全照明灯具。

3. 带压不置换焊补安全措施

内有易燃、易爆介质的容器与管道带压不置换焊补技术操作时，引起爆炸的危险要比置换焊补大。因此，要严格控制系统内含氧量和焊补点周围的可燃物，使之达到安全要求，并在保持正压的条件下作业。

内有易燃、易爆介质的容器与管道带压不置换焊补操作需多部门紧密配合。在企业生产、安全、技术等部门未采取有效措施并经过当地有关安全监督管理部门批准前，任何人不得擅自进行带压不置换焊补作业。

(1)严格控制氧含量

带压动火焊补之前，必须进行容器内气体成分的分析，以保证氧含量不超过安全值，即氧的含量低于某一极限值时，不会形成达到爆炸极限的混合气，也就不会发生爆炸。

目前，有些部门规定，氢气、一氧化碳、乙炔等的极限氧含量以不超过 1%作为安全值。这个数据具有一定的安全系数。

在动火前和整个焊补操作过程中，都要始终稳定控制系统中氧含量低于安全值，加强气体分析(可安装氧气自动分析仪)，发现系统中氧气含量增高时，应尽快查出原因及时排除。氧含量超过安全值时应立即停止焊接。

(2)正压操作

在焊补操作全过程中，设备、管道必须连续保持稳定的正压。这是带压不置换焊补安全程度的关键。一旦出现负压，空气进入焊补的设备或管道，就难免发生爆炸。

正压的大小控制在0.02～0.067MPa之间，并且要设置水压计，安排专人随时监测正压的大小。正压大小的选择一般以不猛烈喷火为宜。压力太大，气体流量、流速大，喷出的火焰猛烈，焊条熔滴易被气流冲走，给焊接造成困难。另外，穿孔部位的钢板在火焰高温下易产生变形或裂孔扩大，从而喷出更大的火焰，造成事故。压力太小，会使空气漏入设备或管道，形成爆炸性混合气。因此，在选择压力时，以喷火不猛烈为原则，具体选定压力大小。总之，对压力的要求就是应保持连续不断的低压稳定气流。穿孔裂纹越小，压力调节的范围越大，可使用的压力亦越高。反之，应考虑较小的压力。但在任何情况下禁止在负压情况下焊接。

(3)严格控制动火点周围可燃气含量

在进行容器带压不置换焊补时，还必须分析动火点周围滞留空间的可燃物含量，以小于爆炸下限的1/3～1/4为合格。取样部位应考虑到可燃气的性质(如密度、挥发性)和厂房建筑的特点。注意检测数据的准确可靠性，确认安全可靠时再动火焊补。

(4)焊接操作的安全要求

①焊接前要引燃从裂缝逸出的可燃气体，形成一个稳定的燃烧系统。在引燃和动火操作时，工作人员不可正对动火点，以免压力突增、火焰急剧喷出烧伤工作人员。

②焊接电流大小要适当，特别是钢板较薄的设备，过大的焊接电流易将金属烧穿，在介质压力下会产生更大的孔。

③当动火条件发生变化，如系统内压力急剧下降到所规定的限度或含氧量超过允许值时，应立即停止动火，查明原因并采取相应措施后，方可继续进行焊补工作。

④焊接操作中如遇着火，应立即采取灭火措施。在火未熄灭前，不得切断可燃气来源，也不得降低或消除系统的压力，以防设备管道吸入空气形成爆炸性混合气。

⑤焊补前，要先弄清待焊部位的情况，如穿孔裂纹的位置、形状、大

小及补焊的范围等，采取相应措施，如较长裂纹采用打止裂孔的办法再补焊等。

(5)安全组织措施

除与置换焊补的安全组织措施相同外，应注意以下几点：

①现场要准备几套长管式防毒面具。由于带压焊接，在可燃气体未点燃前，会有大量超过允许浓度的有害气体逸出，施工人员戴上防毒面具，是确保人身安全的重要措施。还应准备必要的灭火器材，最好是二氧化碳灭火器。

②做好严密的组织工作，要有专人统一指挥，各重要环节均应有专人负责。

③焊工要有较高的技术水平和丰富的焊接经验，焊接工艺参数、焊条选择要适当，操作时准确快速，不允许技术差、经验少的焊工带压焊接。

第四节　焊工职业卫生和劳动保护

电焊作业环境中的职业有害因素包括：电弧辐射、焊接烟尘、有害气体、放射性物质、噪声、高频电磁场等。

一、电弧辐射危害和防护措施

1. 电弧辐射危害

焊条电弧焊电弧温度可达3000℃以上，等离子弧的电弧温度在其弧柱中心可达18000～24000K。在此高温下可产生强的弧光。电弧弧光主要包括红外线、紫外线和可见光线。弧光辐射到人体上被体内组织吸收，引起组织的热作用、光化学作用或电离作用，致使人体组织发生急性或慢性的损伤。

皮肤受电焊弧光强烈紫外线作用时，可引起皮炎。电焊弧光紫外线作用严重时，还伴有头晕、疲劳、发烧、失眠等症。因电焊弧光紫外线过度照射引起眼睛的急性角膜炎、结膜炎，称为电光性眼炎。若长期受紫外线照射会引起水晶体内障眼疾。

焊条电弧焊可以产生全部波长的红外线(760～1500μm)。红外线波长越短，对机体危害作用就越强。长波红外线可被皮肤表面吸收，使人产生热的感觉，短波红外线可被组织吸收，使血液和深部组织加热，产生灼伤。眼睛长期接受短波红外线的照射，可产生红外白内障和视网膜灼伤。

焊接电弧的可见光亮度比肉眼通常能承受的光度约大 10000 倍。被照射后眼睛疼痛，看不清东西，通常叫电焊“晃眼”。不带防护面罩禁止观看电焊弧光。

2. 电弧辐射的防护措施

必须保护焊工的眼睛和皮肤免受弧光辐射作用。其防护措施如下：

①电焊工进行焊接作业时，应按照劳动部门颁发的有关规定使用劳保用品、穿戴符合要求的工作服、鞋帽、手套、鞋盖等，以防电弧辐射和飞溅烫伤。常用的有白帆布工作服或铝膜防护服。

②电焊工进行焊接作业时，必须使用镶有吸收式滤光镜片的面罩。滤光片应根据焊接方法和焊接电流强度，按照表 10-2 选择。如果焊接、切割中电流较大、身边没有遮光号大的滤光片，可将两片滤光号较小的滤光片叠加使用，效果相同。焊接作业累计 8h 后，一般要更换一次新的保护片。

表 10-2　护目镜遮光号的选择

焊接方法	焊条尺寸(mm)	焊接电流(A)	最低遮光号	推荐遮光号*
焊条电弧焊	<2.5	<60	7	—
	2.5~4	60~160	8	10
	4~6.4	160~250	10	12
	>6.4	250~550	11	14
气体保护电弧焊及药芯焊丝电弧焊	—	<60	7	—
		60~160	10	11
		160~250	10	12
		250~500	10	14
钨极气体保护电弧焊	—	<50	8	10
		50~100	8	12
		150~500	10	14

续表 10-2

焊接方法	焊条尺寸(mm)	焊接电流(A)	最低遮光号	推荐遮光号*
空气碳弧切割	—	<500 500～1000	10 11	12 14
等离子弧焊接	—	<20 20～100 100～400 400～800	6 8 10 11	6～8 10 12 14
等离子弧切割	—	<300 300～400 400～800	8 9 10	9 12 14
硬钎焊	—	—	—	3 或 4
软钎焊	—	—	—	2
碳弧焊	—	—	—	14
气焊	板厚(mm) <3 3～13 >13	—	4 或 5 5 或 6 6 或 8	
气割	板厚(mm) <25 25～150 >150	—	3 或 4 4 或 5 5 或 6	

注：* 根据经验，开始使用太暗的镜片难以看清焊接区，因而建议使用可看清焊接区域的适宜镜片，但遮光号不要低于下限值。在氧燃气焊接或切割时焊炬产生亮黄光的地方，希望使用滤光镜以吸收操作视野范围内的黄光线或紫外线。

使用的手持式和头盔式保护面罩应轻便、不易燃、不导电、不导热、不漏光。目前已采用护目镜可启闭的 MS 型面罩，见图 10-5。MS 型手持式面罩护目镜启闭按钮在手柄上。头盔式面罩护目镜启闭开关设置在电焊钳绝缘手柄上，引弧及敲渣时都不必移开面罩，使电焊工操作更方便，得到更好的防护。

③为保护焊接工地其他工作人员的眼睛，一般在小件焊接的固定场所应安装防护屏。防护屏采用石棉板、玻璃纤维板和铁板等不易燃

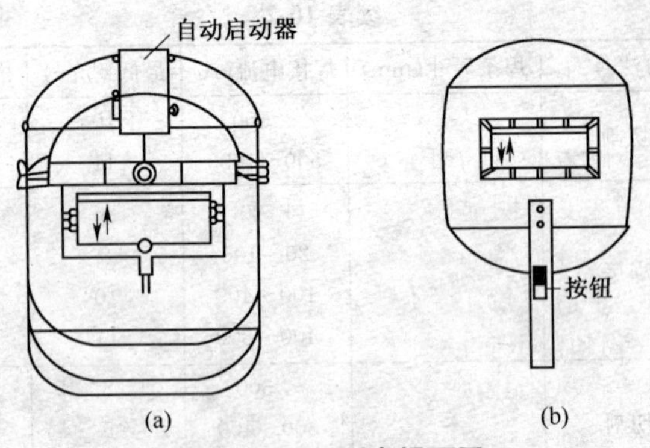

图 10-5 MS 型电焊面罩

(a)头盔式 (b)手持式

烧的板材,并涂上灰色或黑色。屏高约 1.8m,屏底距地面应留 250～300mm 的间隙,以供空气流通。在工地焊接时,电焊工在引弧时应提请周围人员注意避开弧光,以免弧光伤眼。

④在夜间工作时,焊接现场应有良好的照明。否则,由于光线亮度反复剧烈变化,容易引起电焊工眼睛疲劳。

⑤一旦发生电光性眼炎,可到医院就医,也可用以下方法治疗:奶汁滴治法,用人奶或牛奶每隔 1～2min 向眼内滴一次,连续 4～5 次就可止泪;凉物敷盖法,用黄瓜片或土豆片盖在眼上,闭目休息 20min 即可减轻症状;凉水浸敷法,眼睛浸入凉水内,睁开几次,再用凉水浸湿毛巾,敷在眼睛上,8～10min 换一次,短时间内可治愈。

二、焊接烟尘及有毒气体的危害和防护措施

1. 焊接烟尘危害

焊接操作中的金属烟尘包括烟和粉尘。焊条和母材金属熔融时所产生的蒸气在空中迅速冷凝及氧化形成的烟,其固体微粒直径往往小于 0.1μm。直径 0.1～10μm 的微粒称为粉尘。飘浮于空气中的粉尘和烟等微粒统称气溶胶。焊条电弧焊的金属烟尘还来源于焊条药皮的蒸发和氧化。

有关现场调查的测定结果表明,在没有局部抽风装置的情况下,室内使用碱性焊条单支焊钳焊接时,空气中焊接烟尘浓度可达 96.6～

246mg/m³。采用E4303(J422)焊条在通风不良的罐内进行焊接时，空气中烟尘浓度为186.5～286mg/m³，采用E5015(J507)焊条时为226.4～412.8mg/m³。以上数字说明：使用碱性焊条比使用酸性焊条焊接烟尘的浓度有明显的增高，通风不良的罐、舱内比一般厂房内空气中焊接烟尘的浓度有明显的增高，而且远远高于国家规定车间空气中电焊烟尘最高允许浓度6mg/m³的标准。

焊接烟尘是造成焊工尘肺的直接原因。锰中毒也由焊接烟尘引起，锰的化合物和锰尘通过呼吸道和消化道侵入人体。电焊工锰中毒发生在使用高锰焊条以及高锰钢的焊接中，锰及其化合物主要作用于末梢神经和中枢神经系统，轻微中毒可引起头晕、失眠及舌、眼睑和手指轻微震颤。中毒进一步发展，表现出转弯、跨越、下蹲困难，甚至走路左右摇摆或前冲后倒，书写时震颤不停等。

此外，焊接烟尘还引起焊工金属热，其主要症状是工作后发烧、寒战、口内金属味、恶心、食欲不振等。翌晨经发汗后症状减轻。一般在密闭罐、船舱内使用碱性焊条时，易引起焊工金属热。

2. 有毒气体危害

焊接、切割时，在电弧的高温和强烈的紫外线的作用下，在弧区周围形成多种有毒气体，其中主要有臭氧、氮氧化物、一氧化碳、二氧化碳和氟化氢等。

臭氧是由于紫外线照射空气、发生光化学作用而产生的。臭氧产生于距离电弧约1m远处，而且气体保护焊比焊条电弧焊产生的臭氧要多得多。臭氧浓度超过允许值时，往往引起咳嗽、胸闷、乏力、头晕、全身酸痛等，严重时可引起支气管炎。

氮氧化物是由于焊接高温的作用，使空气中的氮、氧分子氧化而成。电焊有害气体中的氮氧化物主要为二氧化氮和一氧化氮。一氧化氮不稳定，很容易继续氧化为二氧化氮。氮氧化物为刺激性气体，能引起激烈咳嗽、呼吸困难和全身无力等。

焊接、切割中产生一氧化碳的原因大体有三种：一种是二氧化碳与熔化的金属元素发生反应而生成；二是由于二氧化碳在高温电弧作用下分解而产生；三是气焊时，氧、乙炔等可燃气体燃烧比例不当而形成。一氧化碳经呼吸道由肺泡进入血液，与血红蛋白结合成碳氧血红蛋白，使人体缺氧，造成一氧化碳（煤气）中毒。

二氧化碳气体保护焊和气焊作业都会出现和产生大量二氧化碳气体。二氧化碳是一种窒息性气体，人体吸入过量二氧化碳引起眼睛和呼吸系统刺激，重症者可出现呼吸困难、知觉障碍、肺水肿等。

氟化氢的产生主要是由于碱性焊条药皮中含有萤石（CaF_2）在电弧高温下分解形成。氟化氢极易溶于水而形成氢氟酸，具有较强的腐蚀性。吸入较高浓度的氟化氢，强烈刺激上呼吸道，还可引起眼结膜溃疡以及鼻黏膜、口腔、喉及支气管黏膜的溃疡，严重时可发生支气管炎、肺炎等。

3. 焊接烟尘及有毒气体的防护措施

(1)焊接通风除尘

对焊接烟尘和有毒气体防护的主要措施是焊接通风除尘。在车间内、室内、罐体内、船舱内及各种结构局部空间内进行的焊条电弧焊和气体保护焊，都应采用适宜的通风除尘措施。焊接通风除尘的排烟方式主要有：全面通风、局部通风两大类。一个完整的通风除尘系统不应是简单地将车间内被污染的空气排出室外，而是将被污染的空气净化后再排出室外，这样才能有效地防止对车间外大气的环境污染。

①全面通风。全面机械通风是通过管道及风机等机械的通风系统进行全车间的通风换气。设计时，应按每个焊工通风量不小于 $57m^3/min$ 来考虑。当焊接作业室内净高度低于 4m 或每个焊工工作空间小于 $200m^3$ 时，以及工作间（室、舱、柜）内部结构影响空气流动，焊接作业点焊接烟尘浓度超过 $6mg/m^3$，有毒气体浓度超过表 10-3 的规定时，应采取全面通风换气。

表 10-3 焊接有毒气体测量值

有害物质名称	现场测量值（mg/m^3）	最高允许浓度（mg/m^3）
臭氧（O_3）	0.13～0.26	0.3
氧化氮（换算成 NO_2）	0.1～1.11	5
一氧化碳（CO）	4.2～15①	30
二氧化碳（CO_2）	—	9000②
氟化氢及氟化物（换算成 F）	16.75～51.2	1

注：①为船舱、锅炉、罐内等通风不良处测量值。

②为美、日、德规定值。

②局部通风。局部通风系统的结构如图 10-6 所示。局部通风系统由排烟罩、风管、风机、净化装置四个部分组成。局部通风系统的形式有固定式、移动式和随机式三种。

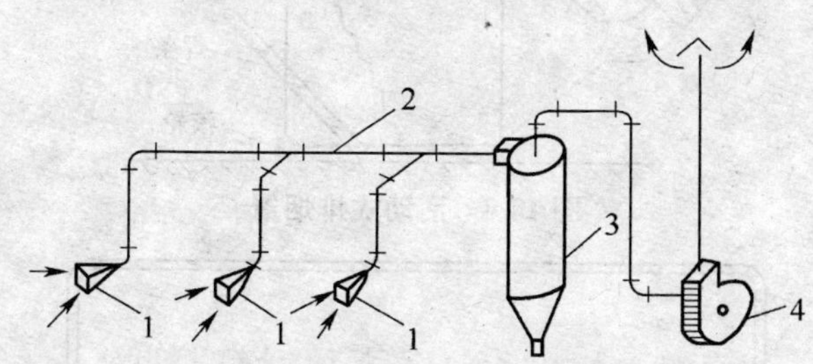

图 10-6　局部通风系统示意图

1. 局部排烟罩　2. 风管　3. 净化设备　4. 风机

a. 固定式排烟罩。如图 10-7 所示，固定式排烟罩有上抽式、下抽式和侧抽式三种。这类装置适于焊接操作地点固定、工件较小的情况下采用。其中，下抽式排风方法使焊接操作方便、排风效果较好。此种通风装置排烟途径要合理，焊接烟气不得经过操作者。排出口的风速以 1～2m/s 为宜。排出管的出口必须高出作业厂房顶部1～2m。

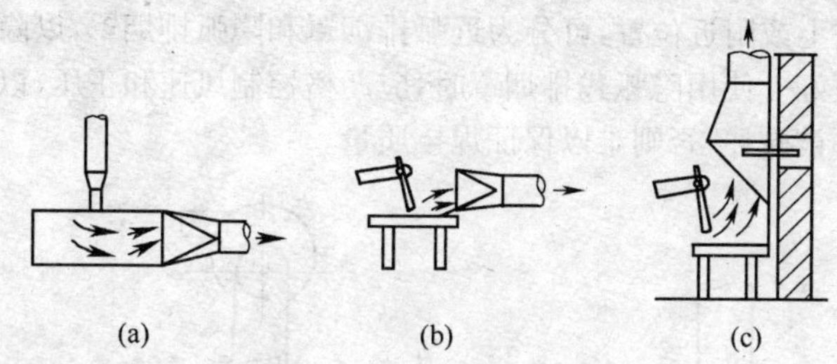

图 10-7　固定式排烟装置

(a)下抽式　(b)侧抽式　(c)上抽式

b. 活动式排烟罩。如图 10-8 和图 10-9 所示，其结构简单轻便，可根据需要随意移动。在密闭结构、化工容器和管道内施焊或在大厂房非定点施焊时效果良好。

c. 随机式排烟罩。如图 10-10 所示，随机式排烟罩是被固定在自

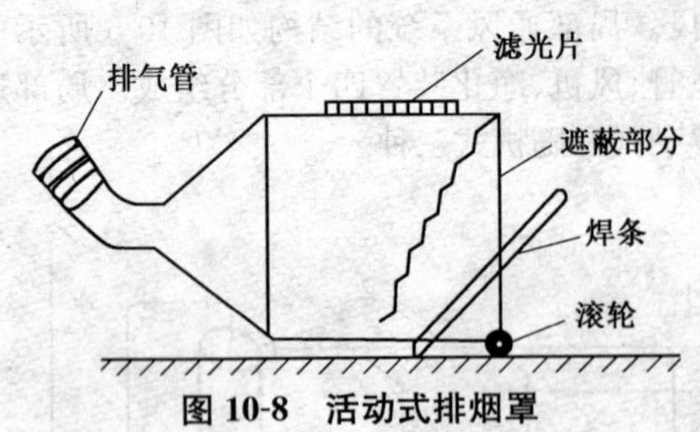

图 10-8　活动式排烟罩

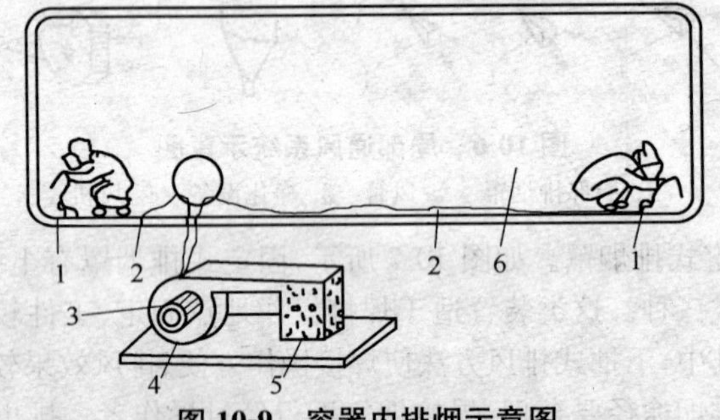

图 10-9　容器内排烟示意图

1. 排烟罩　2. 软管　3. 电动机　4. 风机　5. 过滤器　6. 容器

动焊机头上或附近位置，可分为近弧排烟罩和隐弧排烟罩，以隐弧排烟罩效果更好。使用隐弧式排烟罩时，应严格控制风速和正压，以保证保护气体不被破坏，否则难以保证焊接质量。

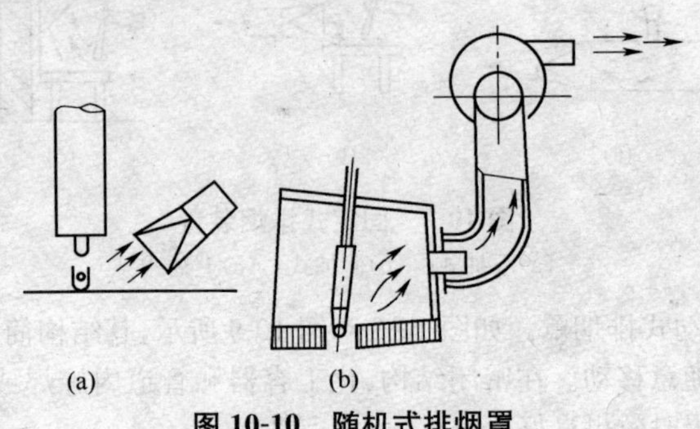

图 10-10　随机式排烟罩

(a)近弧排烟罩　(b)隐弧排烟罩

(2)个人防护用品

在整体或局部通风不能使烟尘浓度降低到卫生标准以下的场所作业时,焊工必须佩戴合适的防尘口罩或防毒面具。

防尘口罩分为过滤式防尘口罩和隔离式两大类。每类又分自吸式和送风式两种。过滤式防尘口罩是通过过滤介质,将粉尘过滤干净。国产过滤式防尘口罩的等级与使用范围见表 10-4。

表 10-4 国产过滤式防尘口罩的等级与使用范围

级别	阻尘率(%)	使用范围	
		粉尘含游离硅 $w(Si)$(%)	作业环境粉尘浓度(mg/m^3)
1	≥99	>10	<200
		>10	<1000
2	≥95	>10	<40
		<10	<200
3	≥90	<10	<100
4	≥85	<10	<70

隔离式防尘口罩是将人的呼吸道与作业环境隔离,通过导管或压缩空气将干净空气送入供人呼吸。防尘口罩要求阻尘效果好,呼吸畅通。送风口罩工作系统如图 10-11 所示。

防毒面具通常可采用送风焊工头盔来代替。焊接作业中,使用软管式呼吸器或过滤式防毒面具即可。

三、放射性物质危害和防护措施

(1)放射性物质危害

氩弧焊和等离子弧焊、切割使用的钍钨极含有的氧化钍质量分数为 1%~2.5%。钍是天然的放射性物质。但从实际检测结果可以认为,焊接、切割时产生的放射性剂量对焊工健康尚不足以造成损害。但钍钨极磨尖时放射性剂量超过卫生标准,大量存放钍钨极应采取相应的防护措施。人体长时间受放射性物质射线照射,或放射性物质进入并积蓄在体内,则可造成中枢神经系统、造血器官和消化系统的疾病。

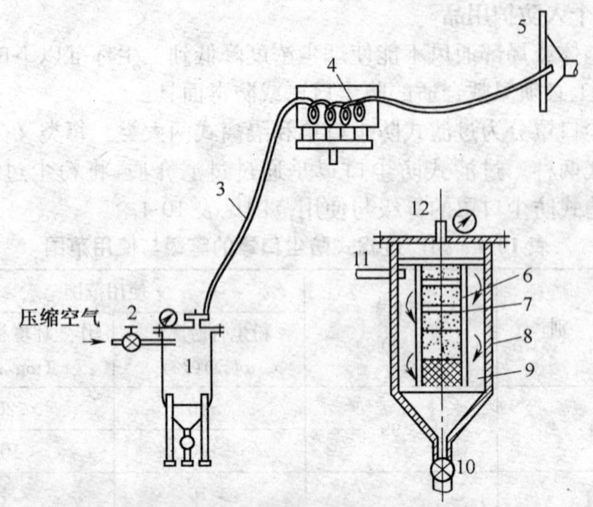

图 10-11　送风口罩工作系统

1. 空气过滤器　2. 调节阀　3. 塑料管　4. 空气加热器　5. 口罩　6. 压紧的棉花　7. 泡沫塑料　8. 焦炭粒　9. 瓷环　10. 放水阀　11. 进气口　12. 出气口

(2)放射性物质的防护措施

①采用高效率的排烟系统和净化装置,将烟尘排到室外。

②钍钨棒储存地点要固定在地下封闭箱内。大量存放时应藏于铁箱里,并安装排气管。

③应备有专用砂轮来磨钍钨棒,砂轮机要安装除尘设备,如图 10-12 所示。砂轮机所处地面上的磨屑要经常做湿式扫除,并集中深埋处理。磨尖钍钨棒时应戴防尘口罩。

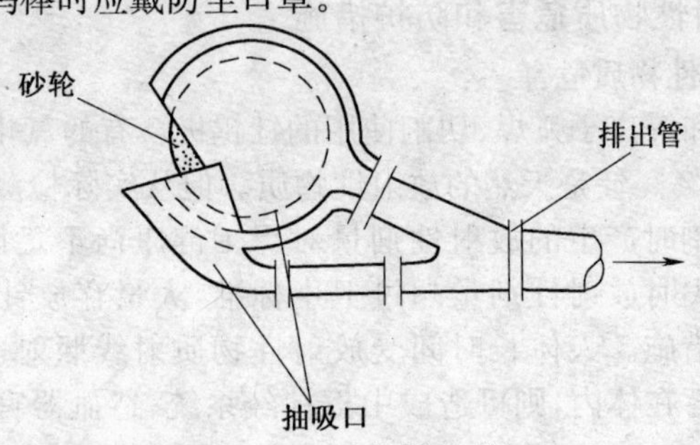

图 10-12　砂轮抽排装置

④手工焊接操作时，必须戴送风防护头盔或采取其他有效措施。采用密闭罩施焊时，在操作中不应打开罩体。

⑤接触钍钨棒后以流动水和肥皂洗手，并经常清洗工作服及手套等。

⑥尽量选用铈钨极。

⑦射线探伤等焊接无损检验时，也应注意放射性的防护。

四、高频电磁场危害和防护措施

(1)高频电磁场危害

钨极氩弧焊和等离子弧焊接、切割等，采用高频振荡器来激发引弧，因而在引弧瞬间(2～3s)有高频电磁场存在。经测定电场强度较高，超过了卫生标准(20V/m)。电焊振荡器所产生的高频电磁场对人体有一定影响，虽危害不大，但长期接触较大的高频电磁场，会引起头晕、头痛、疲乏无力、记忆力减退、心悸、胸闷和消瘦等症状。此外，在不停电更换焊条时，高频电磁场会使焊工产生一定的麻电感觉。这在高处作业是很危险的。

(2)高频电磁场的防护措施

钨极氩弧焊和等离子弧焊接或等离子弧切割，采用高频振荡器来激发引弧时，为减少焊接时高频电磁场对焊工的有害影响，焊接电缆应采用屏蔽线，即在焊枪的焊接电缆外面套上用软铜丝编织的软管进行屏蔽，将铜线软管一端接在焊枪上，另一端接地，并在外面用绝缘布包上。同时，在操作台的地面上垫上绝缘橡胶板。目前，已广泛采用接触引弧或晶体管脉冲引弧取代高频引弧。

五、噪声危害和防护措施

(1)噪声危害

在等离子弧喷枪内，由于气流的压力起伏、振动和摩擦，并从喷枪口高速喷射出来，产生噪声。噪声的强度与成流气体的种类、流动速度、喷枪的设计以及工艺性能有密切关系。等离子弧喷涂时声压级可达123dB，常用功率(30kW)等离子弧切割时为111.3dB，大功率(150kW)等离子弧切割时则可达118.3dB。上述检测结果均超过了卫生标准90dB。噪声对中枢神经系统和血液循环系统都有影响，能引起血压升高、心动过快、厌倦和烦躁等。长期在强噪声环境中工作，还会引起听觉障碍。

(2)噪声的防护措施

焊接作业中的噪声主要来源于等离子焊、等离子弧喷涂、风铲铲边及锤击钢板等。其防护措施首先是隔离噪声源,如将等离子弧焊及等离子喷涂隔离在专门的工作室内操作;其次是改进工艺,如用矫直机代替敲击校正板;第三是使用耳塞、耳罩及防噪声棉等。最常用的防噪声个人防护用品是耳塞和耳罩。

耳塞是插入外耳道最简便的护耳器。耳塞分大、中、小三种规格。耳塞的平均隔声值为 15～25dB。耳塞的优点是防声作用大,体积小,携带方便,易于保存,价格便宜。佩戴各种耳塞时,要将塞帽部分轻轻推入外耳道内,使它与耳道贴合,但不要用力太猛或塞得太深,以感觉适度为宜。

耳罩是一种以椭圆或腰圆形罩壳把耳朵全部罩起来的护耳器。耳罩对高频噪声有良好的隔离作用,平均隔声值为 15～30dB。使用耳罩时,应先检查外壳有无裂纹和漏气,而后将弓架压在头顶适当位置,务必使耳壳软垫圈与皮肤贴合。

正确佩戴防噪声用品与防噪声效果好坏有密切关系。当佩戴一种护耳器效果不好时,可同时使用两种护耳器。

六、焊工劳动保护用品

劳动保护用品是保护工人在劳动过程中安全和健康所需要的、必不可少的预防性用品。焊接和切割作业时使用的劳动保护用品较多,有防护面罩、头盔、防护眼镜、安全帽、防噪声耳塞、耳罩、工作服、手套、绝缘鞋、安全带、防尘口罩、防毒面具及披肩等。焊工劳动保护用品均应达到国家相关标准技术性能的规定。

1. 工作服

焊接用防护工作服一般应是白帆布工作服(不宜用化纤衣料制作),具有隔热、反射和吸收等屏蔽作用,耐磨、透气性好等优点,可保护焊工免受弧光辐射及飞溅物等伤害。

仰焊或切割时,为防止火星、熔渣溅到面部或额部造成灼伤,焊工可用石棉物的披肩、长袖套、围裙和鞋盖进行防护。

焊接、切割过程中的高温飞溅物如果落到卷袖、衣服、工作裤或裤卷口会造成皮肤灼伤。因此，穿工作服时，一定要把袖子和衣领扣扣好。工作服不应有口袋，并不应扎在工作裤里边。工作服要有一定长度，一般应过腰长。工作服还不应有破损孔洞和缝隙。不允许粘有油脂或潮湿，重量应较轻。

2. 电焊手套、工作鞋和鞋盖

(1)电焊手套

焊接和切割作业时，焊工必须戴防护手套。手套要求耐磨、耐辐射热、不易燃和绝缘性能良好，最好采用牛(猪)绒面革制手套。在可能导电的场所工作时，所用手套应经耐电压3000V试验合格后方能使用。电焊手套长度不得小于300mm。

(2)工作鞋

焊接作业必须穿绝缘胶鞋，工作鞋要求耐热、不易燃、耐磨、防滑的高筒绝缘鞋，耐高压需在5000V时保持2min不击穿。一般可穿戴翻毛皮面、黏胶底或橡胶底的工作鞋。鞋底不得有鞋钉。在有积水的地面焊割作业时，焊工应穿经过6000V耐压试验合格的防水橡胶鞋。工作鞋鞋底耐热需在200℃以上，温度保持15min。

(3)鞋盖

在飞溅强烈的场地，除穿工作鞋外，还应带有鞋盖。鞋盖最好用帆布或皮革制成，防止飞溅物对脚部的烫伤。

3. 安全带

焊工登高焊割作业时，必须带符合国家标准的防火高空作业安全带。使用安全带前，必须检查安全带各部分是否完好，救生绳挂钩应固定在牢靠的结构上。安全带系在腰部，绳的挂钩挂在带的同一水平位置；也可以将绳挂在高处，人在下面工作；注意安全带一定不能将绳挂在下面，人在高处工作，这样极不安全。

4. 安全帽

在多层交叉作业时，焊工应该戴好安全帽。安全帽要符合国家标准，并使用有合格证的产品。每次使用前要检查各部分是否完好，是否有坠落物撞击痕迹，是否有老化裂纹。调整好帽箍使之适合使用者头部，并且调整好帽衬与帽壳顶内面的垂直距离，保持在25～50mm之间。

七、触电急救

1. 现场抢救要点

(1)迅速使触电者脱离电源

发现有触电者时,切不可惊慌失措,应采取措施,尽快使触电者脱离电源。这是减轻伤害和救护的关键。脱离1000V以下电源的方法有:切断电源、挑推开电源、拉开触电者、割断电源线。

切断电源即断开电源开关、拔出插头或按下停电按钮。挑开电源必须使用绝缘物(干燥的木棒、绳索等)挑开电线或电气设备,使之与触电者脱离。若触电者俯仰在漏电设备上,或电源线被压在触电者身下,抢救人员应穿上绝缘鞋,或站在干燥的木板上,用干燥的绳索套在触电者身上,将触电者拉开,脱离电源。若触电现场远离电源开关、挑不开电线或触电者肌肉收缩紧握电线时,可用绝缘胶套的钳子剪断电线。

脱离1000V以上高压电源时,应立即通知有关部门停电;抢救者穿绝缘靴、戴绝缘手套,用符合电源电压等级的绝缘棒或绝缘钳,使触电者脱离电源;用安全的方法使线路短路,迫使保护器件动作,断开电源。

(2)准确及时实行救治

触电者脱离电源后,抢救人员必须在现场及时就地实施救治,千万不能停止救治措施而等待急救车或长途运送医院。抢救奏效的关键是迅速,而迅速的关键是必须准确地就地救治。救治实施人工呼吸或胸外心脏挤压等方法,要坚持不断,不可轻率停止,即使在运送医院途中也不能中止。直到触电者出现自主呼吸和心跳后,即可停止人工呼吸或胸外心脏挤压。

当触电者全部具有以下五个征象时,方可停止抢救;若其中有一个征象未出现,也应该努力抢救到底。五个征象是:心跳、呼吸停止;瞳孔散大;出现尸斑;尸僵;血管硬化或肛门松弛。

2. 现场救治方法

①对神志清醒、能回答问话,只感心慌、乏力、四肢发麻的轻症状触电者,就地休息1～2h,并请医生现场诊断和观察。

②对神志不清或失去知觉,但呼吸正常的触电者,可抬到附近空气清新的干燥地方,解开衣服,暂不做人工呼吸,请医生尽快到现场急救。

③对无知觉、无呼吸，但有心脏跳动的触电者，要采用人工呼吸救治。采用口对口呼吸的效果为好，其操作要领如下：

a. 使触电者仰卧，清除口中血块和呕吐物后使其头部尽量后仰，鼻孔朝天，下腭尖部与胸大致保持在同一水平线上。救护人员在触电者头部一侧，掐住触电者的鼻子，使其嘴巴张开，准备接受吹气。

b. 救护人做深呼吸后，紧贴触电者的口向内吹气，为时约 2s，并观察触电者的胸部是否膨胀，以确定吹气效果和适度是否得当，如图 10-13 所示。

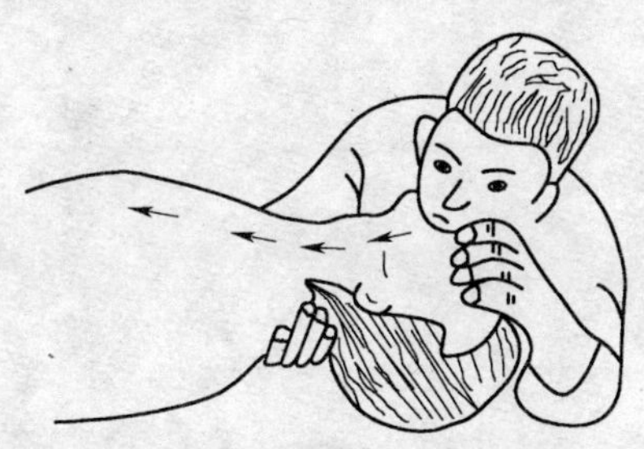

图 10-13　掐鼻吹气、观察效果

c. 救护人吹气完毕换气时，其口应立即离开触电者嘴部，并放松掐紧的鼻子，让他自行呼吸，为时应 3s。按照上述反复循环进行。

④触电者心脏停止跳动，但呼吸未停，应当采取胸外挤压法救治。其操作要领如下：

a. 触电者仰卧在比较坚实的地面或木块上，姿势同人工呼吸法。

b. 救护人跪在触电者腰部一侧或骑跪在他身上，两手相叠，手掌根部放在两乳头之间略下一点。

c. 手掌根部用力向下挤压，压陷 3～4cm，压出心脏的血液，随后迅速放松，让触电者胸廓自动复原，血液充满心脏。按上述动作反复循环进行，每分钟挤压 60 次为宜。

⑤触电者心跳和呼吸均已停止，则人工呼吸和胸外挤压交替进行。每对口吹气 2～3 次，再进行心脏挤压 10～15 次，照此反复循环进行。